河南省"十四五"普通高等教育规划教材

计算机科学导论

金保华 韩 丽 主编

刘炎培 张 旭 卢 冰 副主编

电子工业出版社

Publishing House of Electronics Industry

北京·BEIJING

内 容 简 介

"计算机科学导论"是计算机类专业的必修课程，可以使刚刚进入大学的新生对计算机基础知识及研究方向有一个宏观的认识，从而为其系统地学习计算机类专业的后续课程夯实基础。本书是学习计算机类专业知识的引导教材，也是计算机类专业的基础课程教材，其内容涉及计算机科学的诸多方面，结构严谨、层次分明、叙述准确。全书内容包括概述、计算基础、计算机系统、程序设计基础、算法、数据结构、软件工程、操作系统、数据库基础、多媒体处理技术、计算机网络、计算机新技术、计算机与职业素养（电子资源）。

本书密切结合"计算机科学导论"课程的基本教学要求，在介绍计算机科学相关基本概念和理论的同时兼顾计算机技术和理论的最新发展成果。通过本书的学习，学生可以较全面地掌握计算机软件/硬件技术与网络技术的基本概念、软件/硬件系统的基本工作原理，系统地了解计算机学科中的知识体系，为后续课程的学习奠定基础。此外，本书融入了思政教育的理念，强化思政内涵，引导学生开阔视野，培养学生的价值选择能力，帮助学生树立正确的理想信念和职业道德意识，提升学生综合素质。

本书可作为高校计算机类专业"计算机科学导论"课程的教材，也可作为电子信息类专业学生或其他计算机爱好者了解、学习计算机科学知识的参考书。

图书在版编目（CIP）数据

计算机科学导论 / 金保华，韩丽主编．—北京：电子工业出版社，2021.9

ISBN 978-7-121-42010-8

Ⅰ．①计… Ⅱ．①金… ②韩… Ⅲ．①计算机科学－高等学校－教材 Ⅳ．①TP3

中国版本图书馆 CIP 数据核字（2021）第 188220 号

责任编辑：李　静　　　　特约编辑：田学清
印　　刷：北京七彩京通数码快印有限公司
装　　订：北京七彩京通数码快印有限公司
出版发行：电子工业出版社
　　　　　北京市海淀区万寿路 173 信箱　　　　邮编　100036
开　　本：787×1092　　1/16　　印张：20.75　　字数：628.5 千字
版　　次：2021 年 9 月第 1 版
印　　次：2023 年 8 月第 4 次印刷
定　　价：56.00 元

凡所购买电子工业出版社图书有缺损问题，请向购买书店调换。若书店售缺，请与本社发行部联系，联系及邮购电话：（010）88254888，88258888。

质量投诉请发邮件至 zlts@phei.com.cn，盗版侵权举报请发邮件至 dbqq@phei.com.cn。

本书咨询联系方式：（010）88254604，lijing@phei.com.cn。

前言

"计算机科学导论"是计算机类专业新生入学学习的第一门专业必修课程，是高校开展工程教育和专业认证的重要支撑课程，是学习其他计算机相关技术课程的先导性和基础性课程，它构建在计算学科认知模型的基础上，以计算机科学的内容为背景，从学科思想与方法层面对计算学科进行引导，着力提高学生的计算思维能力。根据教育部高等学校计算机科学与技术教学指导委员会编制的《关于进一步加强高等学校计算机基础教学的意见暨计算机基础课程教学基本要求》，结合《中国高等院校计算机基础教育课程体系2014》，总结该课程构建的要求，采用严密的方式将学生带到计算学科各个富有挑战性的领域之中。本书为学生正确认知计算学科提供了科学的方法，为后续学习计算机类专业相关课程奠定了坚实的基础。

通过本书的学习，学生可以更好地了解计算学科各领域的基本内容及其相应的课程设置，计算学科中的核心概念、数学方法、系统科学方法、社会发展和职业规划等内容，最终能够了解计算机行业的技术标准、知识产权、产业政策和法律法规。通过本书的学习，学生还可以在计算机软件/硬件开发工程实践过程中树立明确的环保意识和可持续发展理念，并且能够了解职业性质和责任，能够在计算机工程实践中自觉遵守职业道德和规范，增强责任感。通过对本书的学习可以达到如下目标：

（1）使计算机及相关专业新生能够全面了解计算机领域的专业知识、最新发展及应用，更好地掌握计算机硬件技术、软件技术、数据库技术、多媒体技术、网络技术、职业道德。

（2）使学生对今后学习的主要知识、专业方向有一定的了解，为后续课程的学习构建一个基本知识框架，也为今后学习和掌握专业知识及进行科学研究奠定基础。使学生了解计算机行业的技术标准、软件与硬件的发展知识、新技术和计算机行业发展趋势。

（3）帮助学生树立对国家、对社会积极有利的思想信念，增强使命担当，激励学生树立为祖国的繁荣富强而拼搏创新的信念，激发学生在当下努力学习、储备知识技术的意识和信心。

本书共12章，其中加星号的章节为选讲内容。本书内容密切结合教育部高等学校计算机科学与技术教学指导委员会对该课程的基本教学要求，同时兼顾计算机软件和硬件的最新发展成果。此外，本书融入了思政教育，在无形中对学生价值观的正确性引导起到潜移默化的作用。本书结构严谨、层次分明、叙述准确。各高校可根据实际教学学时、学生的基础对教学内容进行适当的选取。

本书由郑州轻工业大学金保华、韩丽任主编，刘炎培、张旭、卢冰任副主编，南姣芬、吴庆岗、陈启强、殷君茹、闫红岩参与了本书的编写。本书的编写得到了郑州轻工业大学、河南省高等学校计算机教育研究会及电子工业出版社的大力支持和帮助，在此由衷地向他们表示感谢！

由于编者水平有限，书中难免存在不足和疏漏之处，敬请广大读者特别是同行专家批评指正。

编　者

2021 年 6 月

目录

第 ① 章

概 述

人类社会发展至今，计算机无疑是最伟大的发明之一。蒸汽机的发明标志着工业革命的开始，促使人类社会进入了工业社会；计算机的发明则标志着信息革命的开始，促使人类社会进入了信息社会。如今"计算"已经无所不在，计算机及计算机技术已经深入人们的生活和工作中。

本章将从计算机的前身、历史、展望等内容入手，详细介绍计算机的相关基础知识。

通过本章的学习，学生能够：

（1）了解计算的历史；

（2）了解计算机的由来；

（3）了解计算机的应用领域和发展趋势；

（4）了解计算学科；

（5）掌握计算系统的层次框架。

1.1　计算的历史

在人类文明发展的历史长河中，人类对计算方法和计算工具的探索和研究从来没有停止过。在远古时期，人类就从长期的实践中逐渐得出了数的概念，从"手指计数""石子计数""结绳计数"到使用"算筹"进行一些简单运算，形成了实用的计数体系和关于数的运算方法。尽管这些知识还是零碎的，没有形成严密的理论体系，但它们是计算的萌芽，现代计算科学与技术的发展与成就都始于这一时期人类对计算方法、计算工具的探索和研究。计算机的产生源于人类对计算的需求。在1940年以前出版的字典中，"computer"被定义为"执行计算任务的人"。以前有些机器虽然也能执行计算任务，但它们被称为"计算器"，而非"计算机"。到1940年，为满足第二次世界大战期间的军事需要而开发的第一台电子计算装置问世之后，计算机才慢慢被作为术语使用。计算机的概念除平常所说的"电脑"，即电子计算机外，还包括机械式计算机和机电式计算机，它们的历史都早于电子计算机。计算机的产生和发展不是一蹴而就的，而是经历了漫长的历史过程。在这个过程中，科学家们经过艰难的探索，发明了各种各样的"计算机"，这些"计算机"顺应了当时的历史潮流发展，发挥了巨大的作用，推动了社会的进步，也推动了计算机技术的发展。

要想清楚地知道计算机产生的背景，首先要了解计算机的前身，如图1.1所示，然后要了解计算机的产生过程。

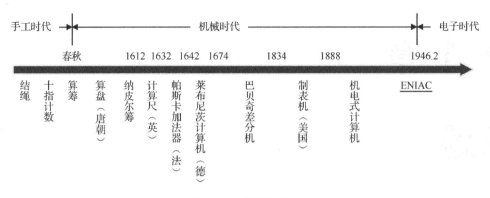

图 1.1 计算机的前身

1. 算筹

人类发明的最早的计算工具可能要属中国春秋战国时期的算筹了。算筹又被称为算、筹、策、筹策等，后来又被称为算子。以算筹为工具可进行计数、列式和各种数与式的演算。算筹最初是小竹棍一类的自然物，后逐渐发展成专门的计算工具，质地也越加精美。据文献记载，算筹除竹筹外，还有木筹、铁筹、骨筹、玉筹和牙筹，并且有盛算筹的算袋和算子筒。1971 年在陕西千阳出土的文物中就有西汉宣帝时期的骨筹。算筹在中国肇端甚早，春秋战国时期的《老子》中就有"善数，不用筹策"的记述，当时算筹已作为专门的计算工具被普遍采用，并且基于算筹的算法已趋于成熟。

2. 算盘

继算筹之后中国人又发明了使用更为方便的算盘（见图 1.2），它结合十进制计数法和一整套珠算口诀使用，并一直沿用至今。许多人认为算盘是最早的"数字计算机"，而珠算口诀则是最早

图 1.2 算盘

的体系化算法，最早见于东汉时期徐岳撰写的《数术记遗》，书中有"珠算，控带四时，经纬三才"的记述。南宋时期数学家杨辉撰写的《乘除通变算宝》中有"九归"口诀。算盘结构简单，便于掌握，使用方便，逐渐成为计算理财不可缺少的工具。算盘从明代开始传入朝鲜、日本等东亚国家，在清代随着经济文化交流传入东南亚各国。直到今天，算盘仍然是受许多人喜爱的"计算机"。

3. 机械式计算机

1623 年，德国图宾根大学的天文学和数学教授威尔海姆·契卡德提出了一种能实现加法和减法运算的机械式计算机的构思，其主要由加法器、乘法器和记录中间结果的机构三部分构成。

1642 年，法国哲学家和数学家布莱斯·帕斯卡（见图 1.3）发明了世界上第一台加减法计算机。它是利用齿轮传动原理制成的机械式计算机，通过手摇的操作方式实现运算。帕斯卡称这种机器所进行的工作，比动物的行为更接近人类的思维。这一思想对此后计算机的发展产生了重大的影响。帕斯卡发明的计算机是一种由一系列齿轮组成的装置，外形像一个长方形的盒子，用钥匙旋紧发条后才能转动，只能够做加法和减法运算。然而，即使只做加法运算，也有一个"逢十进一"的进位问题。为了解决进位问题，帕斯卡采用了一种小爪子式的棘轮装置。当定位齿轮朝 9 转动时，棘爪便逐渐升高；一旦齿轮转到 0，棘爪就"咔嚓"一声跌落下来，推动十位数的齿轮前进一挡。帕斯卡在研究成功后，制造了 50 台这种被人称为"帕斯卡加法器"的计算机，至今至少还保存着 5

图 1.3 布莱斯·帕斯卡

台。帕斯卡的成就是多方面的。他率先提出了描述液体压强性质的"帕斯卡定律"，为纪念帕斯卡的这一成就，规定压强的国际单位制单位为"帕斯卡"。1971 年，由瑞士计算机科学家沃斯发明的一种高级语言取名为"Pascal"语言，也是为了纪念这位计算机制造先驱的。

1666 年，英国人赛缪尔·莫兰德发明了一台计算货币金额的加减法机械式计算机。机器面板上有 8 个刻度盘，分别用来计算法辛①、便士、先令、英镑、十英镑、百英镑、千英镑和万英镑。在各个刻度盘中，有一些同样分度的圆盘围绕各自的圆心转动，借助一根铁尖插入各分度对面的孔，可使这些圆盘转过任意数目的分度。一个圆盘每转过一圈，该圆盘上的一个齿轮便将一个十等分刻度的小的计数圆盘转过一个分度，由此将这一周转动记录下来。在调整小圆盘和转动大圆盘时，必须遵守一定的规则，具体视所进行的是加法还是减法而定。后来莫兰德还发明了一种用于进行乘法运算的机器，其工作规则在一定程度上基于"耐普尔算筹"的工作原理，但它用可以转动的圆盘代替后者的算筹，在圆盘直径的两端标有每个倍数的数字。

德国著名的哲学家、数学家、物理学家莱布尼茨（见图 1.4）从 1671 年开始着手设计、研制计算机。1672 年 1 月莱布尼茨研制出一个木制的机器模型，这个模型只能说明原理但不能正常运行。1674 年他在帕斯卡加法器的基础上研制出了一台可以进行连续四则运算的机械式计算机。与帕斯卡加法器的不同之处是，该机械式计算机中增加了一个"步进轮"装置。步进轮是一个有 9 个齿轮的长圆柱体，9 个齿轮依次分布于圆柱体表面，旁边另有一个小齿轮可以沿轴向移动，以便逐次与步进轮啮合，每当小齿轮转动一圈，步进轮就可以根据它与小齿轮啮合的齿数，分别转动 1/10 圈，2/10 圈，……，9/10 圈。这样就可以实现重复做加法运算。这种思想为现代计算机做乘法和除法运算提供了基础，这也是莱布尼茨计算机比帕斯卡加法器的先进之处。莱布尼茨的另一个贡献就是，他最先认识到二进制

图 1.4　莱布尼茨

计数法的重要性，并提出了系统的"二进制"算术运算法则，初步创建了逻辑代数学。这一思想在当时由于应用系统领域的限制并未得到重视，但它对 200 多年后计算机科学与技术的发展产生了重大而深远的影响。

帕斯卡和莱布尼茨的成功激发了不少人研究计算机的积极性。但由于当时的条件限制，研制出的样机性能都达不到设计要求，在一定程度上阻碍了机械式计算机的进一步发展和应用。

4．自动提花编织机

西汉年间，中国的织工已熟练掌握提花编织技术，平均每 60 天即可织成一匹花布。花布用经线(纵向线)和纬线(横向线)编织，若要织出花样，织工就必须按照预先设计的图案，用手在适当位置反复"提"起一部分经线，以便让滑梭牵引着不同颜色的纬线通过。

中国的提花编织技术经丝绸之路传到西方后，引起了西方机械师们的兴趣和思考。法国机械师约瑟夫·杰卡德在 1801 年完成了"自动提花编织机"的设计制作，真正成功地改进了提花编织机。杰卡德为提花编织机增加了一种装置，使其能够同时操纵 1200 根编织针，控制图案的穿孔纸带换成了穿孔卡片，这些穿孔卡片用来说明需要什么颜色的线。1805 年，拿破仑在里昂工业展览会上观看自动提花编织机展示后对其大加赞赏，授予杰卡德古罗马军团荣誉勋章。自动提花编织机被人们普遍接受后，还派生出一个新的工种——打孔工人，他们可以被视为最早的"程序录入员"。该方

---

① 法辛：英国古代货币，1 便士=4 法辛。

式后来成为计算机最重要的一种输入形式。

5. 差分机（数学分析机）

英国剑桥大学的著名科学家查理斯·巴贝奇（见图1.5）在1822年研制出第一台差分机。"差分"的含义是把函数表中的复杂运算转换为差分运算，用简单的加法运算代替平方运算，即求出多项式的结果只需用到加法与减法。简单来讲，差分机就是一台多项式求值机，只要将多项式的前3个初始值输入机器中，机器每运转一轮，就能产生一个值。巴贝奇划时代地提出了类似现代计算机的五大部件的逻辑结构。1847—1849年，巴贝奇完成了21幅改良版差分机的结构图设计。该差分机可以操作第七阶（7th order）相差及31位数字，遗憾的是这台机器因无人赞助并没有完成。1991年，为了纪念巴贝奇

图1.5 查理斯·巴贝奇

200周年诞辰，英国肯圣顿（Kensington）科学博物馆根据这些图纸重新制造了一台差分机。复制者特地采用18世纪中期的技术及设备来制造，不仅成功地制造出了机器，而且制造出的机器可以正常运转。

爱达·奥古斯塔·拜伦（见图1.6）是计算机领域著名的女程序员。爱达是著名诗人拜伦的女儿，她没有继承父亲的浪漫，而是继承了母亲在数学方面的天赋。1843年，爱达发表了一篇论文，认为机器将来有可能被用来创作复杂的音乐、制图和在科学研究中运用。爱达为如何计算"伯努利数"写了一份规划，首先为计算拟定了"算法"，然后绘制了一份"程序流程图"，被人们视为"第一个计算机程序"。1975年1月，美国国防部提出研制一种通用高级语言的必要性，并为此进行了国际范围内的设计投标。1979年5月最后确定了新设计的语言，海军后勤司令部的杰克·库柏为这种新语言起名为Ada，以寄托人们对爱达的纪念和钦佩之情。

图1.6 爱达·奥古斯塔·拜伦

需要特别提出的是，在巴贝奇研制差分机的艰苦岁月里，爱达给予了他极大的帮助。爱达是世界计算机制造先驱中的第一位女性，她坚定地投入巴贝奇差分机的研制中，成为巴贝奇坚定的支持者和合作伙伴。爱达帮助巴贝奇研制差分机，建议用二进制数代替原来的十进制数，并且发现了编程的要素。她还为某些计算开发了一些指令。晚年的巴贝奇因喉疾不能说话，一些介绍差分机的材料主要由爱达完成。爱达的形象完美地体现了一位程序员应该具备的科学家与艺术家的双重素养：一方面，程序员需要在数学概念、形式理论、符号表示等基础上工作，所以应该具备科学家的素养；另一方面，对于一个高效可靠、便于维护的软件系统，程序员又必须刻画它的细节，并把它组成一个和谐的整体，所以又应该具备艺术家的素养。

6. 模拟计算机

19 世纪末，赫尔曼·霍列瑞斯首先用穿孔卡完成了世界上第一次大规模数据处理。霍列瑞斯雇佣一些女职员来处理穿孔卡，每人每天可处理 700 张卡片，这些女职员被看作世界上第一批"数据录入员"。每台制表机连接着 40 台计数器，在处理高峰期，一天能统计 2000～3000 个家庭的数据。制表机穿孔卡第一次把数据转换成二进制信息，在早期计算机系统里，用穿孔卡输入数据一直沿用到 20 世纪 70 年代，数据处理成为计算机的主要功能之一。霍列瑞斯的成就使他被誉为"信息处理之父"。1890 年，他创办了一家专业制表机公司。后来，Flent 兼并了该制表机公司，更名为 CTR 公司（C 代表计算，T 代表制表，R 代表计时）。1924 年，CTR 公司更名为 IBM 公司，专门生产打孔机、制表机等产品，IBM 公司由托马斯·沃森主持大局。

1873 年，美国的鲍德温（F. Baldwin）利用齿数可变齿轮制造出一种小型计算机样机（工作时需要摇动手柄），两年后专利获得批准，鲍德温便开始大量制造这种供个人使用的手摇式计算机。

英国的布什（V. Bush）为了求解与电路有关的微分方程，制造了一台模拟计算装置。

英国数学家布尔（G. Boole）16 岁时开始任教以维持生活，20 岁时对数学产生了浓厚的兴趣，他广泛涉猎牛顿、拉普拉斯、拉格朗日等人的著作，并写下大量笔记。这些笔记中的思想于 1847 年被收录到他的第一部著作《逻辑的数学分析》中。1854 年，已经担任科克大学教授的布尔出版了《思维规律的研究——逻辑与概率的数学理论基础》。凭借这两部著作，布尔建立了一门新的数学学科——布尔代数。他构思出了关于 0 和 1 的代数系统，用基础的逻辑符号系统描述物体和概念，为之后数字计算机开关电路的设计奠定了数学基础。

1938 年，美国数学家香农（C. Shannon）第一次在布尔代数和继电器开关电路之间架起了桥梁，发明了以脉冲方式处理信息的继电器开关，从理论和技术上彻底改变了数字电路的设计。1948 年，香农撰写了《通信的数学基础》一书。由于在信息论方面做出了杰出贡献，香农被誉为"信息论之父"。1956 年，香农参与发起达特茅斯人工智能会议，率先把人工智能应用于计算机下棋方面，还发明了一个能自动穿越迷宫的电子老鼠，以此验证了计算机可以通过学习提高智能。

1937 年 11 月，在贝尔实验室工作的斯蒂比兹（G. Stibitz）用继电器作为计算机的开关元件。1938 年，斯蒂比兹设计出用于复数计算的全电磁式计算机，使用了 450 个二进制继电器和 10 个闸刀开关，由 3 台电传打字机输入数据，能在 30s 内计算出复数的商。1939 年，斯蒂比兹将电传打字机用电话线连接至远在纽约的计算机，异地操作进行复数计算，开创了计算机远程通信的先河。

7. 数字计算机

德国工程师克兰德·楚泽生活在法西斯统治下的德国，既不知道美国科学家研制计算机的信息，也没有听说过巴贝奇和爱达。1935 年，楚泽大学毕业后在一家飞机制造厂找到一份工作，由于经常要对飞机强度进行分析，烦琐的计算使他萌生出制造一台计算机的想法。

1938 年，28 岁的楚泽在黑暗中摸索，经过不懈努力，终于完成了可编程数字计算机 Z-1 的设计，但由于无法买到合适的零件，Z-1 计算机只做出一台实验模型，始终未能投入使用。1939 年，楚泽的朋友给了他一些废弃的继电器，楚泽用它们组装出第二台计算机 Z-2。这台计算机已经可以正常地工作了，程序由穿孔纸带读取，数据可以用一个数字键盘输入，输出显示在一个小电灯泡上。1941 年，楚泽的电磁式计算机 Z-3 制造完成，使用了 2600 多个继电器，用穿孔纸带输入，实现了二进制数字程序控制。在一次空袭中，楚泽的住宅和包括 Z-3 在内的计算机都被炸毁。后来楚泽辗转流落到瑞士一个荒凉的村庄，一度转向研究计算机软件理论。1945 年他制造出了 Z-4 计算机，他把 Z-4 计算机搬到了阿尔卑斯山区一个小村庄的地窖里。1949 年，他创建了 Zuse 计算机公司，继续开发更先进的机电式程序控制计算机。几乎在同时，美国达特茅斯大学教授斯蒂比兹博士也独立研制出二进制数字计算机 Model-K，有趣的是，斯蒂比兹的计算机与楚泽的 Z-3 计算机采用的元件相同，都是电话继电器。所以斯蒂比兹与楚泽并称为"数字计算机之父"。

在计算机发展史上占据重要地位的电磁式计算机叫 Mark-Ⅰ，也叫自动序列受控计算机，其发明者是美国哈佛大学的霍德华·艾肯博士。他是大器晚成者，在 36 岁时毅然辞去收入丰厚的工作，重新走进哈佛大学读博士。由于博士论文涉及空间电荷的传导理论，需要求解非常复杂的非线性微分方程，因此他很想发明一种机器代替人工求解，以帮助他解决数学难题。1944 年，Mark-Ⅰ 计算机在哈佛大学研制成功，它的外壳由钢和玻璃制成，长约 15m，高约 2.4m，重 31.5t。它装备了 3000 多个继电器，共有 15 万个元件和长达 800km 的电线，用穿孔纸带输入。这台机器每秒能进行 3 次运算，完成 23 位数加 23 位数的加法运算仅需要 0.3s，完成同样位数的乘法运算则需要 6s 多。

Mark-Ⅰ 的问世不但实现了巴贝奇的夙愿，而且代表着自帕斯卡加法器问世以来机械式计算机和自动计算机的最高水平。它采用十进制、转轮式存储器、旋转式开关及电磁继电器，由数个计算单元进行平行控制，由穿孔纸带进行程序化，因此有人认为 Mark-Ⅰ 是世界上第一台通用计算机。随后艾肯研制出 Mark-Ⅱ、Mark-Ⅲ。有趣的是，与巴贝奇研制差分机类似，为 Mark 系列计算机编写程序的也是一位女数学家。这位女数学家是时任海军中尉的格蕾丝·霍波博士，霍波被后人称为"计算机软件之母"。Mark 系列计算机是电磁式计算机，能自动实现人们预先选定的系列运算，甚至可以求解微分方程，但艾肯和霍波没有想到这种机器从投入运行那一刻开始就已经快过时了，因为差不多在同时美国已经有人开始研制完全的电子数字计算机了。

1.2　计算机的由来

20 世纪 20 年代以后，电子科学技术和电子工业的迅速发展为制造电子计算机提供了可靠的物质基础和技术条件。早期的机械式计算机和电磁式计算机的研制积累了丰富的经验。基于社会经济发展、科学计算及国防军事上的迫切需要，世界上第一台电子数字计算机诞生了。

电子计算机是一种能自动地、高速地、精确地进行信息处理的电子设备，是 20 世纪最重大的发明之一。计算机家族中包括机械式计算机、电动计算机、电子计算机等。电子计算机又可分为电子模拟计算机和电子数字计算机，通常我们所说的计算机就是指电子数字计算机，它是现代科学技术发展的结晶，微电子、光电、通信等技术，以及计算数学、控制理论的迅速发展带动计算机不断更新。自 1946 年第一台电子数字计算机诞生以来，计算机发展十分迅速，已经从开始的高科技军事应用领域渗透到了人类社会的各个领域，对人类社会的发展产生了极其深刻的影响。

1. 电子计算机的产生

1943 年，美国为了解决新武器研制中的弹道计算问题而组织科技人员开始了电子数字计算机

的研究。1946 年 2 月，电子数字积分计算器（Electronic Numerical Integrator and Calculator，ENIAC）在美国宾夕法尼亚大学研制成功，它是世界上第一台电子数字计算机，如图 1.7 所示。这台计算机共使用了 18 000 多只电子管，1500 个继电器，功率为 150kW，占地面积约为 167m²，重 30t，每秒能完成 5000 次加法或 400 次乘法运算。

与此同时，美籍匈牙利科学家冯·诺依曼也在为美国军方研制电子离散变量自动计算机（Electronic Discrete Variable Automatic Computer，EDVAC）。在 EDVAC 中，冯·诺依曼

图 1.7　ENIAC

采用了二进制数，并提出了"存储程序"的设计思想，EDVAC 也被认为是现代计算机的原型。

2. 电子计算机的发展

自 1946 年以来，计算机经历了几次重大的技术革命，按所采用的电子器件可将计算机的发展划分为如下几代。

第一代计算机（1946—1958 年），其主要特点是逻辑元件采用电子管，功耗大，易损坏；主存储器采用汞延迟线或静电储存管，容量很小；外存储器采用磁鼓；输入/输出装置主要采用穿孔卡；采用机器语言编程，即用"0"和"1"来表示指令和数据；运算速度每秒仅为数千至数万次。

第一代计算机的主存储器是在读/写头下旋转的磁鼓。当被访问的存储器单元旋转到读/写头之下时，数据将被写入这个单元或从这个单元中读出。

输入设备是一台读卡机，可以阅读 IBM 卡上的孔。输出设备是穿孔卡或行式打印机。在第一代计算机的时代将要结束时，出现了磁带驱动器，它的运行速度比读卡机快得多。磁带是顺序存储设备，也就是说，必须按照线性顺序访问磁带上的数据。

计算机存储器外部的存储设备叫作辅助存储设备。磁带是第一种辅助存储设备。输入设备、输出设备和辅助存储设备一起构成了外围设备。

第二代计算机（1958—1964 年），其主要特点是逻辑元件采用晶体管，与电子管相比，晶体管体积小、耗电省、运算速度快、价格低、寿命长；主存储器采用磁芯；外存储器采用磁盘、磁带，存储器容量有较大提高；软件方面产生了监控程序（Monitor），提出了操作系统的概念；程序设计语言有了很大的发展，先用汇编语言（Assemble Language）代替了机器语言，接着又发展出了高级语言，如 FORTRAN、COBOL、ALGOL 等；计算机应用开始进入实时过程控制和数据处理领域，运算速度达到每秒数百万次。

晶体管（John Bardeen 、Walter H. Brattain 和 William B. Shockley 因发明了晶体管获得了诺贝尔奖）的出现标志着第二代商用计算机的诞生。晶体管代替电子管成为计算机硬件的主要部件。

第三代计算机（1964—1971 年），其主要特点是逻辑元件采用集成电路（Integrated Circuit，IC），集成电路的体积更小，耗电更省，寿命更长；主存储器以磁芯为主，开始使用半导体存储器，存储容量大幅度提高；系统软件与应用软件迅速发展，出现了分时操作系统和会话式语言；在程序设计中采用了结构化、模块化的设计方法，运算速度达每秒千万次。

集成电路是一种由晶体管和其他元件及它们的连线构成的硅片。集成电路比印刷电路小，而且更便宜、更快、更可靠。Intel 公司的奠基人之一 Gordon Moore 注意到从发明集成电路起，一个集成电路板上能够容纳的电路的数量每年增长一倍，这就是著名的摩尔定律。

第四代计算机（1971 年至今），其主要特点是采用了超大规模集成电路（Very Large Scale Integration，VLSI）；主存储器采用半导体存储器，容量已达第三代计算机的辅助存储器水平；作为外存储器的软盘和硬盘的容量成百倍增加，并开始使用光盘；输入设备出现了光字符阅读器、触摸输入设备和语音输入设备等，使操作更加简洁、灵活，输出设备已逐步变为以激光打印机为主，使得字符和图形的输出更加逼真、高效。

新一代计算机系统（Future Generation Computer System，FGCS），即未来计算机系统应当具有智能特性，具有知识表达和推理能力，能模拟人的分析、决策、计划和其他智能活动，具有人机自然通信能力，这样的系统可被称为知识信息处理系统。现在已经开始了对神经网络计算机、生物计算机等的研究，并取得了可喜的进展。特别是生物计算机的研究表明，以蛋白分子为主要原材料的生物芯片的数据处理速度比现在最快的计算机的数据处理速度还要快 100 万倍，而能量消耗仅为现代计算机的十亿分之一。

3. 微型计算机的发展

微型计算机指的是个人计算机（Personal Computer，PC），简称微机，其主要特点是采用微处理器（Micro Processing Unit，MPU）作为计算机的核心部件，并由大规模、超大规模集成电路构成。

微机的升级换代主要有两个标志：微处理器的更新和系统组成的变革。微处理器从诞生的那一天起，其发展方向就是更高的频率、更小的体积、更大的高速缓存容量。随着微处理器的不断发展，微机的发展大致可分为以下几代。

第一代（1971—1973 年）是 4 位和低档 8 位微处理器时代。典型微处理器产品有 Intel 公司的 Intel 4004/8008。其集成度为 2000 只晶体管/片，时钟频率为 1MHz。

第二代（1974—1977 年）是 8 位微处理器时代。典型微处理器产品有 Intel 公司的 Intel 8080、Motorola 公司的 MC6800、Zilog 公司的 Z80 等。其集成度为 5000 只晶体管/片，时钟频率为 2MHz。这时微机的指令系统得到完善，形成典型的体系结构，具备中断、DMA 等控制功能。

第三代（1978—1984 年）是 16 位微处理器时代。典型微处理器产品有 Intel 公司的 Intel 8086/8088/80286、Motorola 公司的 MC68000、Zilog 公司的 Z8000 等。其集成度为 25 000 只晶体管/片，时钟频率为 5MHz。微机的各种性能指标达到或超过中、低档小型机的水平。

第四代（1985—1992 年）是 32 位微处理器时代。集成度已达到 100 万只晶体管/片，时钟频率为 60MHz 以上。典型微处理器产品有 Intel 公司的 Intel 80386/80486、Motorola 公司的 MC68020/68040、IBM 公司和 Apple 公司的 Power PC 等。

第五代（1993 年至今）是 64 位微处理器的时代，典型微处理器产品有 Intel 公司的奔腾系列微处理器及与之兼容的 AMD 公司的 K6 系列微处理器。它们内部采用了超标量指令流水线结构，并具有相互独立的指令和数据高速缓存。随着 MMX（Multi Media eXtension）微处理器的出现，微机的发展在网络化、多媒体化和智能化等方面跨上了更高的台阶，目前正在向双核和多核处理器方向发展。

4. 中国计算机的发展

中国计算机的发展历程大致分为四个阶段。

（1）第一代电子管计算机研制阶段（1958—1964 年）。

我国从 1957 年开始在中国科学院计算技术研究所研制通用电子数字计算机，1958 年 8 月 1 日研制出可以实现短程序运行的计算机，标志着我国第一台电子数字计算机的诞生。该计算机开始在国营 738 厂少量生产，并被命名为 103 机（或 DJS-1 型计算机）。1958 年 5 月，我国开始了第一台大型通用电子数字计算机 104 机的研制。在研制 104 机的同时，夏培肃院士领导的科研小组首次自行设计并于 1960 年 4 月研制成功一台小型通用电子数字计算机 107 机。1964 年，我国第一台自行设计的大型通用数字电子管计算机 119 机研制成功。

（2）第二代晶体管计算机研制阶段（1965—1972 年）。

1965 年，中国科学院计算技术研究所研制成功我国第一台大型晶体管计算机——109 乙机，通过对 109 乙机加以改进，两年后又推出 109 丙机。109 丙机在我国两弹试制中发挥了重要作用，被誉为"功勋机"。华北计算技术研究所先后研制成功 108 机、108 乙机（DJS-6 型计算机）、121 机（DJS-21 型计算机）和 320 机（DJS-8 型计算机），并在国营 738 厂等 5 家工厂生产。1965—1972 年，国营 738 厂共生产 320 机等第二代产品 380 余台。中国人民解放军军事工程学院于 1965 年 2 月成功研制出 441B 晶体管计算机并小批量生产了 40 多台。

（3）第三代中小规模集成电路计算机研制阶段（1973 年到 20 世纪 80 年代初）。

1973 年，北京大学与国营 738 厂等单位合作研制成功运算速度达每秒 100 万次的大型通用计算机。1974 年，清华大学等单位联合设计、研制成功 DJS-130 小型计算机，然后又推出 DJS-140 小型计算机，形成了 100 系列产品。与此同时，以华北计算技术研究所为主要基地，全国 57 个单位联合进行 DJS-200 系列计算机设计，同时设计开发 DJS-180 系列超级小型计算机。20 世纪 70 年代后期，中国电子科技集团公司第三十二研究所和中国人民解放军国防科技大学分别研制成功 655 机和 151 机，运算速度都达每秒百万次级。进入 20 世纪 80 年代，我国高速计算机，特别是向量计算机有新的发展。

（4）第四代超大规模集成电路计算机研制阶段（20 世纪 80 年代初至今）。

和国外一样，我国第四代计算机研制也是从微机开始的。1980 年年初，我国不少单位开始采用 Z80、X86 和 6502 微处理器研制微机。1983 年 12 月，中国电子信息产业集团有限公司第六研究所研制成功与 IBM PC 兼容的 DJS-0520 微机。多年来我国微机产业走过了一段不平凡道路，以联想微机为代表的国产微机已占领一大半国内市场。

1.3　计算机的应用领域和发展趋势

1.3.1　计算机的应用领域

计算机的诞生和发展对人类社会产生了深远的影响，它的应用领域包括科学技术、国民经济、社会生活等各个方面，概括如下。

1．科学计算

计算机的发明和发展首先是为了高速完成科学研究和工程设计中大量复杂的科学计算。科学计算，即数值计算，是指用于解出科学研究和工程设计中提出的数学问题的计算，是计算机的一个重要功能。科学计算的步骤为构造数学模型、选择计算方法、编制计算机程序、上机计算、分析结果。科学计算的特点是计算量大且数值变化范围大。基于科学计算功能，计算机主要应用于天文学、量子化学、空气动力学、核物理和天气预报等领域。

2．信息处理

信息是各类数据的总称。信息处理一般泛指非数值方面的计算，如各类资料的管理、查询、统计等。基于信息处理功能，计算机被广泛应用于办公自动化、企业管理、事务管理、情报检索等领域。信息处理已成为当代计算机的主要任务，是现代管理的基础。据统计，全世界的计算机用于信息处理的工作量已占计算机全部工作量的 80% 以上，提高了工作效率和管理水平。

3．实时过程控制

实时过程控制能及时采集检测数据，是计算机快速进行处理并自动控制被控对象的动作，可实现生产过程自动化。实时过程控制在国防建设和工业生产中都有着广泛的应用。例如，防空控制系统、地铁指挥控制系统、自动化生产线等，都需要在计算机的控制下运行。

4．计算机辅助工程

计算机辅助工程是近年来迅速发展起来的计算机应用领域，包括计算机辅助设计（Computer Aided Design，CAD）、计算机辅助制造（Computer Aided Manufacture，CAM）、计算机辅助教学（Computer Assisted Instruction，CAI）等多个方面。

（1）计算机辅助设计是指利用计算机及其图形设备帮助设计人员完成设计工作。在工程和产品设计中，计算机可以帮助设计人员完成计算、信息存储和制图等工作。在设计中，设计人员通常要用计算机针对不同方案进行大量的计算，从而进行分析和比较，以选出最优方案；各种设计信息，不论是数字，还是文字或图形，都能存放在计算机的内存或外存里，并能快速地进行检索；设计人员通常用草图开始设计，将草图变为工作图的繁重工作可以交给计算机完成；利用计算机可以进行与图形的编辑、放大、缩小、平移和旋转等有关的图形数据加工工作。

（2）计算机辅助制造已在建筑设计、电子和电气、科学研究、机械设计、软件开发、机器人、服装、出版、工厂自动化、土木建筑、地质、计算机艺术等各个领域中得到广泛应用。计算机辅助制造是指在机械制造业中，利用电子数字计算机通过各种数值控制机床和设备，自动完成离散产品的加工、装配、检测和包装等制造过程。

（3）计算机辅助教学是在计算机辅助下进行各种教学活动，以对话方式与学生讨论教学内容、安排教学进程、进行教学训练的方法与技术。

5．办公自动化

办公自动化（Office Automation，OA）是指办公室人员通过计算机完成日常工作。例如，用计算机进行文字处理，文档管理，资料、图像、声音处理，以及网络通信等。办公自动化就是利用以PC 为核心的办公室事务处理机、传真机、复印机、智能电话、文字处理机等，使办公室工作实现自动化。

6．信息高速公路

信息高速公路主要是指利用通信卫星群和光导纤维构成的计算机网络，可实现信息双向交流，同时利用多媒体技术扩大计算机的应用范围。利用计算机把整个地球上的网络连起来，使"地球村"成为现实。总之，以计算机为核心的信息高速公路的实现，将进一步改变人们的生活方式。

7．智能应用

智能应用，即人工智能，既不同于单纯的科学计算，又不同于一般的数据处理，它不但要具备高的运算速度，还要具备对已有的数据（经验、原则等）进行逻辑推理和总结的功能（对知识的学习和积累功能），并能利用已有的经验和逻辑规则对当前事件进行逻辑推理和判断。

8．嵌入式系统

随着社会信息化水平的不断提高，计算机和网络已经渗透到人们的日常生活中。例如，和出行相关的公交车上的刷卡机、学校餐饮窗口的终端 POS 机、手持 POS 机、智能家电、车载电子设备等，难以想象若离开了它们我们的生活会是怎样的。

1.3.2 计算机的发展趋势

随着科技的进步，各种计算机技术、网络技术飞速发展，计算机的发展已经进入一个快速而又崭新的时代，计算机的特点已经从功能单一、体积较大发展为功能复杂、体积微小、资源网络化等。计算机的未来充满了变数，性能会大幅度提高是毋庸置疑的，而实现性能的飞跃却有多种途径。性能的大幅度提高并不是计算机发展的唯一路线，计算机的发展还应当变得越来越人性化，同时要注重环保等问题。

目前，计算机的发展趋势主要有如下几个方面。

1．多元化

如今包括电子词典、PDA、笔记本电脑等在内的微机在我们的生活中已经处处可见，同时大型、巨型计算机也得到了快速的发展。特别是在超大规模集成电路技术基础上的多处理机技术使计算机的整体运算速度与处理能力得到了极大的提高。图 1.8 所示为我国自行研制的面向网格的曙光 5000A 高性能计算机，每秒运算速度最高可达 230 万亿次，标志着我国的高性能计算技术已经开始迈入世界前列。

图 1.8　曙光 5000A 高性能计算机

此外，中、小型计算机也各有自己的应用领域和发展空间。要特别注意在提高运算速度的同时，提倡设计功耗低、对环境污染小的绿色计算机和多媒体计算机，目前多元化的计算机家族正在迅速发展中。

2．网络化

网络化是指通过通信线路将一定地域内不同地点的计算机连接起来，以形成一个计算机网络系统。计算机网络的出现只有 50 多年的历史，但它已成为影响人们日常生活的重要应用。网络化是计算机发展的一个主要趋势。

3．多媒体化

媒体可以理解为存储和传输信息的载体，文本、声音、图像等都是常见的信息载体。过去的计算机只能处理数值信息和字符信息，即单一的文本媒体。多媒体计算机则集多种媒体信息处理功能于一身，可实现文本、声音、图像等各种信息的收集、存储、传输和编辑处理，它的出现被认为是信息处理领域在 20 世纪 90 年代出现的又一次革命。

4．智能化

智能化虽然是新一代计算机的重要特征之一，但现在已经能看到许多智能化的例子，如能自动识别指纹的门控装置、能听从主人语音指示的车辆驾驶系统等。使计算机具有人类的某些智能将是计算机发展过程的下一个重要目标。

5．新型化

新一代计算机将把信息采集、信息存储、通信和人工智能结合在一起，由以处理数据信息为主转向以处理知识信息为主，并具备推理、联想和学习等人工智能方面的能力，能帮助人类开拓未知领域。

1.4　计算学科

1.4.1　计算学科的历史背景

以计算机为基础的信息技术已经渗透到社会的各个领域，人类对信息的依赖程度迅速增长，计算机技术及基于计算机的应用技术已经成为信息社会的重要基础，计算机教育和培训也成为我国高等教育的一个重要环节。计算学科源于欧美，诞生于 20 世纪 40 年代。计算学科的理论基础在第一台电子数字计算机出现以前就已经建立起来了。第一台电子数字计算机的诞生促进了计算机设计、程序设计及计算机理论等的发展。最早的计算机科学学位课程是由美国普渡大学于 1962

年开设的。随后斯坦福大学也开设了同样的学位课程，但"计算机科学"这一名称在当时引起了激烈的争论。因为当时计算机主要用于数值计算，大多数科学家认为使用计算机只涉及编程问题，不需要进行深刻的科学思考，没有必要设立学位。很多人认为计算机从本质上说只是一种职业而非学科。20 世纪七八十年代计算技术得到了迅速的发展，并且开始渗透到大多数学科领域，但这个争论仍在持续。

1985 年春，ACM 和 IEEE CS 组成联合攻关小组，开始了对计算作为一门学科的存在性的证明。经过近 4 年的研究，攻关小组提交了《计算作为一门学科》报告，第一次给出了计算学科的一个透彻的定义：计算学科是系统地研究信息描述和变换的算法过程，包括它们的理论、分析、设计、效率、实现和应用等。一切计算的基本问题都是什么能被（有效地）自动化？这是一个"活"的定义，是一个迅速发展的动态领域的"快照"，随着该领域的发展可以进行修改。《计算作为一门学科》报告回答了计算学科中长期以来人们所争论的问题，完成了计算学科存在性的证明。该报告还提出了覆盖计算学科的 9 个领域，每个领域中有若干知识单元，共有 55 个知识单元。每个领域都包含理论、抽象和设计 3 个过程。9 个领域、3 个过程构成了知识—过程的 9 列 3 行矩阵（计算学科二维定义矩阵）。

1991 年，攻关小组在这个报告的基础上提交了关于计算学科的教学计划 CC1991（Computing Curricula 1991），2001 年提交了 CC2001，2005 年提交了 CC2005。《计算作为一门学科》报告和 CC1991、CC2001、CC2005 一起解决了 3 个重要问题。

（1）计算作为一门学科的存在性得以证明，这对学科本身的发展至关重要。

（2）整个学科核心课程的详细设计问题得以解决，为高校制订计算机教学计划奠定了基础，确定了学生应该掌握的核心内容，可以避免教学计划中的随意性，从而为科学地制订教学计划奠定了基础。

（3）整个学科综述性导引课程的构建问题得以解决，将使人们对整个学科的认知实现了科学化、系统化和逻辑化。

1.4.2　计算学科领域的分化及计算学科课程体系的核心内容

计算学科长期以来被认为代表了两个重要领域：一个是计算机科学；另一个是计算机工程。随着科学技术的发展，CC2001 将计算学科分为 4 个领域，分别是计算机科学、计算机工程、软件工程和信息系统。CC2005 在上述 4 个领域基础上，增加了信息技术领域，并为未来预留了新发展领域。

近年来，由于计算机科学技术的迅速发展，特别是网络技术和多媒体技术的飞速发展，人们为计算机不断拓展了新的应用领域。人工智能是一门极具挑战性的科学，包括机器学习、计算机视觉、自然语言理解、神经网络、遗传算法、专家系统、机器翻译、机器人等内容。

作为计算学科的一个重要领域，计算机科学涵盖从算法的理论研究和计算的极限，到如何通过硬件和软件实现计算系统功能各方面的内容。CSAB（Computing Sciences Accreditation Board）由 ACM 和 IEEE CS 的代表组成，确立了计算机科学的 4 个主要领域：计算理论、算法与数据结构、编程方法与编程语言及计算机元素与架构。计算机科学在加强自身课程体系建设的同时，注重与其他计算学科的合作和通信，既要开发一致的计算机科学课程集，促进计算机科学课程体系的发展，又要准备教授更多的服务课程集，以便与学习者的知识架构相联系、相适应，为学习者提供一个整体的课程方案，使他们适应未来的技术背景。这就要求计算机科学运用一般科学技术方法论，构建既有弹性又有核心课程集的课程体系。CC2001 中给出的计算机科学知识体系可归结为如下 14 个领域。

1. 离散结构（Discrete Structures，DS）

计算学科以离散变量为研究对象，离散数学对计算技术的发展起着十分重要的作用。离散结构是研究离散数学结构和离散变量之间关系的科学，是现代数学的一个重要分支。它在各学科领域，特别是在计算机科学与技术领域有着广泛的应用。离散数学是计算机及其相关专业的核心课程，为数据结构、编译原理、数据库、算法分析和人工智能等课程提供必要的数学基础。

2. 程序设计基础（Programming Fundamentals，PF）

程序设计是计算学科课程中固定练习的一部分，是每个计算学科的学生都应具备的能力，是计算学科核心科目的一部分，程序设计语言是获得计算机重要特性的有力工具。程序设计基础的主要内容包括程序设计结构、程序设计语言、算法问题求解和数据结构等。

3. 算法与复杂性（Algorithms & Complexity，ALC）

算法是计算机科学和软件工程的基础。在现实世界中，任何软件系统的性能都仅依赖于两个基本方面：一方面是所选择的算法；另一方面是各不同层次实现的适宜性和效率。算法与复杂性的主要内容包括算法的复杂度分析、典型的算法策略、分布式算法、并行算法、可计算理论 P 类和 NP 类问题、自动机理论、密码算法及几何算法等。

4. 计算机结构与组织（Architecture & Organization，AR）

计算机在计算学科中处于核心地位，如果没有计算机，计算学科就只是理论数学的一个分支，因此应该对计算机系统的功能构件，以及它们的特点、性能和相互作用有一定的理解。

5. 操作系统（Operating Systems，OS）

操作系统定义了对硬件行为的抽象，程序员用它来对硬件进行控制。操作系统还可管理计算机用户间的资源共享。操作系统主领域的主要内容包括操作系统的逻辑结构、并发处理、资源分配与调度存储管理、设备管理、文件系统、现代操作系统设计等。

6. 网络计算（Net-Centric Computing，NC）

计算机技术和通信网络的发展，尤其是基于 TCP/IP 的网络的发展使得网络技术在计算学科中更加重要。网络计算的主要内容包括计算机网络的基本概念和协议、计算机网络的结构体系、网络安全、网络管理、移动通信和无线网络、多媒体数据技术及分布式系统等。

7. 程序设计语言（Programming Language，PL）

程序设计语言是程序员与计算机进行交流的主要工具。一个程序员不仅应该知道如何使用一种语言进行程序设计，还应该理解不同语言的程序设计风格。该领域的主要内容包括程序设计模式、虚拟机、类型系统、执行控制模型、语言翻译系统、程序设计语言的语义学、基于语言的并行构件等。该领域要解决的基本问题包括语言（数据类型、操作、控制结构、引进新类型和操作的机制）表示的虚拟机的可能组织结构是什么？语言如何定义机器？机器如何定义语言？什么样的表示法（语义）可以有效地用于描述计算机？

8. 人机交互（Human Computer Interaction，HCI）

人机交互的重点在于理解人对交互式对象的交互行为，知道如何使用以人为中心的方法开发和评价交互软件系统，以及了解人机交互设计问题的一般知识，主要内容包括以人为中心的软件开发和评价、图形用户接口设计、多媒体系统的人机接口设计等。

9. 图形学和可视化计算（Graphics & Visual Computing，GVC）

图形学和可视化计算的主要内容包括计算机图形学、可视化、虚拟现实和计算机视觉 4 个学科子领域的研究内容。图形学和可视化计算利用图形的方式将科学数据中所蕴含的现象、规律表现出来，从而促进人们对数据的洞察和理解。

10. 智能系统（Intelligent System，IS）

智能系统领域主要探索和研制能够进行计算、推理和其他思维活动的机器。智能系统必须知道其支撑环境，合理地朝着完成指定任务的方向行动，并与其他机器和人进行交互。智能系统的基本问题包括基本的行为模型是什么？如何建造模拟行为的机器？规则评估、推理、演绎和模式计算在多大程度上描述了智能？模拟行为的机器的最终性能如何？传感数据如何编码才能使相似的模式有相似的代码？机器编码如何与传感编码相关联？学习系统的体系结构是怎样的？这些系统是如何表示它们对这个世界的理解的？

11. 信息管理（Information Management，IM）

信息管理是指人类为了有效地开发和利用信息资源，以现代信息技术为手段，对信息资源进行计划、组织和控制的社会活动。简单地讲，信息管理就是人对信息资源和信息活动的管理。信息管理是在整个管理过程中，人们收集、加工输入及输出信息的总称。信息管理过程包括信息收集、信息传输、信息加工和信息储存。信息系统几乎在所有使用计算机的场合都发挥着重要的作用。

12. 软件工程（Software Engineering，SE）

软件工程是关于如何有效利用所建立的满足用户和客户需求的软件系统的理论/知识并进行实践的学科，可以应用于小型、中型、大型系统。软件工程的主要内容包括软件过程、软件需求与规格说明、软件设计、软件验证、软件演化、软件项目管理、软件开发工具与环境、基于构件的计算形式化方法、软件可靠性、专用系统开发等。

13. 数值计算科学（Computational Science，CN）

从计算学科的诞生之日起，科学计算的数值方法和技术就构成了计算机科学研究的一个主要领域。数值计算科学是研究有效地使用计算机求数学问题近似解的方法与过程，以及有相关理论的学科，随着计算机技术的发展而发展。数值计算科学作为计算数学的主要部分，主要研究使用计算机求解各种数学问题的数值计算方法及其理论和软件实现，是一门与计算机使用密切相关且实用性和实践性很强的数学课程。

14. 社会和职业问题（Social & Professional Issues，SP）

学生需要懂得计算学科本身的文化、社会、法律和道德问题，并应具备对这些问题的可能答案进行评价的能力。学生应了解软/硬件销售商和用户的基本法律权利，也应意识到这些权利的基础——道德价值观。

未来计算机科学的课程体系与 CC2001、CCC2002（中国计算机科学与技术学科教程，China Computing Curricula 2002）体系相比必然发生变化，但其核心课程变化不大，因为计算机科学已经进入一个工程学科的正常发展轨道。这使得课程体系的构成既要具有核心集，又要灵活和富有弹性，以凸显教育的个性化。同时，由于计算学科的理论与实践密切联系，随着计算机技术的飞速发展，计算机科学现已成为一个涉及面极广的学科。因此，重视基本理论和基本技能的培训内容，主要表现为与计算技术有关的学位教学计划的多样性和计算机科学本身课程体系的多样性。这意味着计算机科学相比以前更应成为一个工程学科和学术服务学科，二者之间始终处于既相互协调又相互矛盾的发展过程中，从而使计算知识和技能成为高等教育的基本需求。

1.5 计算系统的层次框架

计算系统就像一个洋葱,由许多层构成。每一层在整个系统设计中都有自己特定的任务。计算系统的层次框架如图 1.9 所示。

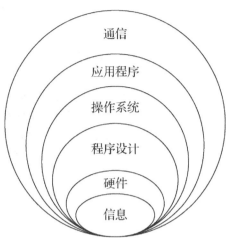

图 1.9 计算系统的层次框架

最里层是信息层,也就是计算的基础。信息层反映了在计算机上表示信息的方法,是纯概念层。二进制是计算机的基础,因为二进制的物理实现比较简单。信息层对应 CPU 中的算术逻辑单元。算术逻辑单元的功能由数字逻辑来完成。二进制加上数字逻辑就形成了电子计算机的基本原理。这个原理要实现就需要数字电路。所以二进制加上数字逻辑再加上数字电路就构成了电子计算机。计算机中的信息采用二进制数字 1 和 0 管理。所以,要理解计算机处理技术,首先必须理解二进制及其与其他数制(如人们日常使用的十进制)的关系。其次要知道如何获取多种类型(如数字、文本、图像、音频和视频)的信息,以及如何用二进制格式表示它们。相关内容将在本书第 2 章介绍。

硬件层由计算机的物理硬件组成。计算机硬件设备包括门和电路,它们都按照基本原理控制电流。正是这些核心电路,使专用的元器件(如计算机的 CPU 和存储器)得以运转。相关内容将在本书第 3 章介绍。

程序设计层负责处理软件,用于实现计算的指令,以及管理数据。程序有多种形式,可以在许多层次上执行,由各种语言实现。尽管程序设计问题多种多样,但是它们的目的是相同的,即解决问题。解决问题需要算法的实现。随着相应的大型程序的开发,软件工程应运而生。相关内容将在本书第 4~7 章介绍。

每台计算机都用操作系统(OS)管理计算机内的资源。操作系统,如 Windows 7、Linux 和 mac OS,可以使人与计算机系统进行交互,管理硬件设备、程序和数据间的交互方式。了解操作系统的作用,通常是理解计算机功能的关键。相关内容将在本书第 8 章介绍。

内部分层的重点在于使计算机系统运转,而应用程序层的重点则是用计算机解决真实世界的问题。我们通过运行应用程序可在其他领域利用计算机的功能。领域专用的计算机软件应用范围广,涉及计算机科学的几个子学科,如信息系统、人工智能和仿真等。相关内容将在本书第 9 章、第 10 章和第 12 章介绍。

计算机不再是某个人桌面上的孤立系统,人们可以使用计算机技术进行通信,通信层是计算系统操作的基础层。计算机被连接到网络上,以共享信息和资源,Internet 逐渐演化成全球性的网络，所以利用计算机技术可以实现全球范围内的通信。World Wide Web 使通信变得相对容易，它从根本上改变了计算机的使用价值，即使一般大众也能使用它。相关内容将在本书第 11 章介绍。

现在的社会是信息社会，计算机和社会紧密地联系在一起，所以相关的道德问题也是应该重点关注的。相关内容将在本书第 13 章介绍。

1.6　小结

本章从计算的历史开始，介绍了计算机的由来、应用领域和发展趋势，计算学科，以及计算系统的层次框架，阐述了计算机对信息化社会的影响及信息化社会对计算机知识的需求。通过本章的学习，读者应了解计算的历史及计算机的发展史，理解计算机的基本概念，了解信息化社会对计算机人才的需求，并初步了解计算机科学技术的研究范畴，明确今后学习的目标和相关知识点。

习题 1

一、选择题

1．第一代计算机采用的逻辑元件是（　　）。
 A．晶体管   B．电子管   C．集成电路   D．超大规模集成电路
2．计算机主机是指（　　）。
 A．CPU 和运算器   B．CPU 和内存储器
 C．CPU 和外存储器   D．CPU、内存储器和 I/O 接口
3．我国研制的"银河"计算机是（　　）。
 A．微型计算机   B．巨型计算机
 C．小型计算机   D．中型计算机
4．将有关数据加以分类、统计、分析，以取得有利用价值的信息，被称为（　　）。
 A．科学计算 B．辅助设计 C．数据处理 D．过程控制
5．我们每天都可以收听的天气预报的主要数据处理任务都是由计算机完成的，这属于计算机的（　　）应用领域。
 A．科学计算与数据处理   B．人工智能
 C．科学计算   D．过程控制
6．数控机床是计算机在（　　）领域的应用。
 A．科学计算 B．人工智能 C．数据处理 D．过程控制
7．为解决某个特定问题而设计的指令序列被称为（　　）。
 A．文档   B．语言   C．系统   D．程序
8．世界上第一台电子数字计算机是（　　）。
 A．ENIAC   B．EDVAC   C．EDSAC   D．UNIVAC
9．世界上第一台电子数字计算机研制成功的时间是（　　）年。
 A．1946   B．1947   C．1951   D．1952

10. 目前，制造计算机所用的电子器件是（　　）。

  A．大规模集成电路   B．晶体管

  C．集成电路   D．大规模集成电路与超大规模集成电路

11. 以存储程序和程序控制为基础的计算机结构是（　　）提出的。

  A．帕斯卡   B．图灵   C．布尔   D．冯·诺依曼

12. 计算机与计算器最根本的区别在于前者（　　）。

  A．具有逻辑判断功能   B．运算速度快

  C．信息处理量大   D．具有记忆功能

13. 人们通常说，计算机的发展经历了四代，"代"的划分根据是计算机的（　　）。

  A．运算速度   B．功能   C．主要器件   D．应用范围

14. 计算机发展的方向是巨型化、微型化、网络化、智能化，其中"巨型化"是指（　　）。

  A．体积大

  B．质量大

  C．功能更强、运算速度更快、存储容量更大

  D．外部设备更多

15. CAI 指的是（　　）。

  A．系统软件   B．计算机辅助教学

  C．计算机辅助设计   D．办公自动化

16. CAD 是计算机应用的一个重要方面，它是指（　　）。

  A．计算机辅助设计   B．计算机辅助工程

  C．计算机辅助教学   D．计算机辅助制造

17. 计算机最早的应用领域是（　　）。

  A．办公自动化   B．人工智能

  C．自动控制   D．数值计算

18. 用晶体管作为电子器件制成的计算机属于（　　）计算机。

  A．第一代   B．第二代   C．第三代   D．第四代

19. 电子计算机技术在半个多世纪里虽有很大进步，但其运行至今仍遵循着一位科学家提出的基本原理，这位科学家就是（　　）。

  A．牛顿   B．爱因斯坦   C．爱迪生   D．冯·诺依曼

20. 电子数字计算机工作最重要的特征是（　　）。

  A．高速度

  B．高精度

  C．存储程序自动控制

  D．记忆功能强

二、简答题

1. 简述计算机的发展阶段。

2. 简述中国计算机发展的历程。

3. 计算机的分类有哪些？

4. 简述计算机的发展趋势。

5. 计算机有哪些主要特点？

6. 计算机的应用领域有哪些？

三、思考题

1．回忆一下你接触计算机的经历，展望一下未来，你对计算机界的期许有哪些？你想从事什么样的工作？为什么？

2．根据你的了解，针对计算机相关信息，运用网络工具查阅相关资源，写 2000 字左右的报告。例如，云计算、人工智能、大数据、微信、网络游戏、程序设计语言、计算机的发展历程……

3．现在的社会是信息社会，如何才能使自己在今后的职业生涯中不被淘汰？

第 ② 章

计算基础

在计算机内，不同类型的数据有着不同的表示方式。数据在计算机内的表示、编码与存储是计算机处理数据的基础。数据组织是指通过一定的技术将数据按一定的存储方式存放在计算机的存储器中，目的是使计算机在处理数据时能够满足速度快、占用存储器的空间小、成本低等多方面的要求，以保证在具体应用中完成对数据处理的高效操作。本章在给出基本进位计数制的定义后，将详细介绍计算机中常用的二进制数、二进制数的运算，以及二进制数与十进制数、八进制数、十六进制数之间的转换方式，并对计算机内的数据存储单位和存储结构进行介绍。在此基础上，对计算机内部各种信息，如数值信息、文本信息等的编码方式进行详细介绍。

通过本章的学习，学生能够：

（1）理解并掌握进位计数制的定义和不同进制数据之间的转换方式；

（2）认识二进制数的各种运算方法；

（3）理解并掌握数据存储单位；

（4）理解并掌握数值在计算机中的表示方法，特别是原码、反码和补码的计算方法，以及相应的用途；

（5）了解文本、音频、图像等信息的各种编码方式。

2.1 进位计数制

数字如何表示？不同的数字系统对数字的表示方式也不相同。数制，也被称为计数制，是用一组固定的符号和统一的规则来表示数值的方法。任何一个数制都包含两个基本要素：基数和位权。进制，也就是进位计数制，是人为定义的带进位的计数方法。一种进位计数制由数码、基数和位权三部分组成。数码是组成该数的所有数字和字母，进位计数制中所使用的不同数码的个数被称为该进位计数制的基数，计算每个数码在其所在位置上代表的数值时所乘的常数被称为位权。位权一般是一个指数形式的值，以基数为底数，以该数码的数位序号为指数。

在日常生活中，人们最常用到的是十进制的计数方法，但也有许多地方用的是非十进制的计数方法。例如，满 60 秒是 1 分钟，满 60 分钟是 1 小时，采用的是六十进制；满 7 天是 1 星期，采用的是七进制；满 12 个月是 1 年，采用的是十二进制等。

在计算机中，由于由高低电平代表的数字电路具有设计简单、运算简单、工作可靠、逻辑性强等优点，因此采用二进制。因为人们在日常生活中常使用十进制，所以计算机的输入/输出也要使用十进制，但数据在计算机中的存储和处理采用的都是二进制。此外，为了编制程序和描述数据方便，还经常使用八进制和十六进制的计数方法。

进位计数制有多种类型，如人们在日常生活中常用的十进制和计算机内使用的二进制等，它们的计数运算有共同的规律和特点，下面以 N 进制为例进行介绍。

（1）逢 N 进一，借一当 N。N 是指基数。也就是说，每位计满 N 时向高位进一，向高位借一相当于低位的 N。例如，十进制，基数为 10，有"逢十进一，借一当十"的规律。

（2）位权表示法。处在不同位置上的数码所表示的数值各不相同，每个数码的位置决定了它的值。例如，十进制数 323，它的个位和百位上都是数字 3，但个位上的数字 3 就代表数值 3，而百位上的数字 3 代表数值 300。

任何进制数都可以表示为按位权展开的多项式之和。位权表示法的原则是每个数码都要乘以基数的幂次，而幂次是该数码的数位序号。某位数码的数位序号以小数点为界，小数点左边的数位序号为 0，每向左移动一位数位序号加 1；小数点右边的数位序号为-1，每向右移动一位数位序号减 1。也就是说，以小数点为界，左边是整数部分，右边是小数部分。整数部分自右向左分别为 0 次幂、1 次幂、2 次幂……而小数部分自左向右分别为-1 次幂、-2 次幂、-3 次幂……

以常用的十进制和二进制为例，如下所示：

$$
\begin{array}{ccccccccc}
1 & 1 & 1 & 1 & 1 & & 1 & 1 & 1 \\
\downarrow & \downarrow & \downarrow & \downarrow & \downarrow & & \downarrow & \downarrow & \downarrow \\
\end{array}
$$

十进制中：10^4 10^3 10^2 10^1 10^0 10^{-1} 10^{-2} 10^{-3}

二进制中：2^4 2^3 2^2 2^1 2^0 2^{-1} 2^{-2} 2^{-3}

【例 2.1】十进制数 314.25，其基数为 10，可以表示为

$$(314.25)_{10}=3\times10^2+1\times10^1+4\times10^0+2\times10^{-1}+5\times10^{-2}$$

式中，数字 3 在百位，表示 300，即 3×10^2；数字 1 在十位，表示 10，即 1×10^1；数字 4 在个位，表示 4，即 4×10^0；数字 2 在小数点后第 1 位，表示 0.2，即 2×10^{-1}；数字 5 在小数点后第 2 位，表示 0.05，即 5×10^{-2}。

N 进制用的数码共有 N 个，定义数码符号集是 S，基数是 N，相邻两位之间采用"逢 N 进一"的计数方法。它的位权可表示成 N^i，其中 N 为基数，i 为数位序号。任何一个 N 进制数的表示形式都为

$$\pm(S_{k-1}S_{k-2}\cdots S_1S_0.S_{-1}S_{-2}\cdots S_{-l})$$

那么这个 N 进制数所代表的数值为

$$n=\pm(S_{k-1}\times N^{k-1}+S_{k-2}\times N^{k-2}+\cdots+S_1\times N^1+S_0\times N^0+S_{-1}\times N^{-1}+S_{-2}\times N^{-2}+\cdots+S_{-l}\times N^{-l})$$

式中，N 为基数；S_k 为第 k 位上的数码；N^k 为第 k 位的位权。

2.1.1 十进制

十进制使用 0、1、2、3、4、5、6、7、8、9 十个数码符号作为数码符号集，其基数为 10，相邻两位之间采用"逢十进一"的计数方法。它的位权可表示成 10^i，其中 10 为基数，i 为数位序号。任意一个十进制数都可以表示为一个按位权展开的多项式之和。十进制数各位的位权如表 2.1 所示。

表 2.1 十进制数各位的位权

i	10^i	对应的十进制数	i	10^i	对应的十进制数
0	$10^0=1$	1			
1	$10^1=10$	10	−1	$10^{-1}=0.1$	0.1
2	$10^2=100$	100	−2	$10^{-2}=0.01$	0.01
3	$10^3=1000$	1000	−3	$10^{-3}=0.001$	0.001
……			……		
$n-1$	10^{n-1}	$\underbrace{1}_{n-1 \atop 10\cdots0}$	$-m$	10^{-m}	$\underset{0.0\cdots01}{\overset{m-1}{}}$

【例 2.2】十进制数 5208.79 按位权展开的多项式之和为

$$5208.79 = 5 \times 10^3 + 2 \times 10^2 + 0 \times 10^1 + 8 \times 10^0 + 7 \times 10^{-1} + 9 \times 10^{-2}$$

式中，10^3、10^2、10^1、10^0、10^{-1}、10^{-2} 分别是千位、百位、十位、个位、十分位和百分位的位权。

2.1.2　二进制

二进制的数码符号集只有 0 和 1 两个数码符号，其基数是 2，相邻两位之间采用"逢二进一"的计数方法。它的位权可表示成 2^i，其中 2 为基数，i 为数位序号。任意一个二进制数都可以表示为一个按位权展开的多项式之和。二进制数各位的位权如表 2.2 所示。

表 2.2　二进制数各位的位权

i	2^i	对应的二进制数	i	2^i	对应的二进制数
0	$2^0=1$	1			
1	$2^1=2$	10	-1	$2^{-1}=0.5$	0.1
2	$2^2=4$	100	-2	$2^{-2}=0.25$	0.01
3	$2^3=8$	1000	-3	$2^{-3}=0.125$	0.001
4	$2^4=16$	10000	-4	$2^{-4}=0.0625$	0.0001
5	$2^5=32$	100000	-5	$2^{-5}=0.03125$	0.00001
6	$2^6=64$	1000000	-6	$2^{-6}=0.015625$	0.000001
……			……		
$n-1$	2^{n-1}	$\underbrace{10\cdots0}_{n-1}$	$-m$	2^{-m}	$\underbrace{0.0\cdots01}_{m-1}$

【例 2.3】二进制数 11011.1 按位权展开的多项式之和为

$$11011.1 = 1 \times 2^4 + 1 \times 2^3 + 0 \times 2^2 + 1 \times 2^1 + 1 \times 2^0 + 1 \times 2^{-1}$$

2.1.3　八进制

八进制使用 0、1、2、3、4、5、6、7 八个数码符号作为数码符号集，其基数为 8，相邻两位之间采用"逢八进一"的计数方法。它的位权可表示成 8^i，其中 8 为基数，i 为数位序号。任意一个八进制数都可以表示为一个按位权展开的多项式之和。八进制数各位的位权如表 2.3 所示。

表 2.3　八进制数各位的位权

i	8^i	对应的八进制数	i	8^i	对应的八进制数
0	$8^0=1$	1			
1	$8^1=8$	10	-1	$8^{-1}=0.125$	0.1
2	$8^2=64$	100	-2	$8^{-2}=0.015625$	0.01
3	$8^3=512$	1000	-3	$8^{-3}=0.00195325$	0.001
……			……		
$n-1$	8^{n-1}	$\underbrace{10\cdots0}_{n-1}$	$-m$	8^{-m}	$\underbrace{0.0\cdots01}_{m-1}$

【例 2.4】八进制数 5201.7 按位权展开的多项式之和为

$$5201.7 = 5 \times 8^3 + 2 \times 8^2 + 0 \times 8^1 + 1 \times 8^0 + 7 \times 8^{-1}$$

2.1.4　十六进制

十六进制使用 0、1、2、3、4、5、6、7、8、9 和 A、B、C、D、E、F 十六个数码符号作为数码符号集，其中 A、B、C、D、E、F 对应的十进制数值分别为 10、11、12、13、14 和 15，十六进制的基数是 16，相邻两位之间采用"逢十六进一"的计数方法。它的位权可表示成 16^i，其中 16 为基数，i 为数位序号。任意一个十六进制数都可以表示为一个按位权展开的多项式之和。

【例 2.5】十六进制数 52AE.F2 按位权展开的多项式之和为

$$52AE.F2 = 5 \times 16^3 + 2 \times 16^2 + A \times 16^1 + E \times 16^0 + F \times 16^{-1} + 2 \times 16^{-2}$$
$$= 5 \times 16^3 + 2 \times 16^2 + 10 \times 16^1 + 14 \times 16^0 + 15 \times 16^{-1} + 2 \times 16^{-2}（十进制）$$

不同基数的进制数之间的对应关系如表 2.4 所示。

表 2.4　不同基数的进制数之间的对应关系

数值	N=10	N=2	N=8	N=16
零	0	0	0	0
一	1	1	1	1
二	2	10	2	2
三	3	11	3	3
四	4	100	4	4
五	5	101	5	5
六	6	110	6	6
七	7	111	7	7
八	8	1000	10	8
九	9	1001	11	9
十	10	1010	12	A
十一	11	1011	13	B
十二	12	1100	14	C
十三	13	1101	15	D
十四	14	1110	16	E
十五	15	1111	17	F
十六	16	10000	20	10
十七	17	10001	21	11
十八	18	10010	22	12
十九	19	10011	23	13
二十	20	10100	24	14

2.1.5　不同进制数之间的转换

在以后的章节中，为了区分不同进制数，我们利用加括号和下标 N 的方式来表示 N 进制数，也就是在公式中利用加括号和下标 N 的方式表示转换前后的不同进制数，如 $(136)_{10}$ 表示十进制数，其数值是 136。

1．二进制数、八进制数、十六进制数转换成十进制数

十进制是人们日常生活中表达数值的常用方法，其他进制数转换成十进制数，可以通过计算按照位权展开的多项式之和的方法来实现。

【例 2.6】二进制数转换成十进制数。

$$(1011.11)_2 = 1 \times 2^3 + 0 \times 2^2 + 1 \times 2^1 + 1 \times 2^0 + 1 \times 2^{-1} + 1 \times 2^{-2}$$

$$= 8 + 0 + 2 + 1 + 0.5 + 0.25 = (11.75)_{10}$$

【例 2.7】八进制数转换成十进制数。

$$(256)_8 = 2 \times 8^2 + 5 \times 8^1 + 6 \times 8^0 = (174)_{10}$$

【例 2.8】十六进制数转换成十进制数。

$$(10D.8C)_{16} = 1 \times 16^2 + 0 \times 16^1 + D \times 16^0 + 8 \times 16^{-1} + C \times 16^{-2}$$

$$= 1 \times 16^2 + 0 \times 16^1 \times 13 \times 16^0 + 8 \times 16^{-1} + 12 \times 16^{-2}$$

$$= 256 + 0 + 13 + 0.5 + 0.046875 = (269.546875)_{10}$$

2．十进制数转换成二进制数

将十进制数转换成二进制数，需要分为两部分来考虑，即整数部分和小数部分。对于整数部分，一个十进制数可以写成二进制数的不同位权的多项式之和。例如，数字$(N)_{10}$写成二进制形式，可以表示为

$$(N)_{10} = A_n \times 2^n + A_{n-1} \times 2^{n-1} + \cdots + A_2 \times 2^2 + A_1 \times 2^1 + A_0 \times 2^0$$

上式除以 2，得到的商是 $A_n \times 2^{n-1} + A_{n-1} \times 2^{n-2} + \cdots + A_2 \times 2^1 + A_1 \times 2^0$，余数是 A_0，进而可以得到二进制数的最后一位数字 A_0，商继续除以 2，得到的商为 $A_n \times 2^{n-2} + A_{n-1} \times 2^{n-3} + \cdots + A_2 \times 2^0$，余数为 A_1，故得到二进制数的倒数第二位数字 A_1。因此，整数部分可以利用连续除以 2 得到余数的方法转换为二进制数，需要连续除以 2 直到商为零，然后逆向取各余数得到的一串数位即整数部分的转换结果。

【例 2.9】$(56)_{10} = (111000)_2$，计算过程如下：

```
              余数
    2 | 56     0
    2 | 28     0
    2 | 14     0
    2 | 7      1
    2 | 3      1
    2 | 1      1
        0
```

连续除以 2 逆向取余数（后得到的余数为结果的高位）得$(56)_{10} = (111000)_2$

数值的小数部分的值可以表示为如下形式：

$$B_{-1} \times 2^{-1} + B_{-2} \times 2^{-2} + B_{-3} \times 2^{-3} \ldots + B_{-m} \times 2^{-m} + B_{m-1} \times 2^{-m-1} + \cdots$$

上式乘以 2 可以得到 $B_{-1} \times 2^0 + B_{-2} \times 2^{-1} + B_{-3} \times 2^{-2} + \cdots + B_{-m} \times 2^{-m+1} + B_{m-1} \times 2^{-m} + \cdots$，取其整数部分可以得到 B_{-1}，剩下的小数部分为 $B_{-2} \times 2^{-1} + B_{-3} \times 2^{-2} + \cdots + B_{-m} \times 2^{-m+1} + B_{m-1} \times 2^{-m} + \cdots$，继续乘以 2 得 $B_{-2} \times 2^0 + B_{-3} \times 2^{-1} + \cdots + B_{-m} \times 2^{-m+2} + B_{m-1} \times 2^{-m+1} + \cdots$，取整数部分可以得到 B_{-2}。如此连续乘以 2 取整数部分，直到小数部分为零或已得到足够多的整数位，正向取积的整数部分（后得到的整数部分为结果的低位）得到的一串数位即小数部分的二进制转换结果。

【例 2.10】$(0.8)_{10} = (0.11001)_2$（保留 5 位小数），计算过程如下：

	小数部分	整数部分
0.8×2=1.6	0.6	1
0.6×2=1.2	0.2	1
0.2×2=0.4	0.4	0

0.4×2=0.8	0.8	0
0.8×2=1.6	0.6	1
0.6×2=1.2	0.2	1（进入循环过程）

因为要求保留 5 位小数，所以要运算到第 6 位，以便舍入。所得结果为$(0.8)_{10}=(0.11001)_2$

由此可见，有限位的十进制小数所对应的二进制小数可能是无限位的循环或不循环小数，这就必然导致有一定的转换误差。最后将小数部分和整数部分的转换结果合并，并用小数点隔开就得到最终二进制转换结果。

十进制数转换成二进制数，也可以通过特殊二进制数值，利用拼凑数值的方法给出该十进制数的二进制数展开多项式之和，进而得到对应的二进制数，采用这种方法需记住一些关键的二进制权值。常用的二进制数与十进制数之间的转换如表 2.5 所示。

表 2.5 常用的二进制数与十进制数之间的转换

i	权值	对应的二进制数	对应的十进制数	i	权值	对应的二进制数	对应的十进制数
0	2^0	0	0	7	2^7	10000000	128
1	2^1	10	2	8	2^8	100000000	256
2	2^2	100	4	9	2^9	1000000000	512
3	2^3	1000	8	10	2^{10}	10000000000	1024=1K
4	2^4	10000	16	11	2^{11}	100000000000	2048=2K
5	2^5	100000	32	20	2^{20}	100000000000000000000	1048576=1M
6	2^6	1000000	64	30	2^{30}	1000000000000000000000000000000	1073741824=1G

如果计算十进制数 357 的二进制表示，则可以考虑 357 大于 256 且小于 512，计算过程如下：

$$(357)_{10} = 256 + 101$$

101 大于 64 且小于 128，故：

$$(357)_{10} = 256 + 64 + 37$$

37 大于 32 且小于 64，故：

$$(357)_{10} = 256 + 64 + 32 + 5$$

5 可以写成 4 和 1 的和，故：

$$(357)_{10} = 256 + 64 + 32 + 4 + 1$$
$$= 2^8 + 2^6 + 2^5 + 2^2 + 2^0$$
$$= (101100101)_2$$

3．十进制数转换为八进制数和十六进制数

对整数部分"连续除以基数，逆向取余"，对小数部分"连续乘以基数，正向取整"的转换方法可以类似地推广到十进制数到任意 N 进制数的转换中，这时的基数要用十进制数表示。例如，整数部分"连续除以 8，逆向取余"和小数部分"连续乘以 8，正向取整"的方法可以实现由十进制数向八进制数的转换；整数部分用"连续除以 16，逆向取余"和小数部分"连续乘以 16，正向取整"的方法可以实现由十进制数向十六进制数的转换。

【例 2.11】将十进制数 369 转换为八进制数和十六进制数的计算过程如下：

$$
\begin{array}{c|c|c}
 & & \text{余数} \\
8 & 369 & 1 \\
8 & 46 & 6 \\
8 & 5 & 5 \\
 & 0 &
\end{array}
\qquad
\begin{array}{c|c|c}
 & & \text{余数} \\
16 & 369 & 1 \\
16 & 23 & 7 \\
16 & 1 & 1 \\
 & 0 &
\end{array}
$$

所得结果为$(369)_{10}=(561)_8=(171)_{16}$

【例 2.12】将十进制数 0.8 转换为八进制数和十六进制数的计算过程如下：

	小数部分	整数部分		小数部分	整数部分
$0.8\times8=6.4$	0.4	6	$0.8\times16=12.8$	0.8	12
$0.4\times8=3.2$	0.2	3	$0.8\times16=12.8$	0.8	12
$0.2\times8=1.6$	0.6	1	$0.8\times16=12.8$	0.8	12
$0.6\times8=4.8$	0.8	4	$0.8\times16=12.8$	0.8	12
$0.8\times8=6.4$	0.4	6	$0.8\times16=12.8$	0.8	12

若要求保留 4 位小数，则运算到第 5 位。所得结果为$(0.8)_{10}=(0.6314)_8=(0.CCCD)_{16}$，十六进制表示的最后一位有进位，由原来的 12 变成 13。

4．八进制数和十六进制数与二进制数之间的转换

由于 3 位二进制数所能表示的状态有 8 个，因此 1 位八进制数与 3 位二进制数之间有着一一对应的关系，可以将 1 位八进制数转换为 3 位二进制数。在将八进制数转换成二进制数时，只需将每 1 位八进制数码用 3 位二进制数码代替即可。

0　　000
1　　001
2　　010
3　　011
4　　100
5　　101
6　　110
7　　111

【例 2.13】$(363.06)_8=(\underline{011}\,\underline{110}\,\underline{011}\,.\,\underline{000}\,\underline{110})_2$。

为了便于阅读，这里在数字之间特意添加了千分空与下画线。若要将二进制数转换成八进制数，只需从小数点开始，分别向左和向右每 3 位分成一组，最后不够 3 位的需要补 0，用 1 位八进制数码代替 3 位二进制数码即可。

【例 2.14】$(11110010.00100101)_2=(\underline{011}\,\underline{110}\,\underline{010}\,.\,\underline{001}\,\underline{001}\,\underline{010})_2=(362.112)_8$。

注意：整数部分的最后一组如果不足 3 位，则应该在前边用 0 补足 3 位再进行转换；小数部分最后一组如果不足 3 位，则应该在尾部用 0 补足 3 位再进行转换。

与八进制数类似，1 位十六进制数与 4 位二进制数之间也有着一一对应的关系。在将十六进制数转换成二进制数时，只需将每 1 位十六进制数码用 4 位二进制数码代替即可。

【例 2.15】$(6F.0C)_{16}=(\underline{0110}\,\underline{1111}\,.\,\underline{0000}\,\underline{1100})_2=(1101111.000011)_2$。

在将二进制数转换成十六进制数时，只需从小数点开始，分别向左和向右每 4 位为一组用 1 位十六进制数码代替即可。整数部分的最后一组如果不足 4 位，则应该在前边用 0 补足 4 位再进行转换；小数部分的最后一组如果不足 4 位，则应该在尾部用 0 补足 4 位再进行转换。

【例 2.16】$(10010110.101011)_2=(\underline{1001}\,\underline{0110}\,.\,\underline{1010}\,\underline{1100})_2=(96.AC)_{16}$。

5．常用进制的对应关系

通常，十进制数转换成八进制数、十六进制数，可以直接通过整数部分"连续除以基数，逆向取余"和小数部分"连续乘以基数，正向取整"的方法实现，也可以先将其转换为二进制数，再将二进制数转换成需要的进制数，反之亦然。

常用进制的数码和基数如表 2.6 所示。

表 2.6　常用数制的数码和基数

进制	十进制	二进制	八进制	十六进制
基数	10	2	8	16
数码	0～9	0、1	0～7	0～9、A、B、C、D、E、F

常用二进制数、八进制数、十进制数、十六进制数之间的转换如表 2.7 所示。

表 2.7　常用二进制数、八进制数、十进制数、十六进制数之间的转换

十 进 制 数	二 进 制 数	八 进 制 数	十六进制数
0	0	0	0
1	1	1	1
2	10	2	2
3	11	3	3
4	100	4	4
5	101	5	5
6	110	6	6
7	111	7	7
8	1000	10	8
9	1001	11	9
10	1010	12	A
11	1011	13	B
12	1100	14	C
13	1101	15	D
14	1110	16	E
15	1111	17	F

2.2　计算机数据存储的组织形式

目前计算机的应用已渗透到人们生产生活的方方面面，人们几乎无时无刻不在直接或间接使用计算机。计算机最主要的功能就是计算、处理和显示数据。计算机所处理的数据，无论是哪方面的数据还是哪类的数据，在计算机内部都是以二进制的形式存储的。

一串二进制数，既可以表示数字，也可以表示字符、汉字、图形/图像、音频、视频等。每串不同的二进制数所表示的信息含义可以各不相同。那么，在计算机处理数字数据时，计算机内部的数据是如何存储的？数据存储的组织形式是什么样的？

2.2.1　数据的存储单位

数据可以存储在计算机的物理存储介质中，如内存、硬盘、U 盘等，计算机中数据的常用存储单位有位、字节和字。

1．位（bit）

位是计算机存储设备的最小存储单位，英文名称为"bit"，音译为"比特"，表示二进制数中的一位。一位二进制位可以表示两种不同的状态，即"0"或"1"，随着二进制位数的增多，所能表示的状态就越多。这里的状态"0"或"1"只表示信息的符号，其具体的含义则需要联系当前的具体应用确定，其有时候表示数值，有时候表示真假，还可以表示其他信息。

2．字节（Byte）

字节是计算机中用于描述存储容量和传输容量的一种计量单位，英文名称为"Byte"，简写为"B"，音译为"拜特"。8 位二进制位编为一组，被称为 1 字节，即 1B=8bit。通常人们所说的计算机内存大小为 2GB 中的 B 指的就是字节，表示该计算机内存储器容量为 2G 字节，即 2×2^{30} 字节。可以理解为，这个内存储器由 2×2^{30} 个存储单元构成，并且每个存储单元中包含 8 位二进制信息。在计算机内部，数据的传递一般是按照字节的倍数进行的。

3．字长

一般而言，在同一时间内，计算机的一个处理单元能够处理的一组二进制数被称为一个计算机的"字"，而这组二进制数的位数就是"字长"。处理单元处理的可以是指令，也可以是数据。字长是计算机进行数据存储和数据处理的单位。字长是计算机的一个重要技术指标，直接反映了一台计算机的计算精度。字长总是 8 的整数倍，也就是字节的整数倍，通常个人计算机的字长为 16 位（早期）、32 位、64 位，也就是常说的 16 位机、32 位机、64 位机。字长是 CPU 的主要技术指标之一，是 CPU 一次能并行处理的二进制位数。在其他指标相同时，字长越大计算机处理数据的速度就越快。目前市面上的计算机的处理器大部分已达到 64 位。

通常，一个字的每一位自右向左依次编号。例如，16 位机各位依次编号为 $b_0 \sim b_{15}$；32 位机各位依次编号为 $b_0 \sim b_{31}$；64 位机各位依次编号为 $b_0 \sim b_{63}$。

位、字节和字长之间的关系如图 2.1 所示。

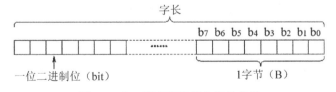

图 2.1　位、字节和字长之间的关系

2.2.2　存储设备

1．概述

计算机中用来存储数据的设备被称为计算机的存储设备，常见的存储设备主要包括内存、硬盘、U 盘等。无论是哪一种存储设备，其最小存储单位都是位，存储数据的基本单位都是字节，即数据是按字节进行存放的。

2．存储单元

存储单元是 CPU 访问存储器的基本单元。目前的计算机都是以 8 位二进制信息为一个存储单元的，即将 1 字节作为计算机最基本的存储单位。但将一个数据作为一个整体进行存取时，它一定被放在 1 字节或几字节中。物理存储单元的特点：只有将新的数据送入存储单元时，该存储单元的内容才会用新值替代旧值，否则，永远保持原有数据。

3．存储容量

存储容量是指存储器中可以容纳的二进制信息量，是衡量计算机存储能力的重要指标。存储容量通常用字节进行计量和表示，常用的单位有 B、KB、MB、GB、TB 等。

内存容量是指计算机的随机存储器（RAM）的容量，是内存条的关键参数，通常内存容量为 1GB、2GB、4GB、8GB、16GB 等。外存多以硬盘、U 盘为主，每个设备所能容纳的总字节数被称为外存容量，如 500GB、1TB、2TB 等。

常用的存储单位和它们之间的对应关系如表 2.8 所示。

表 2.8　常用的存储单位和它们之间的对应关系

存储单位	对应关系	数量级	备注
bit（位）	1bit=一位二进制位	$1bit=2^0$（10^0）	"0" 或 "1"
B（字节）	1B=8bit	$1B=2^3$	
KB（千字节）	1KB=1024B	$1K=2^{10}$（10^3）	
MB（兆字节）	1MB=1024KB	$1M=2^{20}$（10^6）	
GB（吉字节）	1GB=1024MB	$1G=2^{30}$（10^9）	超大规模
TB（太字节）	1TB=1024GB	$1T=2^{40}$（10^{12}）	海量数据
PB（拍字节）	1PB=1024TB	$1P=2^{50}$（10^{15}）	大数据

2.2.3　编址与地址

每个存储设备都是由一系列存储单元构成的，为了对存储设备中的存储单元进行有效管理，需要清楚地区别每个存储单元，对每个存储单元进行编号。这些都是由操作系统完成的，其中对存储单元进行编号的过程被称为编址，而存储单元的编号被称为存储单元的地址。

在计算机系统中，地址也是用二进制代码并且以字节为单位表示的，通常为了便于人类识别与应用，地址采用十六进制数表示。存储单元与地址之间是一一对应的关系，CPU 就是借助地址访问指定存储单元中的信息的，这些信息就是 CPU 操纵的指令或数据。存储体的结构与存储单元的地址如图 2.2 所示。

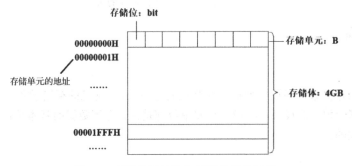

图 2.2　存储体的结构与存储单元的地址

2.3　数字数据的二进制表示

在现实生活中，数字的出现伴随而来的是数值计算问题，如计算时间、计算成绩、计算收益等，其计算结果为一个确切的数值，而且数值有正、负之分。在数学中，这些数值通常用"+""–"符号表示其正、负值，放在数值的最左边，并且"+"符号通常可以省略，有时还会遇到带有小数点的数。

因为计算机只能存放二进制数，所以所有信息在计算机内部都是以二进制代码的形式存放的。换言之，一切输入到计算机中的数据，都会变换成由"0"和"1"两个数字组合而成的形式，包含数值的"+"和"–"符号。

通常，在计算机内部，使用二进制数字"0"表示正数，使用二进制数字"1"表示负数，放在数的最左边。人们将符号位和数值位一起编码来表示相应的数，这种编码被称为机器数或机器码，原来的数值被称为机器数的真值。例如，对数字+10 和-10 而言，由于$(10)_{10}=(1010)_2$，如果用 1 字节表示，则机器数及其真值如图 2.3 所示。

图 2.3　机器数与真值

2.3.1　数的定点和浮点表示

计算机中常用的带小数点的数有两种表示格式：一种是定点格式；另一种是浮点格式。定点数和浮点数的区别在于，在计算机中数的小数点的位置是固定的还是浮动的：如果数的小数点的位置是固定的，则其为定点数；如果数的小数点的位置是浮动的，则其为浮点数。

计算机中常用的定点数有两种，即定点纯整数和定点纯小数。将小数点固定在数的最低位之后，就是定点纯整数。格式如下：

将小数点固定在符号位之后、最高数值位之前，就是定点纯小数。格式如下：

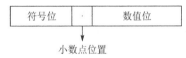

其实，类似于指数表示法，一个十进制数可以表示成一个纯小数与一个以 10 为底的纯整数次幂的乘积。

【例 2.17】$(623.45)_{10}$ 可表示为 $0.62345×10^3$。同理，一个任意二进制数 N 可以表示为

$$N = S × 2^J$$

式中，S 被称为尾数，是二进制纯小数，表示 N 的有效数位；J 被称为 N 的阶码，是二进制纯整数，指明了小数点的实际位置，改变 J 的值就可以改变数 N 的小数点的位置。该式就是数的浮点表示形式，其中的尾数和阶码分别是定点纯小数和定点纯整数。

【例 2.18】二进制数 1101.11 的浮点数表示形式为 $0.110111×2^{100}$。

2.3.2　数的编码表示

在计算机系统内，有符号机器数通常有原码、反码和补码三种表示方式，方便了数字减

法运算的实现。

1. 原码

一般的数都有正、负之分，而计算机中只能存储 0 和 1 两种符号。为了使数字能够在计算机中进行存储和处理，还需要对数字的符号进行编码。基本方法是在数中增加一个符号位（一般将其安排在数的最高位之前），并用 0 表示数的正号，用 1 表示数的负号。

【例 2.19】二进制数+11100 在计算机中可存为 011100；二进制数-11100 在计算机中可存为 111100。

这种数值位部分不变，用 0 和 1 表示其符号得到的数的编码，被称为原码，原来的数被称为真值，其编码被称为机器数。

根据上述原码的定义和编码方法，数字 0 有两种编码形式，即 0000…0 和 100…0。对于带符号的整数而言，n 位二进制原码表示的数值范围为-$(2^{n-1}-1)$～+$(2^{n-1}-1)$。思考一下这是为什么。

例如，带符号的 8 位原码数值位表示的数值范围为从 0000000 到 1111111，即从 0 到 127，再加上符号位的表示，范围就是-127～+127。同理，16 位原码表示的整数范围为-32767～+32767。

用原码做加减法较为困难。这是因为当两个原码相加时，如果符号相同则数值相加，如果符号相反则数值相减，而在做减法时还要比较两数绝对值的大小，大数减去小数，最后还要为结果选择恰当的符号。

2. 补码和反码

为了简化运算操作，也为了把加法和减法统一起来以简化运算器的设计，计算机中也用到了其他的编码，主要有补码和反码。为了说明补码的原理，在此首先介绍数学中的同余概念。对于 A、B 两个数，若用一个正整数 K 去除，所得的余数相同，则称 A、B 对于模 K 是同余的（或称互补），即 A 和 B 在模 K 的意义下相等，记作 $A=B(\text{MOD } K)$。

例如，$A=28$，$B=38$，$K=10$，用 K 去除 A、B，余数都是 8，28 MOD 10＝38 MOD 10=8，记作 28=38(MOD 10)。

在实际生活中，如在对时钟校对时间时，将时针顺时针方向拨 8 小时与反时针方向拨 4 小时效果是相同的，即加上 8 和减去 4 是一样的。这是因为在时钟表盘上只有 12 个计数状态，即其模为 12，故有 8＝-4(MOD 12)。

在计算机中，运算器的位数（字长）总是有限的，即模存在，可以利用补数实现加减法之间的相互转换。下面仅给出求反码和补码的算法和应用举例。

求反码的计算方法如下。

对于正数，其反码和原码一致；对于负数，其原码的符号位保持为 1 不变，将其他位按位求反即可，即将 0 换为 1，将 1 换为 0。

【例 2.20】+0101100 的原码为 00101100，反码为 00101100；

-0101100 的原码为 10101100，反码为 11010011；

-0.0101100 的原码为 1.0101100，反码为 1.1010011；

+0.0101100 的原码为 0.0101100，反码为 0.0101100。

求补码的计算方法如下。

对于正数，其补码和原码一致；对于负数，先求其反码，再在反码最低位加"1"（称为末位加 1）。

【例 2.21】+0101100 的原码为 00101100，反码为 00101100，补码为 00101100；

-0101100 的原码为 10101100，反码为 11010011，补码为 11010100；

-0.0101100 的原码为 1.0101100，反码为 1.1010011，补码为 1.1010100；

+0.0101100 的原码为 0.0101100，反码为 0.0101100；补码为 0.0101100。

【例 2.22】计算数字 35、-78、47、-99 的原码、反码和补码（数字用 8 位二进制数表示）。

$$35=32+2+1=2^5+2^1+2^0$$

因此，35 的原码为 0010 0011。因为正数的反码和补码与原码一样，故 35 的反码为 0010 0011，补码为 0010 0011。

$$78=64+8+4+2=2^6+2^3+2^2+2^1$$

因此，-78 数字的原码表示为 1100 1110。因为负数的反码为符号位不变，数值位取反，其反码表示为 1011 0001。又因为负数的补码是在反码基础上加一，故-78 的补码为 1011 0010。

$$47=32+8+4+2+1=2^5+2^3+2^2+2^1+2^0$$

因此，47 的原码为 0010 1111，反码为 0010 1111，补码为 0010 1111。

$$99=64+32+2+1=2^6+2^5+2^1+2^0$$

因此，-99 的原码为 1110 0011，反码为 1001 1100，补码为 1001 1101。

表 2.9 列出了一些数值的二进制表示及其原码、反码和补码（仅以 8 位编码为例）的对照例子。

表 2.9 真值、原码、反码、补码的对照例子

十进制数	二进制数	原码	反码	补码	说明
+39	010 0101	0010 0101	0010 0101	0010 0101	定点正整数
-39	-010 0101	1010 0101	1101 1010	1101 1011	定点负整数
-89	-101 1001	1101 1001	1010 0110	1010 0111	定点负整数
89	101 1001	0101 1001	0101 1001	0101 1001	定点正整数
88	101 1000	0101 1000	0101 1000	0101 1000	定点正整数
-88	-101 1000	1101 1000	1010 0111	1010 1000	定点负整数
-25	-1 1001	1001 1001	1110 0110	1110 0111	定点负整数
+0.75	0.11	0110 0000	0110 0000	0110 0000	定点正小数
-0.75	-0.11	1110 0000	1001 1111	1010 0000	定点负小数
0.25	0.01	0010 0000	0010 0000	0010 0000	定点正小数
-0.25	-0.01	1010 0000	1101 1111	1110 0000	定点负小数
-0.375	-0.011	1011 0000	1100 1111	1101 0000	定点负小数

表 2.9 中的数据如果是正数，则其原码、反码、补码是一致的；如果是负数，按照原码、反码、补码的计算顺序可以得出最终的补码表示形式。对一个负数的补码再次求补就可以得到对应的原码。

3. 补码运算

在计算机中，补码是一种重要的编码形式，因为采用补码后，可以方便地将减法运算转换成加法运算，使运算过程得到简化。补码的加减法运算有以下规律。

（1）补码的加法。补码加法运算的基本规则是 $[X+Y]_补=[X]_补+[Y]_补$。采用补码进行运算，所得结果仍为补码。

（2）补码的减法。补码减法运算的基本规则是 $[X-Y]_补=[X]_补+[-Y]_补$。当采用补码进行运算时，可以将减法直接转换成加上相反数的形式，所得结果仍为补码。

【例 2.23】利用计算机计算 20+16（=36），结果用 8 位二进制数表示。

计算过程如下。

首先将十进制数 20 和 16 利用十进制整数"连续除以基数 2，逆向取余"的方法转换为二进制数，结果为

$$(20)_{10}=(10100)_2，(16)_{10}=(10000)_2$$

假设机器字长为 8 位，由于正数的补码与原码一致，因此十进制数 20 的 8 位二进制补码表示形式为 00010100；十进制数 16 的 8 位二进制补码表示形式为 00010000。

由式$[20+16]_补=[20]_补+[16]_补$可得 8 位补码计算的竖式如下：

$$\begin{array}{r} 00010100 \\ +\ 00010000 \\ \hline 00100100 \end{array}$$

结果的符号位为 0，即和为正数，其补码与原码一致。转换为十进制数为 36，运算结果正确。

【**例 2.24**】利用计算机计算 16-20（=-4），结果用 8 位二进制数表示。

首先将十进制数 20 和 16 利用十进制整数"连续除以基数 2，逆向取余"的方法转换为二进制数，结果为

$$(16)_{10}=(10000)_2，(20)_{10}=(10100)_2$$

16-20 可以写成 16+(-20)的形式，由减法转换为加法。假设机器字长为 8 位，由于正数的补码与原码一致，因此十进制数 16 的 8 位二进制补码表示形式为 00010000；十进制数-20 的 8 位二进制原码表示形式为 10010100，其反码符号位不变，数值取反，可表示为 11101011，那么补码表示形式为 11101100。

由式$[16-20]_补=[16]_补+[-20]_补$可得 8 位补码计算的竖式如下：

$$\begin{array}{r} 00010000 \\ +\ 11101100 \\ \hline 11111100 \end{array}$$

结果的符号位为 1，即差为负数。由于负数的补码与原码不一致，所以将差的补码再求补码可以得到其原码为 10000100，再转换为十进制数为-4，运算结果正确。

【**例 2.25**】利用计算机计算-35-27（=-62），结果用 8 位二进制数表示。

首先将十进制数 35 和 27 利用十进制整数"连续除以基数 2，逆向取余"的方法转换为二进制数，结果为

$$(35)_{10}=(100011)_2，(27)_{10}=(11011)_2$$
$$[35]_补=00100011，[27]_补=00011011$$
$$[-35-27]_补=[(-35)+(-27)]_补=[-35]_补+[-27]_补$$
$$[-35]_补=11011101，[-27]_补=11100101$$

$$\begin{array}{r} 11011101 \\ +\ 11100101 \\ \hline 11000010 \end{array}$$

结果中有最高位向上的进位 1，符号位为 1，即结果为负数。其补码为 11000010，结果的原码为 10111110，转换为十进制数为-62。

【**例 2.26**】利用计算机计算 20-16（=4），结果用 8 位二进制数表示。

计算过程如下。

首先将十进制数 20 和 16 利用十进制整数"连续除以基数 2，逆向取余"的方法转换为二进制数，结果为

$$(20)_{10}=(10100)_2，(16)_{10}=(10000)_2$$

假设机器字长为 8 位，由于正数的补码与原码一致，因此十进制数 20 的 8 位二进制补码表示形式为 00010100；十进制数 16 的 8 位二进制补码表示形式为 00010000。

十进制数-16 的 8 位二进制补码表示形式为 11110000。

由式[20-16]$_{\text{补}}$= [20]$_{\text{补}}$+[-16]$_{\text{补}}$可得 8 位补码计算的竖式如下：

$$\begin{array}{r} 00010100 \\ +\ 11110000 \\ \hline 00000100 \end{array}$$

结果中有最高位向上的进位 1，符号位为 0，即和为正数，其补码与原码一致。转换为十进制数为 4，运算结果正确。

注：相反数的补码，是原数的补码连同符号位和数值位一起取反，然后末尾加 1。

【例 2.27】相反数的补码。

[16]$_{\text{补}}$=00010000，[-16]$_{\text{补}}$=11110000；

[35]$_{\text{补}}$=00100011，[-35]$_{\text{补}}$=11011101；

[27]$_{\text{补}}$=00011011，[-27]$_{\text{补}}$=11100101；

[-20]$_{\text{补}}$=11101100，[20]$_{\text{补}}$=00010100。

2.3.3　计算机中数的浮点表示

在计算机系统的发展过程中，人们提出过多种表达实数的方法。例如，数的定点表示方法，这种表示方法将小数点的位置固定在某个位置处，如 11001000.00110001，这个 16 位（2 字节）的定点数用前面 8 位表示整数部分，后面 8 位表示小数部分，这种表示方法直观，但是固定的小数点位置决定了固定位数的整数部分和小数部分，不适用于表达特别大的数或特别小的数。数的浮点表示方法利用科学计数法来表达实数，即用一个尾数（Mantissa or Significand）、一个基数（Base）、一个指数（Exponent）及一个表示正负的符号来表达实数。例如，123.45 用十进制科学计数法可以表达为 1.2345×10^{2}，其中 1.2345 为尾数，10 为基数，2 为指数。浮点数利用指数实现了浮动小数点的效果，从而可以灵活地表达更大范围的实数。

计算机中数的浮点表示，是指由阶码和尾数两个数字表示浮点。尾数用定点小数的形式表示，尾数部分给出有效数字的位数，进而决定了浮点数的表示精度。阶码用整数表示，它决定了小数点在数据中的位置，进而决定了浮点数的表示范围。从原则上讲，阶码和尾数都可以任意选用原码、补码或反码表示，这里仅简单举例说明采用补码表示的定点纯整数表示阶码、采用补码表示的定点纯小数表示尾数的浮点表示方法，格式如下：

E_S	E_1-E_2 $\cdots$ E_m	M_S	M_1-M_2 $\cdots$ M_n
阶符	← 阶码 →	数符	← 尾数 →

整个浮点数由阶符、阶码、数符和尾数组成。例如，在 IBM PC 系列微机中，采用 4 字节存储一个实型数据，其中阶码占 1 字节，尾数占 3 字节。阶码的符号（简称阶符）和数值的符号（简称数符）各占一位，并且阶码和尾数均为补码形式。

【例 2.28】计算十进制数 128.8125 的浮点表示形式，并写出其浮点表示格式。

计算过程如下。

（1）计算十进制数的二进制表示形式。

整数部分：

	余数
2⌉128	0
2⌉64	0
2⌉32	0
2⌉16	0
2⌉8	0
2⌉4	0
2⌉2	0
2⌉1	1
0	

逆向取余后的结果为 10000000。

小数部分：

	小数部分	整数部分
0.8125×2=1.6250	0.6250	1
0.6250×2=1.2500	0.2500	1
0.2500×2=0.5000	0.5000	0
0.5000×2=1.0000	0	1

正向取整后的结果为 1101。

将整数部分和小数部分合并，得到十进制数 128.8125 的二进制表示形式，即
$$(128.8125)_{10}=(10000000.1101)_2$$

（2）将二进制表示形式通过小数点的移位转换为尾数和阶码的浮点表示形式，即
$$(128.8125)_{10}=(10000000.1101)_2=(0.100000001101×2^{1000})_2$$

（3）因为阶码和尾数均为正数，所以可直接写出其浮点表示格式，即

<u>0</u>　000 1000　<u>0</u> 100000 01101000 00000000

　阶符　　阶码　数符　　尾数

【例 2.29】计算十进制数 -0.328125 的浮点表示形式，并写出其浮点表示格式。

计算过程如下。

（1）计算十进制数的二进制表示形式。

因为该数值只有小数部分，所以只需完成小数部分的转化：

	小数部分	整数部分
0.328125×2=0.656250	0.656250	0
0.656250×2=1.312500	0.312500	1
0.312500×2=0.625000	0.625000	0
0.625000×2=1.250000	0.250000	1
0.250000×2=0.500000	0.500000	0
0.500000×2=1.000000	0.000000	1

根据转换结果，可得出十进制数 -0.328125 的二进制表示形式，即
$$(-0.328125)_{10}=(-0.010101)_2$$

（2）将二进制表示形式通过小数点的移位转换为尾数加阶码的浮点表示形式，即
$$(-0.328125)_{10}=(-0.010101)_2=(-0.10101×2^{-1})_2$$

（3）因为阶码和尾数均为负数，所以还需要求出其补码。

尾数的原码为 1　1010100　00000000　00000000。

根据补码计算规则，先求得反码为 1　0101011　11111111　11111111，再求得补码表示形式为 1　0101100　00000000　00000000。

阶数的原码为 1　0000001。

根据补码计算规则，先求得反码为 1　1111110，

再求得补码为 1　1111111。

（4）根据尾数和阶码的补码表示形式，可直接写出其浮点表示格式，即

$$1\quad 1111111\quad\quad 1\ 0101100\ 00000000\ 00000000$$

阶符　阶码　　数符　　　尾数

由此可知，当数字浮点数编码时，必须按规定写足位数，必要时可补写 0 或 1。另外，为了充分利用编码表示更高的数据精度，计算机中采用了"规格化"的浮点数概念，即尾数小数点的后一位必须非 0。对于用补码表示的尾数而言，正数小数点的后一位必须是 1，负数小数点的后一位必须是 0。否则就左移一次尾数，阶码减一，直到符合规格化要求为止。

拓展阅读： 查阅 IEEE 754 标准并理解其中浮点数的表示方法。

在制定 IEEE 754 标准之前，业界没有一个统一的浮点数标准。很多计算机制造商根据自己的需要来设计浮点数表示规则，以及浮点数的运算细节。另外，他们常常并不太关注运算的精确性，而把运算的速度和简易性看得比运算的精确性更重要，这就给代码的可移植性造成了很大的障碍。

由于 Intel 公司的 KCS 浮点数格式完成得非常出色，因此 IEEE（Institute of Electrical and Electronics Engineers，电气与电子工程师协会）决定采用一个非常接近 KCS 浮点数格式的方案作为 IEEE 的标准浮点数格式。于是，IEEE 于 1985 年制定了二进制浮点运算标准 IEEE 754（IEEE Standard for Binary Floating-Point Arithmetic，ANSI/IEEE Std 754-1985），该标准限定指数的底为 2，并于同年被美国引用，作为 ANSI 标准。目前，几乎所有的计算机都支持 IEEE 754 标准，该标准大大地改善了科学应用程序的可移植性。

考虑 IBM System/370 的影响，IEEE 于 1987 年推出了与底数无关的二进制浮点运算标准 IEEE 854，并于同年被美国引用，作为 ANSI 标准。1989 年，IEC 批准 IEEE 754/854 为国际标准 IEC 559:1989。后来经修订，标准号改为 IEC 60559。现在，几乎所有的浮点处理器完全或基本支持 IEC 60559。同时，C99 的浮点运算也支持 IEC 60559。IEEE 754 标准从逻辑上用三元组 $\{S,E,M\}$ 来表示一个数 V，如下所示：

S（符号位）	E（指数位）	M（有效数字位）

其中，S 决定数是正数（$S=0$）还是负数（$S=1$），而对于数值 0 的符号位解释则作为特殊情况处理。有效数字位 M 是二进制小数，它也被称为尾数位、系数位，甚至还被称为小数位。指数位 E 是 2 的幂，它的作用是对浮点数加权。

IEEE 754 标准规定的 32 位浮点数和 64 位双精度浮点数格式如下。

32 位浮点数：

S（1 位）	E（8 位）	M（23 位）

64 位双精度浮点数：

S（1 位）	E（11 位）	M（52 位）

在 32 位浮点数中，S 是浮点数的符号位，占 1 位，安排在最高位，S 等于 0 表示正数，S 等于 1 表示负数。M 是尾数，放在低位部分，占 23 位，小数点位置放在尾数域最左（最高）有效位的右

边。E 是阶码，占 8 位，阶符采用隐含的方式表示，即采用移码方法来表示正、负指数。若采用这种方式，则在将浮点数的指数真值 e 变成阶码 E 时，应将指数 e 加上一个固定的偏置常数 127，即 $E=e+127$。一个规格化的 32 位浮点数真值为 x 的表示为

$$x=(-1)^S\times(1.M)\times2^{E\text{-}127}$$

其中，尾数所表示的值是 $1.M$。由于规格化的浮点数的尾数域最左（最高）有效位总是 1，因此这一位无须存储，认为其隐藏在小数点的左边。于是用 23 位字段可以存储 24 位有效数。对于单精度的浮点数 N：

（1）若 E 为 11111111 且 $M\neq0$，则 N=NaN。符号 NaN 为 Not a Number，表示不是一个数字，无定义数据。

（2）若 E 为 11111111 且 $M=0$，即阶码为全 1 且尾数为全 0，则表示 N 为无穷大，结合符号位 S 为 0 或 1，分别表示正无穷大和负无穷大。

（3）若 E 为 00000000 且 $M=0$，即阶码为全 0 且尾数为全 0，则表示 N 为 0，同样结合符号位 S 为 0 或 1，有正 0 和负 0 之分。

（4）若 E 不为全 1，也不为全 0，则 N 是规格化的浮点数，即 $N=(-1)^S\times(1.M)\times2^{E\text{-}127}$。对于规格化的浮点数，阶码 E 的范围为 1 到 254，即指数 e 值为-126 到 127。因此，浮点数表示的绝对值范围为 10^{-38} 到 10^{38}。

（5）若 $E=0$ 且 $M\neq0$，则 $N=(-1)^S\times(0.M)\times2^{-126}$，是非规格化数字。

64 位的双精度浮点数，符号位占 1 位，阶码位占 11 位，尾数位占 52 位，其指数的偏置为 1023，因此规格化的 64 位双精度浮点数 x 的数值为

$$N=(-1)^S\times(1.M)\times2^{E\text{-}1023}$$

2.4　文本数据的二进制表示

在计算机中，各种数据都是以二进制形式组织、存储的，计算机编码是指对输入到计算机中的各种数值和非数值数据用二进制数进行编码。不同类型的机器、不同类型的数据，其编码方式和规律也不相同。为了方便数据的表示、交换、存储和加工处理，计算机系统通常采用统一的编码方式，因此制定了计算机内部编码的国家标准或国际标准，针对文字、字符的编码标准有 ASCII 码（American Standard Code for Information Interchange，美国标准信息交换码）、汉字编码等。计算机就是通过这些编码在计算机与外部设备之间或计算机与计算机之间进行信息交换的。

一个文本文档可以被分解为段落、句子、词和最终的单个字符，若要用二进制数形式表示文本文档，则须表示文本文档中可能出现的每个字符。文本文档是连续模拟的实体，独立的字符则是离散的元素，它们才是我们表示并存储在计算机内存中的东西。

要表示的字符数是有限的。一种表示字符的普通方法就是列出所有字符，然后赋予每个字符一个二进制字符串，如要存储一个特定的字母，我们将保存它对应的位串。那么需要表示哪些字符呢？在英语中有 26 个字母，但必须区别大写字母和小写字母，所以实际上有 52 个英文字母。与数字 0～9 一样，各种标点符号也需要表示，即使空格也需要有自己的表示形式。对于非英文语言又如何表示呢？一旦考虑这一点，我们想要表示的字符数就会大大增多，需要用多长的位串表示取决于要表示的字符集。字符集是字符及表示它们的代码清单。在计算机领域处于主导地位的字符集有 ASCII 字符集和 Unicode 字符集。

2.4.1　ASCII 字符集

字符编码是指对输入到计算机中的字符进行二进制编码。国际上广泛采用的字符编码是 ASCII 码。

字符实际是计算机中使用最为广泛的非数值型数据，包括在英语语系中用到的 52 个字母（大、小写字母各 26 个）、10 个数字符号、32 个数学运算符号和其他标点符号等，再加上用于打字机控制的无图形符号等，共计 128 个字符。因为 1 位二进制数可以表示 2 种状态，即 0 或 1（$2^1=2$）；2 位二进制数可以表示 4 种状态，即 00、01、10 或 11（$2^2=4$）；依次类推，128 个字符编码需要用 7 位二进制数来表示，因为 $2^7=128$。因此，ASCII 码有 7 位和 8 位代码两种形式，7 位 ASCII 码就用 7 位二进制数进行编码，刚好可以表示 128 个字符。

ASCII 字符集如表 2.10 所示，128 个字符分配情况为：0～32 及 127（共 34 个）为特殊控制字符，主要用于实现换行、回车等功能；33～126（共 94 个）为可显示字符，其中 48～57 为 0～9 十个数字符号，65～90 为 26 个英文大写字母，97～122 为 26 个英文小写字母，其余的为一些标点符号、运算符号等。

表 2.10　ASCII 字符集

b3b2b1b0	b6b5b4							
	000	001	010	011	100	101	110	111
0000	NUL	DLE	SP	0	@	P	`	p
0001	SOH	DC1	!	1	A	Q	a	q
0010	STX	DC2	"	2	B	R	b	r
0011	ETX	DC3	#	3	C	S	c	s
0100	EOT	DV4	$	4	D	T	d	t
0101	ENQ	NAK	%	5	E	U	e	u
0110	ACK	SYN	&	6	F	V	f	v
0111	BEL	ETB	'	7	G	W	g	w
1000	BS	CAN	(	8	H	X	h	x
1001	HT	EM	)	9	I	Y	i	y
1010	LF	SUB	*	:	J	Z	j	z
1011	VT	ESC	+	;	K	[	k	{
1100	FF	FS	,	<	L	\	l		
1101	CR	GS	-	=	M	]	m	}
1110	SO	RS	.	>	N	^	n	~
1111	SI	US	/	?	O	_	o	DEL

虽然 ASCII 码是 7 位编码，但由于计算机基本处理单位为字节（1B = 8bit），所以一般仍以 1 字节来存放一个 ASCII 字符。每字节中多余出来的一位（最高位）在计算机内部通常保持为 0（在数据传输时可用作奇偶校验位）。

2.4.2　Unicode 字符集

ASCII 字符集可以表示 128 个不同的字符，ASCII 字符集的扩展版本可以表示 256 个字符，虽然足够用来表示英语，但是无法满足国际需要，这种局限性促使了 Unicode 字符集的出现，Unicode

字符集具有更强大的国际影响力。Unicode 的创建者的目标是表示世界上使用的所有语言中的所有字符，包括亚洲的表意符号，以及许多补充的专用字符，如科学符号。Unicode（又称统一码、万国码、单一码）是计算机科学领域里的一个业界标准，包括字符集、编码方案等。Unicode 是为了解决传统的字符编码方案的局限性而产生的，它为每种语言中的每个字符设定了统一且唯一的二进制代码，以满足跨语言、跨平台进行文本转换、处理的要求。

Unicode 把所有语言都统一到一套编码里，这样就不会再有乱码问题了。现在，Unicode 字符集被许多程序设计语言和计算机系统采用。一般情况下每个字符的编码都为 16 位，但也十分灵活，如果需要的话每个字符都可以使用更多的空间，以便表示额外的字符。Unicode 字符集的一个方便之处就是，它把 ASCII 字符集作为一个子集，原有的英文编码从单字节变成双字节，只需把高字节全部填 0 即可。

2.4.3　汉字编码

汉字是世界上使用较多的文字，是联合国的工作语言之一，汉字编码处理的研究对计算机在我国的推广应用和加强国际交流是十分重要的。汉字属于图形符号，结构复杂，多音字和多义字比例比较大，并且汉字数量较多（据统计，字形各异的汉字有 50 000 个左右，常用的也有 7000 个左右）。西方文字大多是拼音文字，基本符号较少，编码比较容易。汉字编码处理和西方文字有很大的区别，由于汉字数量多，编码比拼音文字困难，在键盘上难以表现，输入和处理都比较难，因此汉字的输入、处理、存储和输出都需要使用不同的编码。

1．输入码

输入码也被称为机外码，主要解决如何使用西方文字标注键盘将汉字输入到计算机中的问题。使用键盘输入汉字用到的汉字输入码现在已经有数百种，实现商品化的也有数十种，广泛应用的输入法有五笔字型码、全/双拼音码、自然码等。汉字输入码归纳起来可分为数字码、拼音码、字形码和自然码。

（1）数字码。数字码以区位码、电报码为代表，一般用 4 位十进制数表示一个汉字，每个汉字的编码唯一。其主要问题在于记忆困难。

（2）拼音码。拼音码是按照拼音规则输入汉字的，不需要特殊记忆，符合人们的思维习惯和使用习惯，只要会拼音即可输入汉字。拼音码又分全拼和双拼，基本上无须记忆，但重音字太多。为此又提出双拼双音、智能拼音和联想等解决方案，推进了拼音汉字编码的普及使用。常用的有智能ABC、微软拼音、搜狗拼音等。其主要问题一是同音字太多，重码率高，输入效率偏低；二是对不认识的生字难以处理。

（3）字形码。字形码是以汉字的形状确定的编码，即按照汉字的笔画用字母或数字进行编码。字形码以五笔字型为代表，包括八画、表形码等。其优点是重码率低，不受方言干扰，经过一定的训练输入汉字的效率会很高，适用于专业打字人员，而且不涉及拼音，不受发音影响；缺点是记忆量大。

（4）自然码。自然码将汉字的音、形、义都反映在其编码中，是混合编码的代表。

2．字形码（汉字字形库）

字形码是指文字信息的输出编码，即通常所说的汉字字形库，是使用计算机时显示或打印汉字的图像源。要在屏幕或打印机上输出汉字，就需要用到汉字的字形信息。目前表示汉字字形时常用点阵字形和矢量字库。

（1）点阵字形。点阵字形是指将汉字写在方格纸上，用 1 位二进制数表示一个方格的状态，有笔画经过记为"1"，否则记为"0"，因此称其为点阵。把点阵上的状态代码记录下来即可得到一个汉字的字形码。显然，同一个汉字用不同的字体或不同大小的点阵表示将得到不同的字形码。由于汉字笔画多，至少要用16×16的点阵（简称16点阵）才能描述一个汉字，这就需要256位二进制位，即要用32字节的存储空间来存放它。例如，汉字"你"的存储格式示意图如图2.4所示。若要更精确地描述一个汉字则需要更大的点阵，如24×24点阵（简称24点阵）或48×48点阵（简称48点阵）。将字形信息有组织地存放起来形成汉字字形库。一般16点阵字形用于显示，相应的汉字字形库被称为显示字库。

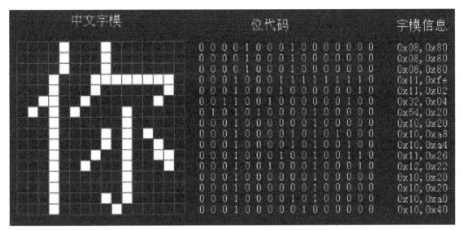

图2.4　汉字"你"的存储格式示意图

（2）矢量字库。矢量字库中每个字形都是通过数学曲线来描述的，首先抽取并存放汉字中每个笔画的特征坐标值，即汉字的字形矢量信息，包含字形边界上的关键点、连线的导数信息等，然后字体的渲染引擎读取这些数学矢量，通过一定的数学运算来进行渲染。这类字体的优点是字体实际尺寸可以任意缩放而不会变形、变色；缺点是每个汉字需要存储的字形矢量信息量有较大的差异，存储长度不一样，查找困难，在输出时需要占用较多的运算时间。

3．处理码

处理码也被称为机内码、汉字 ASCII 码、内码，是指计算机内部存储、处理和传输汉字时所用的由 0 和 1 符号组成的编码。输入码被接收后就由汉字操作系统的输入码转换模块转换为机内码，与所采用的键盘输入法无关。机内码是汉字最基本的编码，不管是什么汉字系统和汉字输入法，输入码在机器内部都要转换成机内码，只有这样才能进行存储和处理。

4．交换码

汉字的输入码、字形码和处理码都不是唯一的，因此不利于不同计算机系统之间的汉字信息交换。为此，人们引入了交换码。交换码是指不同的具有汉字处理功能的计算机系统之间，在交换汉字信息时所使用的代码标准。常见的交换码有如下几种。

（1）国标码（也称交换码 GB 2312）。

我国制定了 GB/T 2312—1980《信息交换用汉字编码字符集·基本集》，提供了统一的国家信息交换用汉字编码，即国标码。自国家标准 GB/T 2312—1980 公布以来，我国一直沿用该标准所规定的国标码作为统一的汉字信息交换码。该字符集中包含 6763 个汉字，按其使用频度不同分为一级汉字 3755 个和二级汉字 3008 个。一级汉字按拼音排序，二级汉字按部首排序。此外，该字符集中还包含标点、数种西文字母、图形、数码等符号 682 个。每个汉字或符号的编码占 2 字节，每字节的低 7 位为汉字编码,共计 14 位,最多可编码 16 384 个汉字和符号。

国标码规定了 94×94 的矩阵,即 94 个可容纳 94 个汉字的区,并将汉字在区中的位置称为位号。一个汉字所在的区号和位号合并起来就组成了该汉字的区位码。利用区位码可以方便地换算为国标码和机内码:

高位国标码 = 区号 + 20H

低位国标码 = 位号 + 20H

高位机内码 = 区号 + 20H + 80H

低位机内码 = 位号 + 20H + 80H

根据国标码的规定,每个汉字都有确定的二进制代码,这个代码在计算机内部进行处理时会与 ASCII 码发生冲突,为解决此问题,人们在国标码的每字节的首位加 1。上式中 +80H 的作用就是将每字节的最高位置"1"与基本的 ASCII 码区分开来。由于 ASCII 码只有 7 位,所以这个首位上的"1"就可以作为识别汉字代码的标志,计算机在处理到首位是"1"的代码时将其理解为汉字的信息,在处理到首位是"0"的代码时将其理解为 ASCII 码。上式中 +20H 是为了避开 ASCII 码的特殊控制字符。经过这样处理的国标码就是机内码。

汉字的机内码、国际码和区位码之间的关系如下:

区码+20H=(国标码前两位)$_{16}$

位码+20H=(国标码后两位)$_{16}$

(国标码前两位)$_{16}$+80H=(机内码前两位)$_{16}$

(国标码后两位)$_{16}$+80H=(机内码后两位)$_{16}$

区码+A0H=(机内码前两位)$_{16}$

位码+A0H=(机内码后两位)$_{16}$

将用十六进制数表示的机内码的前两位和机内码的后两位连起来,就得到完整的用十六进制数表示的机内码。在计算机内部,汉字代码都使用机内码,在磁盘上记录汉字代码也使用机内码。

除 GB/T 2312—1980 外,GB/T 7589—1987 和 GB/T 7590—1987 两个辅助集也对不常使用的汉字做出了规定,三者共定义汉字 21 039 个。

(2)Big5 码。Big5 码是针对繁体汉字的编码。目前在中国台湾、中国香港的计算机系统中应用普遍,每个汉字也是由 2 字节组成的。

(3)GBK 码。GBK 码是国标码的扩展字符编码,是针对多达 2 万多个简/繁汉字的编码。《汉字内码扩展规范(GBK)》由中华人民共和国全国信息技术标准化技术委员会于 1995 年 12 月 1 日制定。GB 表示国标,K 表示扩展。GBK 向下与国标码兼容,向上支持 ISO10646.1 国际标准【ISO 公布的一个编码标准,即 UCS(Universal Multipe-Octet Coded Character Set),是一个包括世界上各种语言的书面形式及附加符号的编码体系】,是前者向后者过渡过程中的一个承上启下的标准。GBK 采用双字节表示,共收录了 21 886 个汉字和图形符号,其中汉字有 21 003 个,图形符号有 883 个。

为满足信息处理的需要,在国标码的基础上,我国在 2000 年 3 月又制定了《信息技术·信息交换用汉字编码字符集·基本集的扩充》,共收录了 27 000 多个汉字,包括藏族、蒙古族、维吾尔族等主要少数民族的文字,采用单、双、四字节混合编码,总编码空间占 150 万个字符以上,基本解决了计算机汉字和少数民族文字的使用问题。

汉字各种编码之间的关系如图 2.5 所示。

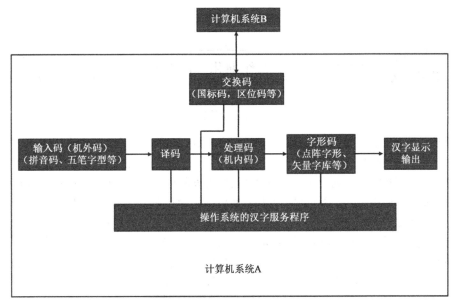

图 2.5 汉字各种编码之间的关系

2.5 音频、图像、视频信息的表示

在日常生活中，人们接触和使用较多的不仅有数字和文本信息，还有其他各类多媒体信息。多媒体是对多种媒体的综合，将音频、图像、视频等通过计算机技术和通信技术集成在一个数字环境中，以协同表示更多的信息。多媒体信息是指以音频、图像、视频等为媒体的信息。多媒体技术就是通过计算机对音频、图像、视频等各种信息进行存储和管理，使用户能够通过多种感官与计算机进行实时信息交流的技术。用计算机技术把音频、图像、视频等多种媒体综合起来，使多种信息建立逻辑连接，并对它们进行获取、压缩、加工处理及存储。多媒体信息编码是指使用二进制数表示音频、图像和视频等信息，也被称为多媒体信息的数字化。

2.5.1 音频信息的数字化表示

当一系列空气压缩振动传到我们的耳膜时，耳膜会给大脑发送一些信号，这样我们就听到了声音。因此，声音实际上是与耳膜交互的声波作用的结果。一个立体声系统通过把电信号发送到扬声器来制造声音，这种信号是声波的模拟信号。信号中的电压与声波成正比，扬声器接收到电信号后将引起膜振动，进而引起空气震动，从而引起耳膜震动，这样我们就听到了扬声器发出的声音。

要在计算机上表示音频信息，就必须把数字化声波分割成离散的、便于管理的片段。方法之一是数字化声音的表示方法，也就是采集表示声波的电信号，并用一系列离散的数值表示它。

声波是由机械振动产生的压力波。所以声音是由机械振动产生的，振动幅度越大，声音越大；振动频率越高，音调越高。人耳能听到的声音的频率范围为20Hz～20kHz，而人能发出的声音的频率范围为300～3000Hz。声音的主要参数是振幅和频率，波形的振幅表示声音的大小（音量），振幅越大，声音越大，反之声音越小；频率的高低表示声音音调的高低（平时称为高音、低音），两个波峰之间的距离越近，声音越尖锐（平时被称为高音），反之声音越低沉（平时被称为低音）。

要把声波（或声音）用数字表示，需要三个步骤，即采样、量化、编码。模拟音频的数字化过程如图2.6所示。

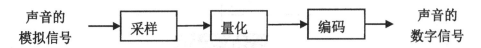

图2.6 模拟音频的数字化过程

（1）采样。采样也被称为抽样或取样，是模拟音频数字化的第一步，即对模拟信号进行周期性扫描，把时间上连续的模拟信号转换为时间上离散的信号。也就是在某些特定时刻对模拟信号进行幅度测量（采样），在这些特定时刻采样得到的信号被称为离散时间信号。采样时在时间轴上对模拟信号进行离散化，采样后所得出的一系列离散的抽样数值被称为样本序列。模拟信号经过采样后还应当包含原有信号中所有的信息，也就是说，能无失真地恢复原模拟信号。这就需要遵循一定的采样定律。

采样是指每隔一段时间在模拟波形上取一个幅度值，这样就把时间上连续的模拟信号变成了时间上离散的信号。该时间间隔称为采样周期，采样周期的倒数就是采样频率。声音的波形表示、采样与量化如图2.7所示，声音的模拟信号用曲线表示，在 t_k 时刻进行采样和量化，量化后的数据用点表示。

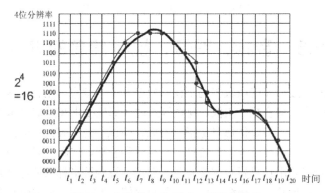

图2.7 声音的波形表示、采样与量化

采样频率即每钟的采样次数，采样频率越高，数字化音频的质量越高，但数据量也越大。根据奈奎斯特采样定律，在对模拟信号进行采样时，选用不低于该信号所含最高频率两倍的频率采样，才能基本保证原信号的质量。因此，目前普通声卡的最高采样频率通常为48kHz或44.1kHz，此外还支持22.05kHz和11.025kHz的采样频率。

（2）量化。量化是指将每个采样点得到的表示声音强弱的模拟电压的幅度值转为离散的、有限的数值。量化位数（采样精度）表示存放采样点振幅值的二进制位数，它决定了模拟信号数字化以后的取值空间。通常，量化位数有8位、16位，其中8位量化位数的精度有256个等级，即对应每个采样点的音频信号的幅度精度为最大振幅的1/256；16位量化位数的精度有65 536个等级，即对应每个采样点的音频信号的幅度精度为最大振幅的1/65 536。由此可见，量化位数越大，对音频信号的采样精度就越高，信息量相应越大。在相同的采样频率下，量化位数越大，采样精度越高，声音的质量越好，信息的存储量也相应越大。

（3）编码。编码是指将采样和量化后的数字数据以一定的格式记录下来。编码的方式很多，常用的编码方式是脉冲编码调制（Pulse Code Modulation，PCM），是根据语音振动幅度的取值分布频率进行量化的一种音频离散化方法。其主要优点是抗干扰能力强、失真小、传输特性稳定。

计算机系统中有多种流行的音频数据格式，常见的有 WAV 格式、MP3 格式、OGG 格式、WMA

格式等。有些编码在对音频信号编码的同时，也对音频信号进行了一定的数据压缩处理。

尽管所有格式的音频都是基于从模拟信号中采样得到电压值的，但是它们格式化信息细节的方式不同，采用的压缩技术也不同。MP3 格式的盛行主要源于它的压缩率比同时期的其他格式的压缩率高。

MP3 是 MPEG-1 Audio Layer 3 的缩写，其中 MPEG 是 Moving Picture Experts Group（活动图像专家组）的缩写，MPEG 是为数字音频和视频制定压缩标准的专家组。MP3 格式使用有损压缩和无损压缩两种压缩方法。首先，将分析频率展开，与人类心理声学（研究耳朵和大脑之间的关系）的数学模型进行比较；然后，舍弃那些人类听不到的信息，用赫夫曼编码进一步压缩得到的位流。网络上有很多可用的软件工具能帮助人们创建 MP3 文件。这些软件工具通常要求在把数据的格式转换成 MP3 格式之前，录制品是以某种通用格式（如 WAV 格式）存储的，这样可以使文件大大减小。

MPEG 的汉语意思为活动图像专家组，特指活动影音压缩标准，MPEG 音频文件是 MPEG1 标准中的声音部分，也叫 MPEG 音频层，它根据压缩质量和编码复杂程度划分为 3 层，即 Layer 1、Layer 2、Layer 3，分别对应 MP1、MP2、MP3 这 3 种声音文件，可根据不同的用途，使用不同层次的编码。

MPEG 音频编码的层次越高，编码器越复杂，压缩率也越高，MP1 和 MP2 的压缩率分别为 4:1 和 6:1～8:1，而 MP3 的压缩率则为 10:1～12:1，也就是说，一分钟 CD 音质的音乐，未经压缩需要 10MB 的存储空间，而经过 MP3 压缩编码后只需 1MB 左右的存储空间。不过 MP3 对音频信号采用的是有损压缩方式，为了降低声音失真度，MP3 采取了感官编码技术，即编码时先对音频文件进行频谱分析，然后用过滤器滤掉噪声电平，接着通过量化的方式将剩下的每一位打散排列，最后形成具有较高压缩比的 MP3 文件，并使压缩后的文件在回放时能够达到比较接近原音源的声音效果。

2.5.2 图像、视频信息的数字化表示

颜色是我们对到达视网膜的各种频率的光的感觉。我们的视网膜有 3 种视锥细胞，负责接收不同频率的光。它们分别对应红、绿和蓝 3 种颜色。人眼可以观察到的其他颜色都能由这 3 种颜色混合而成。

在计算机中，存储和处理的都是数字图像信号，颜色通常用 RGB（Red-Green-Blue）值表示，这其实是 3 个数字，说明了每种原色的相对份额。如果用 0 到 255 的数字表示一种颜色的份额，那么 0 表示这种颜色没有参与，255 表示这种颜色完全参与其中。例如，RGB 值(255, 255, 0) 最大化了红色和绿色的份额，最小化了蓝色的份额，结果人眼感觉到的是黄色。RGB 值的概念引出了三维颜色空间。数字图像的红（Red）、绿（Green）、蓝（Blue）颜色空间如图 2.8 所示。

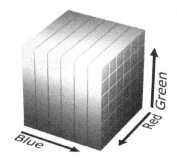

图 2.8　数字图像的红（Red）、绿（Green）、蓝（Blue）颜色空间

真实世界的图像信号是模拟信号，它的数值和信号是连续的。数字化一幅图像是指把它表示为一个独立的具有空间位置的点集，这些点称为像素，代表图像某个位置的元素。每个像素由一种颜色构成，而这种颜色由红、绿、蓝 3 个颜色分量组成。表示一幅图像使用的像素个数称为分辨率。如果使用了足够多的像素（高分辨率），把它们按正确的顺序排列，就可以使人感觉看到的是连续的图像。

BMP 格式的位图是最直接的图像表示方法之一。位图（Bitmap）是由微软公司提出的一种图像数据存储格式，又被称为光栅图（Raster Graphics）。位图文件一般由 4 部分组成：文件头信息块、图像描述信息块、颜色表（在真彩色模式下无颜色表）和图像数据区。在计算机系统中以 BMP 为扩展名保存。位图文件只包括图像的像素值，按照从左到右、从上到下的顺序存放。如图 2.9（a）所示，cameraman 灰度图像在计算机中是由一系列的像素组成的，而每个像素都由一个表示该位置亮度的数字表示。图 2.9（b）所示是图像左上角 10 像素×10 像素大小的图像块中的每个像素的像素值，其亮度范围为 0～255，其中 0 表示最黑，255 表示最亮，即全白色。每个像素的像素值可以用一个 8bit 的无符号二进制数表示。图 2.9（a）中左上角区域为灰色天空，故其像素值范围为 153～162。

（a）　　　　　　　　　　　　（b）

图 2.9　cameraman 灰度图像和其左上角 10 像素×10 像素大小的图像块中每个像素的像素值

GIF 格式把图像中可用的颜色种数限制为 256。也就是说，GIF 图像只能由 256 种颜色构成，但是不同的 GIF 图像可以由包含 256 种颜色的不同颜色集构成。这种技术叫作索引颜色，所生成的结果文件比较小。如果需要使用更少的颜色，那么可以采用需要更少位数的色深度。GIF 文件最适用于颜色较少的图形和图像，因此它是存放线条图像的首选格式。

JPEG 格式利用了人眼的感知特性。人眼对亮度和颜色的渐变比对它们的迅速改变敏感。因此，JPEG 格式保存了短距离内色调的平均值。JPEG 格式被认为是存储带颜色的图像的首选格式。它采用的压缩模式相当复杂，有效地减小了生成的文件。

PNG 格式的设计者想用 PNG 格式来改进 GIF 格式，从而最终取代它。PNG 格式的压缩效果通常比 GIF 格式更好，同时提供的色深度范围也更广。但是 PNG 格式不支持动画，也不像 GIF 格式那样广受支持。

使用位图方式存储的图形、图像需要的存储空间比较大，如果需要改变图形、图像的大小，其像素就必须随之改变，因此位图放大会产生纹波（锯齿）。任何图形、图像都可以分解为曲线和直线的组合，每段曲线和直线都可以使用数学公式表示。例如，可以通过定义两个端点画出直线，也可以通过确定圆心和半径画圆。对应这些直线、曲线公式的组合作为图形数据被存储，当需要显示或打印图形、图像时，这些画图的公式被重新执行，并根据给定的条件画出（重现）图形、图像。与位图相比，矢量图看上去更平滑。

矢量图是另一种表示图像的方法。矢量图不像位图那样把颜色赋予像素，而是用线段和几何图形描述图像。因为不必记录所有的像素，所以矢量图文件一般比较小。图像的复杂度（如图像中的项目个数）决定了文件的大小。

随时间连续采集图像，就可以得到图像连续变化的视频，视频是图像的动态变化过程。视频片段中包含许多压缩的静态图像，每个静态图像可以称为该视频的一帧图像。视频相对于数字图像来说，信息量更大。如果按照一般图像模式存储视频，那么存储一部电影需要超大的存储空间，为了减少视频数据量，要对其进行压缩处理，在播放时需要先解压恢复原数据模式。随着视频压缩技术（视频编译码器）的发展，一些质量问题逐渐得到解决。

目前视频流传输的重要编解码标准有 H.261、H.263M-JPEG 和 MPEG 系列标准。此外，在互联网上被广泛应用的还有 Real Networks 的 Real Video、微软公司的 WMV 及 Apple 公司的 QuickTime 等。

MPEG 成立于 1988 年，是为数字音频和视频制定压缩标准的专家组，目前已拥有 300 多名成员，包括 IBM、SUN、BBC、NEC、INTEL、AT&T 等。MPEG 最初得到的授权是制定用于"活动图像"编码的各种标准，随后扩充为"活动图像及其伴随的音频"及其组合编码。后来针对不同的应用需求，解除了"用于数字存储媒体"的限制，成为现在制定"活动图像和音频编码"标准的组织。MPEG 制定的各个标准有不同的目标和应用，已制定的标准有 MPEG-1、MPEG-2、MPEG-4、MPEG-7 和 MPEG-21 等。

2.6 小结

在计算机中，可操作的数据有数字、字符、文字，以及音频、图像和视频等，而计算机只能存储和操作二进制数，所以所有类型的数据都必须表示成二进制形式。

数值的计数方法一般采用进位计数制，因此本章介绍了进位计数制，特别是二进制、八进制、十进制和十六进制，并且介绍了各进制数之间的转换方法。

针对数字数据的二进制表示，介绍了数的定点表示方法和浮点表示方法，并且介绍了数字的原码、反码、补码等。浮点数由三部分构成，即符号、尾数和指定小数点位置的指数。

针对文本数据的二进制表示，首先介绍了常用的字符集，即 ASCII 字符集和 Unicode 字符集。字符集是字符及表示它们的代码的清单。其次介绍了汉字在计算机系统中的输入、存储、显示等。

针对音频、图像、视频信息的表示，首先介绍了音频信号的计算机二进制表示，以及一些通用的音频格式。其次介绍了图像颜色由 3 个值表示，每个值说明了红色、蓝色或绿色的份额。最后介绍了计算机中常用的图像存储格式和视频编码格式。

习题 2

一、选择题

1. 下列各无符号十进制整数中，能用 8 位二进制数表示的是（　　）。

    A．196　　　　　　　B．333　　　　　　　C．256　　　　　　　D．299

2. 下列数据中，有可能是八进制数的是（　　）。

    A．238　　　　　　　B．764　　　　　　　C．396　　　　　　　D．789

3. 二进制数 1110100.11 转换成十进制数是（　　）。

    A．116.375　　　　　B．116.75　　　　　C．116.125　　　　　D．116.3

4. 若十进制数为 75，则其表示成二进制数为（　　）。

    A. 1001011　　　　　　　　　　　B. 1110010

    C. 1100001　　　　　　　　　　　D. 1100101

5. 把十进制数 513 转换成二进制数是（　　　）。

    A. 1000000001　　　　　　　　　B. 1100000001

    C. 1100000011　　　　　　　　　D. 1100010001

6. 与十六进制数 BB 等值的十进制数是（　　　）。

    A. 187　　　　　　B. 188　　　　　　C. 185　　　　　　D. 186

7. 若十六进制数为 83，则其表示成十进制数为（　　　）。

    A. 133　　　　　　　　　　　　　B. 142

    C. 139　　　　　　　　　　　　　D. 131

8. 二进制数 01100100 转换成十六进制数是（　　　）。

    A. 64　　　　　　　　　　　　　B. 63

    C. 100　　　　　　　　　　　　　D. 144

9. bit 的意思是（　　　）。

    A. 字　　　　　　B. 字长　　　　　　C. 字节　　　　　　D. 二进制位

10. 在计算机数据中，1KB=（　　　）B。

    A. 8　　　　　　　B. 1024　　　　　　C. 2　　　　　　　D. 1000

11. 1MB 等于（　　　）。

    A. 1000 字节　　　　　　　　　　B. 1024 字节

    C. 1000×1000 字节　　　　　　　D. 1024×1024 字节

12. 在存储容量的表示中，1TB 等于（　　　）。

    A. 1000GB　　　　B. 1000MB　　　　C. 1024GB　　　　D. 1024MB

13. 存储容量一般以字节为基本单位进行计算，一字节为（　　　）二进制位。

    A. 8 位　　　　　　B. 10 位　　　　　C. 6 位　　　　　　D. 4 位

14. 一个汉字占（　　　）字节，1KB 能存放（　　　）个汉字。

    A. 2 500　　　　　B. 2 512　　　　　C. 1 1 000　　　　D. 1 500

15. 下列编码中，（　　　）不属于汉字输入码。

    A. 点阵码　　　　　　　　　　　　B. 区位码

    C. 五笔字型码　　　　　　　　　　D. 全拼输入码

16. 目前国际上最为流行的 ASCII 码是美国标准信息交换码的简称，若已知大写英文字母 A 的 ASCII 编码为 41H，则大写英文字母 D 的 ASCII 编码为（　　　）。

    A. 01000100　　　　　　　　　　B. 01000101

    C. 01000011　　　　　　　　　　D. 01000010

17. 在计算机内部，一切信息的存取、处理和传送都是以（　　　）形式进行的。

    A. ASCII 码　　　　B. BCD 码　　　　C. 二进制　　　　D. 十六进制

二、计算题

1. 把下列数转换成十进制数。

（1）111（以 2 为基数）；

（2）777（以 8 为基数）；

（3）FEC（以 16 为基数）；

（4）777（以 16 为基数）。

2．把下列数转换成二进制数。

（1）258（以 10 为基数）；

（2）767（以 8 为基数）；

（3）FEC（以 16 为基数）；

（4）777（以 16 为基数）。

3．将十进制数 12369 转换成二进制数、八进制数和十六进制数。

4．将十六进制数 F56C 转换成二进制数、八进制数和十进制数。

5．分别用原码、补码、反码表示有符号十进制数 +96 和 −96。

6．已知 X 的补码为 11000110，求其真值。

7．用补码运算计算出 32−89 的结果。

8．把下列二进制数转换成十六进制数。

（1）10101001；　（2）11100111；　（3）11111011；　（4）1100011100。

9．已知 x 和 y，用 8 位二进制补码形式计算 $x+y$ 的值。

（1）$x=(13)_{10}$，$y=(-25)_{10}$；

（2）$x=(-5)_{10}$，$y=(-15)_{10}$；

（3）$x=(13)_{10}$，$y=(25)_{10}$；

（4）$x=(-39)_{10}$，$y=(25)_{10}$。

10．已知 x 和 y，用 8 位二进制补码形式计算 $x-y$ 的值。

（1）$x=(13)_{10}$，$y=(-25)_{10}$；

（2）$x=(-5)_{10}$，$y=(-15)_{10}$；

（3）$x=(13)_{10}$，$y=(25)_{10}$；

（4）$x=(-39)_{10}$，$y=(25)_{10}$。

10．用规格化的浮点格式表示十进制数 302.8125。

11．设浮点数形式为阶符、阶码、尾符、尾数，其中阶码（包括 1 位符号位）取 8 位补码，尾数（包括 1 位符号位）取 24 位补码，基数为 2。请写出二进制数 −110.0101 的浮点数形式。

12．根据 IEEE 754 标准，把十进制数 30.375 表示成 32 位浮点数。

第 3 章

计算机系统

计算机，特别是现代电子计算机自问世以来便迅速发展，但其系统结构的构建仍然遵循冯·诺依曼结构，由控制器、运算器、存储器、输入设备和输出设备五大部分组成，并且一直沿用存储程序的设计思想。一个完整的计算机系统不仅包含硬件系统，还包含软件系统。只有硬件系统搭配合适的软件系统才能使计算机正常工作，才能完成越来越复杂的各种任务。

本章将从计算机系统结构入手，详细介绍计算机系统组成，并说明计算机的基本工作原理。

通过本章的学习，学生能够：

（1）了解冯·诺依曼结构；

（2）了解计算机硬件系统；

（3）了解计算机软件系统；

（4）掌握计算机的工作原理；

（5）了解计算机性能指标。

3.1 计算机系统结构

在计算机发展初期，美籍匈牙利科学家冯·诺依曼最先提出存储程序的设计思想，并成功将其运用到计算机的设计中，根据这一原理制造的计算机被称为冯·诺依曼结构计算机。由于对现代计算机技术的发展做出了突出贡献，冯·诺依曼被称为"现代计算机之父"。

20 世纪初，物理学和电子学科学家们就在争论制造可以进行数值计算的机器应该采用什么样的结构。因为人们被十进制这个人类习惯用的计数方法困扰，所以那时研制模拟计算机的呼声更为响亮和有力。20 世纪 30 年代中期，冯·诺依曼大胆地提出，抛弃十进制，采用二进制作为数字计算机的数制基础。同时，他还提出了预先编制计算程序，然后由计算机来按照人们事前制定的计算顺序来执行数值计算任务的想法。

1945 年 6 月，冯·诺依曼提出了在数字计算机内部的存储器中存储程序的概念（Stored Program Concept），基于这一概念的结构是所有现代电子计算机的模板，被称为"冯·诺依曼结构"，按这一结构制造的计算机被称为存储程序计算机（Stored Program Computer），又被称为通用计算机。冯·诺依曼结构计算机主要由运算器、控制器、存储器、输入设备和输出设备组成。冯·诺依曼结构计算机广泛应用于数据的处理和控制，存在一定的局限性。冯·诺依曼结构计算机系统结构如图 3.1 所示，其主要部件的功能如下。存储器用来存放数据和程序。运算器主要用来进行算术运算和逻辑运算，并将中间结果暂存到运算器中。控制器主要用来控制和指挥程序和数据的输入运行，以及处理运算结果。输入设备用来将人们熟悉的信息形式转换为机器能够识别的信息形式，常见的输入设备有键盘、鼠标等。输出设备可以将机器运算结果转换为人们熟悉的信息形式，常见的输出设备有打印机、显示器等。

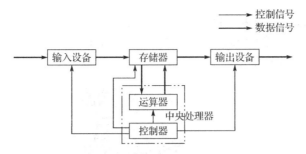

图 3.1　冯·诺依曼结构计算机系统结构

冯·诺依曼结构计算机采用了存储程序的设计思想，系统的指令和数据均采用二进制码表示；指令和数据以同等地位存放在存储器中，均可按地址访问；指令由操作码和地址码组成，操作码用来表示操作的性质，地址码用来表示操作数在存储器中的位置；指令在存储器中按顺序存放，通常也按顺序执行，在特定条件下可以根据运算结果或设定的条件改变执行顺序；机器以运算器为中心，输入设备、输出设备和存储器的数据传送要通过运算器。

其实，一个完整的计算机系统包括硬件系统和软件系统两大部分，如图 3.2 所示。

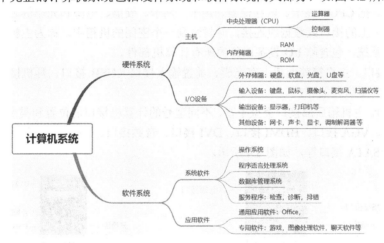

图 3.2　计算机系统组成

3.2　计算机硬件系统

计算机硬件系统是指构成计算机的所有实体部件的集合，通常这些部件由电子、机械和光电元器件等物理部件组成。直观地看，计算机硬件是看得见、摸得着的一大堆设备，是计算机进行工作的物质基础，也是计算机软件发挥作用、施展技能的舞台。

目前，计算机硬件结构均是基于冯·诺依曼结构构建的，因此从逻辑上讲，计算机硬件系统由控制器、运算器、存储器、输入设备、输出设备五大部分组成。这五大部分具体包括主机箱、主板、电源、中央处理器（Central Processing Unit，CPU）、内存储器、显卡、网卡、声卡、风扇、硬盘、光驱、显示器、键盘、鼠标、扫描仪、打印机、摄像头、麦克风、音箱等。

计算机是按照指令对各类信息和数据进行自动处理的电子设备。计算机按照表示信息的方式不同，可以分为数模混合计算机、模拟计算机和数字计算机；按照应用范围不同，可以分为专用计算机和通用计算机；按照规模或处理能力不同，可以分为巨型机、大型机、小型机、微型机、工作站和服务器等；按照结构形式不同，可以分为台式计算机和便携式计算机。人们在日常工作中使用的计算机属于微型计算机，简称微机、PC，俗称电脑。

各类计算机的组成部件基本相同。常用的个人台式计算机硬件系统主要由主机、显示器、键盘和鼠标等部件组成，如图 3.3 所示。

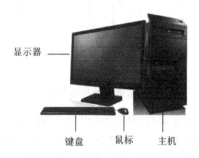

图 3.3　常用的个人台式计算机硬件系统组成

3.2.1　主机箱及主板

（1）主机箱。把 CPU、显卡、内存储器、声卡、网卡、硬盘、电源和光驱等硬件，通过计算机主机面板（主板）上的接口或数据线连接，并封装到一个密闭的机箱中，称为主机箱。主机是一个能够独立工作的系统，包含除 I/O 设备以外的所有计算机部件。

① 前面板接口。主机箱前面板上有光驱、前置输入接口（USB 接口、耳机接口和前置话筒接口）、电源开关、重启开关等。

② 后部接口。主机箱后部接口类型丰富，不同型号的计算机接口的位置和类型有所差异，但主要包括电源接口、VGA 接口、HDMI 接口、DVI 接口、音频接口、RJ45 以太网接口、PS/2 接口、USB 2.0 接口、eSATA 接口等，如图 3.4 所示。

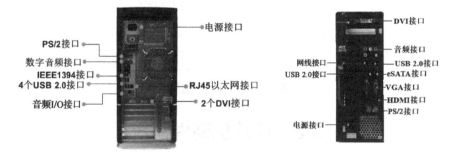

图 3.4　不同型号的计算机主机箱后部接口

③ 主机内部结构。主机内部有主板、内存条、显卡、网卡、声卡、硬盘、风扇、电源等硬件设备，其中声卡和网卡一般集成在主板上，如图 3.5 所示。

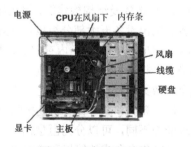

图 3.5　主机内部结构

（2）主板。主板又称主机板、系统板或母板，是安装在主机内最大的 PCB，将各种硬件设备通过接口或数据线连接在一起。目前常见的主板都是 ATX 结构的主板，如图 3.6 所示，主板上集成了主板芯片组、基本输入输出系统（BIOS）芯片、输入/输出（I/O）控制芯片、CPU 插座、内存条插槽、PCI-E 插槽、PCI 插槽、驱动器接口、前面板控制开关接口、前面板指示灯接口、电源接口等。

图 3.6　主板

3.2.2　CPU

CPU 主要包括控制器和运算器两部分，负责计算机系统中的运算、控制和判断等核心工作，是计算机的核心部件。CPU 采用大规模集成电路将近亿只晶体管集成在一块硅片上，又被称为微处理器。其内部结构主要包括运算部件（算术逻辑单元）、控制部件（控制单元）、寄存器（快速存储单元），如图 3.7 所示。

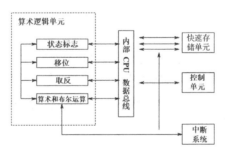

图 3.7　CPU 内部结构框图

1．运算部件

运算部件又称运算器、算术逻辑单元（Arithmetic Logic Unit，ALU），是计算机中执行各种算术运算和逻辑运算的部件。其主要功能是对数据进行各种运算，包括加、减、乘、除等基本算术运算，与、或、非、异或等基本逻辑运算，以及执行数据的比较、移位、求补等操作。

2．控制部件

控制部件又称控制器、控制单元，通过向其他各子系统发送控制信号对各子系统进行控制。控制部件是整个计算机系统的控制中心，用于发出各种控制信号，指挥整个计算机系统有条不紊地工作，包括什么时间在什么条件下执行什么动作等。

3．寄存器

寄存器是用来存放临时数据的快速存储单元。CPU 的运算离不开多个寄存器，包括数据寄存器、指令寄存器和程序计数器等。过去计算机中只有几个数据寄存器，用来存放输入的数据和运算结果。现在越来越多的复杂运算由使用软件实现改为使用硬件设备实现，因此在 CPU 中需要几十个寄存器来提高运算速度，同时需要一些寄存器来保存运算的中间结果。

在计算机运行时，运算器的运算及操作种类由控制器决定。运算器处理的数据来自存储器，处理后的结果通常送回存储器或暂时寄存在运算器中。CPU，包括运算器、控制器和寄存器等，是计算机的核心部件，对计算机的整体处理性能有全面的影响。因此，在工业生产中，总是采用最先进的超大规模集成电路技术来制造 CPU 芯片。目前著名的 CPU 制造商主要有 Intel 公司和 AMD 公司。Intel 公司生产的 CPU 为 x86 CPU 技术规范和标准。AMD 公司专门为计算机、通信和消费电子行业设计和制造各种创新的微处理器（CPU、GPU、APU、主板芯片组、电视卡芯片等）、闪存和低功率处理器，致力于为技术用户——从企业、政府机构到个人消费者——提供基于标准的、以客户为中心的解决方案。AMD 公司是目前业内唯一一个可以提供高性能 CPU、高性能独立 GPU 和主板芯片组三大组件的半导体公司。Intel 公司和 AMD 公司的 CPU 芯片如图 3.8 所示。

（a）Intel 公司的 CPU 芯片　　　　　　　　　　　（b）AMD 公司的 CPU 芯片

图 3.8　Intel 公司和 AMD 公司的 CPU 芯片

3.2.3　存储器

存储器（Memory）是计算机系统中的记忆设备，用来存储程序和数据。计算机中的全部信息，包括输入的原始数据、计算机程序、运算的中间结果和最终结果都保存在存储器中。存储器根据控制器指定的位置存入和取出信息。存储器主要用于存储程序和数据，能在计算机运行过程中自动、高速地完成程序和数据的存取。

1．存储器的分类

根据功能和用途，可将存储器分为主存储器和辅助存储器。

（1）主存储器，又称内存储器，简称内存，是计算机中的主要部件。内存储器与 CPU 相连，主要用来存储当前正在使用或随时要使用的程序和数据，是计算机中主要的工作存储器。计算机运算开始之前，程序和数据通过输入设备送入内存储器；运算开始之后，内存储器不仅要为其他部件提供所需的信息，还要保存运算的中间结果及最终结果。因此，在计算机运行过程中，内存储器由 CPU 进行直接访问。内存储器的特点是存取数据速度快，存储信息量少，价格较贵。

内存储器按工作方式不同，可分为随机存储器（Random Access Memory，RAM）、只读存储器（Read Only Memory，ROM）和互补金属氧化物半导体（Complementary Metal Oxide Semiconductor，CMOS）存储器。

RAM 是与 CPU 直接交换数据的内部存储器，是计算机中内存储器的主要组成部分。它可以随时读/写，而且速度很快，通常作为操作系统或其他正在运行的程序的临时数据存储媒介。RAM 就是人们所说的内存条，如图 3.9 所示。RAM 的特点有：① 随机存取。当存储器中的数据被读取或写入时，所需要的时间与这段信息所在的位置或要写入的位置无关。②易失性。当电源关闭时，RAM 不能保存数据。如果需要保存数据，则须把它们写入静态随机存储器一个长期的存储设备（如硬盘）中。③对静电荷敏感。同其他精细的集成电路一样，RAM 对环境中的静电荷非常敏感。静电荷会干扰存储器内电容器中的电荷，导致数据流失，甚至烧坏电路。因此，在触碰 RAM 前，应先用手触摸金属接地。④访问速度快。现代的 RAM 几乎是所有访问设备中写入和读取速度最快的。⑤需要刷新（再生）。现代的 RAM 依赖电容器存储数据。电容器充满电后状态表示为 1（二进制数），未充电状态表示为 0。由于电容器或多或少有漏电的情形，若不做特别处理，数据就会渐渐随时间流失。刷新是指定期读取电容器的状态，然后按照原来的状态重新为电容器充电，弥补流失了的电荷。需要刷新正好解释了 RAM 的易失性。

图 3.9　内存条

ROM 只能进行读操作而不能写入。ROM 中所存数据一般是装入整机前事先写好的，在整机工作过程中只能读出，而不像 RAM 中的数据一样能快速地、方便地加以改写。ROM 中所存数据稳定，断电后也不会改变。ROM 结构较简单，读出较方便，因此 ROM 通常用来存储各种固定不变的程序或数据，如系统引导程序和中断处理程序。当打开计算机时，CPU 首先运行在主板上的 ROM 中固化的一个 BIOS，然后搜索磁盘上的操作系统文件，将这些文件调入 RAM，以便进行后续的工作。BIOS 的主要作用是完成系统的加电自检、系统中各功能模块的初始化、系统的基本 I/O 驱动及引导操作系统。主板上的 BIOS 芯片如图 3.10 所示。

图 3.10　主板上的 BIOS 芯片

CMOS 存储器位于主板上，用来保存计算机系统配置等重要信息。由于其用电量少，主板上的纽扣电池就可以为其供电，因此 CMOS 存储器中的信息能被很好地保存。当改变系统配置后，可以对 CMOS 存储器中的信息进行更新。

（2）辅助存储器，又称外存储器，简称外存，是存放数据的"仓库"。外存储器主要用于存储暂时不用的程序和数据，通常外存储器不与计算机内的其他部件交换数据，也不按单个数据进行存储，只与内存储器成批地进行数据交换。与内存储器相比，外存储器的特点一是价格便宜；二是容量不像内存储器那样受到多种因素的限制，因此存储容量大，但是存取信息的速度较慢；三是不怕断电，存储信息的时间可达数年之久。常用的外存储器有 U 盘（半导体存储器）、硬盘（磁表面存储器）、光盘（光表面存储器）等，如图 3.11 所示。

(a) U 盘　　　　　(b) 硬盘　　　　　(c) 光盘

图 3.11　常用的外存储器

　　U 盘（全称为 USB 闪存盘）通过 USB 接口与计算机进行连接，可实现即插即用，其内部结构如图 3.12 所示。U 盘的特点是价格便宜、便于携带、存储容量大、性能可靠。目前，常见的 U 盘存储容量有 8GB、16GB、32GB、64GB 等。在使用 U 盘时，需要注意：①不要在指示灯快速闪烁时拔出 U 盘，因为这时 U 盘正在进行数据的读/写，中途拔出有可能造成数据丢失甚至硬件损坏。②在系统提示无法停止时不要拔出 U 盘，因为这样可能会造成数据丢失。③不要长时间将 U 盘插在USB 接口上，因为这样不仅损耗 U 盘，还容易造成接口老化。④不要在备份文档完毕后立即关闭相关的程序，因为程序可能还没有完全备份结束，这时拔出 U 盘可能会影响备份，应该在文件备份到 U 盘后过一段时间再关闭相关程序，以防发生意外。

图 3.12　U 盘内部结构

　　硬盘是利用磁记录技术在旋转的圆盘介质上进行数据存储的外存储器，是一种应用广泛的直接存取存储器。其存储容量较内存储器大千百倍，在各种规模的计算机系统中，常用于存储操作系统、程序和数据，是对内存储器的扩充。硬盘中存入的数据可长期保存，与其他外存储器相比，硬盘具有较大的存储容量和较快的数据传输速率。典型的硬盘内部结构包括盘片、主轴、读/写磁头、传动轴、传动手臂、反力矩弹簧装置、空气过滤片、永磁铁等，如图 3.13 所示。硬盘的特点是存储容量大、性价比高。

　　光盘（Compact Disc，CD）通过聚焦的氢离子激光束实现信息的存储和读取，因此又被称为激光光盘。根据结构的差异，光盘可以分为 CD、DVD、蓝光光盘等；根据是否可写，光盘可以分为不可擦写光盘（CD-ROM、DVD -ROM）和可擦写光盘（CD-RW、DVD-RAM 等）。计算机读/写光盘中的内容需要通过光驱实现。

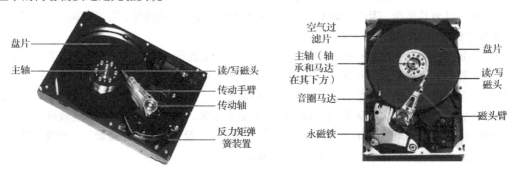

图 3.13　典型的硬盘内部结构

2．存储器的层次结构

　　进行存储器的设计要考虑三个关键的指标：存取速度、容量和单位容量的价格。通常情况下，这三个指标具有如下关系：存取速度越快，单位容量的价格越高；容量越大，存取速度越慢，单位容量的价格越低。为了平衡这三个指标，计算机中不采用单一的存储部件，而是构造出一个用于存储的层次结构，如图 3.14 所示。在该层次结构中，从上至下，存取速度越来越慢，容量越来越大，单位容量的价格越来越低。

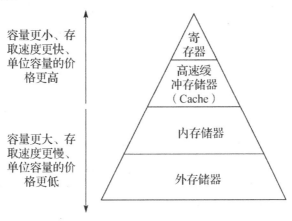

图 3.14　存储器的层次结构

　　最上层的是寄存器，其通常制作在 CPU 芯片内部，字长和 CPU 的字长相同，主要用于存放数据、地址及运算的中间结果，其存取速度与 CPU 的工作速度匹配，但是容量很小。内存储器主要用来存放当前正在使用或随时要使用的程序和数据，是计算机中主要的工作存储器，但其存取速度与 CPU 的工作速度不匹配。为了解决这个问题，计算机设置了一个小容量的高速缓冲存储器（Cache）。当计算机运行程序时，在较短时间内 CPU 对内存储器的访问主要集中在一个局部区域内，将这个局部区域内的程序和数据复制到 Cache 中，CPU 就能以较高的速度从 Cache 中读取内容，Cache 中的内容随着程序的执行被不断地替换。因此，Cache 主要用于存储近期最活跃的程序和数据，作为内存储器局部区域的副本，其存取速度与 CPU 的工作速度匹配。外存储器主要用于存储当前暂时不用的程序和数据，其容量大，但存取速度较低。

3.2.4　输入/输出设备

　　输入设备和输出设备统称为输入/输出设备，简称 I/O 设备。输入设备是计算机与人或外部事物进行交互的部件，主要功能是向计算机输入各种原始数据和指令。输入设备会把各种形式的信息，如文字、数字、图像等转换为数字形式的编码，即计算机能够识别的、用 1 和 0 表示的二进制代码，并把它们输入计算机存储起来。常用的输入设备有键盘、扫描仪、鼠标、麦克风、摄像头、条形码输入器等，如图 3.15 所示。随着科技的发展及人机交互方式的进步，计算机的数据输入方式也越来越丰富。输出设备与输入设备一样，也是人与计算机或外部事物进行交互的部件，主要用于数据的输出，即把计算机加工处理的结果（数字形式的编码）变换为人或其他设备所能识别的信息形式，如数字、文字、图形、声音或电压等。常用的输出设备有显示器、音箱、打印机、绘图仪等，如图 3.16 所示。

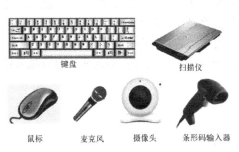

图 3.15　常用的输入设备

图 3.16　常用的输出设备

3.2.5　总线

在计算机系统中，不同的子系统之间需要进行通信，如内存储器和处理器需要进行通信，处理器和 I/O 设备也需要进行通信。这些工作都是由总线来完成的。总线是一条共享的通信线路，它用一套线路来连接多个子系统。总线是计算机中信息传输或交换的通道。根据连接的部件不同，总线可以分为系统总线、内部总线和外部总线。

1. 系统总线

系统总线是指在计算机内部不同部件之间进行连接的总线，又被称为内总线或板级总线，用于连接计算机各功能部件，从而构成一个完整的计算机系统。系统总线上传送的信息包括数据信息、地址信息、控制信息，因此系统总线包含三种不同功能的总线，即数据总线（Data Bus，DB）、地址总线（Address Bus，AB）和控制总线（Control Bus，CB）。CPU 和内存储器通常通过这三组总线相连。

（1）数据总线。数据总线用于进行数据传送，既可以把 CPU 的数据传送到存储器或 I/O 设备等其他部件，也可以将其他部件的数据传送到 CPU，因此数据总线是双向三态的。数据总线是由多根线组成的，每根线上每次传送 1bit 的数据。因此，数据总线的位数是计算机的一个重要性能指标，通常与计算机的字长一致。例如，计算机的字长是 32bit（4B），那么需要 32 根数据总线，以便能够同时传送 32bit 的数据。需要注意的是，这里的"数据"是广义的，可以是真正意义上的数据，也可以是指令代码或状态信息，甚至可以是控制信息。因此，在实际工作中，数据总线上传送的并不一定是真正意义上的数据。

（2）地址总线。地址总线是专门用来传送地址的，由于地址只能从 CPU 传向外部存储器或 I/O 设备，所以与数据总线不同，地址总线是单向三态的。地址总线的位数决定了 CPU 可直接寻址的内存空间大小。例如，早期 8 位微机的地址总线是 16bit 的，其可直接寻址的内存空间为 $2^{16}B=65\ 536B=64KB$；16 位微机的地址总线是 20bit 的，其可直接寻址的内存空间为 $2^{20}B=1MB$；一个 32bit 的地址总线可直接寻址的内存空间为 $2^{32}B=4\ 294\ 967\ 296B=4GB$。一般而言，若地址总线是 nbit 的，则可直接寻址的内存空间为 2^nB。换言之，若地址总线允许访问存储器中的某个字，则地址总线的根数取决于存储空间的大小。如果存储器容量为 2^n 个字，那么地址总线一次需要传送 nbit 的地址数据，因此需要 n 根地址总线。

（3）控制总线。控制总线用于传送控制信号，实现对数据总线和地址总线的访问控制。控制总线负责在 CPU 和存储器、I/O 设备间进行信息的传送。传送的信息有的是 CPU 送往存储器和 I/O 设备的，如读/写信号、中断响应信号等；也有的是其他部件反馈给 CPU 的，如中断申请信号、复位信号、总线请求信号、设备就绪信号等。因此，控制总线一般是双向的，其传送方向由具体的控制信号确定。控制总线的根数取决于计算机所需的控制命令的总数。如果计算机有 2^m 条控制命令,那么控制总线需要 m 根,因为 m 位可以定义 2^m 个不同的操作。实际上控制总线的具体情况主要取决于 CPU。

2. 内部总线

内部总线是指在同一部件内部进行连接的总线,包括 CPU 芯片内部寄存器与寄存器之间、寄存器与 ALU 之间的公共连接线。

3. 外部总线

外部总线是指在主机和 I/O 设备之间进行连接的总线。

CPU 通过系统总线对存储器中的内容进行读/写,同样通过系统总线实现将 CPU 的数据写入 I/O 设备,或者将数据由 I/O 设备读入 CPU。微机都采用总线结构。总线就是用来传送信息的一组通信线路。微机通过总线将 CPU 与内存、I/O 设备连接到一起,实现微机各部件间的信息交换。与 CPU 和内存储器的本质(电子设备)不同,I/O 设备都是机电、磁性或光学设备,因此不能直接与连接 CPU 和内存储器的总线相连。与 CPU 和内存储器相比,I/O 设备的操作速度要慢得多,它是通过一种被称为 I/O 控制器或接口的器件(处理 I/O 设备和 CPU、内存储器间差异的中介)连接到总线上的。I/O 控制器或接口消除了 I/O 设备与 CPU 及内存储器在本质上的差异。I/O 控制器可以是串行或并行的设备。串行 I/O 控制器只有一根数据线连接到 I/O 设备上,而并行 I/O 控制器有数根数据线连接到 I/O 设备上,一次能同时传送多个位。目前,还有几种 I/O 控制器在使用,如 SCSI、火线和 USB。

由此可知,一台微机以 CPU 为核心,其他部件全挂接在与 CPU 相连的总线上。I/O 设备与总线的连接如图 3.17 所示。

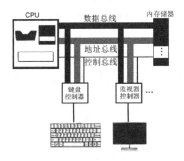

图 3.17　I/O 设备与总线的连接

3.3　计算机软件系统

软件是用户与硬件之间的接口界面,是一系列按照特定顺序组织的计算机数据和指令的集合。软件不仅指程序,而是计算机中程序、有关文档及它们之间的联系所表现出来的信息的总称,包括运行在硬件上的各种程序及相关资料。软件是计算机必不可少的组成部分,计算机的每步操作都是在软件的控制下执行的,计算机的所有功能都要通过软件来实现。不装任何软件的计算机被称为裸机,裸机仅是一堆电子器件,几乎不能实现任何功能。

3.3.1　软件概述

软件是计算机的灵魂,包含程序和文档两大部分。目前计算机软件已经形成一个庞大的体系。

（1）程序。程序是一系列按照特定顺序组织的计算机数据和指令的集合。程序应具有三个方面的特征：一是目的性，即要得到一个结果；二是可执行性，即编写的程序必须能在计算机中运行；三是代码化的指令序列，即程序要用计算机语言编写。

（2）文档。文档是了解程序所需的阐述性资料，是用自然语言或形式化语言编写的用来描述程序的内容、组成、设计、功能规格、开发情况、测试结构和使用方法的文字资料和图标，如程序设计说明书、程序流程图、用户手册等。

程序和文档是软件不可分割的两个组成部分。为了开发程序，设计者需要用文档来说明程序的功能及如何设计开发等，这些信息用于指导设计者编写程序。程序编写好后，设计者还要为程序的运行和使用提供相关的说明文档，以方便其他人员使用程序。

3.3.2　软件分类

计算机软件可以分为两大类：系统软件和应用软件。

1. 系统软件

系统软件是指用于控制与协调计算机本身及其 I/O 设备的一类软件，它相当于构建了一个平台，在这个平台上，可以通过调动硬件资源的方式满足平台本身及其他应用软件的工作需求。系统软件与具体应用领域无关，仅在系统一级提供服务。其他软件都要通过系统软件发挥作用，因此系统软件是软件系统的核心。系统软件包括操作系统、语言处理软件、数据库管理系统和工具软件等。

（1）操作系统。操作系统是通用型计算机必备软件，是直接运行在裸机上的系统软件，为用户提供友好、方便、有效的人机操作界面。它主要用于进行软/硬件资源的控制和管理，调度、监控和维护计算机系统，协调计算机系统中各个硬件之间的工作。当多个软件同时运行时，操作系统负责分配和优化系统资源，以及控制程序的运行。其基本功能主要包括处理机管理、设备管理、存储管理、文件管理和作业管理。操作系统的种类很多，根据其应用领域可分为以下三种。

桌面操作系统。桌面操作系统根据人通过鼠标和键盘发出的各种指令进行工作，是目前应用最为广泛的操作系统。在 PC 上，微软公司的 Windows 系列桌面操作系统有非常高的市场占有率，macOS 和 Linux 桌面操作系统也有较高的市场占有率。

服务器操作系统。服务器操作系统一般是指安装在大型计算机和服务器上的操作系统，常见的服务器有 Web 服务器、应用服务器和数据库服务器等。常见的服务器操作系统有 Linux 系列、Unix 系列和 Windows 系列。

嵌入式操作系统。嵌入式操作系统是应用在嵌入式环境中的操作系统。嵌入式环境广泛应用于生活的各个方面，涵盖范围从便携设备到大型固定设施，如手机、平板电脑、数码相机、家用电器、交通信号灯、医疗设备、航空电子设备和工厂控制设备等。常用的嵌入式操作系统有 Linux、Windows Embedded、VxWorks 等，以及使用在智能手机或平板电脑中的 Android、iOS、Windows Phone 和 BlackBerry OS 等。

（2）语言处理软件。语言处理软件是一种可以把用各种语言编写的源程序翻译成二进制代码的软件，如汇编程序、各种编译程序及解释程序。

（3）数据库管理系统。数据库管理系统为组织大量数据提供动态、高效的管理手段，为信息管理应用系统的开发提供有力支持。常用的数据库管理系统有 FoxBASE、Oracle Database Visual、FoxPro 等。

（4）工具软件。工具软件的作用是方便软件开发、系统维护。

2．应用软件

应用软件的作用是满足用户针对不同领域、不同问题的应用需求。常见的应用软件有以下几种。

（1）办公软件。办公软件主要有文字处理软件（如 Word、PageMarker）、表格处理软件（如 Excel）、演示文稿处理软件（如 PowerPoint）。

（2）媒体处理软件。媒体处理软件包括声音处理软件（如 Windows 附件中的录音）、图形及图像处理软件（如 Photoshop、Illustrator、CorelDRAW、AutoCAD）、三维及效果图处理软件（如 3ds Max、Maya、Zbrush）、网页和动画处理软件（如 Flash、Dreamweaver）等。

（3）统计软件。统计软件包括 SPSS、SAS、BMDP 等。

（4）网络通信软件。网络通信软件包括网页浏览器、下载工具、远程管理工具、电子邮件工具、网页设计制作工具，如 Internet Explorer、FTP、Telnet、Outlook Express、FoxMail、Mail、Netscape 等。

（5）即时通信软件。常用的即时通信软件有 QQ、微信等。

其中，文字处理软件、表格处理软件、图形及图像处理软件、统计软件、网络通信软件等都属于通用软件。除此之外还存在专用的应用软件，如财务管理软件、图书管理软件、人事管理软件等，这类软件的针对性较强，不具有通用性。不同软件在计算机中所处的层次不同。

3.3.3　计算机硬件和软件的关系

硬件是计算机完成各项任务的物质基础，具有原子特性；软件是指计算机所需的各种程序及有关资料，是计算机的灵魂。计算机的硬件和软件是计算机系统中互相依存的两大部分，它们的关系主要体现在以下三个方面。

（1）硬件和软件互相依存。硬件是软件赖以工作的物质基础，软件的正常工作是在硬件合理设计和正常工作的情况下进行的；计算机硬件系统需要配备完善的软件系统才能正常工作，发挥硬件的各种功能。裸机是无法进行任何工作的。

（2）硬件和软件无严格的界线。随着计算机技术的发展，计算机的某些功能既可以由硬件实现，也可以由软件实现。从这个意义上讲，硬件和软件无严格的界线。

（3）硬件和软件协同发展。软件随硬件技术的发展而迅速发展，而软件的不断发展与完善又促进硬件的更新，两者发展密不可分、缺一不可。

3.3.4　计算机指令

计算机工作的一般过程包括输入（接收来自输入设备的数据和信息）、处理（对数据和信息进行处理）、输出（由输出设备显示处理结果）和存储（将处理结果进行保存）四个阶段。这个过程是由编辑好的软件控制的，软件的运行是由一系列机器指令控制完成的。计算机能够识别并执行的操作命令称为机器指令，这些机器指令按照一定顺序排列就组成了程序，计算机按照程序规定的流程依次执行，实现最终目标。

指挥计算机执行某种基本操作的命令称为指令，指令是计算机完成操作的依据。指令规定了计算机执行操作的类型和操作数，是能被计算机识别并执行的二进制代码。一条指令规定一种操作和一个操作对象，指令是由一字节或多字节组成的。CPU 能够执行的各种不同指令的集合称为 CPU 的指令集。CPU 的操作是由它执行的指令所决定的，而 CPU 可完成的各类功能也都反映在 CPU 所支持的各类指令集中。

指令通常由操作码和地址码两部分组成。操作码指明计算机执行某种操作的性质和功能，是指明计算机要执行操作的二进制代码，如执行加、减、取数、移位等操作均有各自相应的操作码。通常，其位数反映了机器的指令数目。如果操作码占 4 位，则该机器最多包含 $2^4=16$ 条指令。地址码指明该指令源操作数的地址（一个或两个）、运算结果的地址及下一条要执行的指令的地址。源操作数和运算结果的地址可以是内存储器、寄存器或 I/O 设备的地址。下一条要执行的指令的地址通常位于内存储器，而且紧随当前指令，所以在当前指令中通常不必给出。如果指令不是顺序执行的，则下一条要执行的指令的地址需要给出。有的指令格式允许其地址码部分是操作数本身。

计算机的指令集是硬件和软件之间的接口，计算机设计人员和编程人员对同一台计算机的关注点是以指令集为界的。就设计人员的观点而言，指令集提出了对 CPU 的功能性需求，后期 CPU 涉及的主要任务是实现整个指令集。就编程人员的观点而言，为了写出能够被计算机执行的程序，必须通晓机器的指令集、寄存器和存储器结构及数据类型等信息，而对底层指令集的实现并不关心。当然，这里的编程人员是指使用机器语言编程的人员，高级语言诞生之后，编译程序和解释程序变得方便，编程员对指令集也不再关心。不同的计算机，其指令集相差很大，但几乎在所有的计算机中都可以发现以下几类指令。

（1）数据传送指令：用于把源地址的数据传送到目标地址，传送可以在寄存器与寄存器、寄存器与存储单元、存储单元与存储单元之间完成。

（2）算术指令：用于完成两个操作数的加、减、乘、除等各种算术运算。对于低档机，一般算术运算只支持最基本的二进制加、减、比较、求补等，而高档机还支持浮点计算和十进制运算等。

（3）逻辑指令：用于完成基本逻辑运算，包括与、或、非、异或等。

（4）移位指令：用于完成移位操作，包括算术移位、逻辑移位和循环移位 3 种。算术移位和逻辑移位分别可实现对有符号数和无符号数乘以 2^n（左移 n 位）或整除以 2^n（右移 n 位）的运算。移位操作比乘、除操作所需的时间要短得多。

（5）转移指令：在大多数情况下，计算机是顺序执行程序中的指令的，但有时需要改变这种顺序，可以使用转移指令来完成。转移指令需要在指令中给出转移地址，按其转移特征可分为无条件转移、条件转移、过程调用与返回等。

（6）I/O 指令：计算机中通常设有 I/O 指令，用来从 I/O 设备的寄存器中读入一个数据到 CPU 的寄存器中，或者将数据从 CPU 的寄存器输出到某 I/O 设备的寄存器中。

（7）其他指令：一些杂项指令，包括等待指令、停机指令、空操作指令等。

3.3.5　计算机指令的执行过程

计算机执行指令一般分为两个阶段：第一阶段，将要执行的指令从内存储器取到 CPU 内；第二阶段，对 CPU 取入的指令进行分析译码，判断该条指令要完成的操作，然后向各部件发出完成该操作的控制信号，完成该指令的功能。一条指令执行完后进入下一条指令的取指操作。一般将第一阶段称为取指周期，将第二阶段称为执行周期。

计算机的运算和处理都是通过运行程序实现的，程序是由一系列指令的有序集合构成的，计算机执行程序的过程就是执行这一系列指令的过程。CPU 从内存储器中读出一条指令到 CPU 内执行，执行完后再从内存储器中读出下一条指令到 CPU 内执行。CPU 不断地取指令并执行指令的过程就是程序的执行过程。

在冯·诺依曼结构计算机中，程序与数据均以二进制形式存储，计算机最基本的工作原理是根据程序编排的顺序一步一步地取出指令，自动完成指令规定的操作，即 CPU 利用重复的机器周期来执行程序中的指令。一个简化的机器周期包括取指令、译码和执行等过程，如图 3.18 所示。

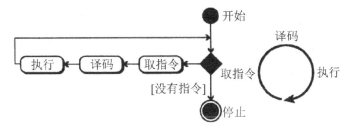

图 3.18　一个简化的机器周期

取指令。在取指令阶段，控制单元命令系统将下一条要执行的指令复制到 CPU 的指令寄存器中，被复制指令的地址保存在程序计数器中，复制完成后，程序计数器自动加 1 指向内存储器中的下一条指令。

译码。当指令置于指令寄存器后，由控制单元负责对该指令进行译码。译码会产生一系列计算机可以执行的二进制代码。

执行。译码完毕后，控制单元向 CPU 的某个部件发送任务命令。例如，控制单元告知系统，让它从内存储器中加载（读）数据项，或者 CPU 让算术逻辑单元将两个输入寄存器中的内容相加并将结果保存到输出寄存器中。

计算机工作离不开 I/O 设备和 CPU 及内存储器之间的数据传输。结合 I/O 设备和 CPU 及内存储器之间的数据传输，计算机的工作过程可概括为如下步骤：首先，由输入设备接收外界信息（程序和数据），控制器发出指令将程序数据送入内存储器，并向内存储器发出取指令命令；其次，在取指令命令下，程序将指令逐条送入控制器；再次，控制器对指令进行译码，并根据指令的操作请求，向存储器和运算器发出存数、取数命令和运算命令，经过运算器计算并将计算结果存在存储器内；最后，在控制器发出的取数和输出命令的作用下，通过输出设备输出计算结果。

3.3.6　计算机的启动过程

计算机系统是由硬件系统和软件系统组成的复杂系统，那么计算机是如何启动的呢？计算机在启动过程中，主要做了哪些工作呢？计算机的启动过程如图 3.19 所示，主要包括开机、CPU RESET、BIOS 初始化和 POST、MBR、硬盘启动、运行操作系统和用户登录等步骤。

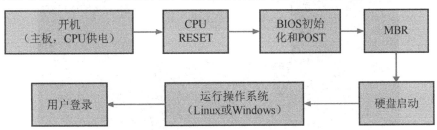

图 3.19　计算机的启动过程

第一步：按下电源开关后，电源就可以向主板和其他设备供电。

第二步：等电压稳定后，主板上的控制芯片组会向 CPU 发出一个 RESET 信号并保持，让 CPU 内部自动恢复到初始状态。待芯片组检测到电源已经开始稳定供电，便撤去 RESET 信号。CPU 马上就从地址 FFFF0H 处开始执行指令，这个地址实际上在 BIOS 的地址范围内。这里的指令是一条跳转指令，跳转到 BIOS 中真正的启动代码处。

第三步：执行 BIOS 的启动代码，首先要进行加电自检（Power On Self Test，POST）。POST

的主要任务是检测系统中的一些关键设备是否存在和能否正常工作，POST 结束之后调用其他代码来进行更完整的硬件检测。硬件检测完成后，BIOS 把控制权转交给下一阶段的启动程序。这时 BIOS 需要知道下一阶段的启动程序具体存放在哪个设备中。因此，BIOS 中要有对外部储存设备的排序，排在前面的设备就是优先转交控制权的设备。这种排序叫作启动顺序（Boot Sequence）。

第四步：BIOS 按照启动顺序把控制权转交给排在第一位的外部储存设备，即根据用户指定的引导顺序从软盘、硬盘或可移动设备中读取启动设备的主引导记录（Master Boot Record，MBR），并放到内存储器中的指定位置。计算机读取该设备的第一个扇区，也就是读取最前面的 512B。判断设备是否可以用于启动，如果设备不能用于启动，则控制权被转交给启动顺序中的下一个设备。最前面的 512B 内容就是 MBR。MBR 由三部分组成：引导程序、分区表和结束标志字。

第五步：BIOS 读完磁盘上的 MBR 之后会把它复制到内存储器中，然后 CPU 跳转到该内存地址执行 MBR 里的指令。事实上，被复制到内存储器中的内容就是 Boot Loader。启动硬盘，计算机的控制权就要转交给硬盘的某个分区。

第六步：将某个分区中存放的操作系统加载到内存储器中，运行操作系统。控制权转交给操作系统后，操作系统的内核首先被载入内存储器，然后运行操作系统，直到用户登录，系统启动完成。

例如，Linux 操作系统，先载入/boot 目录下的 kernel。内核加载成功后，第一个运行的程序是/sbin/init。它根据配置文件（Debian 系统是/etc/initab）产生 init 进程。这是 Linux 操作系统启动后的第一个进程，pid 进程编号为 1，其他进程都是它的后代。然后，init 进程加载系统的各个模块，如窗口程序和网络程序，直至执行/bin/login 程序，弹出登录界面，等待用户输入用户名和密码。图 3.20 所示为 Linux 操作系统 Red Hat Enterprise Linux Server 的用户登录界面，正确输入用户名和密码即可登录系统。

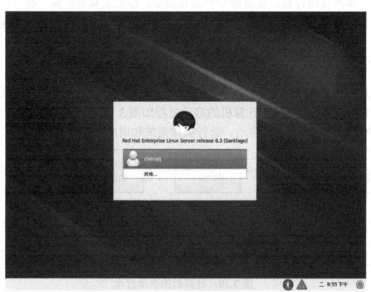

图 3.20　Linux 操作系统 Red Hat Enterprise Linux Server 的用户登录界面

3.4　计算机性能指标

为了对计算机性能进行综合评价，人们概括出一些主要的计算机性能指标。不同用途的计算机对性能的要求有所不同。例如，用于科学计算的计算机，其对主机的运算速度要求很高；用于大型数据库管理的计算机，其对主机的内存容量、存取速度和外存的读/写速度要求较高；用于网络传输的计算机，要求有很高的 I/O 速度，因此应当有高速的 I/O 总线和相应的 I/O 接口。

1．运算速度

计算机的运算速度是指计算机每秒能执行的指令条数，单位为每秒百万条指令（MIPS）或每秒百万条浮点指令（MFPOPS）。运算速度都是用基本程序进行测试的。运算速度越快，计算机的性能越好。影响运算速度的主要因素有以下几种。

（1）主频。主频又称 CPU 的工作频率，是指计算机的时钟频率。一般情况下，主频越高，CPU 的工作速度就越快，因此它与计算机的运算速度有一定的关系，但并不能直接代表计算机的运算速度。因此，现实中存在主频较高但计算机的运算速度较低的现象。

（2）字长。字长是计算机一次可以处理的二进制数的位数。字长越长，一个字所能表示的数据精度就越高。目前，PC 的字长已由 8088 的准 16 位（运算用 16 位，I/O 用 8 位）发展到现在的 32 位、64 位。

（3）指令系统的合理性。每种机器都设计了一套指令，一般均有数十条到上百条，如加、浮点加、逻辑与、跳转等，这些指令组成了指令系统。

（4）核心数。核心数就是在一块 CPU 芯片上封装的物理内核的数量，核心数越高，CPU 能够并行处理的任务越多，运算速度越快。目前主流 CPU 的核心数有两核、四核、六核和八核等。

2．存储器的指标

存取周期。存储器完成一次读（取）或写（存）操作所需的时间称为存储器的存取周期、存取时间或访问时间。存取周期的长短也会影响计算机的运算速度。

存储容量。存储容量表示计算机能存储二进制信息量的大小，一般用字节数来度量。PC 的内存容量早已从过去的 256MB、1GB、2GB、4GB 发展到现在的 8GB、16GB、32GB 甚至更高。硬盘容量也从原来的 160GB 发展到现在通用的 500GB、1TB、2TB 等。

数据带宽。数据带宽是指单位时间内存储器所存取的信息量，通常以位/秒（bit/s）或字节/秒（B/s）为度量单位，是衡量存储器性能的重要指标。

3．I/O 速度

I/O 速度对慢速设备（如键盘、打印机）影响不大，但对高速设备影响很大。主机的 I/O 速度取决于 I/O 总线的设计。

4．外设扩展能力

外设扩展能力主要是指计算机系统配置各种 I/O 设备的可能性、灵活性和适应性。一台计算机允许配置多少个 I/O 设备，对系统接口和软件研制都具有重大影响。

5．软件配置

软件配置是否齐全直接关系到计算机性能的好坏和工作效率的高低。例如，计算机功能是否很强，是否已安装了能满足应用要求的操作系统、高级语言和汇编语言，是否有丰富的、可供选用的应用软件等，都是在购置计算机时需要考虑的。

6．其他性能指标

除以上性能指标以外，系统可靠性（平均无故障工作时间）、兼容性、可维护性（故障的平均排除时间）等也对计算机有一定的影响。

计算机的性能除与机器的结构、功能等特性参数有关以外，还与输入，即该计算机的工作负荷有密切关系。被评价的一台计算机往往对某种工作负荷表现出较高性能，而对另一种工作负荷可能表现出较低性能。为了对计算机的性能进行客观的评价，需要选取具有真实代表性的工作负荷。通常采用不同层次的基准测试程序来评价计算机的性能。

（1）实际应用程序。实际应用程序包括用 C 语言或 C++开发的各种编译程序；Photoshop、Premiere 及 AutoCAD 等工具软件。

（2）核心程序。从实际程序中抽取少量关键循环程序段（核心程序），并以此来评估性能，但这些核心程序只具有评价计算机的性能的价值。

（3）合成测试程序。合成测试程序类似于核心程序，但这种合成测试程序是人为编制的，流行的合成测试程序有 WinBench 99、3DMark 2001、WhatCPUIs 等。其中，WinBench 99 提供的测试结果非常令人信服，是非常权威的。大部分报刊在对新硬件进行介绍时，提供的数据都来自 WinBench 99 的测试结果。

3.5　我国的超级计算机

世界上第一台电子数字计算机诞生于 1946 年，而我国电子计算机的科研、生产和应用是从 20 世纪 50 年代中后期开始的。1956 年，我国制定的《1956—1967 年全国科学技术发展远景规划》中就把计算机列为发展科学技术的重点之一，随后筹建了中国第一个计算技术研究所——中国科学院计算技术研究所。1958 年 8 月 1 日，我国第一台数字电子计算机——103 机诞生。

1965 年，中国自主研制的第一块集成电路在上海诞生，仅比美国晚了 5 年。在此后相当长一段时间，尽管国外对我国进行技术封锁，但这一领域的广大科研工作者发扬自力更生和艰苦奋斗的精神，依靠自己的力量建起了中国早期的半导体工业，掌握了从拉单晶到设备制造，再到集成电路制造的整个技术流程，积累了大量的人才和丰富的知识，相继研制并生产出 DTL、TTL、 ECL 等各种类型的中小规模双极型数字逻辑电路，支持了国内计算机行业的发展。当时具备这种能力的国家除中国以外，只有美国、日本和苏联。

我国的超级计算机研制起步于 20 世纪 60 年代。大体经历了三大阶段：第一阶段，自 20 世纪 60 年代末到 20 世纪 70 年代末，主要进行大型机的并行处理技术研究；第二阶段，自 20 世纪 70 年代末至 20 世纪 80 年代末，主要进行向量机及并行处理系统的研制；第三阶段，自 20 世纪 80 年代末至今，主要进行 MPP 系统及工作站集群系统的研制。经过多年不懈地努力，我国的高端计算机系统研制已取得了丰硕成果，"银河""曙光""神威""深腾"等一批国产高端计算机系统的出现，使我国成为继美国、日本之后，第三个具备研制高端计算机系统能力的国家。

1983 年 12 月 22 日，中国第一台每秒运算一亿次以上的"银河-Ⅰ"巨型计算机（见图 3.21）由国防科技大学计算机研究所在长沙研制成功，使我国成为能研制巨型机的少数几个国家之一，该成果荣获特等国防科技成果奖。研制"银河"超级计算机的难度不是一般人能想象的，当时"文化大革命"刚结束，国家百废待兴，我国气象部门急需巨型计算机做中长期天气预报，航空航天部门急需超级计算机以节省风洞实验经费，石油勘探部门急需超级计算机进行三维地震数据处理。有一个部门租用了一台外国中型计算机，却要由外方控制使用，算什么题目都要通过外方完成，中国人不得进入主控室。

图 3.21　"银河-Ⅰ"巨型计算机

　　1986 年年初，国防科技大学计算机系申请研制"银河-Ⅱ"10 亿次巨型计算机，得到了国务院、中国共产党中央军事委员会和当时的中华人民共和国国防科学技术工业委员会的批复。1992 年 11 月，国防科技大学成功研制出"银河-Ⅱ"10 亿次巨型计算机，实现了从向量巨型计算机到并行处理巨型计算机的跨越，成为继美国、日本之后，第三个具备 10 亿次巨型计算机研制能力的国家。1994 年，"银河-Ⅱ"10 亿次巨型计算机在中国气象局正式投入运行，用于做中期天气预报。

　　1994 年 3 月，在激烈的市场竞争中，"银河-Ⅲ"正式立项。1997 年 6 月 19 日，"银河-Ⅲ"百亿次巨型计算机系统通过国家技术鉴定，它的研制者还是国防科技大学计算机研究所。从亿次到百亿次，从并行处理巨型计算机到大规模并行处理巨型计算机的跨越，标志着我国已经掌握了高性能巨型计算机的研制技术。2000 年，由 1024 个 CPU 组成的"银河-Ⅳ"巨型计算机问世，其峰值性能达到每秒 1.0647 万亿次浮点运算，各项指标均达到当时国际先进水平，它使我国高端计算机系统的研制水平再上一个台阶。

　　"银河"巨型计算机如今已广泛应用于天气预报、空气动力实验、工程物理、石油勘探、地震数据处理等领域，产生了巨大的经济效益和社会效益。中国气象局将"银河"巨型计算机用于中期数值天气预报系统，使我国成为当时世界上少数几个能发布 5～7 天中期天气预报的国家之一。

　　中国研制的"神威一号"高性能计算机于 1999 年 8 月问世，其峰值运行速度达每秒 3840 亿次，在当时全世界已投入商业运行的前 500 位高性能计算机中排名第 48 位，能模拟从基因排序到中长期气象预报等一系列高科技项目的实验结果。它的研制成功，使我国继美国、日本之后，具备了研制高性能计算机的能力，中国的科学研究与经济建设因此前进了一大步。

　　20 世纪 90 年代末，以生产 PC 和服务器著称的联想集团也加入了研制高端计算机系统的行列。2002 年，由联想集团研制的运算速度超过每秒万亿次浮点运算的"深腾 1800"高端计算机系统在北京中关村诞生。这是我国第一台由企业研制的万亿次级计算机产品，标志着国内大型 IT 企业开始进入高性能计算机研发领域。在 2002 年 11 月公布的全球超级计算机 TOP500 排行榜中，"深腾1800"以每秒 1.046 万亿次浮点运算的实测性能排在第 43 位，这也是我国企业生产的高端计算机系统首次进入全球超级计算机 TOP500 排行榜。

　　2010 年，"天河一号 A"的研制成功使中国第一次拥有了全球最快的超级计算机。从 2013 年起，"天河二号"在全球超级计算机 TOP500 排行榜中取得六连冠。"中国军团"超级计算机的崛起速度之快，令人瞩目。2016 年 6 月，中国研发出了当时世界上运算速度最快的超级计算机"神威·太湖之光"，安装在国家超级计算无锡中心。该超级计算机的浮点运算速度是世界第二快的超级计算机"天河二号"（同样由中国研发）的 2 倍，达 9.3 亿亿次每秒。2019 年 6 月，在全球超级计算机 TOP500 排行榜中，"神威·太湖之光"超级计算机以 93.0 petaflops 排第三位，"神威·太湖之光"超级计算机如图 3.22 所示；"天河二号"超级计算机以 61.4 petaflops 排第四位，"天河二号"超级计算机如图 3.23 所示。2020 年 6 月 23 日，第 55 届全球超级计算机 TOP500 排行榜公布，由中国国家并行计算机工程与技术研究中心（NRCPC）开发的"神威·太湖之光"跌至第四位，排名第五的是"天河二号"。

图 3.22 "神威·太湖之光"超级计算机

图 3.23 "天河二号"超级计算机

3.6 小结

计算机影响着人们生产、生活和社会交往等各个方面，给人们带来了极大的便利。本章首先介绍了计算机系统，主要包括硬件系统和软件系统。硬件系统包括冯·诺依曼结构计算机的五大部分：运算器、控制器、存储器、输入设备和输出设备。软件系统包括系统软件和应用软件，同时介绍了计算机软件程序是由一系列计算机指令组成的，指令的执行过程可分为取指令和执行指令两步。其次介绍了计算机性能指标。最后介绍了我国的超级计算机发展历史，为今后系统学习计算机的组成原理和计算机系统结构打下一定的基础。

习题 3

一、填空题

1．在冯·诺依曼结构计算机中，计算机硬件系统由＿＿＿＿＿、＿＿＿＿＿、＿＿＿＿＿、＿＿＿＿＿和＿＿＿＿＿五大部分组成。

2．＿＿＿＿＿和＿＿＿＿＿统称为中央处理器。

3．根据功能和用途，可将存储器分为＿＿＿＿＿和＿＿＿＿＿两类。

4．计算机软件系统可以分为＿＿＿＿＿和＿＿＿＿＿两大类。

5．根据连接的部件不同，总线可以分为_____、_____和_____。

6．根据功能不同，系统总线可分为_____、_____和_____。

二、简答题

1．计算机各组成部分的功能分别是什么？

2．常见的计算机输入设备有哪些？输出设备有哪些？

3．计算机软件系统和硬件系统之间是什么关系？

4．什么是总线？

5．请简述主机箱内的主要部件和外部的主要接口。

6．什么是指令？什么是指令集？

7．请简述计算机的工作原理。

8．计算机性能指标有哪些？

第 4 章

程序设计基础

程序设计语言是人与计算机进行交流和沟通的语言，人们采用有效的程序设计方法和程序设计语言编写程序，从而实现了人与计算机的交流。程序设计语言经历了从机器语言、汇编语言到高级语言的发展过程，前后有上百种程序设计语言被人们使用。随着程序设计语言的不断发展与应用，计算机软件开发越来越容易，计算机应用领域也越来越广泛。本章主要介绍程序设计语言的发展历程和高级语言的特性，以及当下主流的程序设计语言。

通过本章的学习，学生能够：

（1）了解程序设计语言的发展历程；

（2）了解程序设计语言的分类；

（3）掌握面向过程语言的特性；

（4）掌握面向对象语言的特性；

（5）了解并掌握程序设计语言的编写和执行过程；

（6）了解当下主流程序设计语言的特点。

4.1　什么是程序设计语言

计算机是为人类服务的，计算机的发展离不开程序设计语言的作用。程序设计语言能够实现人与计算机的交流。

早期人与计算机的交流是通过人向计算机发送机器指令，计算机接收到相关指令后执行相应的操作实现的，这种机器指令被称为机器语言。机器语言具有复杂性，普通人很难掌握，机器语言的表达方式也不符合人类的思维习惯。

图 4.1　Konrad Zuse

20 世纪 40 年代，德国科学家 Konrad Zuse（见图 4.1）最早提出了用程序设计语言来指挥计算机工作的思想。1941 年，Zuse 研制出使用继电器的程序控制计算机 Z-3，Z-3 使用了约 2600 个继电器，用穿孔纸带输入，实现了二进制程序控制。Z-3 能达到每秒 3～4 次加法的运算速度，也能在 3～5s 完成一次乘法运算。Zuse 因此被誉为现代计算机发明人之一。

1945 年，Zuse 研制出一台比 Z-3 更先进的电磁式计算机 Z-4，其存储器单元从之前的 64 位扩展到 1024 位，继电器几乎占满了一个房间。为了使机器的效率更高，他设计了程序设计语言 Plankalkuel，这是第一个非冯·诺依曼式的高级语言。这一成果使 Zuse 跻身于计算机程序设计语言先驱者行列。

在 Zuse 进行了开创性的工作之后，计算机及计算机使用的程序设计语言得到了迅速的发展。

4.2　程序设计语言的演化

按照人与机器的交互程度，程序设计语言经历了从低级语言到高级语言的发展过程，低级语言是比较接近计算机硬件的语言，包括机器语言和汇编语言。目前大部分应用程序开发使用的都是高级语言。

4.2.1　机器语言

计算机硬件是由电子电路组成的，包括开关和其他电子器件，电子器件只有两种状态：开或关。一般情况下，"开"状态由 1 表示，"关"状态由 0 表示，所以计算机本身只能直接接收由 0 和 1 两个数字组成的二进制代码，人要与计算机交流，指挥计算机工作，就需要采用二进制代码形式编写指令。机器语言就是由计算机可直接使用的二进制代码指令构成的语言。

每种处理器都有自己专用的机器指令集合，这些指令是处理器唯一真正能够执行的指令，固定在计算机的硬件中。由于指令的数量有限，所以处理器的设计者就给每条指令分配了一个二进制代码，用来表示它们。每条机器指令只能执行一个非常低级的任务，程序员必须记住每组二进制数对应的指令。

机器语言的优点是计算机可以直接识别，运行效率高。机器语言有两个主要缺点：①可移植性差。不同计算机的指令系统往往各不相同，机器语言依赖于具体的计算机，因此在一台计算机上执行的程序，如果想要在另一台计算机上执行，必须重新编写程序。②可读性差、难以理解，不便于交流与合作，而且很难发现其中的错误。

由于编写机器代码非常乏味，有些程序员就开发了一些工具来辅助程序设计，于是汇编语言就出现了。

4.2.2　汇编语言

20 世纪 50 年代初，数学家 Grace Hopper 发明了汇编语言（Assembly Language）。汇编语言又被称为符号语言，也是一种面向机器的程序设计语言。在汇编语言中，用助记符（Mnemonic）代替操作码，用地址符号（Symbol）或标号（Label）代替地址码。程序员可以用这些指令码代替二进制代码。汇编语言中的指令与手持计算器的按钮上显示的指令相似，如"ADD"代表加操作，"MOV"代表数据移动操作等。汇编语言也是根据计算机所有硬件特性开发出来的可以直接控制硬件的语言。

因为计算机只能识别由"0"和"1"组成的二进制代码，所以用汇编语言编制的程序要翻译成机器语言才能在机器上执行，这种起翻译作用的程序叫作汇编器，汇编器读取每条指令的助记符，然后把它翻译成机器语言。这种把汇编语言翻译成机器语言的过程叫作汇编。因为每种类型的计算机都有自己的机器语言，所以有多少种机器，就有多少种汇编语言和汇编器。

由于汇编语言采用了助记符来编写程序，因此用汇编语言编程比用机器语言编程要方便一些，在一定程度上简化了编程过程。汇编语言的特点是用符号代替机器指令代码，而且助记符与指令代码一一对应，基本保留了机器语言的灵活性。使用汇编语言能面向机器编程并能较好地发挥机器的特性，得到质量较高的程序。

汇编语言和机器语言一样，是硬件操作的控制信息，因此仍然是面向机器的语言，用它编写复杂程序比较烦琐、费时，具有明显的局限性。同时，汇编语言仍然依赖于具体的机型，不能通用，也不能在不同机型之间移植。但是汇编语言的优点还是很明显的，如比机器语言易于读/写、调试和修改，执行速度快，占用的内存空间少，能准确发挥计算机硬件的功能和特长，程序精炼且质量高等，因此它至今仍是一种常用的软件开发工具。

4.2.3　高级语言

当硬件变得更强大时，就需要更强大的工具以有效地使用它们。机器语言依赖于计算机硬件，可移植性差。对于汇编语言而言，仍然需要程序员在所使用的的硬件上花费大部分精力，程序员需要记住单独的机器指令。为了提高程序员工作效率及从关注计算机转到关注要解决的问题，高级语言逐渐发展出来。高级语言是从人类的逻辑思维角度出发设计的计算机语言，其语法和结构更类似于普通英文。高级语言远离对计算机硬件的直接操作，不关心机器的具体实现，一般人经过学习之后都可以编写高级语言程序。

高级语言适合于不同的机器，使用高级语言编写程序，可以使程序员将精力集中在寻找解决问题的方法而非计算机本身的复杂结构上。最早开发出的两种高级语言是 FORTRAN（为数字应用程序设计的语言）和 COBOL（为商业应用程序设计的语言），除此之外，还有 LISP。LISP 使用表结构来表达非数值计算问题，是使用十分广泛的人工智能语言。

高级语言的出现实现了在多台计算机上运行同一个程序。每种高级语言都有配套的翻译程序，这种程序可以把用高级语言编写的语句翻译成机器指令，这个过程称为编译。一台机器只要具有编译器这种翻译程序，就能够运行用高级语言编写的程序。

高级语言的发展经历了从早期语言到结构化程序设计语言，从面向过程语言到面向对象语言的过程。半个多世纪以来，共有上百种高级语言出现，有重要意义的有几十种，影响较大、使用较普遍的有 C、Java、Python、C#、Visual C++等。

因为每种语言都有自己的特点和应用领域，因此不能孤立地说哪种语言绝对的好，哪种语言绝对的不好，只能说哪种语言适用于哪个领域。正如商店里各种款式、质地、用途、价格的服装一样，不同年龄、气质、消费水平的人群分别会购买适合自己的那一款服装。计算机语言只是一种工具，使用它的目的是解决实际问题。不论学习哪种语言，只要学得快、用得好、能解决问题就行。

其实各种高级语言都有一些共同的规律，只是语法规则有所不同。因此，无论学习哪种语言，重要的都是掌握基本的程序设计方法和技巧，并且能够做到举一反三，同时为后续学习和掌握其他语言打下良好的基础。

4.3　高级语言类型

高级语言可按其基本类型、实现方式、应用范围等分类。根据解决问题的方法及功能，可将高级语言分为面向过程语言、面向对象语言、函数式语言和逻辑式语言四大类。

4.3.1　面向过程语言概述

面向过程语言把程序看作活动主体，该活动主体使用被称为数据或数据项的被动对象。一个被动对象本身不能开始一个动作，它存储在计算机的内存中，从活动主体中接收动作。为了操纵数据，活动主体发布动作，称为过程。例如，文件是一个被动对象，为了打印文件，需要将文件存储在计算机的内存中，程序使用一个称为 fprint 的过程。fprint 通常包括告诉计算机打印文件中的每个字符的所有动作，程序调用 fprint。在面向过程语言中，对象（文件）和过程（fprint）是完全分开的实体。对象是一个能接收动作的独立的实体。为了对对象应用这些动作中的任何一个，需要一个作用于对象的过程。过程是被编写的一个独立的实体，程序不定义过程，只触发或调用过程。

在面向过程语言中，程序员可以指定计算机将要执行的详细的算法步骤。有时也把面向过程语言看作指令式程序设计语言。在面向过程语言中，可以使用过程或例程或方法来实现代码的重用而不需要复制代码。总的来说，面向过程程序设计是一种自上而下、模块化的设计方法，设计者用一个 main 函数概括出整个应用程序需要做的事，而 main 函数中包括调用的一系列子函数。main 函数中的每个子函数又都可以精炼成更小的函数。重复这个过程，就可以完成一个过程式程序设计。面向过程语言的特征是以函数为中心，用函数来作为划分程序的基本单位，数据在过程式程序设计中往往处于从属的位置。

面向过程语言的优点是易于理解和掌握，这种逐步细化问题的设计方法和大多数人的思维方式比较接近。然而，过程式程序设计对于比较复杂的问题，或在开过程发中需求变化比较多的时候，往往显得力不从心。因为过程式程序设计是自上而下的，要求设计者在一开始就对需要解决的问题有一定的了解。在问题比较复杂时，受设计者自身能力的限制，要做到这一点会比较困难；当开发过程中需求变化比较多时，以前对问题的理解也许会变得不再适用。事实上，开发一个系统的过程往往也是一个对系统不断了解和学习的过程，而过程式程序设计方法忽略了这一点。

面向过程语言的表达能力很强，有丰富的基本数据类型和自定义数据类型，有功能强大的各类运算符，应用范围广，能用来实现各种复杂的数据结构运算。

面向过程语言一般都可以完成普通的算术运算及逻辑运算，还可以直接处理数字、字符、地址，能进行按位操作，能实现汇编语言的大部分功能。但是面向过程语言中的指针和一些宏定义等给它带来了一定的安全隐患，这也是需要注意的。

在过去的几十年中流行的面向过程语言有 FORTRAN、COBOL、BASIC、C、Pascal、Ada 等。

4.3.2　面向对象语言概述

面向对象的观点是将世界看作由交互的对象构成的，每个对象负责自己的动作。在面向过程语言中，数据对象是被动的，由程序进行操作；在面向对象语言中，对象是主动的。对象和操作对象的代码（称为方法）绑定在一起，每个对象都负责自己的操作。这些方法被相同类型的所有对象共享，也被从这些对象继承的其他对象共享。

相同类型的对象需要一组方法，这些方法显示了这类对象对外界刺激的反应。为了创建这些方法，面向对象语言使用被称为"类"的单元。方法的格式与面向过程语言中的函数非常相似。每个方法都有头、局部变量和语句。因此，可以认为面向对象语言实际上是带有新的理念和新的特性的面向过程语言的扩展。

在面向对象语言中，一个对象可以从另一个对象中继承，当一般类被定义后，就可以定义继承了一般类中一些特性的更具体的类。例如，当一个汽车类被定义后，就可以定义轿车类，轿车是具有额外特性的汽车。

继承为构件重用提供了方便，基于继承的重用要求和方法具有多态性。多态性的意思是许多形态。面向对象语言中的多态性是指可以定义一些具有相同名字的操作，这些操作在相关类中做不同的事情。例如，我们定义了两个类（自动挡和手动挡），都是从轿车类中继承的，这里定义的名字都为 drive 的两个操作，一个在自动挡类中，另一个在手动挡类中，表示驾驶汽车，两个操作拥有相同的名字，但做不同的事情，因为自动挡和手动挡的汽车驾驶方法是不一样的。多态性有利于程序的扩充。

SIMULA 和 Smalltalk 是最早的两种面向对象语言，现在主流的面向对象语言有 C++、Java、C#等。

4.3.3　函数式语言概述

函数式语言以数学函数为基础，计算被表示为函数求值，问题求解被表示为函数调用，程序被看作一个数学函数。函数是把一组输入映射到一组输出的黑盒子。例如，找最大值可以表示为具有 n 个输入、1 个输出的函数求值，该函数实现 n 个值的输入与比较，最终输出最大值。函数式语言主要实现以下两个功能。

（1）函数式语言定义一系列可供任何程序员调用的原始函数。

（2）函数式语言允许程序员通过若干原始函数的组合创建新的函数。

函数式语言在表达能力方面有三个显著特点。

（1）若一个表达式有定义，则表达式的最后结果与其计算次序无关。

（2）构造数据的能力强，把整个数据结构看作简单值传送。

（3）建立高阶函数（函数的函数）的能力强，高阶函数可使程序简洁、清晰。

函数式语言相对面向过程语言具有两大优势：支持模块化编程；允许程序员使用已经存在的函数来开发新的函数。这两大优势使程序员能够编写出庞大且不易出错的程序。

LISP、Scheme 是典型的函数式语言。

4.3.4　逻辑式语言概述

逻辑式语言又被称为声明式语言或说明性语言，它依据逻辑推理的原则响应查询。逻辑式语言解决问题的基本方法就是反复地进行总结和推理。逻辑学家根据已知正确的一些论断（事实），运用逻辑推理的可靠准则推导出新的论断（事实）。程序员需要学习有关主题领域的知识（知道该领域内所有已知的论据）或向该领域的专家获取论据，还应该精通逻辑上严谨的定义准则，只有这样才能推导出新的论断。

PROLOG 是第三代逻辑式语言，由三种语句构成：第一种语句用于声明有关对象的事实和对象之间的关系；第二种语句用于定义有关对象和它们之间关系的规则；第三种语句用于对对象和它们之间的关系发问。

逻辑式语言的理论基础是数学领域中的形式逻辑理论，因为该语言主要是基于事实的推理，系统要收集大量的事实描述，程序一般是针对特定领域的，所以比较适合用于人工智能这样特定的知识领域。

一种程序设计语言能支持多种范型，如一个人可以用 C++写出一个完全过程化的程序，另一个人也可以用 C++写出一个纯粹的面向对象程序。但要牢记，每种范型都是一种解决问题的方案，采用任何一种都可以在某个领域快速地解决问题。

4.4　面向过程语言

面向过程语言由语句组成，其基本元素有数据类型、变量和常量、表达式、运算符。过程式程序设计提出了顺序结构、选择结构和循环结构三种基本程序结构，一个程序无论大小都可以由这三种基本程序结构搭建而成。

4.4.1 变量和基本数据类型

变量是在程序运行过程中可以被重新赋值，改变存储内容的量。高级语言中的变量其实就是计算机中的一个内存单元，通过变量名可以读取该单元的数据或在其中存储一个新数据。在程序中使用变量名，实际上引用的是内存中对应的某个存储位置。在使用变量前必须先进行变量声明，变量声明其实是将变量的数据类型和名称告诉编译器。

数据类型包括数据元素的编码方式，以及对该数据可以执行的操作。大多数高级语言都具有四种基本数据类型，即整型、浮点型、字符型和布尔型。

1. 整型

整型表示计算机能处理的一个整数范围，这个范围的大小由表示整型的字节数来决定。有些高级语言提供了几种不同范围的整型，如 C 可以表示短整型（short）、整型（int）、长整型（long）等，用户可以根据处理问题的大小来选择合适的类型。

2. 浮点型

浮点型表示特定精度的数的范围，和整型一样，其范围的大小也由表示浮点型的字节数来决定。许多高级语言有两种类型的浮点型，如 C 有单精度浮点数（float）和双精度浮点数（double）。由于浮点数的表示精度有限，所以在对浮点数进行关系运算时要谨慎。

3. 字符型

ASCII 字符集中的字符需要用一字节来描述，Unicode 字符集中的字符需要用两字节来描述。

4. 布尔型

布尔型只有两个值，即 True 和 False。并非所有的高级语言都支持布尔型，如果不支持布尔型，一般会用数值来模拟，如 C 在进行运算时，会用非 0 表示 True，用 0 表示 False。运算结果如果为 True，则表示为 1；如果为 False，则表示为 0。

4.4.2 常量

和变量一样，常量也是程序使用的一种数据形式。和变量不同的是，在程序运行期间，常量值是不能修改的。常量一般包括字面常量和符号常量。

字面常量是指从字面形式即可识别的常量，也就是在源程序中直接输入的值，如 32、100、1.23、'a'、"program"等。

符号常量是指使用一个标识符来代表的常量，也就是给常量取了一个简单易懂的名字，使程序易于阅读和便于修改。

4.4.3 运算符与表达式

运算符描述高级语言能处理的运算，运算的对象是数据。

高级语言的基本运算包括以下几种。

（1）算术运算：加、减、乘、除、求余。

（2）关系运算：大于、小于、大于或等于、小于或等于、等于、不等于。

（3）逻辑运算：与、或、非。

（4）赋值运算：用于更改变量的值。

除此之外，不同的高级语言还有各自不同的运算集。

一系列的运算数通过运算符联系在一起产生一个值的式子就是表达式。常用的表达式有以下几种。

（1）算术运算表达式：表达式的运算结果是数值。

（2）关系运算表达式：表达式的运算结果是布尔值，表示关系运算是否成立。

（3）逻辑运算表达式：表达式的运算结果是布尔值。

4.4.4　程序结构

1. 顺序结构

顺序结构要求程序的各个操作按照它们出现的先后顺序执行。

顺序结构的特点是程序从入口处开始，按顺序执行所有操作，直到出口处。顺序结构是一种简单的程序结构，是最基本、最常用的结构，是任何从简单到复杂的程序的主体基本结构，其流程图如图 4.2 所示。

2. 选择结构

选择结构（也被称为分支结构）是指程序的处理步骤出现了分支，需要根据某一特定的条件选择其中的一条分支执行。选择结构包括单分支选择结构、双分支选择结构和多分支选择结构。其特点是根据所给定的选择条件的真（分支条件成立，常用 Y 或 True 表示）与假（分支条件不成立，常用 N 或 False 表示）来决定从不同的分支中选择某一条分支执行，并且在任何情况下都有"无论分支多寡，必择其一；纵然分支众多，仅选其一"的特性。

（1）单分支选择结构。在单分支选择结构中，如果条件为真，则执行语句组 1，否则跳过语句组 1，执行分支选择结构下面的语句。单分支选择结构流程图如图 4.3 所示。

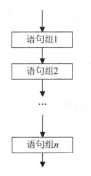

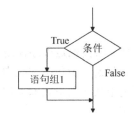

图 4.2　顺序结构流程图　　　　　　　　图 4.3　单分支选择结构流程图

（2）双分支选择结构。双分支选择结构根据判断结构入口处的条件来决定下一步的程序流向。如果条件为真，则执行语句组 1，否则执行语句组 2。值得注意的是，在这两条分支中只能选择一条且必须选择一条执行，但不论选择了哪一条分支执行，最后流程都一定到达结构的出口处。双分支选择结构流程图如图 4.4 所示。

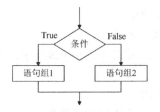

图 4.4　双分支选择结构流程图

（3）多分支选择结构。多分支选择结构是指程序流程中有多条分支，程序执行方向将根据条件确定。如果条件 1 为真，则执行语句组 1；如果条件 2 为真，则执行语句组 2；如果条件 n-1 为真，则执行语句组 n-1。如果所有分支的条件都为假，则执行语句组 n（该分支可省）。总之要根据判断条件选择多条分支中的一条执行。不论选择了哪一条分支执行，最后流程都要到达同一个出口处。多分支选择结构流程图如图 4.5 所示。

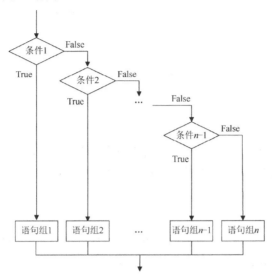

图 4.5　多分支选择结构流程图

3. 循环结构

所谓循环，是指一个客观事物在其发展的过程中，从某一环节开始有规律地反复经历相似的若干环节的现象。

程序设计中的循环是指在程序设计中，从某处开始有规律地反复执行某一操作块（或程序块）。被重复执行的操作块（或程序块）被称为程序的循环体。在此介绍两种循环结构："当"型循环结构和"直到"型循环结构。

"当"型循环结构是指先判断条件，当满足给定的条件时执行循环体，并且在循环终端处流程自动返回循环入口处；当不满足给定的条件时，退出循环体直接到达流程出口处。"当"型循环结构流程图如图 4.6 所示。

"直到"型循环结构是指从结构入口处直接执行循环体，在循环终端处判断条件，如果条件不满足，则返回入口处继续执行循环体，直到条件满足时才退出循环到达流程出口处。"直到"型循环结构流程图如图 4.7 所示。

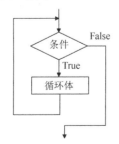

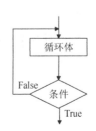

图 4.6　"当"型循环结构流程图　　　　图 4.7　"直到"型循环结构流程图

4.4.5 函数

函数本身是由一段程序语句组成的，一个函数往往用来解决某个特定的问题。对一个复杂问题的求解，可以分解成对多个小问题的求解，每个小问题的求解由一个函数来完成，这样就简化了问题的求解难度。高级语言中的函数一般包括系统定义好的库函数和用户自定义函数。自定义函数的程序员需要清楚实现函数功能的每条语句的作用，而函数的使用者只需要知道函数的功能，以及函数的调用格式就可以。

参数是函数加工处理的原始数据或说明信息，参数包括形参和实参两种。在函数执行过程中使用的数据称为形参；在函数被调用时赋给形参的值称为实参。在定义函数时需要明确函数的处理对象的类型及数量（定义形参），在调用函数时需要给对应的形参赋予明确的值（实参）。当包含的参数超过一个时，实参与形参之间是一一对应的关系。

对于实参和形参之间的数据传递，不同的语言有不同的处理方法。例如，C 是把实参的值赋给形参，形参相当于实参的一个副本，这种方法被称为按值传递。在 C++中，允许把实参的地址传给形参，这样通过形参就可以直接对实参进行存取，这种方法被称为按引用传递。

4.4.6 注释

注释是程序中必不可少的内容，注释的作用就是解释程序，为人们阅读程序提供额外的信息，帮助人们理解程序。从机器的角度来看，程序中的注释存在与否不影响程序的执行。

注释可以分散在语句的后面，也可以集中在程序的开头部分，具体放在程序中的什么位置没有严格的要求。一种良好的注释风格是将注释与某个程序单元相对应，即将注释放在该程序单元的起始位置，注释信息为对该程序单元的功能说明，这样有利于提高程序的可读性。

4.5 面向对象语言

面向过程语言强调过程抽象和模块化，把现实世界映射为数据流和过程，以过程为中心来构造系统和设计程序，将数据与对数据的操作分离开来。事实上客观世界中的事物总是分门别类的，每个类都有自己的数据与操作数据的方法，二者是密不可分的。

面向对象的程序设计（Object Oriented Programming，OOP）是 20 世纪 80 年代提出的，它把世界看作独立对象的集合，将数据及对这些数据的操作封装在一个单独的数据结构中。这种模式更接近客观世界，所有对象同时拥有属性及与这些属性相关的行为。一方面，一个问题的面向对象解决方法就是标识出涉及的对象，并将其作为一个独立的单元来描述，从而淡化了解决问题的过程和步骤，使程序更容易理解和测试；另一方面，由于对象具有独立性和通用性，代码的重用性得到提高，减少了程序开发的时间。

4.5.1 面向对象的基本概念

1. 对象

客观世界中的任何事物都可以称为对象，复杂的对象可以由简单的对象以某种方式组合而成。例如，一个系由不同班级组成，一个班级由班里的人组成。班级里的人是一个对象，班级是一个对象，系也是一个对象。对象也可以表示抽象的规则、计划或事件，如开车就可以抽象成一个对象。

每个对象都具有一定的属性，包括对象的状态、特征等。例如，一个人的属性包括姓名、性别、年龄、职业、家庭住址等。对象也可以具有行为或方法，如一个人吃饭、睡觉、工作、学习等都属于他的行为。

2．类

类是指一组具有相同特性的对象的抽象，即将某些对象的相同特征抽取出来，形成的一个关于这些对象集合的抽象模型。例如，每个人都有姓名、年龄、性别等属性，都具有工作、吃饭、睡觉等行为，可以将这些属性和行为抽象成"人类"，每个人都是人类这个群体中的一个对象。

类与对象关系密切。类是抽象的概念，对象是具体的实例。有类才能产生对象，对象具有所在类的全部属性和行为。类的属性是对象属性的抽象，用数据结构来描述。类的操作是对象行为的抽象，用操作名和实现该操作的方法来描述。

3．属性

属性用来描述对象特征，对象中的数据就保存在属性中。

4．方法

方法是指允许作用于某个对象的各种操作，可以通过调用对象的方法实现该对象的动作。

5．消息

对象之间进行通信的结构称为消息。一条消息至少要包含接收消息的对象名和发送给该对象的消息名。对象有一个生命周期，它们可以被创建和销毁。只要对象正处于其生命周期，就可以与其进行通信。

4.5.2 面向对象的特征

1．抽象

抽象是指从许多事物中舍弃个别的、非本质的特征，抽取共同的、本质的特征。

程序开发方法中所使用的抽象有两类：一类是过程抽象；另一类是数据抽象。过程抽象描述对象的共同行为特征或具有的共同功能；数据抽象描述对象的属性或状态。对一个具体问题进行抽象分析的结果是通过类来描述和实现的。

2．封装

封装是面向对象方法的一个重要原则。封装是指把数据和动作集合在一起，数据和动作的逻辑属性与它们的实现细节是分离的，实现了信息屏蔽。一个对象只知道自身的信息，对其他对象的信息一无所知。如果一个对象需要知道另一个对象的信息，那么它必须向那个对象请求信息。

在一个对象内部，某些代码和数据可以是私有的，不能被外界访问。通过这种方式，对象对内部数据提供了不同级别的保护，以防止程序中无关的部分意外地改变或错误地使用对象的私有部分。

3．继承

继承是面向对象的一种属性，即一个类可以继承另一个类的行为和数据。它支持按级分类的概念。如果类 X 继承类 Y 的行为和数据，则 X 为 Y 的派生类（子类），Y 为 X 的超类（父类）。例如，"汽车"是一类对象，"轿车""卡车"等都继承了"汽车"类的性质，因而是"汽车"的子类。

在这种分层体系中，所处的层次越低，对象越专门化。下级的类会继承其父类的所有行为和数据。有了继承机制，应用程序就可以采用经过测试的类，由它派生出一个具有该应用程序需要的属性的类，然后向其中添加其他必要的属性和方法。

4．多态性

多态性是指一种语言的继承体系结构中具有两个同名方法，并且能够根据对象应用合适的方法的能力。同一操作作用于不同的类的实例，将产生不同的执行结果，即不同类的对象收到相同的消息会得到不同的结果。面向对象的多态性方法的使用，提高了程序设计的灵活性和效率。

4.5.3 面向对象的特点

与面向过程相比，面向对象具有许多明显的优点，主要体现在以下三个方面。

（1）可重用性。继承是面向对象方法的一个重要机制。用面向对象方法设计的系统的基本对象类可以被其他系统重用。这通常是通过一个包含类和子类层次结构的类库来实现的。因此，面向对象方法可以从一个项目向另一个项目提供一些重用类，从而能显著提高工作效率。

（2）可维护性。由于用面向对象方法构造的系统是建立在系统对象基础上的，结构比较稳定，因此当系统的功能要求扩充或改善时，可以在保持系统结构不变的情况下进行维护。

（3）表示方法的一致性。面向对象方法要求在从面向对象分析、面向对象设计到面向对象实现的系统整个开发过程中，采用一致的表示方法，从而加强了分析、设计和实现之间的内在一致性，并且提高了用户、分析员及程序员之间的信息交流效率。此外，这种一致的表示方法使分析、设计的结果很容易向编程转换，从而有利于计算机辅助软件工程的发展。

4.6 程序设计语言的执行过程

我们在学习外文的时候，都做过把用一种语言撰写的文章翻译成另一种语言的练习，这个练习的过程主要是针对一篇原文，首先识别文章中的单词，然后分析每个句子的语法结构，对此进行初步翻译，初步翻译后还要进行进一步修饰才能得到最终的译文。

在计算机世界中，我们普遍采用高级语言来编写程序，编写好的程序文件被称为源文件，源文件编写完成后，需要通过编译、链接生成可执行文件，这个过程和自然语言的翻译过程是很相似的。由于篇幅有限，本节只介绍采用 C 编译器编写 Windows 用的可执行文件（EXE 文件）的示例，其他环境及程序设计语言等基本上采用的是同样的机制。

本节从一个简单的 C 程序开始介绍，这个程序的任务是求圆柱体的表面积。

4.6.1 编辑源文件

用程序设计语言编写的程序被称为源程序，源程序是一系列的语句或指令，用于指示计算机执行指定的任务，保存源程序的文件被称为源文件。大多数编译器都自带编辑器，可用来输入源程序，并且提供很多便于编写和组织程序的功能。通常会对代码文本的格式进行自动排版，如高亮显示特殊的语法及代码自动缩进等，这样不仅便于阅读，还有助于降低代码的错误率。

求圆柱体表面积的核心代码如下：

```
float   r, h, s;
s = 2*3.1416*r*(h+r);
```

打开编辑器，输入完整的代码，然后保存该文件至本地硬盘，我们把该文件命名为 cylinder.c。cylinder.c 是无法直接运行的，因为 CPU 能直接解析并运行的是机器代码，所以用任何程序设计语言编写的源程序最后都要翻译成机器代码。

4.6.2　预处理及编译

能够把由 C 等高级语言编写的源程序转换成机器代码的程序被称为编译器。每个编写源程序的程序设计语言都需要其专用的编译器。将由 C 编写的源程序转换成本地代码的编译器被称为 C 编译器。在任何一个 C 系统中，总有一个预处理程序，在编译工作开始之前自动执行，预处理程序处理以#开头的命令。

预处理结束后，编译器读入源程序，进行词法分析、语法分析、语义分析和中间代码生成等一系列工作，编译器可以在编译过程中发现并报告语法错误。编译阶段出现错误，意味着必须重新编辑源程序。如果编译成功，就会产生一个目标文件，该文件与源文件同名，但扩展名是.o 或.obj，如 cylinder.c 的目标文件是 cylinder.o。编译器的结构如图 4.8 所示。

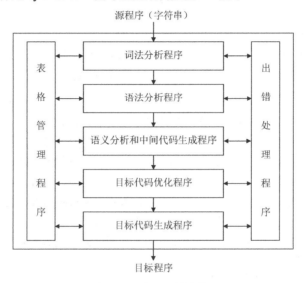

图 4.8　编译器的结构

在学习编译过程之前，先来了解一下什么叫词法、语法和语义。

例如，有一句英文 a boy eats an apple，这句话采用主谓宾（名词+动词+名词）的结构。针对这句英文，词法规定什么是正确的单词书写，如果把 boy 写成 byo，就是词法错误。语法规定什么样的语法成分组合是正确的，如果把这句话写成 a boy an apple eats，则虽然词法正确但是语法是错误的，因为一个完整的句子，通常没有名词+名词+动词这样的语法结构。语义规定句子在含义上是否正确，如果把这句话写成 an apple eats a boy，则虽然词法正确、语法正确但是含义是错误的，所以语义错误。

了解了词法、语法、语义的概念，接下来我们学习编译器的工作过程。

1. 词法分析

词法分析的任务是输入源程序，对构成源程序的字符串进行扫描和分解，识别出一个个单词符号，如基本字（if、for、begin 等）、标识符、常数、运算符和界符（"（）""="";"）等，将所识别出的单词用统一长度的标准形式（也称内部码）来表示，以便于后续语法分析工作的进行。因此，词法分析工作是将源程序中的字符串变换成单词符号流的过程，词法分析工作遵循的是语言的构词规则。

词法规则是单词符号的形成规则，它规定了什么样的字符串构成一个单词符号。例如，对如下代码段进行词法分析：

```
float  r，h，s；
s = 2*3.1416*r*(h+r)；
```

识别出如下单词符号：基本字 float；标识符 r、h、s；常数 3.1416、2；运算符"*""+"；界符"()""；""，""="。

2．语法分析

语法分析的任务是在词法分析的基础上，根据语言的语法规则（文法规则）把单词符号流分解成各类语法单位（语法范畴），如短语、子句、句子（语句）、程序段和程序。通过语法分析可以确定整个输入串是否构成一个语法上正确的"程序"。语法分析所遵循的是语言的语法规则，语法规则通常用上下文无关文法描述。语言的语法规则规定了如何由单词符号形成语法单位，语法规则是语法单位的形成规则。例如，对于如下代码段：

```
float  r，h，s；
s = 2*3.1416*r*(h+r)；
```

单词符号串"s=2*3.1416 * r *(h+r)"中的"s"是<变量>，单词符号串"2 * 3.1416 * r *(h+r)"组合成<表达式>这样的语法单位，由<变量>=<表达式>构成<赋值语句>这样的语法单位。

3．语义分析和中间代码生成

语义分析和中间代码生成阶段的任务是对各类不同语法单位按语言的语义进行初步翻译，包含两个方面的工作：一是对每种语法单位进行静态语义检查，如变量是否定义、类型是否正确等；二是在语义正确的情况下进行中间代码的翻译。注意，中间代码是介于高级语言的语句和低级语言的指令之间的一种独立于具体硬件的记号系统，它既有一定程度的抽象性，又与低级语言的指令十分接近，因此转换为目标代码比较容易。把语法单位翻译成中间代码所遵循的是语言的语义规则，常见的中间代码有四元式、三元式、间接三元式和逆波兰记号等。

例如，将 s = 2*3.1416 * r *(h+r)翻译成如下形式的四元式中间代码：

```
(1)  (*,   2,    3.1416,  T1 )
(2)  (*,   T1,   r,       T2 )
(3)  (+,   h,    r,       T3 )
(4)  (*,   T2,   T3,      T4 )
(5)  (=,   T4,            s )
```

4．目标代码优化

目标代码优化阶段的任务是对前一阶段产生的中间代码进行等价变换或改造，以获得更为高效（节省时间和空间）的目标代码。常用的优化措施有删除冗余运算、删除无用赋值、合并已知量、循环优化等。例如，值并不随循环而发生变化的运算可在进入循环前计算一次，而不必在每次循环中都进行计算。目标代码优化所遵循的规则是程序的等价变换规则，如上述四元式经中间代码局部优化后得：

```
(1)  (*,   6.28,   r,    T2 )
(2)  (+,   h,      r,    T3 )
(3)  (*,   T2,     T3,   T4 )
(4)  (=,   T4,           s )
```

5．目标代码生成

目标代码生成阶段的任务是把中间代码（或经优化处理之后）变换成针对特定机器的机器语言程序或汇编语言程序，完成最终的翻译工作。这一阶段的工作因为目标语言的关系而十分依赖硬件系统，即如何充分利用机器现有的寄存器、合理地选择指令、生成尽可能短且有效的目标代码等都与目标机器的硬件结构有关。

6．表格管理和出错处理

编译的各个阶段都涉及表格管理和错误处理。

在编译的过程中需要建立一些表格，以登记源程序中所提供的或编译过程中所产生的一些信息，编译各个阶段的工作都涉及构造、查找、修改或存取有关表格中的信息。因此，在编译程序中必须有表格管理程序。

一个好的编译程序，在编译过程中应具有广泛的程序查错能力，并能准确地报告错误的种类及出错位置，以便用户查找和纠正。因此，在编译程序中还必须有出错处理程序。

一个编译过程可以分成一遍、两遍或多遍完成，每一遍完成规定的任务。例如，第一遍只完成词法分析任务；第二遍完成语法分析和语义分析任务并生成中间代码；第三遍实现目标代码优化和目标代码生成。当然，也可以一遍就完成整个编译工作。至于一个编译过程究竟应分成几遍完成，如何划分，这和源程序语言的结构与目标机器的特征有关。分多遍完成编译过程可以使整个编译程序的逻辑结构更清晰，但遍数多势必增加读、写中间文件的次数，从而消耗过多的时间。

需要注意的是，编译器也是一种程序，因此要编译一个程序，就必须具有这个编译器在特定机器上的机器代码。想要在多种类型的机器上使用一种高级语言，就要具备这种语言的多个编译器。例如，C、C++都属于采用编译器进行工作的语言。

除编译器外，还有一些计算机语言使用解释器把源程序翻译成目标程序。解释器在处理源程序时，按照源程序的语句顺序，由相应语言的解释器逐句解释成目标代码，解释一句、执行一句，立即产生运行结果。解释器结构简单、易于实现，但是因为边解释边执行，所以比通过编译器产生的目标代码的执行速度慢。应用程序不能脱离解释器，如果需要重复执行同一个源程序，解释器就会重复完全相同的解释操作。例如，Java、Python 都属于采用解释器进行工作的语言。

4.6.3　链接

目标文件是无法直接运行的，一个 C 源程序通常会调用在其他地方定义的函数，如标准函数库或同一个项目组的其他成员编写的函数库中定义的函数，像 hello.c 就调用了 stdio.h 中的 printf 函数。把多个目标文件结合起来，生成一个 EXE 文件的处理过程就是链接，运行的程序就称为链接器。链接器的作用如图 4.9 所示。链接器也可以检查和报告错误，如遗漏了程序的某个部分或引用了一个根本不存在的库函数等。链接阶段出现错误，意味着必须重新编辑源程序。如果链接成功，就会产生一个可执行文件（扩展名为.exe）。

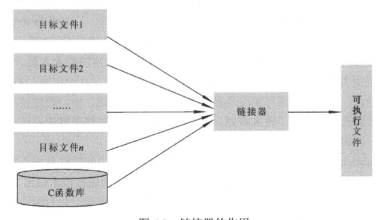

图 4.9　链接器的作用

4.6.4　加载和运行

通过编译、链接得到的可执行文件在运行之前，必须加载到内存中。最后，在 CPU 的控制下，逐条执行程序中的机器指令。在大多数 IDE 中，都有一个相应的命令菜单，用来运行通过编译、链接得到的可执行文件。可以采用在命令窗口中输入文件名或在 Windows 中双击文件名的方式来运行可执行文件。

国际计算机协会（Association for Computing Machinery，ACM）宣布，将 2020 年 ACM A. M. Turing Award（图灵奖）授予哥伦比亚大学计算机科学系名誉教授 Alfred Vaino Aho（见图 4.10）和斯坦福大学计算机科学系名誉教授 Jeffrey David Ullman（见图 4.11），以表彰他们在程序设计语言领域做出的贡献，以及他们所编撰的书籍对几代计算机科学家产生的积极影响。

图 4.10　Alfred Vaino Aho　　　　　图 4.11　Jeffrey David Ullman

计算机软件是现代社会人类与科技互动的驱动器。不论是手机、汽车中的程序，还是在网络公司内部的大型服务器中的程序，世界上的每个程序都是人类使用高级语言编写的，然后翻译成低级语言程序以供计算机运行。这种将高级语言程序翻译成计算机能识别的低级语言程序的技术的实现在很大程度上要归功于 Aho 和 Ullman。

Aho 是哥伦比亚大学计算机科学系名誉教授。他本科毕业于多伦多大学，在普林斯顿大学获得电气工程/计算机科学硕士和博士学位，于 1995 年加入哥伦比亚大学。在加入哥伦比亚大学之前，Aho 是贝尔实验室负责计算科学研究的副总裁，他在那里工作了 30 多年。

Ullman 是斯坦福大学计算机科学系名誉教授，也是以计算机科学为主题的在线学习平台 Gradiance Corporation 的首席执行官。他本科毕业于哥伦比亚大学，在普林斯顿大学获得计算机科学硕士和博士学位，于 1979 年加入斯坦福大学。在加入斯坦福大学之前，Ullman 曾在普林斯顿大学任教（1969—1979 年），并于 1966 年至 1969 年担任贝尔实验室的技术人员。

1967 年，两位计算机科学家在贝尔实验室开始了他们的合作。几十年间，Aho 和 Ullman 奠定了程序设计语言理论、程序设计语言实现及算法设计和分析的基础，他们通过技术创新和影响甚广的教材在程序设计语言领域做出了重大贡献。两位计算机科学家早期在算法设计和分析技术方面的合作为这一时期出现的计算机科学核心理论提供了关键思路。

ACM 主席 Gabriele Kotsis 称："计算机编程的实践和日益先进的软件系统开发几乎支撑了在过去 50 年中社会上所有的技术变革。虽然无数研究人员和实践者为这些技术做出了贡献，但 Aho 和 Ullman 的工作尤其具有影响力，他们帮助我们理解了算法的理论基础，并为编译器和程序设计语言的研究和实践指明了方向。自 20 世纪 70 年代初以来，Aho 和 Ullman 一直是这一领域的思想领袖，他们的工作指导着一代又一代的程序员和研究人员。"

在 1967 年到 1969 年期间，Aho 和 Ullman 都在贝尔实验室工作，并在当时开发了用于分析和翻译程序设计语言的高效算法。后来，尽管在不同的机构工作，但两人还是继续保持合作，共同撰写书籍和论文，并为算法、程序设计语言、编译器和软件系统引入了新技术。

由 Aho 和 Ullman 合著的 *Principles of Compiler Design*（见图 4.12）是关于编译器技术的权威书籍，它将形式语言理论和语法制导翻译技术融入编译器设计过程。由于其封面设计，该书常被称为"龙书"，书中清晰地阐述了将高级程序设计语言转换成机器代码的各个阶段，将整个编译器构建模块化。书中还包括作者对词法分析技术、语法分析技术和代码生成技术的算法贡献等内容。

图 4.12　*Principles of Compiler Design*

4.7　高级语言发展历程

2021 年 1 月，编程语言社区 TIOBE 发布了最新编程语言排行榜。该排行榜揭晓了 2020 年度最受欢迎的编程语言，其中 Python 以 2.01% 的正增长率荣获 2020 年度 TIOBE 编程语言奖，Python 也是自 TIOBE 榜单发布以来，首个 4 次获得该奖项的编程语言。紧随其后的是 C++，其实现了 1.99%的增长率，C（增长率为 1.66%）、Groovy（增长率为 1.23%）、R（增长率为 1.10%）分别位居其后。此外，TIOBE 榜单上的最大变化是，C 击败了 Java 成为榜单的第一名。

图 4.13 所示为 2021 年 7 月 TIOBE 榜单位于前十名的编程语言。

Jul 2021	Jul 2020	Change		Programming Language	Ratings	Change
1	1		C	C	11.62%	-4.83%
2	2			Java	11.17%	-3.93%
3	3			Python	10.95%	+1.86%
4	4		C	C++	8.01%	+1.80%
5	5		C	C#	4.83%	-0.42%
6	6		VB	Visual Basic	4.50%	-0.73%
7	7		JS	JavaScript	2.71%	+0.23%
8	9	^	PHP	PHP	2.58%	+0.68%
9	13	⌃	ASM	Assembly language	2.40%	+1.46%
10	11	^	SQL	SQL	1.53%	+0.13%

图 4.13　2021 年 7 月 TIOBE 榜单位于前十名的编程语言

如果仔细观察的话我们就会发现，主流的编程语言排名在过去几年中似乎没有太大的变化。除了 C，几乎所有主流的编程语言都经常发布新版本。例如，C#几乎每年都会发布一次语言更新。JavaScript 的变化如此之快，几乎没有其他语言能效仿。C++的更新频率较低（三年一次），但是其最新版本包含模块的引入，这将导致 C++编程发生重大变化。Python 之所以成为备受欢迎的编程语言，在于它简单易上手，同时能极大地提高生产效率。Python 在数据科学、机器学习等领域颇受欢迎，同时也适用于 Web 开发、后端、移动应用程序开发，甚至嵌入式系统等领域。C 的高性能注定它在未来的一段时间内仍然会站稳脚步。接下来，我们简单介绍一下主流编程语言。

4.7.1　C

在计算机的发展历史上，大概没有哪个程序设计语言像 C 那样得到如此广泛的流行，C 对计算机的普及应用产生了深远的影响。目前，C 编译器普遍存在于各种不同的操作系统，如 UNIX、Windows 及 Linux 等。C 的设计影响了许多后来的编程语言，如 C++、Java、C#等。

1. C 的诞生过程

C 的开发者是贝尔实验室的 Ken Thompson 和 Dennis M. Ritchie。C 的诞生与 UNIX 的开发密不可分，要介绍 C 就不得不提到 UNIX。

1964 年，Thompson 参与了贝尔实验室与麻省理工学院及通用电气公司联合进行的一套多用户分时操作系统（名为 Multics）的开发项目。在开发 Multics 期间，Thompson 开发了名为 Bon 的程序设计语言（简称 B）。Thompson 身为优秀设计师的同时又是一名游戏爱好者，于是他设计了一款电子游戏——Space Travel，该游戏可运行于 Multics 操作系统。1969 年，贝尔实验室撤出了 Multics 计划。Thompson 独自在一台被丢弃的 PDP-7 上写出一个挤干了泡沫的 Multics 操作系统，并在此操作系统中重写了 Space Travel。这一操作系统被其同事戏称为 Uniplexed Information and Computing System（UNICS），后来改称为 UNIX。

UNIX 的出现开始并不为大家所看好，但是却引起了贝尔实验室 Thompson 的另一位同事的注意，这个人就是 Dennis，Dennis 主动和 Thompson 一起完善这个系统。1972 年，他们联手将 UNIX 移植到当时最先进的大型机 PDP-11 上，由于 UNIX 非常简洁、稳定与高效，所以当时大家都放弃了 PDP-11 上自带的 DEC 操作系统而完全改用 UNIX，这时的 UNIX 已经开始走向成熟。随着 UNIX 的需求量日益增加，Thompson 与 Dennis 决定将 UNIX 进一步改写，以便可以移植到各种不同的硬件系统中，因为 UNIX 的源程序有不少是用汇编语言完成的，不具备良好的移植性。1973 年，Dennis 在 B 的基础上开发出了 C，并用 C 重写了 UNIX，C 灵活、高效、与硬件无关，并且不失简洁性，这正是 UNIX 移植所需要的法宝，于是 UNIX 与 C 完美结合在一起产生了新的可移植的 UNIX 操作系统。随着 UNIX 的广泛使用，C 也成为当时最受欢迎的程序设计语言。

1978 年 Brian W. Kernighian 和 Dennis M. Ritchie 出版了 *The C Programming Language*，该书的发行使 C 成为当时世界上最流行、使用最广泛的高级语言之一。1988 年，随着微型计算机的日益普及，出现了许多 C 版本。由于没有统一的标准，这些 C 之间出现了一些不一致的地方。为了改变这种情况，美国国家标准学会（ANSI）为 C 制定了一套 ANSI 标准，该标准也是现行的 C 标准。

2. C 的特点

C 既具有机器语言能直接操作二进制数和字符的能力，又具有高级语言许多复杂的处理功能，是一种简单、易学、灵活、高效的高级语言。

C 是一种结构化语言，层次清晰，便于按模块化方式组织程序，易于调试和维护。C 拥有充分的控制语句和数据结构功能，从而可以用于许多领域。C 具有丰富的运算符，从而能够提供很强的表达能力。它还可以直接访问内存的物理地址，进行位一级的操作。在 C 中，数组被作为指针来处理，因此效率很高。

C 实现了对硬件的编程操作，因此 C 集高级语言和低级语言的功能于一体，可用于系统软件、应用软件、数字计算、嵌入式设备、游戏软件、服务器端等的开发。

4.7.2　Java

20 世纪 90 年代，随着 Web 的兴起，人们发现 Java 是一个进行 Web 程序设计的有用工具，在 Java 发展的最初几年，它广泛用于编写 Web 网页。最终促使 Java 成功的是 Internet。

1．Java 的发展过程

Java 诞生于 1991 年，起初被称为 OAK，是 SUN 公司为一些消费性电子产品而设计的一个通用环境。该公司最初的目的只是开发一种独立于平台的软件技术，而且在 Internet 出现之前，OAK 项目可以说是默默无闻的，甚至差点夭折。但是，Internet 的出现改变了 OAK 的命运。

在 Java 出现以前，Internet 上的内容都是一些乏味的 HTML 文档。这对于那些迷恋 Web 浏览的人们来说简直不可容忍。他们迫切希望能在 Web 中看到一些交互式的内容，开发人员也极希望能够在 Web 上创建一类无须考虑软/硬件平台就可以执行的应用程序，当然这些程序还要有极强的安全保障。对于用户的这种需求，传统的编程语言显得无能为力，而 SUN 公司的工程师敏锐地察觉到了这一点，从 1994 年起，他们开始将 OAK 技术应用于 Web，并且开发出了 Hot Java 的第一个版本。1996 年，Java 1.0 版本正式发布。

2．Java 的主要特性

Java 的大部分特性是从 C、C++中继承的。

Java 的设计、测试、精炼由程序员完成，依赖于程序员的需求和经验，因此是一个程序员自己的语言。Java 给了程序员完全的控制权。

Java 是紧密结合且逻辑上协调一致的。

Java 具有操作平台无关性，其简单、面向对象、分布式、健壮性、安全性、可移植性、多线程性、动态性等特性为 Internet 的使用提供了一种良好的开发和运行环境。

Java 比 C++设计得更小、更简单和更可靠。开发人员认为 C++过于庞大和复杂，不便于使用，而 Java 具有 C++的大部分功能，且更为简单与安全。Java 已经被广泛用于各个领域。

4.7.3　Python

Python 是一种面向对象的解释型计算机程序设计语言，由 Guido van Rossum 于 1989 年开发，第一个公开发行版发行于 1991 年。Python 自诞生至今，逐渐被广泛应用于处理系统管理任务和 Web 编程。Python 开发者的哲学是"用一种方法，最好是只用一种方法来做一件事"。在设计 Python 程序时，如果面临多种选择，开发者一般会拒绝花哨的语法，而选择明确的、没有或很少有歧义的语法。这些准则被称为 Python 格言。

Python 是完全面向对象的程序设计语言，函数、模块、数字、字符串都是对象。Python 完全支持继承、重载、派生、多继承，有益于增强源程序的复用性。Python 本身被设计为可扩充的，并非所有的特性和功能都集成到语言核心。Python 提供了丰富的 API 和工具，以便程序员能够轻松地使用 C、C++来编写扩充模块。Python 编译器本身也可以被集成到其他需要脚本语言的程序内。常见的一种应用情形是，使用 Python 快速生成程序的原型（有时甚至是程序的最终界面），然后对其中有特别要求的部分用更合适的语言改写，如 3D 游戏中的图形渲染模块，其性能要求特别高，就可以用 C/C++重写，然后封装为 Python 可以调用的扩展类库。需要注意的是，在使用扩展类库时可能需要考虑平台问题，某些扩展类库可能不提供跨平台的实现功能。

Python 语法简洁、清晰，有意地设计限制性很强的语法，使不好的编程习惯（如 if 语句的下一行不向右缩进）都不能通过编译。其中很重要的一项就是 Python 的缩进规则。一个模块的界限完全是由每行的首字符在这一行的位置来决定的（而 C 是用一对花括号{}来明确地定出模块的边界的，与首字符的位置毫无关系）。通过强制程序员进行缩进（包括 if、for 和函数定义等所有需要使用模块的地方），Python 确实使程序更加清晰和美观。

Python 在设计上坚持了清晰化的风格，这使 Python 成为一门易读、易维护，并且为大多用户所欢迎、用途广泛的语言。在国外用 Python 做科学计算的研究机构日益增多，一些知名大学已经采用 Python 教授程序设计课程。众多开源的科学计算库都提供了 Python 的调用接口，如著名的计算机视觉库 OpenCV、三维可视化库 VTK、医学图像处理库 ITK。经典的科学计算扩展库 NumPy、SciPy 和 Matplotlib 分别为 Python 提供了快速数组处理、数值运算及绘图功能。因此，由 Python 及其众多的扩展库所构成的开发环境十分适合供工程技术、科研人员处理实验数据、制作图表，甚至开发科学计算应用程序。

和用 MATLAB 相比，用 Python 做科学计算有如下优点。

首先，MATLAB 是一款商用软件，并且价格不菲，而 Python 完全免费，众多开源的科学计算库都提供了 Python 的调用接口。用户可以在任何计算机上免费安装 Python 及其绝大多数扩展库。

其次，与 MATLAB 相比，Python 是一门更易学、更严谨的程序设计语言。它能使用户编写出更易读、易维护的代码。

最后，MATLAB 主要专注于工程和科学计算。然而即使在计算领域，也经常会遇到文件管理、界面设计、网络通信等各种需求。Python 有丰富的扩展库，可以轻易完成各种高级任务，开发者可以用 Python 实现完整应用程序所需的各种功能。

4.7.4　C++

贝尔实验室的 Bjarne Stroustrup 博士在 20 世纪 80 年代初开发出了 C++。C++是以 C 为基础，支持数据抽象，面向对象的通用程序设计语言。C++继承了 C 紧凑、灵活、高效和可移植性强的优点。

1．C++的产生及发展

1983 年，Stroustrup 出于分析 UNIX 内核的需要，把 C 扩展成一种面向对象的程序设计语言。C++最初的设计目标是为 C 加入面向对象的特征，而不影响 C 的高效性。

由 C 到 C++的第一步，增加了函数参数类型检查和转换、类及派生类、公共/私有访问机制、类的构造函数和析构函数、友元、内联函数、赋值运算符的重载等内容。

1984 年，增加了虚方法、方法名和操作符重载及引用类型。1985 年 C++1.0 版本发布，1989 年 C++2.0 版本发布。C++2.0 版本更加完善地支持面向对象程序设计，新增加的内容包括类的保护成员、多重继承、对象的初始化与赋值的递归机制、抽象类、静态成员函数、const 成员函数等。1993 推出了 C++3.0 版本，增加了模板和异常处理。

1998 年 C++标准（ISO/IEC14882 Standard for the C++ Programming Language）得到了 ISO 和 ANSI 的批准，C++标准及其标准库更体现了 C++设计的初衷，该标准通常简称 ANSI C++标准或 ISO C++98 标准。从 2011 年开始，C++标准每 3 年发布一次，2020 年 12 月公布了新标准 C++20。

2．C++的特点

C++最基本的特点就是在 C 的基础上增加了一系列面向对象的原则和概念。C++做到了与 C 的完全向后兼容。但是由于 C++是一种规模很大而且很复杂的语言，同时继承了 C 的大多数不安全因素，所以它的安全性逊于 Java。

4.7.5　C#

C#是微软公司研究员 Anders Hejlsberg 的研究成果，C#几乎集中了所有关于软件开发和软件工程研究的最新成果，包括面向对象、类型安全、组件技术、自动内存管理、跨平台异常处理、版本控制、代码安全管理等。C#是一种安全、稳定、简单、优雅，由 C 和 C++衍生出来的面向对象的程序设计语言。它在继承 C 和 C++强大功能的同时去掉了一些它们的复杂特性（如没有宏及不允许多重继承）。C#综合了 VB 简单的可视化操作和 C++的高运行效率特性，以其强大的操作能力、优雅的语法风格、创新的语言特性和便捷的面向组件编程的支持成为.NET 开发的首选语言。

C#看起来与 Java 有着惊人的相似之处，如单一继承、接口，与 Java 几乎同样的语法和编译成中间代码再运行的过程，其实 C#与 Java 有着明显的不同，C#借鉴了 Delphi 的一个特点，与 COM（组件对象模型）是直接集成的，而且 C#结构体与类是抽象的和不可继承的。C#是微软公司.NET Windows 网络框架的主角。

用 C#所开发的源程序并不编译成能够直接在操作系统上执行的二进制本地代码。与 Java 类似，它被编译成为中间代码，然后通过.NET Framework 的虚拟机执行。如果计算机上没有安装.Net Framework，那么这些程序将不能被执行。在执行程序时，.Net Framework 将中间代码翻译成二进制机器代码，从而使它得到正确的运行。最终的二进制代码被存储在一个缓冲区中。所以，一旦程序使用了相同的代码，就会调用缓冲区中的版本。这样如果一个.Net 程序第二次被执行，那么这种翻译不需要进行第二次，运行速度明显加快。

其实在程序设计语言中使用最多的多年来一直是 C++，所有的操作系统和绝大多数的商品软件都用 C++作为主要开发语言。绝大多数 Java 程序员也是 C++的爱好者，PHP 的成功里也有类似 C++的语法的功劳。在操作系统、设备驱动程序、视频游戏等领域，C++在很长的时间内仍将占据主要地位，而在数量最大的应用软件的开发上，C#很可能取代 C++的位置。首先，C#和 Java 一样，基本就是照搬了 C++的部分语法，因此对于数量众多的 C++程序员来说，C#学习起来很容易上手。另外，对于新手来说，C#比 C++要简单一些。其次，Windows 是市场占有率极高的平台，而开发 Windows 应用微软公司的功劳是不能忽略的。最重要的是，相对于 C++，用 C#开发应用软件可以大大缩短开发周期，同时可以利用原来除用户界面代码之外的 C++代码。

但是，C#也有弱点。首先，在一些版本较旧的 Windows 平台上，用 C#编写的程序还不能运行；其次，C#能够使用的组件或库还只有.NET 运行库等很少的选择，没有丰富的第三方软件库可用。

Java 的用户主要是网络服务的开发者和嵌入式设备软件的开发者，嵌入式设备软件不是 C#的用武之地，而在网络服务方面，C#的即时编译和本地代码 Cache 方案与 Java 虚拟机相比具有绝对的性能优势。

4.7.6　JavaScript

JavaScript 是一种基于对象的解释性脚本语言，是一种动态类型、弱类型、基于原型的语言，内置支持类型。JavaScript 可以直接嵌入 HTML 页面，但写成单独的 js 文件有利于结构和行为的分离。在大多数浏览器的支持下，JavaScript 可以在多种操作系统下运行，如 Windows、Linux、macOS、Android、iOS 等。

JavaScript 同其他语言一样，有其自身的基本数据类型，表达式和算术运算符，以及操作系统基本程序框架。JavaScript 提供了四种基本数据类型和两种特殊数据类型用来处理数据和文字。变量提供存放信息的地方，表达式则可以完成较复杂的信息处理。JavaScript 中采用的是弱类型的变量，对使用的数据类型未做出严格的要求，基于 Java 基本语句和控制，其设计简单、紧凑。

JavaScript 采用事件驱动，不需要经过 Web 服务器就可以对用户的输入做出响应。在访问一个网页时，通过鼠标在网页中进行单击或上下移动、窗口移动等操作，JavaScript 可直接对这些事件做出相应的响应。

不同于服务器端脚本语言，如 PHP 与 ASP，JavaScript 主要作为客户端脚本语言在用户的浏览器上运行，不需要服务器的支持。所以在早期程序员比较青睐于使用 JavaScript 以减轻服务器的负担，而与此同时也带来另一个问题，即安全性问题。

随着服务器功能的增强，虽然程序员更喜欢运行于服务器端的脚本语言以保证安全性，但 JavaScript 仍然以其跨平台、容易上手等优势大行其道。同时，有些特殊功能（如 AJAX）必须依赖 JavaScript 在客户端进行支持。随着引擎（如 V8）和框架（如 Node.js）的发展，以及其事件驱动和异步 IO 等特性，JavaScript 逐渐被用来编写服务器端程序。

4.7.7 PHP

PHP 即超文本预处理器，是在服务器端执行的开源脚本语言。PHP 吸收了 C、Java 和 Perl 的特点，具有成本低、运行速度快、可移植性好、内置丰富的函数库等优点。PHP 主要应用于 Web 服务器端开发。PHP 的语法特点类似于 C，但是没有复杂的地址操作，而且加入了面向对象的概念，具有简洁的语法规则，这使得它的操作、编辑非常简单，实用性很强。用 PHP 做动态页面与用其他的编程语言相比，PHP 是将程序嵌入到 HTML 文档中去执行，执行效率比完全生成 HTML 标记的 CGI 要高许多；PHP 还可以执行编译后的代码，编译可以达到加密和优化代码运行，使代码运行得更快的效果。PHP 可以与很多主流的数据库建立连接，如 MySQL、ODBC、Oracle 等，在 Internet 上它也支持相当多的通信协议。除此之外，用 PHP 写出来的 Web 后端 CGI 程序，可以很轻易地移植到不同的操作系统上。

在 PHP 的使用中，可以分别使用面向过程和面向对象的编程方法，而且可以将两者混用，这是其他很多编程语言做不到的。

PHP 诞生于 1995 年，从 2012 年开始每年都会发布新版本，2020 年 11 月，PHP 8.0 版本正式发布。PHP 8.0 版本引入了 jit 即时运算功能，新增 static 返回类型、mixed 类型、命名参数（Named Arguments）和注释（Attributes）功能。

4.7.8 SQL

SQL（Structured Query Language，结构化查询语言）是使用关系模型的数据库应用语言，由 IBM 公司在 20 世纪 70 年代开发出来，作为 IBM 关系数据库原型 System R 的原型关系语言，实现了关系数据库中的信息检索。

20 世纪 80 年代初，ANSI 开始着手制定 SQL 标准，最早的 SQL 标准于 1986 年制定完成，它也被叫作 SQL-86。SQL 标准的出台使 SQL 作为标准的关系数据库语言的地位得到加强。SQL 标准几经修改和完善，目前新的 SQL 标准是 2016 年制定的 SQL:2016。正是由于 SQL 的标准化，大多数关系型数据库系统都支持 SQL，SQL 已经发展成多种平台进行交互操作的底层会话语言。

SQL 是高级的非过程化编程语言，允许用户在高层数据结构中工作。SQL 具有数据定义、数据操纵和数据控制的功能，它不要求用户指定对数据的存放方法，也不需要用户了解具体的数据存放方式，所以具有完全不同底层结构的不同数据库系统，可以使用相同的 SQL 作为数据输入与管理的接口。SQL 语句可以嵌套，这使它具有极大的灵活性和强大的功能。

SQL 可以独立完成数据库生命周期中的全部活动，包括定义关系模式、录入数据、建立数据库、查询、更新、维护、数据库重构、数据库安全性控制等一系列操作，这就为数据库应用系统开发提供了良好的环境。在数据库投入运行后，还可根据需要随时逐步修改模式，并且不影响数据库的运行，从而使系统具有良好的可扩充性。

用 SQL 进行数据操作，用户只需要提出"做什么"，而不必指明"怎么做"，因此用户无须了解数据存取路径，存取路径的选择及 SQL 语句的操作过程由系统自动完成。这不但大大减轻了用户的负担，而且有利于提高数据独立性。

SQL 既是自含式语言，又是嵌入式语言。作为自含式语言，SQL 能够独立地用于联机交互，用户可以在终端键盘上直接输入 SQL 命令对数据库进行操作。作为嵌入式语言，SQL 语句能够嵌入到高级语言（如 C、C#、Java）程序中，供程序员设计程序时使用。在两种不同使用方式下的语言，SQL 的语法结构基本上是一致的。这种以统一的语法结构提供两种不同的操作方式的语言，为用户提供了极大的灵活性与方便性。

SQL 功能极强，但由于设计巧妙，语言十分简洁，完成数据定义、数据操纵、数据控制的核心功能只用了 9 个动词，即 CREATE、ALTER、DROP、 SELECT、 INSERT、 UPDATE、 DELETE、GRANT、REVOKE，并且 SQL 的语法简单，接近英语口语，因此容易学习，也容易使用。

4.7.9　Ruby

Ruby 是一种开源的、简单的面向对象脚本语言，在 20 世纪 90 年代由日本人松本行弘开发，遵守 GPL 协议和 Ruby License。Ruby 类似于 Python 和 Perl，它的开发灵感与特性来自 Perl、Smalltalk、Eiffel、Ada 及 LISP。Ruby 语法简单，这使新的开发人员能够快速轻松地学习 Ruby。

Ruby 可以用来编写 CGI 脚本；可以被嵌入到 HTML 中；可扩展性强，用 Ruby 编写的大程序易于维护；可以安装在 Windows 和 POSIX 环境中；可用于开发 Internet 和 Intranet 应用程序。Ruby 支持许多图形用户界面（GUI）工具，如 Tcl/Tk、GTK 和 OpenGL。可以很容易地连接到 DB2、MySQL、Oracle 和 Sybase。Ruby 有丰富的内置函数，可以直接在 Ruby 脚本中使用。Ruby 适用于快速开发场景，一般开发效率是 Java 的 5 倍。

4.8　小结

本章首先介绍了程序设计语言从低级语言到高级语言的发展过程，以及高级语言的分类。高级语言经过几十年的发展，目前在各个领域常用的有几十种，以面向过程语言和面向对象语言为主。然后分别介绍了面向过程语言的特性，以及面向对象语言的特性，并从一个例子出发，介绍了程序的编译、链接过程。最后对几种主流程序设计语言进行了简单介绍。在接下来的专业学习中，大家可以根据自己的发展方向选择合适的程序设计语言进行进一步学习。

习题 4

1．我们说一台计算机是可编程的设备，这句话是什么意思？

2．你喜欢进行汇编语言程序设计吗？你认为什么个性的人适合这种烦琐的工作？

3．如果一个人有两台同类型的计算机，那么购买一个软件副本并把它安装在两台机器上是道德的吗？如果你认为"是"，论据是什么？如果你认为"不是"，理由是什么？

4．请查阅资料，找出计算机软件史上占统治地位的语言，并描述它的特点。

5．讨论自顶向下设计与面向对象设计有什么区别。

6．简述面向过程语言的基本数据类型。

7．简述面向过程语言的控制结构。

8．面向对象语言中的类和方法这两个概念之间的联系是什么？它们与对象概念之间的联系又是什么？

9．描述在制造不同类型的汽车时可以如何使用继承功能。

10．列举模拟课间教学楼大厅里行人通行时可能需要的对象及某些对象需要实现的动作。

11．作为一名计算机专业的学生，你认为怎样才能学好程序设计语言？

12．请选择一门你感兴趣的语言（不包括C），上网查询该语言的相关资料，对它的技术特点、应用领域做一个总结。

第 **5** 章

算法

算法的本质是解决问题的方法。在日常生活中，算法无处不在。本章将从多个具体实例出发介绍算法的概念和本质、算法的描述工具、算法的基本结构、算法分析指标及经典算法思想等内容。

通过本章的学习，学生能够：

（1）掌握算法的概念和本质；

（2）掌握算法的描述工具；

（3）理解算法的基本结构；

（4）掌握算法分析的目标和方式；

（5）了解经典算法设计技术的基本思想和适用范围。

5.1　初识算法

我们日常玩小游戏、逛电商平台、看直播、听音乐、浏览新闻资讯的平台、网站或 App 都有算法的支撑。

【例 5.1】手机解锁。现在很多手机可以采用生物信息（如指纹、人脸、语音和虹膜）、数字密码、手势等多种方式进行屏幕锁定及解锁，如图 5.1 所示，而有些手机只能通过数字密码和手势进行屏幕锁定及解锁，这正是因为手机中嵌入了不同的算法。可以识别生物信息的手机中一定嵌入了可以与身体某些部位特征处理相关的算法（如指纹识别算法、人脸识别算法、语音识别算法等），这样才能对人体生物信息进行检测和匹配，反之则没有嵌入这些算法。

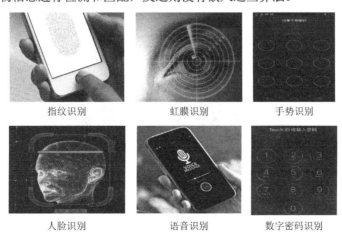

| 指纹识别 | 虹膜识别 | 手势识别 |
| 人脸识别 | 语音识别 | 数字密码识别 |

图 5.1　手机中嵌入不同的算法

【**例 5.2**】电商平台显示。在逛淘宝、天猫、京东、拼多多、ebay、网易考拉等电商平台时，往往会看到平台页面因人而异，具有针对个人购买习惯进行显示的特点。如图 5.2 所示，若一个人经常购买婴幼儿奶粉，则电商平台会为他显示婴幼儿玩具、婴幼儿衣物、婴幼儿电动车等信息，这正是因为这些电商平台中嵌入了与关键词相关的物品推荐算法。这些算法会根据一个人以往的浏览或购买数据，向其输出一个推荐结果，展示其可能最感兴趣的产品。

图 5.2　电商平台的物品推荐算法显示结果

在人们的日常生活中，虽然算法无处不在，但对很多人而言，算法非常抽象，难以理解。实际上，算法不是随着计算机的普及才衍生出来的，在计算机出现之前就有算法。算法的本质是解决问题的方法，由解决某一问题的计算步骤构成。例如，现在要做一道菜"清蒸鲈鱼"，由如图 5.3 所示的算法可以完成。从图 5.3 中可以看出，要解决的问题是"有一条活鲈鱼，将其做成清蒸鲈鱼"，该问题的输入为活鲈鱼，输出为清蒸鲈鱼。解决该问题的算法为将活鲈鱼制作成清蒸鲈鱼的操作步骤，即食谱处理过程：杀鱼→清洗→腌制→蒸鱼→浇油。

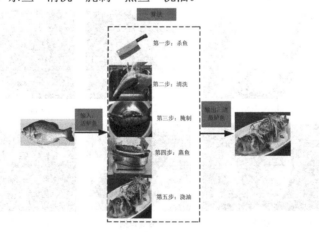

图 5.3　做"清蒸鲈鱼"这道菜的算法

5.2 算法概述

在计算机领域，算法是指用计算机解决问题的方法、步骤。因此，算法是由有限条指令构成的序列，指令序列确定了用计算机解决某一问题的操作步骤。

【例 5.3】从 23、45 这两个数中找出最大数。对计算机而言，这两个数是输入，要输出的结果是大数 45，计算步骤如下。

第一步，比较：将第一个数 23 与第二个数 45 进行比较（若第一个数大，则结果为 1；否则结果为 0）。

第二步，判断：结果为 1 吗？

第三步，输出：若结果为 1，则输出 23；若结果为 0，则输出 45。

以上三步就构成了解决例 5.3 问题的操作步骤。这些步骤是针对一个具体实例的，真正的计算机算法应该是针对同一类问题不同的具体实例（问题）的，并能输出正确的结果。例 5.3 是一个实例，而"从两个数中找出最大数"是一类问题。

如果设计的算法只能针对给定的一些实例得到正确的解，当将实例中的某些数改变时无法得到正确的解，则该算法是不正确的；如果算法无法在有限步内停止或算法中的某个步骤（指令）不能够精确地执行，则不能称其为算法；如果一个算法不存在输出结果，则说明该算法是没有意义的。因此，算法应具有如图 5.4 所示的 5 个重要特性，并且在进行算法设计时应尽可能满足以下 4 个目标。

（1）正确性：算法应该能够完成预先要求的性能和功能，只有这样才能被称为解决问题的方法。因此，正确性是算法应该满足的最基本的要求。正确的算法应该对每个输入实例都能输出正确的结果。

（2）可读性：算法的逻辑应该清晰简明，便于人理解，即有很好的可读性。

（3）健壮性：算法应该能对用户输入的不合理数据进行一定的提示和处理，不应该在输入不当时无法停止、异常中断或造成死机，即算法应当具有很好的容错性能。

（4）高效性：对于一个问题，通常解决方法并不唯一，但不同解决方法用的时间和占用的计算机空间往往是不同的。在设计算法时，应尽可能使算法的执行时间短、占用空间少，即在时间和空间的利用上有较高的效率。

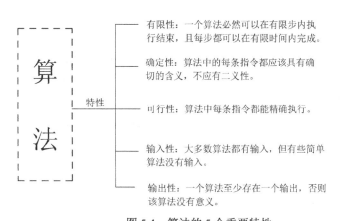

图 5.4 算法的 5 个重要特性

5.3 算法的描述工具

算法可以通过自然语言、流程图、伪代码和程序设计语言进行描述。

（1）自然语言是指一种自然地随文化演化的语言，汉语、英语、日语、德语、法语、阿拉伯语等都属于自然语言。自然语言本身就是人类交流的主要工具，因此用于描述算法对人来说较为直接，也容易描述。图 5.3 正是用自然语言描述的算法。

（2）流程图使用图形的方式表示出算法的思路，具有过程清晰、步骤明确、简单直观的特点。图 5.5 所示为求解所有输入数中最大数的流程图。

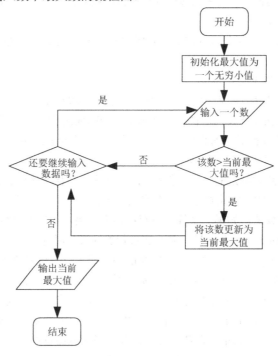

图 5.5　求解所有输入数中最大数的流程图

流程图又被称为框图，其主要用框来表示指令，用箭头来表示算法的走向。ANSI 规定的常用流程图符号及其作用如下。

①开始/结束框：用圆角矩形表示。

②处理框：用矩形表示，框里填写一个单独的步骤或活动的简要说明。

③输入/输出框：用平行四边形表示，代表数据的输入或输出、接收或发布。

④判断框：用菱形表示，判定或分岔的说明写在菱形框内，常以问题的形式写出。

⑤流程线：用箭头表示，说明一个过程的流动方向。

（3）伪代码采用带标号的指令来进行算法的描述。伪代码具有程序的主要结构，如顺序结构、分支结构、循环结构，可以忽略程序设计的细节，如常量或函数的说明。例 5.4 展示了解决汉诺塔问题的算法伪代码。

【例 5.4】汉诺塔问题。有 A、B、C 三根柱子，在 A 柱上方有 n 个圆盘，其中小圆盘放在大圆盘的上面。要将 A 柱上的圆盘借助 B 柱都移动到 C 柱上，要求每次只能移动一个圆盘。请设计解决汉诺塔问题的算法。

解决汉诺塔问题的算法可用如下伪代码表示：

```
Hanoi(A,C,n) //将 A 柱上的 n 个圆盘按照要求移动到 C 柱上
1. if n=1 then move (A,C)//将 A 柱上的 1 个圆盘移动到 C 柱上
2. else Hanoi(A, B, n-1)//将 A 柱上的 n-1 个圆盘按照同样的规则移动到 B 柱上
3. move(A,C)//将 A 柱上当前剩余的 1 个圆盘直接移动到 C 柱上
```

4. Hanoi(B,C, n-1) //将 B 柱上的 n-1 个圆盘按照同样的规则移动到 C 柱上

（4）程序设计语言采用计算机编程语言，如 C、C++、Java、Python、C#、汇编语言等来进行算法的描述。

5.4 算法的基本结构

算法是解决问题的方法，由有序的指令构成，但算法不一定按照写出的指令顺序，即定义好的步骤执行。这就涉及算法的结构。常用的算法结构包括顺序结构、分支结构、循环结构、递归结构和迭代结构。

1. 顺序结构

算法在执行过程中按照规定好的步骤一步一步地执行，这就是顺序结构。顺序结构是最简单的一种算法结构，也是最常见的算法结构。很多物理和化学实验，以及日常生活中解决一些问题的算法都是顺序结构的。

【例 5.5】给定一个华氏温度，将华氏温度转换为摄氏温度输出。

解决该问题的算法结构就是一个顺序结构，其算法流程图如图 5.6 所示。算法开始后，首先输入华氏温度；其次按照华氏温度之间和摄氏温度的转换关系计算摄氏温度；最后输出摄氏温度，结束。

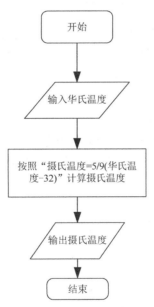

图 5.6 温度转换问题顺序结构算法流程图

2. 分支结构

在算法执行过程中，如果满足某种条件，则执行一组指令，否则执行另一组指令，这便是分支结构，又被称为判断结构、选择结构、条件结构。

【例 5.6】有一商家为了吸引顾客，在 3 月 8 日妇女节当天进行优惠促销活动，全场商品满 500 元打 8 折，不满 500 元打 9 折。收银问题的算法结构就是一个分支结构，其算法流程图如图 5.7 所示。

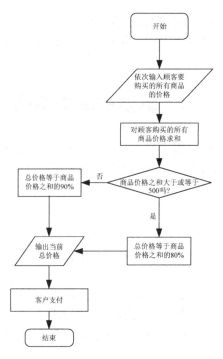

图 5.7　收银问题分支结构算法流程图

算法开始后，对顾客要购买的所有商品依次扫描价格，然后将价格相加，判断商品价格之和是否大于或等于 500，若是则总价格取商品价格之和的 80%，否则总价格取商品价格之和的 90%，按照计算得到的总价格由顾客支付后，算法结束。

3．循环结构

有些指令或步骤在特定的条件下需要反复执行，这样的算法结构被称为循环结构。

【例 5.7】体育课要求女生做仰卧起坐，只要体力允许就一直做，体力不支时才能停止。

解决该问题的算法结构就是一个循环结构，女生需要循环做仰卧起坐。仰卧起坐问题循环结构算法流程图如图 5.8 所示。

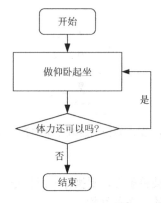

图 5.8　仰卧起坐问题循环结构算法流程图

4．递归结构

如果一个问题的解决需要借助与其性质完全相同的小问题的解决，则可以使用递归结构来设计算法，这必然涉及函数或过程，递归的本质就是一个函数在内部调用自身的过程。

【例 5.8】求前 n 个数的和。该问题是一个累加问题,求前 n 个数的和,可以求出前 n-1 个数的和并加上第 n 个数;求前 n-1 个数的和,可以求出前 n-2 个数的和并加上第 n-1 个数,以此类推,该问题便具有递归性质。具有递归性质的问题适合用递归结构算法来解决。将求前 n 个数之和表示成函数 $f(n)$,则 $f(n)=f(n-1)+n$。前 n 个数累加问题采用递归结构算法示意图如图 5.9 所示。

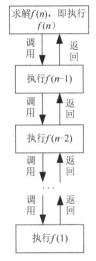

图 5.9 前 n 个数累加问题采用递归结构算法示意图

在递归结构算法执行过程中,需要不断跟踪、调用 f 函数进行计算,这类不断调用自身的形式就是递归。

5. 迭代结构

迭代是建立在循环的基础上,不断用旧值代替新值的过程。迭代的本质是重复某一过程,每次迭代的结果是下一次迭代的初始值。

如果采用迭代结构算法来求解前 n 个数的和,首先计算 1+2,然后将其结果加 3,再将其结果加 4,一直加到 n。在该迭代过程中需要定义一个计数器,每做一次加法,计数器加 1,直到计数器的值等于 n 时迭代停止。前 n 个数累加问题采用迭代结构算法示意图如图 5.10 所示。

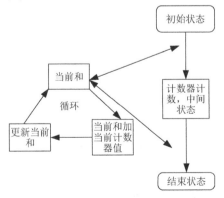

图 5.10 前 n 个数累加问题采用迭代结构算法示意图

5.5 算法分析

对同一个问题进行求解的算法有很多种，因此需要通过算法分析来评估算法的好坏。评估算法好坏主要是通过分析算法占用计算机资源的情况进行的，主要分为两个方面：时间复杂度和空间复杂度。

算法的时间复杂度用算法中基本语句的执行次数来度量。算法中的基本语句是指对算法执行时间贡献最大的那条指令。一般情况下，算法中基本语句的执行次数可以表示成一个与问题规模 n 相关的函数 $T(n)$。通过分析该函数的增长趋势（分析渐近的界）来分析算法的时间复杂度。

算法的空间复杂度用算法运行中临时变量占用存储空间的大小来度量，一般也可以写成与问题规模 n 相关的函数 $f(n)$。

无论是算法的时间复杂度分析，还是算法的空间复杂度分析，通常都用渐近的上界 O 或渐近的界 Θ 来进行描述，定义如下。

设 f 和 g 是定义域为自然数集 $\mathbf{N}$ 上的函数。

（1）若存在正数 c 和 n_0 使得对一切 $n \geqslant n_0$，$0 \leqslant f(n) \leqslant cg(n)$ 成立，则称 $f(n)$ 渐近的上界是 $g(n)$，记作 $f(n)=O(g(n))$。

（2）若存在正数 c 和 n_0 使得对一切 $n \geqslant n_0$，$0 \leqslant cg(n) \leqslant f(n)$ 成立，则称 $f(n)$ 渐近的下界是 $g(n)$，记作 $f(n)=\Omega(g(n))$。

（3）若 $f(n)=O(g(n))$ 且 $f(n)=\Omega(g(n))$，则记作 $f(n)=\Theta(g(n))$。此时 $f(n)$ 和 $g(n)$ 是同阶的，也被称 $g(n)$ 是 $f(n)$ 渐近的界。

算法的复杂度函数渐近的界通常有常数级、对数级、多项式级、指数级、阶乘级、幂指级，其呈现出的复杂度顺序为常数级<对数级<多项式级<指数级<阶乘级<幂指级。

【例 5.9】请判断下列写法是否正确。

① $n^3+n=O(n^3)$。

② $n^3+n=O(n^2)$。

③ $n^3+n=O(n^4)$。

④ $n^3+n=\Theta(n^3)$。

⑤ $n^3+n=\Theta(n^2)$。

⑥ $n^3+n=\Theta(n^4)$。

⑦ $n^3+n=\Omega(n^3)$。

⑧ $n^3+n=\Omega(n^2)$。

⑨ $n^3+n=\Omega(n^4)$。

解：按照复杂度的定义可知，①③④⑦⑧正确，②⑤⑥⑨不正确。

5.6 *简单的递推方程求解

在 5.5 节中介绍了算法的时间复杂度可以表示成关于问题规模 n 的函数。如果设计的算法是递归结构算法，那么该函数可以写成递推方程的形式，因此计算时间复杂度的问题就转换为求解递推方程的问题。解决汉诺塔问题的算法的时间复杂度函数可以表示为 $T(n)=2T(n-1)+1$，其中 $T(1)=1$。下面介绍 3 种基本的递推方程求解方法。

1．迭代归纳法

迭代归纳法是常用的递推方程求解方法之一。所谓迭代，是指从原始递推方程开始，反复将递推方程等号左边的函数用等号右边的式子带入，直到得到初值，然后将所得结果进行化简。为了保证迭代结果的正确性，采用该方法往往需要将结果带入原来的递推方程进行验证。

【例 5.10】用迭代归纳法求解下列递推方程。

$$\begin{cases} T(n) = T(n-1) + n - 1 \\ T(1) = 0 \end{cases}$$

解：第一步，迭代。

$$T(n) = T(n-1) + n - 1$$
$$= [T(n-2) + n - 2] + n - 1 = T(n-2) + (n-2) + (n-1)（第1次迭代）$$
$$= [T(n-3) + n - 3] + (n-2) + (n-1) = T(n-3) + (n-3) + (n-2) + (n-1)（第2次迭代）$$
$$\cdots\cdots$$
$$= T(1) + 1 + 2 + \cdots + (n-2) + (n-1)$$
$$= 1 + 2 + \cdots + (n-2) + (n-1)$$
$$= n(n-1)/2$$

第二步，对迭代结果进行归纳验证。

当 $n=1$ 时，$T(1)=0$ 成立。

假设对于 n 成立，则有 $T(n)=n(n-1)/2$，故 $T(n+1)=T(n)+n=n(n-1)/2+n=(n+1)n/2$ 也成立。

验证完毕。已证明 $n(n-1)/2$ 是原递推方程的解。

2．递归树法

递归树法是通过画出递归树，利用递归树的模型来求解递推方程的。对于很多递推方程，$T(n)$ 依赖前面多个项，采用直接迭代的方法会导致求和公式过于复杂，容易出错，此时可以考虑采用递归树法。

【例 5.11】用递归树法求解下列递推方程。

$$T(n) = 2T\left(\frac{n}{2}\right) + n - 1$$

解：首先，构造递归树。

递归树初始节点只有一个，它的权标记为 $T(n)$。通过递推方程等号右边的表达式代替，不断进行迭代，直到递归树中不再含有权为函数的节点为止。在迭代过程中，用等号右边的表达式代替权标记，可以变成含有 2 层的子树，树根为等号右边除函数以外的剩余表达式，每个树叶代表等号右边的表达式中的一个函数项。

第一步，$T(n)$ 可以由树根 $n-1$ 和 2 片树叶 $T\left(\frac{n}{2}\right)$ 代替，代替以后递归树由 1 层变成了 2 层；第二步，用树根 $\frac{n}{2}-1$ 和 2 片树叶 $T\left(\frac{n}{4}\right)$ 来代替权值为 $T\left(\frac{n}{2}\right)$ 的叶子节点，代替以后递归树就变成了 3 层。按照这样的规则迭代，每迭代一次，递归树就增加一层，直到所有树叶的初值都为 1 时停止。这个过程就对应图 5.11。显然，在整个迭代中，每棵树的全部节点的权值之和不变，都是 $T(n)$。

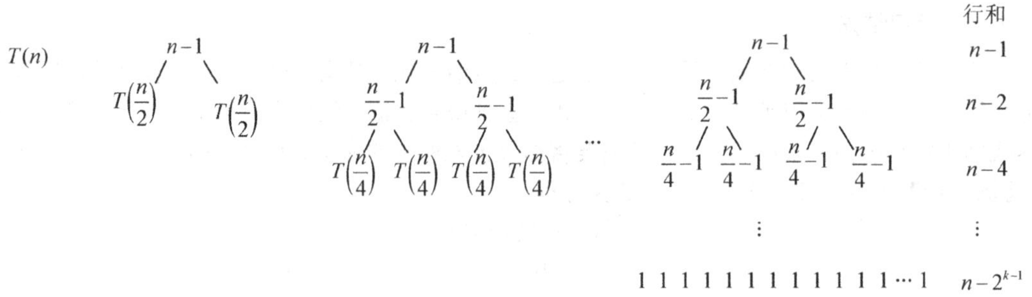

图 5.11　构造递归树

然后，将最终的递归树中所有节点的权值相加。可以对每一层（图 5.11 中构造的递归树中的每一行）进行计算，各层节点值之和分别为 $n-1, n-2, n-4, \cdots, n-2^{k-1}$（$k$ 表示递归树的层数），则和为 $nk-(1+2+\cdots+2^{k-1})=nk-(2^k-1)=n\log_2 n-n+1$，这就是递推方程的解。

3. 主定理法

主定理：设 a、b 为常数，$a \geqslant 1$，$b>1$，$f(n)$ 和 $T(n)$ 为函数，$T(n)$ 为非负整数且 $T(n)=aT(n/b)+f(n)$，则有如下结果。

①若 $f(n)=O(n^{\log_b a-\varepsilon})$，$\varepsilon>0$，那么 $T(n)=\Theta(n^{\log_b a})$。

②若 $f(n)=\Theta(n^{\log_b a})$，那么 $T(n)=\Theta(n^{\log_b a}\log_2 n)$。

③若 $f(n)=\Omega(n^{\log_b a+\varepsilon})$，$\varepsilon>0$，且对于某个常数 $c<1$ 和所有充分大的 n 有 $af(n/b)\leqslant cf(n)$，那么 $T(n)=\Theta(f(n))$。

主定理法可以直接用来估计某些递推方程渐近的界。在算法分析中，我们并不需要关心时间复杂度函数精确的解，只要知道其渐近的界即可。因此，采用主定理法进行算法分析非常方便，可以根据主定理直接得出结果。但并不是所有的递推方程都可以采用主定理法进行求解的，只有满足以上①②③的递推方程才可以直接采用主定理得出结果。

【例 5.12】用主定理法求解下列递推方程。

$$T(n)=9T(n/3)+1$$

解：在上述递推方程中，根据主定理可知 $a=9$，$b=3$，$f(n)=1$，则有 $n^{\log_b a}=n^{\log_3 9}=n^2$，$f(n)=1=O(n^{2-1})$，这是主定理法的第一种情况，其中 $\varepsilon=1$，因此根据主定理可得 $T(n)=\Theta(n^2)$。也就是说，若设计的算法的时间复杂度函数为如例 5.12 所示的递推方程，则该算法是一个二次多项式级的时间复杂度算法。

5.7　*经典算法思想概述

经典算法包括蛮力法、分治法、回溯法、贪心法、动态规划法等，下面对这几种算法进行介绍。

1. 蛮力法

蛮力法又被称为穷举法、枚举法或暴力法，是对问题的所有可能状态进行一一测试，直到找到解或将全部可能的解都测试完毕为止。蛮力法采取的是穷举策略，是不经过思考或经过很少的思考就把问题交给计算机去尝试的方法，具有逻辑清晰、容易理解等优点，但其效率不高，主要适用于规模较小的问题。

【例 5.13】有一个货郎要从第一个城市出发，经过除第一个城市之外的 $n-1$ 个城市去卖货，每个城市经过且仅经过一次，最后回到原来的城市，请为其规划一条路线使其走过的路径最短，这就是著名的货郎问题。请采用蛮力法求解货郎问题。

采用蛮力法求解货郎问题的思想：假设 n 个城市的代号分别为 $A_1,A_2,\cdots,A_n$，则从 A_1 出发，到达的第 2 个城市可以是从 A_2 到 A_n 中的任何一个城市，假设先到达城市 A_2，到达的第 3 个城市可以是从 A_3 到 A_n 中的任何一个城市，以此类推，到达的第 $n-1$ 个城市就是 A_{n-1}，最后从城市 A_{n-1} 回到城市 A_1，这是第一种可能。然后列举第二种可能、第三种可能，直到所有可能的路线被列举完毕，计算每种可能的路径长度，再比较得出最短路径，并输出行走路线，如图 5.12 所示。

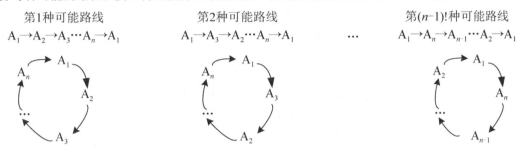

图 5.12　用蛮力法求解货郎问题时列举所有可能的路线图

2. 分治法

分治法基于"分而治之"的思想，即对于复杂的问题，将大问题分解成若干个小问题，对小问题各个击破，并通过小问题的解合并构造出大问题的解。分治法适合解决的问题一般具有 4 个特点：①当问题规模缩小到一定程度时就很容易得到解决；②该问题能够分解为若干个规模较小的相似问题；③通过该问题分解出的子问题的解可以合并构造出原问题的解；④分解出的小问题是相互独立的，即不含有公共子问题。

【例 5.14】请采用分治法求 n 个数中的最大数。

采用分治法求最大数的思想：假设 $p(n)$ 表示"求 n 个数中的最大数"这一问题，则通过分治法可以将其分解为 2 个由 $n/2$ 个数构成的序列，这样求 n 个数的最大数就变成求 2 个由 $n/2$ 个数构成的序列中的最大数，任何一个由 $n/2$ 个数构成的序列中的最大数求解问题可以变成 2 个由 $n/4$ 个数构成的序列中的最大数求解问题。以此类推，不断分解成更小的问题，直到子问题的规模足够小，如只有 2 个数，这时能轻易得到子问题的解。然后根据子问题的解可以合并构造出原问题的解，如图 5.13 所示。

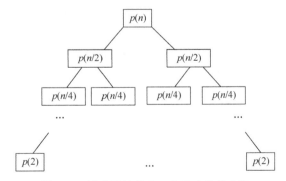

图 5.13　用分治法找出 n 个数中的最大数

3. 回溯法

回溯法本质上是一个类似穷举的搜索方法，其将搜索空间看成一定结构（通常为树形结构）的，在搜索过程中如果发现已经不可能满足求解条件，则回溯，选择其他路径继续搜索。回溯法是一种通用的解题方法，是按照一定的规则跳跃式地搜索可行解或最优解的方法。

【例 5.15】有一个旅行者准备随身携带一个背包，有 n 类物品，每类物品只有 1 个，n 个物品都有自己的重量和价值，如果背包的最大重量限制为 W，问怎样选择物品放入背包可使该背包中物品的价值最大。这就是著名的 0-1 背包问题。请采用回溯法求解 0-1 背包问题。

采用回溯法求解 0-1 背包问题的思想：假设这 n 种物品 A_i 的重量和价值分别为 w_i 和 v_i，其中 $i=1,2,\cdots,n$，放入背包中的物品的一种选择是从这 n 种物品中选出 0 种、1 种或多种的组合，对应搜索空间树中从树根到树叶的一个分支，如图 5.14 所示。从树根 A_1 出发顺着一个分支往下搜索，1 代表放入该物品，0 代表不放入该物品，则最左边的分枝代表将 A_1 到 A_n 这 n 个物品全部放入背包，最右边的分枝代表所有的物品都不放入背包。如图 5.14 所示，搜索空间树在回溯法中往往无须全部画出，当知道某一分枝不可能成为最优解时，无须扩展，直接回溯。例如，若选择第一个物品 $A_1=1$，然后选择第 2 个物品 $A_2=1$，发现 A_1 和 A_2 的重量之和加起来超过了背包的容量，则该分枝停止扩展（发生裁剪），直接回溯到 A_2，然后顺着 A_2 右边的分枝继续进行扩展，如图 5.15 所示。

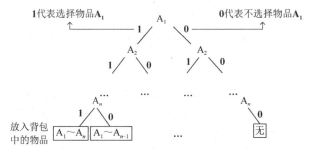

图 5.14　简单 0-1 背包问题的搜索空间树

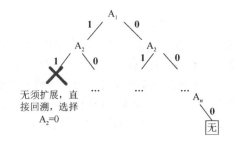

图 5.15　简单 0-1 背包问题裁剪后的搜索空间树

4．贪心法

贪心法是一种"短视"的方法，是"只顾眼前"的策略，在进行问题求解时总是做出在当前看来最好的选择，不会从整体上进行考虑，因此它往往无法得到问题的最优解。但是贪心法效率高、思路简单，往往可以得到近似最优解，并且若证明了某种贪心策略对一个问题来说可以得到最优解，则其非常高效。

【例 5.16】有 n 个活动要申请用同一个会议室，每个活动都有自己的开始时间和结束时间，要求各个活动占用会议室的时间不能重叠，问安排哪些活动用会议室可以让会议室安排的活动数目最多。这就是著名的活动安排问题。

采用贪心法求解活动安排问题的策略很多，不同的人可能会基于不同的考虑提出贪心策略。假设有 5 个活动要申请用同一个会议室，它们的开始时间和结束时间如表 5.1 所示，活动时间情况图如图 5.16 所示，这里列举 3 种贪心策略来说明贪心法的思想。

表 5.1 要申请用同一个会议室的 5 个活动的情况表

活动序号	1	2	3	4	5
活动开始时间	1	3	0	2	8
活动结束时间	4	5	7	13	11
活动进行时间	3	2	7	11	3

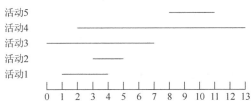

图 5.16 活动时间情况图

贪心策略 1：将 n 个活动按照开始时间从小到大排序，谁先开始就先安排谁。如表 5.1 和图 5.16 所示，在这种贪心策略情况下按开始时间排序为活动 3<活动 1<活动 4<活动 2<活动 5。最先安排活动 3，安排了活动 3 后应该安排活动 1，但活动 1 和活动 3 不兼容，故无法安排活动 1；然后考虑安排活动 4，活动 4 也和活动 3 不兼容，故无法安排活动 4；接着考虑安排活动 2，活动 2 仍和活动 3 不兼容，故无法安排活动 2；最后考虑安排活动 5，活动 5 的开始时间大于活动 3 的结束时间，和活动 3 兼容，故可以安排活动 5。按照该策略，能够安排 2 个活动，即活动 3 和活动 5。

贪心策略 2：将 n 个活动按照结束时间从小到大排序，谁先结束就先安排谁。如表 5.1 和图 5.16 所示，在这种贪心策略情况下按结束时间排序：活动 1<活动 2<活动 3<活动 5<活动 4。最先安排活动 1，安排了活动 1 后应该安排活动 2，但活动 2 和活动 1 不兼容，故无法安排活动 2；然后考虑安排活动 3，活动 3 也和活动 1 不兼容，故无法安排活动 3；接着考虑安排活动 5，活动 5 的开始时间大于活动 1 的结束时间，故活动 5 与活动 1 兼容，可以安排活动 5；最后考虑安排活动 4，活动 4 与活动 1 和活动 5 都不兼容，故无法安排活动 4。按照该策略，能安排 2 个活动，即活动 1 和活动 5。

贪心策略 3：将 n 个活动按照进行时间从小到大排序，谁占用的时间短就先安排谁。如表 5.1 和图 5.16 所示，在这种贪心策略情况下按进行时间排序：活动 2<活动 1=活动 5<活动 3<活动 4。最先安排活动 2，安排了活动 2 后应当安排活动 1 或活动 5，活动 1 和活动 2 不兼容，故无法安排活动 1，活动 5 的开始时间大于活动 2 的结束时间，活动 5 与活动 2 兼容，故可以安排活动 5；然后考虑安排活动 3，活动 3 与活动 2 不兼容，故无法安排活动 3；接着考虑安排活动 4，发现活动 4 和活动 2、活动 5 都不兼容，故也无法安排活动 4。按照该策略，能够安排 2 个活动，即活动 2 和活动 5。

以上 3 种贪心策略都属于贪心法，其得到的结果完全不同，贪心策略 1 考虑的是活动开始得越早留给后面活动的时间就越多；贪心策略 2 考虑的是活动结束得越早留给后面活动的时间就越多；贪心策略 3 考虑的是活动占用的时间越少留给其他活动的时间就越多。

5. 动态规划法

动态规划法在求解问题时进行多步判断，从小到大求解每个子问题，最后得出的子问题的解就是原问题的解。通常情况下，子问题最优解之间存在依赖关系，所以必须从小到大依次求得。动态规划法适用于子问题之间不独立，存在子问题重叠情况下的问题求解。

【例 5.17】在 A 处有一个水库，现在需要从 A 处铺设一条管道到 E 处，如图 5.17 所示。图 5.17 中的数字表示相连的两个地点之间所需修建的管道长度。请选择一条从 A 到 E 的修建线路，使得所需修建的管道长度最短。

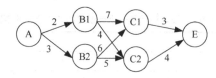

图 5.17　水库修建路线图

采用动态规划法求解水库铺管问题的思想：求 A 到 E 的最短长度问题可以分解为求 A 到 B1 和 B2 的最短长度、A 到 C1 和 C2 的最短长度、A 到 E 的最短长度等子问题。A 到 E 的最短长度依赖于 A 到 C1 的最短长度和 A 到 C2 的最短长度，A 到 C1 和 A 到 C2 的最短长度依赖于 A 到 B1 和 A 到 B2 的最短长度，因此分为 3 个阶段。第一个阶段是 A 到 B 的解，第二个阶段是 A 到 C 的解，第三个阶段是 A 到 D 的解，即通过多个阶段的计算，根据子问题的解得到原问题的解。

5.8　小结

本章首先以多个例子引入了算法的概念、特点和性质。其次介绍了 4 种算法的描述工具，以及算法的时间复杂度和空间复杂度分析，并在此基础上引入了渐近的界。再次举例说明算法的复杂度函数——递推方程的求解方法。最后通过实例分别说明了蛮力法、分治法、回溯法、贪心法和动态规划法等经典算法的基本思想及适用条件。本章的学习对培养学生分析问题、解决问题的能力具有重要价值。

习题 5

1. 下列关于算法的描述错误的是（　　）。
    A. 算法必须在有限步操作后停止
    B. 求解某一类问题的算法是唯一的
    C. 算法执行后一定产生确定的结果
    D. 算法的每一步操作都不能有歧义，不能是含糊不清的
2. 什么是算法？
3. 下列表述正确吗？
（1）$5n^2 + 2n = O(n^2)$；
（2）$5n^2 + 2n = \Theta(n^2)$；
（3）$5n^2 + 2n = \Omega(n^2)$；
（4）$5n^2 + 2n = O(n)$。

4. 简述算法的基本结构。
5*. 请比较蛮力法和分治法。
6*. 分治法的基本思想是将一个难以直接解决的大问题分解成规模较小的子问题，分别求解子问题，最后将子问题的解组合起来形成原问题的解，这要求原问题和子问题具有（　　）特性。
    A. 问题规模相同，问题性质相同
    B. 问题规模相同，问题性质不同
    C. 问题规模不同，问题性质相同
    D. 问题规模不同，问题性质不同

7*. 下列关于回溯法的叙述中不正确的是（　　　）。

    A．回溯法可以系统地搜索一个问题的所有解

    B．回溯法是带有跳跃式的搜索算法

    C．回溯法在生成解的过程中先判断该节点是否包含问题可能的解，如果肯定不包含，则跳过对以该节点为根的子树的搜索，回溯到其父亲节点继续搜索。

    D．回溯法和蛮力法没有区别

8*. 下列关于贪心法的叙述不正确的是（　　　）。

    A．贪心法时间复杂度低，效率高

    B．贪心法解决同一问题的策略有很多

    C．贪心法解决问题的策略一定不能得到最优解

    D．贪心法解决问题一般可以得到近似最优解

9*. 简述动态规划法的基本思路，并说明其与分治法的区别。

第 **6** 章

数据结构

计算机的主要工作是处理各种各样的数据。随着数据多样性的增加和数据量的增大，在开发程序时需要正确把握待处理数据的特性及它们之间的关系，合理存储及处理数据。在计算机科学中，算法+数据结构=程序。第 5 章介绍了经典算法的应用，本章将介绍常用数据结构的概念及应用。

通过本章的学习，学生能够：

（1）区分基于顺序存储的实现和基于链式存储的实现；

（2）理解并掌握线性表的特性及基本操作；

（3）理解树和图的区别；

（4）了解栈、队列、树、图的基本应用。

6.1　初识数据结构

假设袁老师是一位文学工作者，他拥有几千册图书，每年还在不断增加新书，他的工作室就像一个小型图书馆。作为他的学生，你如何利用所学知识帮他建立一个图书管理系统呢？该系统要能实现两个功能：图书信息的查找和新书信息的录入。图书管理系统所处理的数据是全部图书的信息，应该如何组织、管理这些图书呢？

第一种方法最简单，即把所有图书信息随意存放到一张数据表中。这种方法的便捷之处在于新书信息的录入很简单，在表尾进行信息的添加即可。但是查找图书信息很低效，因为只能从前向后顺序查找。

为了方便查找，第二种方法对管理方式做了改进，即把所有图书信息按照书名的拼音字母顺序排列。在这种方法下，因为所有数据已经有顺序了，在查找图书信息时可以采用二分查找的方法，比较高效。但是新书信息的录入又变得比较麻烦，因为每录入一本新书信息都要保证所有数据的有序性。

第三种方法是按照图书种类进行分类，在每种类别内按照书名的拼音字母顺序排列。在这种方法下，在录入新书信息时需要先确定新书的类别，然后在该类别中通过二分查找的方法确定插入位置，移出空位。在查找图书信息时也需要先确定类别，在该类别中进行二分查找。这种方法带来的问题是类别应该分为多少种？每种类别的空间大小如何分配？

通过这个例子大家可以发现，同样的一批数据，采用的数据结构不同，操作方法也就不同，操作效率也随之发生改变。通常情况下，精心选择的数据结构可以带来更高的运行或存储效率。那到底什么是数据结构呢？

6.2 数据结构概述

6.2.1 什么是数据结构

随着计算学科的发展，计算机的应用已经深入各个领域中。计算机处理的数据已不再局限于整型、浮点型等数值型数据，还包括字符、图像、音频、视频等非数值型数据。数值计算的特点是数据类型简单，算法复杂，所以更侧重于程序设计的技巧。非数值计算的特点是数据之间的关系复杂，数据量庞大。程序设计的实质是对确定的问题进行数据分析，选择一种好的数据结构，设计一种好的算法。Pascal 之父、结构化程序设计先驱 Niklaus Wirth 最著名的一本书就叫《算法+数据结构=程序》。要设计出好的非数值计算的程序，必须解决下列问题。

（1）明确所处理的数据之间的逻辑关系及处理要求。非数值计算一般处理的是一批同类数据，如 6.1 节中提到的图书管理系统处理的是所有图书的信息，家族谱系处理的是家族中所有成员的信息。对家族谱系所做的常见操作是查询某个成员的信息，或者查询某个成员的直系亲属关系等。因此，数据之间的逻辑关系包括两个层次：每个数据元素的组成和数据元素之间的关系。家族谱系中每个数据元素是指家族中每位成员的信息，包括姓名、性别、出生年月日等。数据元素之间的关系主要是指父子关系，其他关系可以由父子关系推导出来。

（2）如何将数据存储在计算机中。需要在计算机中存储两部分内容：数据元素和数据元素之间的关系。非数值计算中的数据元素很少有简单类型，一般都由多个部分组成，因此每个数据元素可以用程序设计语言中的结构类型或对象来表示，而如何存储数据元素之间的关系则是数据结构研究的内容。

（3）如何实现数据的处理。数据元素之间的关系有各种存储方法，正如 6.1 节中提到的三种图书信息的存储方法，存储方法不同，数据的处理过程就不同。每个数据处理过程就是一种算法。

应用系统可以千变万化，但数据元素之间的逻辑关系的种类是有限的，数据结构抛开了各种具体的应用、具体的数据元素内容，通过抽象的方法研究被处理的数据元素之间有哪些逻辑关系（称为逻辑结构），以及对于每种逻辑关系可能有哪些操作。然后研究每种逻辑关系在计算机内部如何表示（称为存储结构），以及对于每种存储结构对应的操作如何实现。每种数据结构处理一类逻辑关系，包括逻辑关系的物理表示及运算的实现。

掌握了数据结构以后，当要解决一个问题时，首先根据问题分析被处理的数据元素有哪些，它们之间是什么关系，需要对这些数据元素完成哪些操作；然后选择一个合适的数据结构或设计更为恰当的模型来处理数据，根据确定的结构特性编写算法。

6.2.2 数据的逻辑结构

数据的逻辑结构是抽象的，是指数据元素之间的内在联系。

例如，一个班级中有 30 位同学，这 30 位同学之间是松散的关系，他们就构成一个集合。诸如整数集、符号集等，都是集合结构的。集合中的数据元素除同属于一个集合以外，无任何其他关系。

当我们为班级中的 30 位同学各赋予一个学号，并且按照学号从小到大的顺序编制花名册后，花名册中的 30 个名字就构成了线性关系。诸如十二生肖、天干地支、中英文字典等，都是线性结构的。线性结构的数据元素之间存在着一对一的线性关系。

当将班级中的 30 位同学划分了学习小组，每个小组有组长，组长对学习委员负责，学习委员对任课老师负责时，这个班级就形成了任课老师—学习委员—各个小组的组长—各个小组的层次结构，也被称为树形结构。诸如家谱、组织机构图、计算机的磁盘文件目录等，都是树形结构的。树形结构的数据元素之间存在着一对多的层次关系。

当班级中成立了多个课外兴趣小组，每位同学都可以加入多个喜欢的小组，各个小组的成员有了交叉，同学之间的关系变得复杂时，就构成了图状结构。诸如交通图、电路图、工程计划图、算法流程图等，都是图状结构的。图状结构的数据元素之间存在着多对多的任意关系。

基本的数据逻辑结构包括以上四种，如图 6.1 所示。

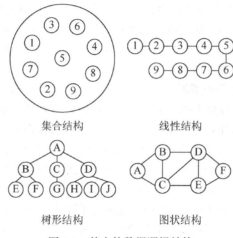

图 6.1　基本的数据逻辑结构

6.2.3　数据的存储结构

存储结构又被称为物理结构，是逻辑结构在计算机中的实现，两者综合起来构成数据元素之间的结构关系。常用的存储结构包括两种：顺序存储结构和链式存储结构。

顺序存储结构如图 6.2 所示，逻辑上相邻的数据元素存储在物理位置相邻的存储单元中，数据元素之间的逻辑关系和物理关系是一致的。例如，考试时要求学生按照考号顺序入座，这时考号相邻的考生座位也是相邻的。

链式存储结构如图 6.3 所示，不要求逻辑上相邻的数据元素物理位置也相邻，数据元素可以存储在任意存储单元中，数据元素之间的逻辑关系通过存储元素的地址来表示。显然，链式存储结构很灵活，数据元素存储在哪里不重要，只要有一个指针存放它的地址就能找到它，但是在链式存储结构中，如果存放的地址丢失，数据元素也就找不到了。例如，战争时期的地下工作，为了不暴露每个地下工作者的真实身份，他们往往都是单线联系的，只有上线知道下线是谁。正常情况下，情报可以顺利传递，但是如果链条中的某个同志牺牲了，因为其他人不知道他的上线或下线是谁，情报传递就会被迫中断。这就是链式存储结构的一个现实案例。

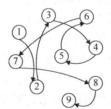

①②③④⑤⑥⑦⑧⑨

图 6.2　顺序存储结构　　　　　　　　图 6.3　链式存储结构

接下来，本章将一一介绍常用的线性结构，以及树形结构、图状结构等非线性结构。

6.3 线性结构

线性结构描述的是一对一的线性关系，即一个线性结构中除第一个元素之外，其他每个元素只有一个直接前驱；除最后一个元素之外，其他每个元素只有一个直接后继。线性结构包括线性表、栈、队列、字符串、数组等，其中线性表是最基本的线性结构。

6.3.1 线性表

线性表（Linear List），顾名思义是具有像线一样性质的表。线性表是由性质相同的一批数据元素构成的有限序列。几乎所有数据的集合都可以看作线性表。例如，26 个英文字母就构成一个线性表，一篇文章可以看作符号的线性表，唱片上的音乐可以看作声音的线性表，班级花名册、购物单、图书信息表等都可看作线性表。线性表中的数据元素可以是原子类型的，也可以是由若干数据项组成的结构类型的。

例如，十二生肖表就是一个线性表，如图 6.4 所示。

图 6.4　十二生肖表

线性表中的数据元素之间具有逻辑上的先后关系。在十二生肖表中，一共有 12 个元素，其中鼠是第一个元素，猪是最后一个元素，12 个生肖之间构成一对一的逻辑关系。

6.2.3 节中提到数据有两种存储结构，存储结构不同，相应的操作算法也有所不同。

1. 顺序存储结构

线性表的顺序存储结构是指用一组地址连续的存储单元依次存储线性表中的数据元素，简称顺序表。十二生肖表的顺序表如下：

鼠	牛	虎	兔	龙	蛇	马	羊	猴	鸡	狗	猪

从中可以看出，逻辑关系上相邻的生肖，其物理位置也相邻。

采用顺序存储结构，查找某个生肖很方便，但是如果不小心写错了其中的信息，在修改时要保证操作过程中数据元素之间的逻辑关系正确。

例如，有一位同学不小心把十二生肖表写成了如下内容：

鼠	牛	虎	兔	龙	蛇	羊	猴	鸡	马	狗	猪

很明显，生肖马的位置错了，那该如何修改呢？

马的正确位置应该在蛇之后、羊之前，所以需要把马插入正确位置，也就意味着蛇之后现有的生肖都要依次向后移动一个位置，这样马才能插入正确位置。顺序表的插入操作如图 6.5 所示。

图 6.5　顺序表的插入操作

插入操作结束后，马的位置已经调整正确，接下来就需要把原来错误位置上的马删掉，因为顺序表中逻辑上相邻的数据元素物理位置也相邻，所以删除错误位置上的马之后，后面的生肖要依次向前移动一个位置。顺序表的删除操作如图 6.6 所示。

删除前：

鼠	牛	虎	兔	龙	蛇	马	羊	猴	鸡	马	狗	猪

删除后：

鼠	牛	虎	兔	龙	蛇	马	羊	猴	鸡	狗	猪

图 6.6　顺序表的删除操作

经过插入和删除操作后，十二生肖表就调整正确了。从这个过程中可以发现，因为顺序表中数据元素的物理位置有序，所以在进行插入和删除时，需要移动相关数据元素。如果希望在进行调整时数据元素位置不移动，就可以考虑采用链式存储结构。

2. 链式存储结构

线性表的链式存储结构是指通过一组任意的存储单元来存储线性表中的数据元素，这组存储单元可以是连续的，也可以是不连续的。通过存放后继或前驱数据元素的地址，来表示数据元素之间的逻辑关系。

以存放后继地址为例来进行描述，这种结构被称为单链表，十二生肖表的单链表示例图如图 6.7 所示。

图 6.7　十二生肖表的单链表示例图

在链式存储结构下，依然采用插入和删除操作重新调整十二生肖的顺序。首先把马从错误的关系中删除，然后插入到正确的位置即可。

单链表的删除操作如图 6.8 所示。鸡的后继不再指向马，而指向狗，这样就把马从现有关系中删除了。

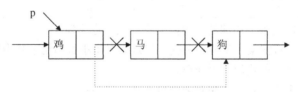

图 6.8　单链表的删除操作

接着把马插入蛇和羊之间，也就是马的后继指向羊，蛇的后继从原来的指向羊转为指向马。单链表的插入操作如图 6.9 所示。插入操作结束后，十二生肖的顺序就调整正确了。

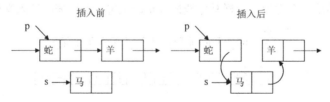

图 6.9　单链表的插入操作

由此可知，单链表的优点是在进行插入和删除时，不需要移动现有数据元素的位置，只需修改相关节点指针即可改变它们之间的逻辑关系，操作方便。

6.3.2　栈

栈（Stack）是具有一定操作约束的线性表，只能在栈一端进行插入和删除操作。允许进行插入和删除操作的一端称为栈顶端，另一端称为栈底端。可以把栈想象成一个玻璃杯，只有一个口允许进出，假设有三个元素 a、b、c 依次进栈，那么 c 是最先离开栈的，a 是最后离开栈的。因此，栈具有后进先出（Last In First Out，LIFO）的特性。

栈的基本操作主要有入栈和出栈。在进行入栈操作时，在栈顶位置增加一个新元素；在进行出栈操作时，只有栈顶位置的元素才能出栈。

栈的后进先出特性意味着栈为存储某些数据元素提供了一种理想的数据结构，栈通常是回溯活动的基础。例如，在进行表达式求值时，通过栈来控制运算符的优先级；在进行迷宫求解时，利用栈存放路径信息。

栈非常重要的一个应用是在程序设计语言中用来实现函数的调用。在调用函数时，系统内存通常分为代码区、数据区（包括常量存储区和静态存储区）和堆栈区，如图 6.10 所示。其中，代码区和常量存储区属于只读存储区，用来存放程序代码和部分整数常量（立即数）、字符串常量；静态存储区用来存放外部变量和静态局部变量；堆区是程序进行动态分配管理的内存区域；栈区是在函数调用过程中存放函数局部变量、函数参数和返回地址信息的内存区域。

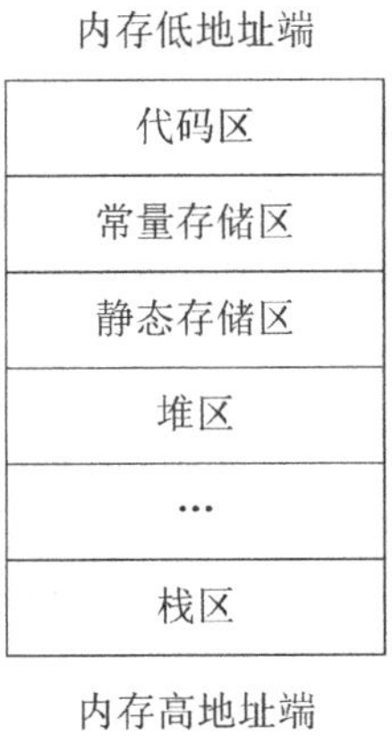

内存低地址端

代码区
常量存储区
静态存储区
堆区
...
栈区

内存高地址端

图 6.10　系统内存管理

当程序调用一个函数时，被调函数必须知道如何返回主调函数，所以主调函数的返回地址必须压入函数调用栈。如果发生了一系列的函数调用，则对应的一组返回地址将按照后进先出的顺序被压入函数调用栈，只有这样每个函数才能够正确地返回主调函数。当发生多个函数调用时，遵循后调用先返回的原则。

函数的每次调用通常都会产生一些局部变量，这些局部变量会保存在函数调用栈中，这些数据被称为函数调用的活动记录。当发生一次函数调用时，它对应的活动记录将被压入函数调用栈。当函数调用结束返回主调函数后，它对应的活动记录将被弹出函数调用栈。当前正在运行的函数的活动记录必须在栈顶。

需要注意的是，函数调用栈中用来保存活动记录的存储单元的总数有一个上限，如果连续发生的多次函数调用产生的活动记录超过了这个上限，则会发生栈溢出错误。

6.3.3 队列

队列（Queue）也是具有一定操作约束的线性表，只能在队列的一端进行插入操作，在另一端进行删除操作。允许进行插入操作的一端称为队尾，允许进行删除操作的一端称为队头。可以把队列想象成一个单行道，一个口进另一个口出，假设有三个元素 a、b、c 依次进队列，那么 a 是最先离开队列的，c 是最后离开队列的。所以队列具有先进先出（First In First Out，FIFO）的特性。

队列的基本操作主要有入队列和出队列。在进行入队列操作时，在队尾增加一个新元素；在进行出队列操作时，删除队头元素。

队列通常被用作缓冲区的基本结构，数据在到达缓冲区时，被置于队尾；当需要转发数据到目的地址时，按其在队头出现的次序转发。例如，打印机的作业管理，当对多个文档发出打印命令时，打印机系统会根据接收到打印命令的先后顺序来对待打印文档进行排队，依次完成打印任务。又如，银行的排队叫号系统会根据客户进入银行的先后顺序来对客户进行排队，然后由各窗口工作人员依次为客户提供服务。

6.4 树和二叉树

像线性表、栈和队列这样的结构本质上都是线性的，客观世界中还有许多更复杂的关系，需要用更复杂的结构来表示，如家族关系。如果对家族关系进行建模，则需要一个层次结构，顶层是家族的第一世祖先，接下来是他的子女，再下面一层是孙子女，以此类推。这种层次结构叫作树形结构，表示一对多的关系，即一个节点最多有一个直接前驱，可以有多个直接后继。图 6.11 和图 6.12 是另外两种树形结构实例。

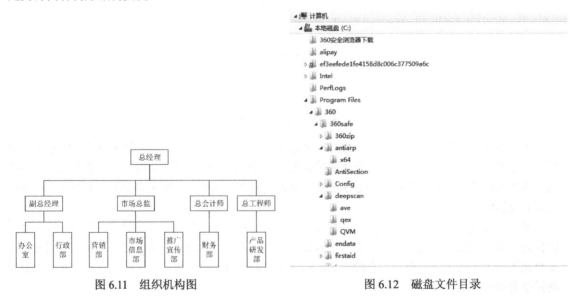

图 6.11　组织机构图　　　　　　　　　　　　图 6.12　磁盘文件目录

6.4.1 树

把实例中的数据抽象成节点，节点和节点之间的关系用连线表示，就得到了抽象的树形结构。在树形结构中，每个节点最多只有一个直接前驱，可以有多个直接后继，所以可以画成层次结构，如图 6.13 所示。第一层的节点称为根节点，根节点的孩子构成了各自的子树。在图 6.13 中，树的根节点为节点 A，节点 A 有三棵子树，子树的根节点分别为节点 B、C、D，子树示意图如图 6.14 所示。

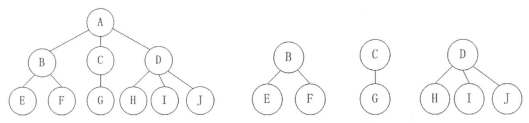

图 6.13　树形结构示意图　　　　　　　　　　图 6.14　子树示意图

节点之间的前驱和后继关系可以借用家谱中的血缘关系来描述。一个节点的直接前驱称为该节点的双亲节点，如节点 B 的双亲节点为节点 A；一个节点的直接后继称为该节点的孩子节点，如节点 B 的孩子节点为节点 E、F；同一双亲节点的孩子节点之间互为兄弟节点，如图 6.13 中节点 B、C、D 互为兄弟节点，节点 H、I、J 也互为兄弟节点；从根节点到某一个节点的路径上的所有节点称为该节点的祖先节点，如图 6.13 中节点 F 的祖先节点包括节点 A、B；以某节点为根节点的子树中的任一节点都称为该节点的子孙节点，如图 6.14 中的节点 B、C、D、E、F、G、H、I、J 都是节点 A 的子孙节点。

在一棵树中，如果各子树之间是有先后次序的，则称该树为有序树，否则称该树为无序树。例如，家谱树是一棵有序树，组织机构树是一棵无序树。

如果节点组成了多棵互不相交的树，则构成一片森林，图 6.14 就构成子树森林。

树在计算机领域中有着广泛的应用。例如，在编译系统中，可用树来表示源程序的语法结构；在数据库系统中，可用树来组织信息；在分析算法的行为时，可用树来描述其执行过程。

在计算领域，树要转换成二叉树进行描述，二叉树即每个节点最多有两个孩子节点的树。

6.4.2　二叉树

1．二叉树的概念

二叉树（Binary Tree）是一棵有序树，每个节点至多有两棵子树（节点的度都不大于 2）。这两棵子树有左右之分，其次序不能任意颠倒，位于左边的子树称为左子树，位于右边的子树称为右子树，左、右子树均为二叉树。二叉树具有 5 种基本形态，如图 6.15 所示。

（a）空二叉树　（b）只有根结　（c）只有左子　（d）左、右子树均　（e）只有右子
　　　　　　　　点的二叉树　　树的二叉树　　非空的二叉树　　树的二叉树

图 6.15　二叉树的 5 种基本形态

如果有一棵二叉树，其每个分支节点都有左、右两棵子树，则称其为一棵满二叉树。如图 6.16 所示，该满二叉树具有 4 层 15 个节点，除第 4 层的节点为叶子节点以外，其他 3 层的分支节点均有两棵子树。在满二叉树中，一般从根节点开始，按照从上到下、同一层从左到右的顺序对节点逐层进行编号（1,2,…,n）。

如果有一棵深度为 k、节点个数为 n 的二叉树，按照从上到下、同一层从左到右的顺序对节点逐层进行编号，其节点 1~n 的位置序号分别与满二叉树的节点 1~n 的位置序号一一对应，则称该二叉树为完全二叉树，如图 6.17 所示。

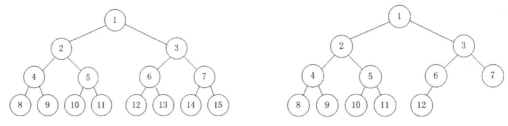

图 6.16　满二叉树　　　　　　　　　　　　　图 6.17　完全二叉树

因为每个节点最多有两个孩子节点，所以二叉树通常采用链式存储结构，设有两个指针域，存放左、右两个孩子节点，这种存储方式称为二叉链表，如图 6.18 所示。如果有需要，还可以增加一个描述前驱元素的信息，每个节点包含四个域：数据域、双亲域、左孩子域和右孩子域。

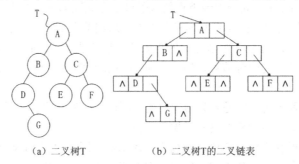

（a）二叉树T　　　　　　（b）二叉树T的二叉链表

图 6.18　二叉树 T 的链式存储结构

2. 二叉树的遍历

非线性结构中数据信息的访问要比线性结构中数据信息的访问复杂。在线性结构中，按照从前向后或从后向前的顺序即可访问到所有元素信息；在非线性结构中，数据信息的访问需要寻找某种访问规律，使每个节点均被访问且仅被访问一次。

根据二叉树的定义可知，任何一棵二叉树都包括三部分：根节点 D、左子树 L、右子树 R。所以二叉树的遍历也就意味着对这三部分依次进行访问，如果约定按照先左子树后右子树的顺序访问，就有了先序遍历、中序遍历、后序遍历三种遍历方法。

（1）先序遍历（DLR）。若二叉树为空，则操作为空，否则依次执行如下三个操作：访问根节点，按先序遍历其左子树，按先序遍历其右子树。如图 6.19 所示，二叉树 T 的先序遍历序列为 ABDGCEF。

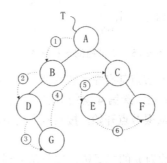

图 6.19　二叉树 T 的先序遍历序列

（2）中序遍历（LDR）。若二叉树为空，则操作为空，否则依次执行如下三个操作：按中序遍历左子树，访问根节点，按中序遍历右子树。如图 6.20 所示，二叉树 T 的中序遍历序列为 DGBAECF。

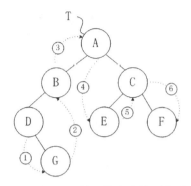

图 6.20　二叉树 T 的中序遍历序列

（3）后序遍历（LRD）。若二叉树为空，则操作为空，否则依次执行如下三个操作：按后序遍历左子树，按后序遍历右子树，访问根节点。如图 6.21 所示，二叉树 T 的后序遍历序列为 GDBEFCA。

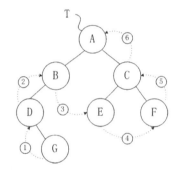

图 6.21　二叉树 T 的后序遍历序列

由上述方法可知，它们均为递归的操作思想。

在介绍完全二叉树时，提到了可以按照从上到下、同一层从左到右的顺序来进行编号，其实这也是一种遍历方法，称为按层次遍历。按层次遍历的过程：先访问根节点，按照从左到右的顺序访问第二层节点，按照从左到右的顺序访问第三层节点，以此类推。如图 6.22 所示，二叉树 T 的按层次遍历序列为 ABCDEFG。

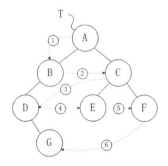

图 6.22　二叉树 T 的按层次遍历序列

在进行按层次遍历时，需要考虑如何保证访问顺序的正确性问题，这里需要用到一个辅助的数据结构，即队列。

6.5　图

假设现在你要从上海出发开车去拉萨，你会规划什么样的路线呢？你是选择距离最短的路线，还是费用最少的路线，还是用时最短的路线呢？求解过程中就用到了图状结构。

6.5.1　图的定义与术语

图是一种非常复杂的数据结构，在工程、数学、物理、生物、化学和计算机等学科领域都有着广泛的应用。例如，在公路或铁路交通图中，每个地点构成图中的顶点，连接各个地点的公路或铁路构成图中的边；在电路图中，每个元器件构成图中的顶点，连接元器件的线路构成图中的边；在产品的生产流程图中，每道生产工序构成图中的顶点，各道生产工序之间的先后关系构成图中的边。

图中每条边的两个顶点互为邻接点。如果图中的每条边都是有方向的，则称该图为有向图，有向图中的边也被称为弧，是由两个顶点构成的有序对，通常用尖括号表示。如果图中的每条边都是没有方向的，则称该图为无向图，无向图中的边均为顶点的无序对，通常用圆括号表示。在图 6.23 中，G1 为有向图，G2 为无向图。

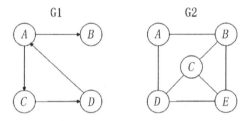

图 6.23　有向图和无向图

在无向图中，顶点 V 的度等于与 V 相关联的边的数目；在有向图中，以 V 为起点的有向边数称为顶点 V 的出度，以 V 为终点的有向边数称为顶点 V 的入度，顶点 V 的度等于其出度与入度之和。在图 6.23 中，有向图 G1 的顶点 A 的度为 3，无向图 G2 的顶点 A 的度为 2。

如果一个无向图中任意两个顶点之间都有边，则称该图为无向完全图。在一个含有 n 个顶点的无向完全图中，有 $n(n-1)/2$ 条边。如果一个有向图中任意两个顶点之间都有方向相反的两条弧，则称该图为有向完全图。在一个含有 n 个顶点的有向完全图中，有 $n(n-1)$ 条弧。

设有两个图 G=(V,E)、G1=($V1$,$E1$)，若 $V1 \subseteq V$，$E1 \subseteq E$，与 $E1$ 相关联的顶点都在 $V1$ 中，则称 G1 是 G 的子图。

图 G 中从顶点 v_1 到顶点 v_k 所经过的顶点序列 $v_1,v_2,\cdots,v_k$ 称为两点之间的路径；若路径的顶点和终点相同，则称为回路。在一条路径中，若除起点和终点以外，所有顶点各不相同，则该路径为简单路径，由简单路径组成的回路称为简单回路。

在无向图 G=(V, E)中，若对任意两个顶点 v、u 都存在从 v 到 u 的路径，则称 G 为连通图；对有向图而言，称为强连通图。

无向图 G 的极大连通子图称为 G 的连通分量；有向图 D 的极大强连通子图称为 D 的强连通分量。

包含无向图 G 所有顶点的极小连通子图称为 G 的生成树。

如果在图的边或弧上通过数字表示与该边相关的数据信息，则这个数据信息就称该边的权（Weight）。边（或弧）上带权的图称为网。

6.5.2　图的遍历

图的遍历是指从图中某个顶点出发访问图中的每个节点，且每个顶点仅被访问一次。图的遍历是求解图的连通性问题、拓扑排序、求关键路径等的基础。

图的遍历比树的遍历复杂得多。由于图中的顶点关系是任意的，图也可能是非连通图，图中还可能存在回路。如果图中存在回路，那么在访问了某个顶点后，可能沿着某条路径搜索后又回到该顶点。这些问题都是在进行图的遍历时需要注意的。

图有两种遍历方法：深度优先搜索和广度优先搜索。

1. 深度优先搜索

深度优先搜索（Depth-First Search，DFS）是指按照深度方向搜索，它类似于树的先序遍历，是树的先序遍历的推广。深度优先搜索连通子图的基本算法步骤描述如下。

（1）从图中某个顶点 v 出发，首先访问 v。

（2）从 v 的未被访问的邻接点出发，访问该顶点。以该顶点为新顶点，重复本步骤，直到当前的顶点没有未被访问的邻接点为止。

（3）返回前一个访问过且仍有未被访问的邻接点的顶点，找出并访问该顶点的下一个未被访问的邻接点，然后执行步骤（2）。

若访问的是非连通图，则此时图中还有顶点未被访问，另选图中一个未被访问的顶点作为起始点，重复上述深度优先搜索过程，直到图中所有顶点均被访问过为止。

2. 广度优先搜索

广度优先搜索（Breadth-First Search，BFS）是指按照广度方向搜索，它类似于树的层次遍历，是树的层次遍历的推广。广度优先搜索的基本思想如下。

（1）从图中某个顶点 v 出发，首先访问 v。

（2）依次访问 v 的各个未被访问的邻接点。

（3）分别从这些邻接点出发，依次访问它们的各个未被访问的邻接点。访问时应保证：如果顶点 v_i 在 v_k 之前被访问，则 v_i 的所有未被访问的邻接点应在 v_k 的所有未被访问的邻接点之前访问。重复步骤（3），直到所有节点均被访问过为止。

在图 6.23 中，对于图 G2，假设从顶点 A 出发进行搜索，深度优先搜索序列为 ABCDE，广度优先搜索序列为 ABDCE。需要注意的是，图的遍历是在图的存储结构基础上进行的，存储结构不同，遍历序列不同。

遍历的目的是寻找合适的顶点，相对而言，深度优先搜索更适用于目标比较明确，以找到目标为主要目的的情况，而广度优先搜索更适用于在不断扩大遍历范围时找到相对最优解的情况。

6.5.3　最小生成树

假设你是一位交通规划设计师，需要为一个乡镇的 6 个村庄进行交通规划设计，村庄位置大致如图 6.24 所示。其中，A～F 是村庄编号，连线表示两个村庄之间可以规划修建一条道路，连线上的数字表示修路成本，如村庄 A 到村庄 B 之间的修路成本是 1 个单位，村庄 B 到村庄 D 之间的修路成本是 11 个单位。两个村庄之间没有连线表示两者之间不适合修路。从节约资源角度考虑，应该如何用最低的修路成本连通这 6 个村庄呢？

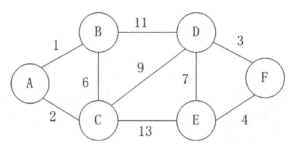

图 6.24　交通规划设计图

为了使修路成本最低，选择修建的道路应该都是成本相对较低的，同时这条道路所连通的两个村庄原本是不互通的，因为如果这条道路连接的两个村庄原本就有路相连，就不需要额外花费金钱修建新路了。

依据这个原则，我们按照修路成本从低到高对所有道路进行排序，得到{1,2,3,4,6,7,9,11,13}这样一个序列，然后依次判断序列中的每条路是否可被选择。首先判断值为 1 的路，该路连接村庄 A 和 B，可选。值为 2 的路连接村庄 A 和 C，可选。值为 3 的路连接村庄 D 和 F，可选。值为 4 的路连接村庄 E 和 F，可选。接下来判断值为 6 的路，该路连接村庄 B 和 C，由于村庄 B 和 C 已经通过村庄 A 连通了，所以该路放弃，不选。同样地，我们放弃了值为 7 的路。值为 9 的路连接村庄 C 和 D，到目前为止村庄 C 和 D 还是不互通的，所以该路可选。到此时，发现我们已经选了 5 条要修建的道路。6 个村庄之间用 5 条路就可以彼此连通，序列中剩余的道路就可以全部放弃。交通规划道路选择过程如图 6.25 所示。

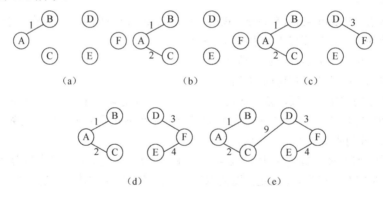

图 6.25　交通规划道路选择过程

以上所讲的道路选择过程就是图的经典算法——克鲁斯卡尔算法，我们在后续的"数据结构"课程中将学习该算法。从图 6.25 中可以看出，最后选择的道路构成了一棵树，这棵树称为该图的最小生成树。最小生成树的求解算法除了克鲁斯卡尔算法，还有其他的算法，感兴趣的同学可以自行查阅相关资料。

6.5.4　最短路径

最短路径是图的一个非常重要的应用。

6.5 节一开始提到的从上海到拉萨的行程路线就是最短路径问题，上海到拉萨之间有很多个城市，城市与城市之间的道路状态也有所不同，所以从上海到拉萨有多种行车路线，我们可以根据自己的需求选择距离最短或用时最短或费用最少的路径。

计算机网络也可以抽象为一个图。图中的每个节点是一台网络设备，如主机、交换机和路由器等。图中的边是连接这些设备的光缆、电缆或无线信道，边的权值可以是电缆的长度或信号在这条电缆上的延迟时间等。想通过一台计算机发送信息给另一台计算机，同样希望对方能尽快收到，这也需要在网络中寻找一条从发送机器到接收机器的最短路径。

解决单源最短路径问题的一般方法叫作 Dijkstra 算法（Dijkstra's Algorithm），这个算法是贪心算法（Greedy Algorithm）最好的例子。Dijkstra 算法是典型的最短路径算法，可用于计算从一个节点到其他所有节点的最短路径。该算法按路径长度递增次序，以起始点为中心向外层扩展，直到扩展到终点为止。

Dijkstra 算法的基本思想：设 G=(V, E)是一个带权图，将图中顶点集合 V 分成两组，第一组为已经求出最短路径的顶点集合（用 S 表示，初始 S 中只有一个源点 v，以后每求得一条最短路径，就将其加到集合 S 中，直到全部顶点都加到 S 中，算法结束），第二组为其余未确定最短路径的顶点集合（用 U 表示）。按最短路径长度的递增次序依次把第二组的顶点加到集合 S 中。在加入的过程中，总保持从源点到 S 中各顶点的最短路径长度不大于从源点 v 到 U 中任何顶点的最短路径长度。

假设给定一个带权有向图 G，如图 6.26 所示，求从顶点 A 到其余各顶点的最短路径，求解步骤如下。

（1）顶点 A 与顶点 B、D、E 直接相连，其权值分别为 A→B=10，A→D=30，A→E=100，选择权值最小的路径，即 A→B，权值为 10，如图 6.27（a）所示。

（2）从顶点 A 到顶点 B 的最短路径已经求出，即 A→B，权值为 10。通过顶点 B 可以连通顶点 A 和顶点 C，此时可以求出从顶点 A 到顶点 C 的路径的权值为 A→B→C=10+50=60。当前从顶点 A 到顶点 C、D、E 的路径权值分别为 60、30、100，选择权值最小的路径，即 A→D，权值为 30，如图 6.27（b）所示。

（3）从顶点 A 到顶点 D 的最短路径已经求出，即 A→D，权值为 30。此时我们发现，通过顶点 D 可以连通顶点 A 和顶点 C、E，比较现有路径和原来路径的权值，发现 A→D→C=50 比 A→B→C=60 小，所以从顶点 A 到顶点 C 的当前最短路径的权值为 50；A→D→E=90 比 A→E=100 小，所以从顶点 A 到顶点 E 的当前最短路径的权值为 90。选择权值最小的路径，即 A→D→C，权值为 50，如图 6.27（c）所示。

（4）从顶点 A 到顶点 C 的最短路径已经求出，即 A→D→C，权值为 50。此时发现，通过顶点 C 和顶点 D 可以连通顶点 A 和顶点 E，A→D→C→E=60 比 A→D→E=90 小，所以从顶点 A 到顶点 E 的当前最短路径的权值为 60，如图 6.27（d）所示。

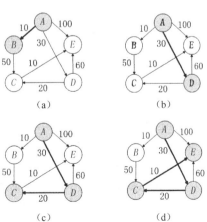

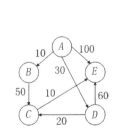

图 6.26 带权有向图 G　　　　图 6.27 用 Dijkstra 算法求解最短路径的过程

通过这个例子，我们可以更清楚地了解 Dijkstra 算法的工作过程。它并不是一下子求出从顶点 *A* 到每个顶点的最短路径，求解过程基于已经求出的最短路径求得到更远顶点的最短路径，最终得到我们想要的结果。

Dijkstra 算法的提出者是 Edsger W. Dijkstra（见图 6.28），他是荷兰人，早年钻研数学和物理，后转向计算学。Dijkstra 是影响力最大的计算科学的奠基人之一，也是少数同时从工程和理论的角度塑造这个学科的人。他的根本性贡献覆盖了很多领域，包括编译器、操作系统、分布式系统、程序设计、编程语言、程序验证、软件工程、图论等。他的很多论文为后人开拓新的研究领域奠定了基础。我们现在熟悉的一些标准概念，如互斥、死锁、信号量等，都是 Dijkstra 发明和定义的。他和 Jaap Zonneveld 一起写出了第一个 ALGOL 60 的编译器，这是最早支持递归的编译器。20 世纪 60 年代后期，世界上爆发了"软件危机"。Dijkstra 在 ACM 的月刊上发表了一篇名为 *GOTO Statement Considered Harmful* 的文章，为全世界的程序员指明了方向。Dijkstra 被西方学术界称为"结构程序设计之父"，1972 年 Dijkstra 获得图灵奖。

图 6.28　Edsger W. Dijkstra

以上介绍了的两种应用：最小生成树和最短路径。事实上，图的应用非常广泛，相应的算法也很多，有兴趣的同学可以查阅相关资料获得更多的知识。

6.6　小结

本章从实例出发，首先介绍了数据的逻辑结构和存储结构，然后介绍了线性结构、树、图的概念、存储和基本应用。

习题 6

1．请描述数据的 4 种逻辑结构。

2．请为下列每种应用找到合适的结构（线性表、栈、队列、树、图）。

（1）模拟银行取款操作。

（2）一个接收数据的程序，保存数据并将其处理成反序的。

（3）一种电子通信簿，按姓名排序。

（4）具有后退功能的浏览器，每次单击后退箭头都会显示当前页面的前一个浏览页面。

（5）医院就诊程序，以先到先服务的宗旨为医生分配病人。

（6）追踪家庭关系的程序。

（7）保持航线的程序。

3．假设有两个栈，如果一次只允许从一个栈中将一个数据移动到另一个栈，那么原始数据可能进行怎样的重排？如果是三个栈，那么会有怎样的安排？

4．描述一种数据结构，适用于表示国际象棋游戏中的棋盘布局。

5．描述一个树结构，用于存放一个家族的家谱，对该树会进行哪些操作？如果按链式存储结构来实现树，那么每个节点应该关联一些什么样的指针？利用你设计的存储结构，解释如何才能找到一个人的所有兄弟。

6．假设一名软件分析师设计了一种数据组织方式，能在一个特定的应用中有效地处理数据，如何保护这名软件分析师对这个数据结构的权益？数据结构是否也是一种思想表达（如一篇文章）？是否可以通过版权来保护？还是像算法一样，具有同样的法律漏洞？用专利法呢？

7．在许多应用程序中，栈可以拓展到多大取决于可用的存储器容量有多大。如果可用的容量已经耗尽，所设计的软件就会产生一条类似"栈溢出"的消息，然后终止程序。在很多情况下，这种错误从不发生，用户也从未意识到这个错误。但是，如果这个错误发生了，并且丢失了敏感数据，那么谁将对此负责？软件的开发者如何减轻自身的责任？

8．在基于指针系统的数据结构中，通常是通过改变指针，而不是擦除存储单元来删除一个项。因此，当链表中的一项被删除后，被删除项实际上还留在存储器中，直到其他数据用掉这块存储空间。这种被删除的数据残留的状况会产生什么样的道德和安全问题？

9．利用指针可以将相关的数据在计算机存储器中连接起来，其连接方式使人联想到信息在人脑中也是采用这种方式关联起来的。那么这样一种在计算机存储器中的连接与人脑中的连接有何异同？如果尝试把计算机建设得与人脑更像，这在伦理上是否可取？

说明：习题 6～9 的目的是引导大家分析与计算机科学领域相关的伦理、道德和法律问题，这些问题的答案不是唯一的，大家应当思考为什么会得到这样的答案，以及你对每个问题的判断标准是否应该保持一致。

第 7 章

软件工程

迄今为止，计算机系统已经经历了 4 个不同的发展阶段，但是人们仍然没有彻底摆脱"软件危机"的困扰，软件已经成为限制计算机系统发展的主要因素。为了更有效地开发与维护软件，软件工作者在 20 世纪 60 年代后期开始认真研究消除"软件危机"的途径，从而逐渐形成一门工程学科——计算机软件工程学（简称软件工程）。

软件工程一词是由北大西洋公约组织（North Atlantic Treaty Organization，NATO）的计算机科学家在 1968 年联邦德国召开的国际会议上首次提出来的。随着软件需求的不断增长，软件开发越来越需要专门的理论指导。这就促使了软件工程学科的诞生和发展，在软件工程的要求下开发软件，不仅可以提高软件的开发效率，还可以减少软件的维护成本。软件工程是每个从事软件分析、设计、开发、测试、管理和维护的人必须具备的知识。

通过本章的学习，学生能够：

（1）了解为什么要学习软件工程；

（2）了解软件工程的发展史；

（3）了解软件开发模型；

（4）掌握软件开发方法和开发过程；

（5）了解软件质量和软件维护活动类型；

（6）熟悉软件项目的管理，初步建立工程化意识；

（7）了解软件开发规范与职业道德修养。

7.1 软件与软件危机

7.1.1 软件危机的定义及典型表现

在计算机系统发展的早期阶段（20 世纪 60 年代中期以前），通用硬件的使用相当普遍，软件却是为每个具体应用专门编写的。这时的软件通常是规模较小的程序，编写者和使用者往往是同一个（或同一组）人。这种个体化的软件环境，使得软件设计通常是在人们头脑中进行的一个隐含的过程，除程序之外，没有其他文档资料被保存下来。

20 世纪 60 年代中期到 20 世纪 70 年代中期是计算机系统发展的第二个阶段，这个阶段的一个重要特征是，出现了"软件作坊"，人们开始广泛使用产品软件。但是，"软件作坊"基本上仍然沿用早期形成的个体化软件开发方法。随着计算机应用的日益普及，软件数量急剧膨胀。在程序运行时发现的错误必须设法改正；当用户有了新的需求时必须相应地修改程序；当硬件或操作系统更新时通常需要修改程序以适应新的环境。上述种种软件维护工作，以令人吃惊的比例耗费资源。更严重的是，许多程序的个体化特性使得它们最终不可维护，软件危机就这样出现了。

1. 软件危机的定义

软件危机是指落后的软件生产方式无法满足迅速增长的软件需求，从而导致软件开发与维护过程中出现一系列严重问题的现象。软件危机主要包含两方面的问题：一是如何开发软件以满足日益增长的软件需求；二是如何维护数量不断增长的已有软件。

比较有代表的事件是 IBM 公司研发 OS/360 操作系统，初期研发的产品约有 100 万条指令，耗费了 5000 人年（人年是指一个人一年的工作量），研发经费达数亿美元，而结果却令人沮丧，产品中的错误有 2000 个以上，系统根本无法正常运行。OS/360 操作系统的负责人 Brooks 这样描述开发过程的困难和混乱：像巨兽在泥潭中垂死挣扎，挣扎得越猛，泥浆沾得越多，陷入得越深，最后没有一个野兽能够逃脱淹没在泥潭中的命运。

2. 软件危机的典型表现

（1）已开发完成的软件系统时常出现功能、性能无法满足需求或出现故障等现象。

（2）软件产品的可靠性和质量安全等方面时常达不到标准。软件产品质量难以保证，甚至在开发过程中就出现问题。

（3）软件开发管理能力差，对成本和进度的估计时常不准确。

（4）软件系统时常出现无法维护、升级或更新等现象。

（5）软件开发没有标准、完整、统一、规范的文档资料。计算机软件不应只有程序，还应有一整套规范的文档资料和售后服务。

（6）软件开发效率低，无法满足计算机应用迅速发展与提高的实际需要。

（7）软件研发成本在计算机系统总成本中所占的比例逐年上升。

7.1.2　产生软件危机的主要原因

（1）软件开发规模逐渐变大，软件复杂度和软件的需求量不断增加，如 Windows 95 操作系统有 1000 万行代码，Windows 2000 操作系统有 5000 万行代码。

（2）没有按照工程化方式运作，开发过程没有统一的标准和准则及规范的指导方法。

（3）软件需求分析与设计考虑不周，软件开发、维护和管理不到位。

（4）开发人员与用户或开发人员之间的交流沟通不够，文档资料不完备。

（5）软件测试、调试不规范、不细致，提交的软件质量不达标。

（6）忽视软件运行过程中的正常维护和管理工作。

7.1.3　消除软件危机的主要措施

（1）技术和方法。运用软件工程的技术和方法，尽快消除在计算机系统发展的早期阶段形成的一些错误观念。

（2）开发工具。选用先进、高效的软件开发工具，同时采取切实可行的实施策略。

（3）组织管理。研发机构要组织高效、管理制度和标准规范、职责明确、保证质量、团结互助、齐心协力，还要注重文档资料及服务体系的完备。

消除软件危机，既要有技术措施（技术、方法和开发工具），又要有必要的组织管理措施。软件工程正是从技术和管理两方面研究如何更好地开发和维护计算机软件的一门学科。

7.2 软件工程概述及软件生命周期

7.2.1 软件工程的定义及主要目标

1. 软件工程的定义

软件工程是指导计算机软件开发和维护的一门工程学科，是计算机学科中的一个重要分支，强调采用工程化的思想、原理、技术和方法来开发与维护软件，把相关的管理方法和先进的开发技术结合起来，解决软件生产中的问题。

1993 年，IEEE 为软件工程下的定义可归纳为：软件工程是将系统化的、规范的、可度量的方法应用于软件的开发、运行和维护过程的学科。

软件工程的不同定义使用了不同的词句，强调的重点也有所差异，但是其中心思想都是把软件当作一种工业产品，要求采用工程化的思想、原理、技术和方法对软件进行开发和维护，宗旨是提高软件开发生产率、降低生产成本，以较小的代价获得高质量的软件产品。

2. 软件工程的主要目标

软件工程旨在开发满足用户需求、能及时交付、成本不超过预算和无故障的软件，其主要目标如下。

（1）合理预算开发成本，减少开发费用。

（2）实现预期的软件功能，达到较好的软件性能，满足用户的需求。

（3）提高所开发软件的可维护性，降低维护费用。

（4）提高软件开发生产率，及时交付使用。

7.2.2 软件工程的发展史

自第一台计算机诞生后，软件的开发就开始了。随着计算机技术的飞速发展和计算机应用领域的迅速拓宽，20 世纪 60 年代中期以后，软件需求迅速增长，软件数量急剧膨胀，这便促进了软件工程的发展，可以将软件工程的发展划分为三个时代。

1. 程序设计时代

1946 年到 1956 年为程序设计时代。在这个时代，人们致力于研究和发展计算机硬件，使计算机经历了从电子管计算机到晶体管计算机的变革，但是对计算机软件的研究和发展却不够重视。当时，由于计算机硬件的价格昂贵，运行速度低，内存容量小，因此程序员非常强调程序设计技巧，把缩短每微秒的 CPU 时间和节省每个二进制存储单元作为程序设计的重要目标，但设计的程序难读、难懂、难修改。

2. 程序系统时代

1956 年到 1968 年为程序系统时代，也被称为程序+说明时代。在这个时代，硬件的发展使计算机经历了从晶体管计算机到集成电路计算机的变革，CPU 速度和内存容量都有了很大的提高，从而为计算机在众多领域中的应用提供了潜在的可能性。这个时代的另一个重要特征是出现了"软件作坊"。这是因为随着计算机应用的普和深化，需要的软件往往规模相当庞大，以致单个用户无法开发，此外许多不同的部门和企业往往需要相同或者类似的软件，各自开发会造成严重的人力浪费。在这种形势下，"软件作坊"应运而生。不过这个时代的开发方法基本上沿用了程序设计时代的开发方法，但首次提出了结构化的开发方法。随着计算机应用的日益普及，软件需求量急剧增长，当用户的需求和使用环境发生变化时，由于软件可修改性很差，往往需要重新编制程序，其耗费时间很长，不能及时满足用户要求，质量得不到保证。开发人员的素质和落后的开发技术不适应规模大、结构复杂的软件开发，因此产生了尖锐的矛盾，软件危机便由此产生了。

IBM 公司的 OS/360 操作系统和美国空军后勤系统在开发过程中都耗费了几千人年，并且都以失败告终。其中，OS/360 操作系统由 4000 个模块组成，共约有 100 万条指令，耗费了 5000 人年，研发经费达数亿美元，拖延几年才交付使用，交付使用后每年发现近 100 个错误，结果以失败告终。比 OS/360 操作系统更糟的软件系统并不少，耗费了大量的人力、物力、财力结果半途而废，或者说完成之日就是被遗弃之时。这就是人们常说的软件危机。

3. 软件工程时代

1968 年至今为软件工程时代，也被称为程序+文档时代。在这个时代，硬件发展使计算机从集成电路计算机发展到超大规模集成电路计算机，高性能、低成本的微处理器大量出现，硬件的发展速度超出了人们提供支持软件的能力范围。然而，硬件只提供潜在的计算能力，对于复杂的大型软件开发项目，需要十分复杂的计算机软件。也就是说，如果没有软件，人类并不能有效地使用计算机。在这个时代，软件维护费用及软件价格不断升高，人们没有完全摆脱软件危机。

7.2.3 软件生命周期

软件有一个孕育、诞生、成长、成熟、衰亡的生存过程。从一个软件项目被提出来并被着手实现到该软件报废或停止使用，这个过程就是软件生命周期。软件生命周期是根据工程中产品生命周期的概念得来的。

软件生命周期内阶段的划分受软件的规模、性质、种类、开发方法等的影响，阶段划分过细会增加阶段之间联系的复杂性和工作量，在实际软件工程项目中较难操作。软件生命周期可划分成四个活动时期：软件分析时期，软件设计时期，编码与测试时期，运行与维护时期，如图 7.1 所示。

1. 软件分析时期

软件分析时期也被称为软件定义与分析时期。这个时期的根本任务是确定软件项目的目标及软件应具备的功能和性能，构造软件的逻辑模型，制定验收标准。

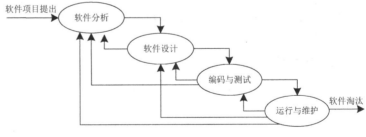

图 7.1　软件生命周期

这个时期包括问题定义、可行性分析和需求分析三个阶段，可以根据软件系统的大小和类型决定是否细分阶段。

2. 软件设计时期

软件设计时期的根本任务是将软件分析时期构造的软件的逻辑模型设计成具体的计算机软件方案。具体来说，主要包括以下内容。

（1）设计软件的总体结构。

（2）设计软件具体模块的实现算法。

（3）软件设计结束之前要进行有关评审，评审通过后才能进行编码与测试。

3．编码与测试时期

编码与测试时期也被称为软件实现时期。这个时期的任务主要是组织程序员将设计的软件翻译成计算机可以正确运行的程序，并且要按照软件分析时期提出的要求和验收标准进行严格的测试和审查。审查通过后才可以交付使用。

4．运行与维护时期

运行与维护时期简称维护时期。可维护性是计算机软件不可忽视的重要特性。维护是软件生命周期中耗时最长、工作量最大、成本最高的一项任务。事实上，软件工程的提出最主要的原因之一就是软件出现了难以维护这种危机。

7.3　软件开发过程

软件开发过程是指按照项目的进度、成本和质量限制，开发和维护满足用户需求的软件所必需的一组有序的软件开发活动集合，主要包括可行性分析、需求分析、总体设计、详细设计、编码实现等。

7.3.1　可行性分析

开发一个基于计算机的系统通常要受到资源（人力、财力、设备等）和时间的限制，可行性分析主要从经济、技术和法律等方面分析所给出的解决方案是否可行，能否在规定的资源和时间的约束下完成。

可行性分析的目的就是用最小的代价在尽可能短的时间内确定问题是否能够解决。

1．经济可行性分析

经济可行性分析主要是指进行成本效益分析，从经济角度确定系统是否值得开发。基于计算机系统的成本主要包括购置硬件、软件和设备的费用，系统的开发费用，系统的安装、运行和维护费用，以及人员培训费用。

2．技术可行性分析

技术可行性分析主要是指根据系统的功能、性能、约束条件等，分析在现有资源和技术条件下系统能否实现。技术可行性分析通常包括风险分析、资源分析和技术分析。

（1）风险分析是指分析在给定的约束条件下设计和实现系统的风险，包括采用不成熟的技术可能造成的技术风险，人员流动可能给项目带来的风险，成本和人员估算不合理造成的预算风险。风险分析的目的是找出风险，评价风险的大小，从而有效地控制风险。

（2）资源分析是指论证是否具备系统开发所需的各类人员、软件、硬件等资源和相应的工作环境。例如，有一个开发过类似项目的开发和管理团队，或者开发人员比较熟悉系统所处的领域，并有足够的人员保障，所需的硬件和支撑软件能通过合法的手段获取，那么从资源角度看，可以认为具备设计和实现系统的条件。

（3）技术分析是指对当前的科学技术是否支持系统开发的各项活动进行判断。在技术分析过程中，分析员收集系统的功能、可靠性、可维护性和生产率方面的信息，分析实现系统功能、性能所需的技术、方法、算法或过程，从技术角度分析可能存在的风险，以及这些技术问题对成本的影响。

在进行技术可行性分析时，通常需要进行系统建模，必要时可构建原型和进行系统模拟。

3. 法律可行性分析

法律可行性分析是指分析系统开发过程中可能涉及的合同、侵权、责任及各种与法律相关的问题。我国颁布了《中华人民共和国著作权法》，其中将计算机软件作为著作权法的保护对象。国务院颁布了《计算机软件保护条例》。这两个法律文件是进行法律可行性分析的主要依据。

7.3.2 需求分析

需求分析是软件生命周期中非常重要的环节。在完成可行性分析之后，如果确定软件系统的开发是可行的，就要在软件开发计划的基础上进行需求分析。需求分析的任务不是确定系统怎样完成它的工作，而是确定系统必须完成哪些工作，也就是对目标系统提出完整、准确、清晰且具体的需求。

1. 需求分析的定义

需求分析是软件开发期的第一个阶段，基本任务是准确地回答"系统必须做什么"这个问题。

IEEE 软件工程标准词汇表（1997 年）中将"需求"定义为：用户解决某一问题或达到某个目标所需要的条件或能力。系统或系统部件要满足合同、标准、规格说明及其他正式文档所规定的条件或能力。

目前人们虽然对软件需求的定义有着不同的看法，但是通常认为软件需求是软件系统必须满足的所有功能、性能和限制条件。需求分析是指将用户对软件的一系列要求、想法转变为软件开发人员所需要的有关软件的技术说明。

在实际工作中，通常把软件需求细化为三个不同的层次：功能需求、性能需求和领域需求。功能需求包含组织机构或用户对系统、产品的高层次目标要求和低层次使用要求，定义了开发人员必须实现的软件功能，要能使用户完成自己的工作，从而满足业务需求。图 7.2 所示为软件需求各组成部分之间的关系。

（1）功能需求。功能需求用来描述组织机构或用户的各层次要求，通常问题本身就是业务需求。业务需求必须具有业务导向性、可度量性、合理性及可行性。功能需求既来自高层，如项目投资人、购买产品的客户、实际用户的管理者、市场营销部门或产品策划部门，也来自低层的具体业务要求，如为完成某项任务而采用的具体业务流程。功能需求是一类软件区别于其他软件的本质需求，如财务软件的功能需求不同于合同管理软件的功能需求。

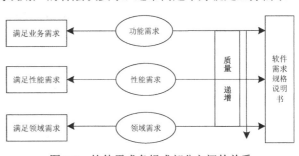

图 7.2　软件需求各组成部分之间的关系

（2）性能需求。为了有效地完成软件的功能需求，需要对软件的性能，如输入/输出响应速度、界面的友好性、存储文件的大小、健壮性、可维护性和安全性等做出要求。性能要求是软件质量的高层次要求。性能需求是所有软件的共性需求，不是区分不同软件的本质需求。

（3）领域需求。软件的类别多种多样，不同领域的软件对需求有着比较明显的差别，涉及国家军事、政治和经济方面的软件有着特定的领域要求，如法律法规和道德需求，高保密性和安全性需求。涉及自动控制的会导致生命危险的软件对容错、纠错和维护响应时间的要求非常高，单纯的信息管理软件则对数据安全性的要求比较高。

2．需求分析的常用方法

（1）功能分解方法。功能分解方法是指将一个系统看作由若干个功能构成的一个集合，每个功能可分解成若干个子功能（加工），每个子功能又可进一步分解成若干个子功能（加工步骤）。功能分解方法有功能、子功能和功能接口三个组成要素。

把软件需求当作一棵倒置的功能树，每个节点都是一个具体的功能，从树根往下，功能由粗到细，树根是总功能，树枝是子功能，树叶是子功能，整棵树就是一个信息系统的全部功能树。

功能分解方法体现了"自顶向下，逐步求精"的思想，该方法难以适应用户的需求变化。

（2）结构化分析（Structured Analysis，SA）方法。结构化分析方法是一种从问题空间到某种表示的映射方法，软件功能由数据流图（DFD）表示，是结构化方法中重要的、被普遍采用的方法，由数据流图和数据字典（DD）构成系统的逻辑模型。该方法使用简单，主要适用于数据处理领域。

（3）信息建模方法。信息建模方法是从数据的角度来对现实世界建立模型的。该方法的基本工具是实体联系图，其由实体、属性和联系构成。在信息模型中，实体是一个对象或一组对象。实体把信息收集起来，联系是指实体之间的联系或交互作用。

（4）面向对象方法。面向对象方法是把实体联系图中的概念与面向对象语言中的概念结合在一起形成的一种需求分析方法。面向对象方法的关键是识别、定义问题域内的类与对象（实体），并分析它们之间的关系，根据问题域中的操作规则和内存性质建立模型。

3．需求分析的描述工具

结构化分析是面向数据流的需求分析方法，于 20 世纪 70 年代后期由 Yourdon、Constantine 及 DeMarco 等人提出和发展，并得到了广泛的应用。结构化分析的目的就是使用数据流图、数据字典、结构化语言、判定树和判定表等工具，建立一种新的被称为结构化说明书的目标文档。

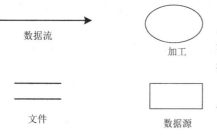

图 7.3　数据流图的基本符号

（1）数据流图。数据流图是一种图形化技术，用于表示系统的逻辑模型，它以直观的图形清晰地描述了系统数据的流动和处理过程，是分析员与用户之间极好的通信工具。数据流图的基本符号如图 7.3 所示。

数据流图中没有任何具体的物理元素，只描述数据在软件中流动和被处理的逻辑过程。

①源点或数据源：通常是系统之外的实体，可以是人、物或其他软件系统，一般只出现在数据流图的顶层图中。

② 加工：是指对数据进行处理的单元，一个处理框可以代表一系列程序、单个程序或程序的一个模块；每个加工的名称通常是动词短语，可简明地描述完成什么处理。在分层的数据流图中，处理还应有编号，编号用来说明这个处理在层次中的位置。

③ 数据流：是指数据在系统内传播的路径，由一组固定的数据项组成。数据流应该用名词或名词短语命名，应该描述所有可能的数据流向，而不应该描绘出现某个数据流的条件。

④ 文件：用来存储数据。流向数据存储文件的数据流可理解为写入文件或查询文件，从数据存储文件流出的数据流可理解为从文件读数据或得到查询结果。

（2）数据字典。数据字典是进行软件需求分析的另一个有力工具。数据流图描述了系统的分解过程，直观且形象，但是没有对图中各个成分进行准确并且完整的定义。数据字典为数据流图中的每个数据流、文件、加工及组成数据流或文件的数据项做出说明。

数据流图和数据字典一起构成了系统的逻辑模型。没有数据字典，数据流图就不严格；没有数据流图，数据字典就不起作用。在数据字典中，建立严格一致的定义有助于提高分析人员和用户之间的交流效率，避免许多误解的发生。随着系统的改进，数据字典中的信息也会发生变化，新的数据会随时加入。

数据字典用于定义数据流图中各个图形元素的具体内容，为数据流图中出现的图形元素做出确切的解释。数据字典包含四类条目：数据流、数据存储、数据项和数据加工。

数据字典的使用符号如下。

① –：表示被定义为或等价于或由……组成。

② +：表示与（和），用来连接两个数据元素。例如，$X=a+b$ 表示 X 由 a 和 b 组成。

③ [···|···]：表示或，对"[ ]"中列举的数据元素可任选其中某一项。例如，$X=[a|d]$ 表示 X 由 a 或 d 组成。

④ {···}：表示重复，对"{}"中的内容可以重复使用。例如，$X=\{a\}$ 表示 X 由 0 个或 n 个 a 组成。

⑤ $m\{···\}n$：表示"{}"中的内容最少出现 m 次，最多出现 n 次。其中，m、n 为重复次数的上限、下限。例如，$X=2\{B\}6$ 表示 X 中最少出现 2 次 B，最多出现 6 次 B。

⑥ （···）：表示可选，对"（）"中的内容可选可不选。

（3）结构化语言。结构化语言是一种介于自然语言和形式化语言之间的半形式化语言。虽然使用自然语言来描述加工逻辑是最简单的，但是描述往往不够精确，可能存在二义性，而且很难用计算机处理。形式化语言可以非常精确地描述事物，还可以使用计算机来处理，但是对用户来说却不容易理解。因此，可以采用结构化语言来描述加工逻辑。结构化语言在自然语言的基础上加入了一定的限制，通过使用有限的词汇和有限的语句来严格地描述加工逻辑。

结构化语言使用的词汇主要包括祈使句中的动词、数据字典中定义的名词或数据流图中定义的名词或动词、基本控制结构中的关键词、自然语言中具有明确意义的动词和少量自定义词汇等，一般不使用形容词或副词。另外，还可以使用一些简单的算术运算符、逻辑运算符和关系运算符。

结构化语言中的三种基本结构的描述方法如下。

① 顺序结构，由自然语言中的简单祈使语句序列构成。

② 选择结构，通常采用 IF···THEN···EISE···ENDIF 结构和 CASE···OF···结构。

③ 循环结构，通常采用 DO WHILE···ENDDO 结构和 REPEAT···UNTIL 结构。

例如，某学院依据每个学生每学期已修课程的成绩制定奖励制度，如果成绩优秀比例占 60%及以上，则表现优秀的学生可以获得一等奖学金，表现一般的学生可以获得二等奖学金；如果成绩优秀比例占 40%及以上，则表现优秀的学生可以获得二等奖学金，表现一般的学生可以获得三等奖学金。

对上述例题用结构化语言描述加工逻辑，具体表现形式如下。

计算某学生所获奖学金的等级：

```
IF 成绩优秀比例≥60%THEN
        IF 表现=优秀 THEN
                获得一等奖学金
        ELSE
                获得二等奖学金
        ENDIF
ELSEIF 成绩优秀比例≥40%THEN
        IF 表现=优秀 THEN
                获得二等奖学金
        ELSE
                获得三等奖学金
        ENDIF
```

ENDIF

7.3.3 总体设计

总体设计又被称为概要设计，经过需求分析阶段的工作，系统必须做什么已经清楚了，接下来进入总体设计阶段，要确定怎么做。总体设计的基本任务是回答"系统该如何实现"这个问题。这个阶段的主要内容是设计系统的结构，也就是要确定系统中每个程序是由哪些模块组成的，以及这些模块之间的关系。

1．总体设计的内容

总体设计的任务是从软件需求规格说明书出发，根据需求分析阶段确定的功能设计软件系统的整体结构、划分功能模块、确定每个模块的接口方案。典型的总体设计过程包括以下内容。

（1）设想供选择的方案。根据需求分析阶段得出的数据流图，考虑各种可能的实现方案。

（2）选取合理的方案。从前一步得到的一系列供选择的方案中选取若干种合理的方案。

（3）推荐最佳方案。分析员应该综合分析、对比各种合理方案的利弊，推荐最佳方案，并且为推荐的方案制订详细的实现计划。

（4）功能分解。首先进行结构设计，然后进行过程设计。结构设计确定程序由哪些模块组成，以及这些模块之间的关系；过程设计确定每个模块的详细设计处理过程。结构设计是总体设计阶段的任务，过程设计是详细设计阶段的任务。

（5）设计软件结构。通常程序中的一个模块用于完成一个特定的子功能。应当把模块组织成良好的层次系统。软件结构可以用层次图或结构图来描述。

如果数据流图已经细化到适当的层次，则可以直接由数据流图映射出软件结构，这就是面向数据流的设计方法。

（6）设计数据库。对于需要使用数据库的应用系统，软件工程师应该在需求分析阶段所确定的系统数据需求的基础上，进一步设计数据库。

（7）制订测试计划。在软件开发的早期阶段考虑测试问题，能促使软件设计人员在设计时注意提高软件的可测试性。

（8）书写文档。应该用正式的文档记录总体设计的结果。

（9）审查和复审。最后应该对总体设计的结果进行严格的技术审查和管理复审。

2．总体设计的原理

在进行总体设计的过程中，应该遵循模块化、抽象化、逐步求精、信息隐藏和局部化、模块独立性这五大原理。

（1）模块化。模块化是指在解决一个复杂问题时，自顶向下逐层把系统划分成若干模块。模块化是一种将复杂系统分解为更好的可管理模块的方式。实现模块化需要分割、组织和打包软件，每个模块完成一个特定的子功能，所有的模块按某种方法组装起来，形成一个整体，完成整个系统所要求的功能。例如，子程序、过程、函数、宏等都是模块。又如，学生信息管理系统中的学籍管理子程序是一个模块，学生信息汇总过程是一个模块，用 C 语言编写的某个函数也是一个模块。

模块具有以下几种基本属性：接口、功能、逻辑和状态。功能、状态与接口反映模块的外部特性，逻辑反映模块的内部特性。在系统的结构中，模块是可组合、分解和更换的单元。

如果一个大型程序仅由一个模块组成，那么它会因为引用跨度广、变量数目多、总体复杂度大，对人来说难以理解。

（2）抽象化。抽象是一种思维方法。在通过这种方法认识事物的时候，人们将忽略事物的细节，通过事物的本质特性来认识事物。具体来说就是，在现实世界中，一定的事物、状态或过程之间总存在着某些相似的方面，把这些相似的方面集中概括起来，暂时忽略它们之间的差异，这个过程就是抽象。在计算机科学中，抽象化是指对数据与程序，以其语义来呈现出其外观，隐藏起其实现细节。抽象化用于降低程序的复杂度，使程序员可以专注于处理少数重要的部分。一个计算机系统可以分成几个抽象层，程序员可以将它们分开进行处理。

（3）逐步求精。将现实问题经过几次抽象处理，最后到求解域中的只是一些简单的算法描述和算法实现问题，也就是说，将系统功能按层次进行分解，在每一层不断将功能细化，到最后一层就都是功能单一、简单且易实现的模块。求解过程可以被划分为若干阶段，在不同阶段采用不同的工具来描述问题。每个阶段有不同的规则和标准，会产生不同阶段的文档资料。

逐步求精是由 Niklaus Wirth 最先提出的一种自顶向下的设计策略，是人类解决复杂问题时常采用的一种技术。Wirth 是这样阐述逐步求精过程的，"我们对付复杂问题的最重要的办法是抽象，因此对一个复杂的问题不应该立刻用计算机指令、数字和逻辑符号来表示，而应该用较自然的抽象语句来表示，从而得出抽象程序。抽象程序对抽象的数据进行某些特定的运算，并用某些合适的记号来表示。对抽象程序做进一步分解，并进入下一个抽象层次，这样的细化过程一直进行下去，直到程序能被计算机接收为止。这时的程序可能是用某种高级语言或机器指令编写的"。逐步求精过程示意图如图 7.4 所示。

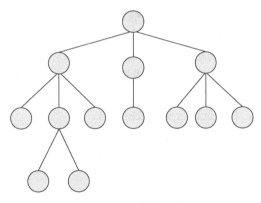

图 7.4 逐步求精示意图

（4）信息隐藏和局部化。信息隐藏（Information Hiding）是 D. L. Parnas 于 1972 年提出的把系统分解为模块时应遵循的指导思想。在应用模块化原理时，自然会产生一个问题：为了得到最好的一组模块，应该怎样分解软件？对此信息隐藏原理指出，在设计和确定一个模块时，应该让该模块内包含的信息对于不需要这些信息的模块来说是不能访问的。当程序要调用某个模块时，只需要知道该模块的功能和接口，而不需要了解它的内部结构。这就像我们使用空调，只需要知道如何使用它，而不需要理解空调内部那些复杂的制冷、制热原理和电路图一样。

局部化的概念和信息隐藏的概念是密切相关的。所谓局部化，是指把一些关系密切的软件元素在物理上放得彼此靠近。在模块中使用局部数据元素是局部化的一个例子，显然局部化有助于实现信息隐藏。

信息隐藏意味着有效的模块化可以通过定义一组独立的模块来实现，这些独立模块之间交换的仅是为了完成系统功能而必须交换的信息。抽象有利于定义组成软件的过程实体，而信息隐藏则定义并加强了对模块内部过程细节或模块使用的任何局部数据结构的访问约束。

（5）模块独立性。所谓模块独立性，是指软件系统中每个模块只涉及软件要求的具体的子功能，而与其他模块之间没有过多的相互作用。换句话说，若一个模块只具有单一的功能且与其他模块没有太多联系，就认为该模块具有独立性。具有独立性的模块由于接口简单，在软件开发过程中比较容易开发，也容易测试和维护。

一般使用两个定性标准来衡量模块的独立程度：耦合和内聚。

① 耦合。耦合用于衡量各个模块之间互相依赖的紧密程度。耦合强弱取决于各个模块之间接口的复杂程度、调用模块的方式及通过接口的数据。在软件设计中应该追求实现耦合尽可能弱的系统，这样开发、测试任何一个模块，都不需要对系统的其他模块有太多的了解，如果一个模块发生错误，影响其他模块的可能性很小。所以模块耦合越强，软件维护成本越高。因此，软件的设计应使模块之间的耦合尽可能弱。

耦合可以分为以下几种，由强到弱排列如下。

a. 内容耦合：一个模块直接修改或操作另一个模块的数据，或者一个模块不通过正常入口转入另一个模块，这种耦合称为内容耦合。内容耦合是最强的耦合，应该避免使用它。

b. 公共耦合：两个或两个以上模块共同引用公共数据环境中的一个全局变量，这种耦合称为公共耦合。在具有大量公共耦合的结构中，确定究竟是哪个模块给全局变量赋予了一个特定的值是十分困难的。公共数据环境中包括全局变量、共享的通信区、内存的公共覆盖区、任何存储介质上的文件、物理设备等。

c. 控制耦合：一个模块通过接口向另一个模块传递一个控制信号，接收信号的模块根据信号值进行适当的动作，这种耦合称为控制耦合。控制耦合是中等强度的耦合，它增加了系统的复杂程度。控制耦合往往是多余的，在把模块适当分解之后通常可以用数据耦合代替它。

d. 特征耦合：模块之间传递的是某些数据结构，但是目标模块只使用了数据结构中的部分内容，这种耦合称为特征耦合。例如，模块 A 给模块 B 传递某个书对象，但是模块 B 只使用了该对象的一个书号属性，那么模块 A 与模块 B 之间的耦合就是特征耦合，此时应该把模块 A 给模块 B 传递的参数改为某书的书号，将特征耦合变为数据耦合。

e. 数据耦合：模块之间通过参数来传递数据，这种耦合称为数据耦合。数据耦合是最低强度的一种耦合，系统中一般都存在这种类型的耦合，因为为了完成一些功能，往往需要将某些模块的输出数据作为另一些模块的输入数据。

f. 非直接耦合：两个模块之间没有直接联系，它们之间的联系完全是通过主模块的控制和调用来实现的，这种耦合称为非直接耦合。

耦合是影响软件复杂程度和设计质量的一个重要因素，在设计中应遵循以下原则：如果模块间必须存在耦合，就尽量使用数据耦合，少用控制耦合，限制公共耦合的范围，完全不用内容耦合。

② 内聚。内聚用于衡量一个模块内部各个元素彼此结合的紧密程度，是信息隐蔽和局部化概念的自然扩展。内聚从功能角度来度量模块内部的联系，一个好的内聚模块应当恰好做一件事。内聚的概念是由 Constantine、Yourdon 和 Stevens 等提出的，按他们的观点，把内聚由强到弱排列依次为偶然内聚、逻辑内聚、时间内聚、过程内聚、通信内聚、顺序内聚、功能内聚。

a. 偶然内聚：一个模块内部的各个元素之间毫无关系，这种内聚称为偶然内聚。也就是说，模块完成一组任务，这些任务之间的关系松散，实际上没有什么联系。很多软件设计新手都喜欢把多个本来功能不相干的模块组合在一起形成一个模块，仅仅是为了设计程序上的方便，但是这种偶然内聚会导致软件结构不清晰，难以理解和调试，也会为后续模块重用带来麻烦。

b. 逻辑内聚：几个逻辑上相关的功能被放在同一个模块中，这种内聚称为逻辑内聚。如果调用模块在每次调用时传递一个"读"或"写"参数给被调用模块，被调用模块根据该参数选择是"读"一个记录还是"写"一个记录，这就属于逻辑内聚。逻辑内聚也会导致模块结构不清晰，难以理解、调试及重用，应把"读"功能和"写"功能分开，形成两个独立的模块。

c. 时间内聚：一个模块完成的功能必须在同一时间内执行（如系统初始化），但这些功能只是因为时间因素关联在一起的，这种内聚称为时间内聚。

e. 过程内聚：一个模块内部的处理是相关的，而且这些处理必须以特定的次序执行，这种内聚称为过程内聚。在使用程序流程图作为工具设计软件时，常常通过研究程序流程图确定模块的划分，这样得到的往往是过程内聚的模块。

f. 通信内聚：一个模块内部的所有元素都使用同一个输入数据和产生同一个输出数据，这种内聚称为通信内聚。例如，某模块要求根据"书号"查询所有书的价格，再根据"书号"更改新书的最新数量，这两个处理动作都使用了相同的输入数据"书号"，因此该模块是通信内聚的模块。可以把相同输入或相同输出的这些功能分解为多个模块，以提高内聚强度。

g. 顺序内聚：一个模块的处理元素和同一个功能密切相关，而且这些处理必须按某种顺序执行，这种内聚称为顺序内聚。顺序内聚一部分的输出是另一部分的输入，显然，如果上一部分没有完成，下一部分是不可能执行的。

h. 功能内聚：模块的所有成分对于完成单一的功能都是必需的，这种内聚称为功能内聚。软件结构中应多使用功能内聚模块。

耦合是对软件结构中各个模块之间相互依赖的紧密程度的一种度量，耦合强弱取决于各个模块之间接口的复杂程度、调用模块的方式及通过接口的数据。程序讲究低耦合、高内聚，即同一个模块内的各个元素之间的结合要高度紧密，但是各个模块之间的相互依赖程度却不要过于紧密。内聚和耦合是密切相关的。

7.3.4 详细设计

总体设计是指完成软件整体结构的设计，详细设计是对总体设计的细化，也就是详细设计每个模块的实现算法及所需的局部结构。如同设计一栋楼房，总体设计要确定楼房有几层、每层有多少个房间，而详细设计是对每个房间进行设计，如灯、桌子如何布置等。在楼房完成了整体设计和局部设计之后，工人就可以按照图纸施工了。因此，详细设计的作用是为每个模块的业务流程设计相应的逻辑流程，实现软件从需求分析到编码的顺利过渡。

详细设计阶段应该确定怎样具体实现所要求的系统。经过这个阶段的设计工作，应该得出对目标系统的精确描述，具体来说就是对软件结构图中每个模块确定采用的算法、模块内数据结构及每个模块的接口细节，用某种选定的详细设计工具进行更清晰的描述，从而在编码实现阶段可以把这个描述直接翻译成用某种程序设计语言书写的程序。

详细设计工具用来描述每个模块执行的过程，可以分为图形、表格和语言三类。

（1）图形工具：包括传统的程序流程图、盒图和问题分析图等。

（2）表格工具：包括判定表、判定树等。

（3）语言工具：过程设计语言（PDL）等。

无论是哪类工具，对它们的基本要求都是能对设计提供准确、无歧义的描述，也就是能指明控制流程、处理功能、数据组织及其他方面的实现细节，从而在编码实现阶段能把对设计的描述直接翻译成程序代码。

1. 程序流程图

程序流程图又被称为程序框图，是一种古老、应用广泛且有争议的描述详细设计的工具。它易学、表达算法直观，但是不够规范，特别是使用箭头使算法质量受到很大影响，因此必须对其加使其限制，使其成为规范的详细设计工具。

为了能够用程序流程图描述结构化的程序，一般只允许使用三种基本结构，如图7.5所示。

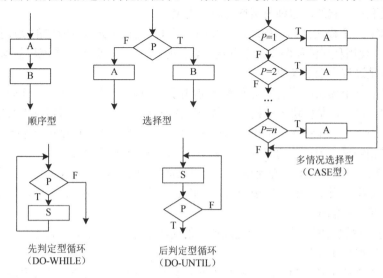

图 7.5　程序流程图

程序流程图的优点是直观清晰、易于使用，是开发者普遍采用的工具，但是它也有如下的缺点。

（1）可以随心所欲地画控制流程线的方向，容易产生非结构化的程序结构。

（2）程序流程图不能反映逐步求精的过程，往往反映的是最后的结果。

（3）不易表示数据结构。

2．盒图

为了克服程序流程图的缺陷，1973年Nassi和Shneiderman提出，程序流程图都应由三种基本控制结构顺序组合和完整嵌套而成，不能有相互交叉的情况，这就是盒图（N-S图）。N-S图体现了结构化程序设计的精神，是目前过程设计中广泛使用的一种工具。

N-S图仅含有五种基本成分，它们分别表示结构化程序设计方法的几种标准控制结构。图7.6给出了结构化控制结构的N-S图表示，也给出了调用子程序的N-S图表示方法。

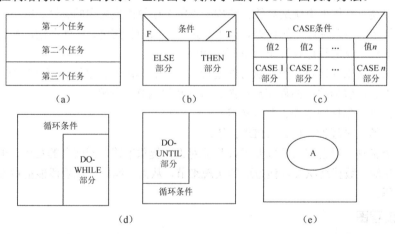

图 7.6　N-S图

在N-S图中，每个处理步骤用一个盒子表示，处理步骤可以是语句或语句序列。如果有需要，盒子中还可以嵌套另一个盒子，嵌套深度一般没有限制，只要整张图在一页纸上能容纳得下即可，由于只能从上边进入盒子然后从下边出盒子，除此之外没有其他的入口和出口，所以 N-S 图限制了随意地控制转移，保证了程序的良好结构。

3. 问题分析图

问题分析图（Problem Analysis Diagram，PAD）是由日立公司中央研究所在 1973 年研究开发出来的。它使用二维树形结构图来描述程序的逻辑，将这种图翻译成程序代码比较容易。PAD 是一种十分有前途的表达方法。

PAD 仅具有顺序、选择、循环三类基本成分，其中选择和循环又有几种形式。PAD 的基本符号如图 7.7 所示。

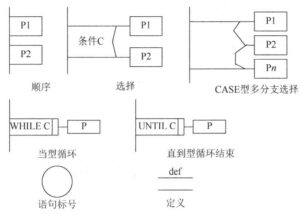

图 7.7 PAD 的基本符号

4. 过程设计语言

过程设计语言也被称为伪码，是一种用于描述功能模块的算法设计和加工细节的语言。过程设计语言是一种"混杂式语言"，它采用某种语言（如英语）的词汇，另一种语言（结构化程序设计语言）的全部语法。过程设计语言的语法规则分为外语语法和内语语法。

过程设计语言的语法是开放式的，其外层语法是确定的，而内层语法则故意不确定。外层语法描述控制结构和数据结构，用类似于一般编程语言控制结构的关键字（如 IF…THEN…ELSE、WHILE…DO、REPEAT…UNTIL 等）表示，所以是确定的；内层语法可使用自然语言的词汇描述具体操作。

例如，在过程设计语言描述中：

```
IF X is not negative
    THEN
        return(square root of X as a real number);
    ELSE
        return(square root of -X as an imaginary number);
```

外层语法 IF…THEN…ELSE 是确定的，内层语法"square root of X"是不确定的。

过程设计语言的特点如下。

①关键字的固定语法，提供了结构化控制结构、数据说明和模块化的特点。

②自然语言的自由语法，描述处理特点。

③数据说明的手段。

④模块定义和调用的技术，应该提供各种接口描述模式。

7.3.5 编码实现

经过软件的总体设计和详细设计后，便得到了软件系统的结构和每个模块的详细过程描述，接着便进入了软件的制作阶段，或者称为编码实现阶段，也就是通常人们惯称的程序设计阶段。

程序设计语言的性能和编码风格在很大程度上影响着软件的质量和维护性能，即会对程序的可靠性、可读性、可测试性和可维护性产生深远的影响，所以选择哪种程序设计语言和怎样来编写代码是要认真考虑的。在这里只介绍与编程语言和编写程序有关的一些内容。

从不同的分类角度考虑，可得出程序设计语言不同的分类体系。从软件工程的角度考虑，编程语言可分为基础语言、结构化语言和面向对象语言三大类。

选择程序设计语言的标准主要有以下几点。

（1）为了使程序容易测试和维护，所选用的程序设计语言应该有理想的模块化机制，以及可读性高的控制结构和数据结构。

（2）为了使系统便于调试和提高软件可靠性，所选用的程序设计语言应该能使编译程序尽可能多地发现程序中的错误。

（3）为了降低软件开发和维护的成本，所选用的程序设计语言应该有良好的独立编译机制。

7.4　软件测试与维护

7.4.1 软件测试

1. 软件测试的定义

一个大型软件系统本来就是一个复杂的系统，在软件开发的一系列活动中，为了保证软件的可靠性，人们研究并使用了很多方法进行分析、设计及编码实现。但是由于软件产品本身是无形的、复杂的、知识密集型的逻辑产品，其中难免有各种各样的错误，因此需要通过测试查找错误，以保证软件的质量。软件测试是指使用人工或自动的手段来运行或测试某个软件系统的过程，其目的在于检验软件是否满足规定的需求或弄清预期结果与实际结果之间的差别。

2. 软件测试的原则

软件测试是为了发现错误而执行程序的过程。一个好的测试用例能够发现至今尚未发现的错误，一次成功的测试是发现了至今尚未发现的错误的测试。

软件测试的原则如下。

（1）测试用例既要有输入数据，又要有对应的输出结果。这样便于对照检查，可以做到有的放矢。

（2）测试用例不仅要选用合理的输入数据，还要选用不合理的输入数据。这样能更多地发现错误，提高程序的可靠性，还可以测试出程序的排错能力。

（3）除了要检查程序是否做了它应该做的工作，还要检查程序是否做了它不应该做的工作。

（4）应该远在测试开始之前就制订测试计划。实际上，一旦完成了需求分析模型的建立就可以开始制订测试计划了。在建立了设计模型之后，就可以立即开始设计详细的测试方案。因此，在编码之前就可以对所有测试工作进行计划和设计，并严格执行，排除随意性。

（5）测试计划、测试用例、测试报告必须作为文档长期保存。因为程序修改以后可能会引进新的错误，需要进行回归测试。同时这样做可以为以后的维护提供方便，对新人或今后的工作都有指导意义。

（6）Pare to 原理说明，测试发现的错误中 80%可能是由程序中 20%的模块造成的，即错误出现"群集性"现象。可以把 Pare to 原理应用到软件测试中，关键问题是如何找出这些可能有错的模块并进行彻底测试。

（7）为了达到最佳的测试效果，应该避免让程序员测试自己的程序。测试是一种挑剔性的行为，程序员测试自己的程序存在心理障碍。另外，因对软件需求规格说明书的理解而引入的错误则更个容易发现。因此，应该由独立的第三方从事测试工作，这样更客观、更有效。

3．软件测试的策略和方法

软件测试是一个执行程序的过程，即要求被测程序在机器上运行。其实，不在机器上运行程序也可以发现程序中的错误。为了便于区分，一般把在机器上运行被测程序称为"动态测试"，把不在机器上运行被测程序称为"静态分析"。软件测试的方法一般可分为动态测试和静态测试。动态测试根据测试用例的设计方法不同又可分为黑盒测试和白盒测试两类。

（1）静态测试与动态测试。

静态测试就是静态分析，是指不在机器上运行被测程序，对模块的源程序进行研读，查找错误或收集一些度量数据，采用人工测试和计算机辅助静态分析手段对程序进行测试，只进行特性分析。

①人工测试：是指不依靠计算机而完全靠人工审查程序或评审软件。人工审查程序偏重于编码风格、编码质量的检验，除了审查编码还要对各阶段的软件产品进行检验。人工测试可以有效地发现软件的逻辑设计和编码错误，发现计算机不容易发现的错误。

②计算机辅助静态分析：是指利用静态分析工具对被测程序进行特性分析，从程序中提取一些信息，以便检查程序逻辑的各种缺陷和可疑的程序构造，如错误地使用全局变量和局部变量及不匹配的参数，循环嵌套和分支嵌套使用不当，潜在的死循环和死语句等。在计算机辅助静态分析中还可以用符号代替数值求得程序结果，以便对程序进行运算规律检验。

动态测试是指通过运行程序发现错误。一般所讲的测试大多是指动态测试。为使测试发现更多的错误，需要运用一些有效的方法。同测试任何产品一样，一般有两种方法：如果已经知道了产品应该具有的功能，可以通过测试来检验是否每个功能都能正常使用；如果已经知道了产品的内部工作过程，可以通过测试来检验产品内部结构及处理过程是否按照软件需求规格说明书中的规定正常进行。前一种方法称为黑盒测试，后一种方法称为白盒测试。对软件产品进行动态测试常采用这两种方法。

（2）黑盒测试与白盒测试。

黑盒测试也被称为功能测试或数据驱动测试。它不考虑程序内部结构和处理过程，测试人员把被测程序看成一个黑盒子，只在软件接口处进行测试，依据软件需求规格说明书检查程序是否满足功能要求；每个功能是否都能正常使用，是否满足用户的要求；程序是否能适当地接收输入数据并产生正确的输出信息，并且保持外部信息（如数据库或文件）的完整性。

通过黑盒测试主要发现以下错误。

①是否有不正确或遗漏了的功能。

②能否正确地接收输入数据，能否产生正确的输出信息。

③访问外部信息是否有错。

④性能上是否满足要求。

⑤界面是否有错，是否美观、友好。

在进行黑盒测试时，必须在所有可能的输入条件和输出条件下确定测试数据。那么是否要对每个数据都进行完全的测试呢？实际上，黑盒测试不可能进行完全的测试，因为遍历所有的输入数据往往是不可能做到的。

白盒测试也被称为结构测试或逻辑驱动测试。白盒测试与黑盒测试不同，在进行白盒测试时，测试人员将程序视为一个透明的盒子，测试人员需要了解程序的内部结构和处理过程，以检查处理过程的细节为基础，要求对程序的结构特性做到一定程度的覆盖，对程序中的所有逻辑路径进行测试，并检验内部控制结构是否有错，确定实际的运行状态与预期的状态是否一致。同样，白盒测试也不可能进行完全的测试，因为遍历所有的路径往往是不可能做到的。

无论采用哪种测试方法，对于一个大的软件系统来说，完全的测试在实际中都是不可能的。为了用有限的测试发现尽可能多的错误，设计人员必须精心设计测试用例。

7.4.2 软件维护

1．软件维护的定义

软件系统开发完成交付用户使用后，就进入软件维护阶段。软件维护阶段是软件生命周期中时间最长的一个阶段，也是花费的精力和费用最多的一个阶段。

软件维护是指软件系统交付使用后，为了改正软件运行错误，或者为了满足新的需求而加入新功能的修改软件的过程。软件维护与硬件维修不同，不是简单地将软件产品恢复到初始状态，而是需要给用户提供一个经过修改的软件新产品。软件维护活动需要改正现有错误，修改、改进现有软件以适应新环境。软件维护不像软件开发一样要从零做起，而要在现有软件结构中引入修改，并且要考虑代码结构所施加的约束。此外，允许进行软件维护的时间通常只是很短的一段时间。

2．软件维护的分类

软件维护活动类型总结起来大概有四种：改正性维护（校正性维护）、适应性维护、完善性维护或增强、预防性维护或再工程。除此之外，还有一些其他类型的维护活动，如支援性维护等。

（1）改正性维护。

改正性维护是指改正在系统开发阶段已发生而系统测试阶段尚未发现的错误。这方面的维护工作量占整个维护工作量的17%～21%。所发现的错误有的不太重要，不影响系统的正常运行，其维护工作可随时进行；有的非常重要，甚至会影响整个系统的正常运行，其维护工作必须制订计划，并且要进行复查和控制。

（2）适应性维护。

适应性维护是指为使软件适应信息技术变化和管理需求变化而对其进行修改。这方面的维护工作量占整个维护工作量的18%～25%。由于计算机硬件价格不断下降，各类系统软件层出不穷，人们常常为改善系统硬件环境和运行环境而产生系统更新换代的需求。另外，企业的外部市场环境和管理需求的不断变化也使得各级管理人员不断提出新的信息需求。这些因素都将导致适应性维护工作的产生。进行这方面的维护工作也要像系统开发一样，有计划、有步骤地进行。

（3）完善性维护。

完善性维护是指为扩充功能和改善性能而进行修改，主要是指对已有的软件、系统增加一些在系统分析和设计阶段中没有规定的功能与性能特征。这些功能对完善系统功能是非常必要的。另外，还包括对处理效率和编写程序的改进，这方面的维护工作量占整个维护工作量的50%～60%，是关系到系统开发质量的重要方面。这方面的维护除了要有计划、有步骤地完成，还要注意将相关的文档资料加到前面相应的文档中。

（4）预防性维护。

预防性维护的目的是改进应用软件的可靠性和可维护性。为了适应未来的软/硬件环境的变化，应主动增加预防性的新功能，以使应用系统适应各类变化而不被淘汰。例如，将专用报表功能改成通用报表功能，以适应将来报表格式的变化。这方面的维护工作量占整个维护工作量的 4%左右。

7.5　软件成本估算

软件成本估算可分为估算规模、估算工作量、估算工期和估算成本这 4 个过程，最终确定软件成本。其中，估算成本需要对直接人力成本、间接人力成本、间接非人力成本及直接非人力成本分别进行估算。

7.5.1　估算规模

通常情况下，软件规模的估算是软件成本估算过程的起点。估算规模是后续估算软件项目的工作量、工期和成本的主要依据，是项目范围管理的关键，因此在条件允许的情况下，应该进行软件项目规模的估算。在估算规模时，要根据可行性分析报告或类似文档明确项目需求及系统边界。估算方法要依据项目特点和需求详细程度来选择。若当前项目的需求不确定，则可跳过这一环节，直接进行下个一环节。

7.5.2　估算工作量

软件项目工作量的估算可采用经验法、类推法、类比法和方程法。工作量的估算结果是一个范围，不是单一的值。

经验法：经验法也叫专家法，由行业内经验丰富的专家依据自己的行业经验对软件项目进行整体的估算。前期的经验法基本上属于依靠大脑思考来进行项目的大概估算，后续的经验法便基于工作分解结构（Work Breakdown Structure，WBS）的软件进行估算并且引进了加权平均的算法。经验法过于依赖评估人员的主观判断，所以估算出的结果误差较大。

类推法：类推法基于量化的经验进行估算。当采用类推法时，所选择的历史项目与待评估的项目一定要高度相似，历史数据也要尽量选择本组织内的数据，并且一定要对差异之处进行调整。类推法虽然是迄今为止理论上最可靠的估算方法，但是由于它是以"估"为主的，脱离不了评估人员的主观性，所以使用类推法得到的估算结果经常产生极大的偏差。

类比法：类比法基于大量历史项目样本数据来确定目标项目的预测值，通常以中位数而非平均值为参考值。当待评估项目与已完成项目的某些项目属性（如应用领域、系统规模、复杂度、开发团队经验等）类似时，可以使用类比法。类比法的行业基准较少，此时可以通过选择单个项目属性进行筛选比对，根据结果再进行工作量调整。

方程法：方程法基于基准数据建模，可以将行业数据与企业数据相结合，通过输入各项参数，确定估算值。

当需求极其模糊或不确定时，如果具有高度类似的历史项目，则可直接采用类推法；如果具有与本项目部分属性类似的一组基准数据，则可直接采用类比法。对于已经进行了规模估算的项目，可采用方程法。

7.5.3　估算工期

软件项目工期的估算同样可以采用经验法、类推法、类比法和方程法。

7.5.4 估算成本

类比法和类推法同样适用于需求极其模糊或不确定时的成本估算。成本估算的结果通常为一个范围。在估算出工作量和工期后，采用科学的方法来进行成本估算。

7.6 软件开发规范与职业道德修养

7.6.1 软件开发规范

在计算机的发展过程中，软件的开发直接关系着计算机行业的发展前景。在实际的软件开发过程中遵循相应的软件开发规范，有利于清晰化整个软件开发过程，明确开发任务，促使项目负责人对项目进行有效的管理，增强开发人员之间的交流合作，从而提高所开发的软件系统的质量，缩短开发时间，减少开发及维护费用，使得软件开发活动更加科学。

1. 软件需求设计规范

在进行软件的相关开发工作之前，了解客户的相关要求及软件运行环境十分重要，只有从技术支持、功能框架、资金投入和开发周期等方面对软件项目有了基础的论证，才可以为后期的软件开发打下基础，避免误导软件开发者或由于软件开发人员主观臆断造成开发失败，在这个过程中需要建立一定的规范。首先，相关的人员根据客户的实际要求和现场调研，制定项目可行性报告，在该报告中对客户的要求和书面材料进行排版编写，从技术支持、功能框架、资金投入和开发周期等方面进行可行性分析，并根据客户要求讨论出要优先解决的问题，对这些问题的测评需要根据必要的数据和公式进行估算。然后，在双方都认可的基础上编写软件设计需求说明书。规范化的软件设计需求说明书中需要包含开发软件运行平台、客户和用户的相关需求、软件操作界面、软件检测计划、开发周期及步骤等，软件设计需求说明书必须以实际运行环境为基础，同时需要由双方代表审核签字。

2. 软件实现规范

实现软件实现过程规范化的重点工作就是实现软件编码的规范化。软件开发人员在进行程序的编写时应力求程序结构清晰、简单，单个程序段不要超过 200 行；实现功能的程序应清晰，代码需要最简，在最大限度上避免垃圾程序的产生，这样可以大大加快程序运行的速度并减小程序运行所占用的内存空间。在编写程序的过程中，尽量使用标准化库函数和公共函数，定义的变量要包含一定的实际意义，可以被其他的工作人员读懂，同时不要在起协助作用的大程序段中随意定义全局函数；要注重对运行内存的考虑，在中间变量使用结束之后，一定要及时释放内存空间。对常用的功能，需要考虑将实现功能的程序编写成固定的函数，以求在其他模块中的嵌套能简化编程的过程，在编写程序的过程中要尽量使用简单易懂的语句，减少使用技巧化程度高的语句，对不常用的程序代码进行必要的注释。在编写程序的过程中还需要考虑对主变量的定义，在定义中需要考虑变量的数据类型、结构。在处理面向对象的操作时，需要在之前对该步骤进行必要的解释和定义。

3. 软件维护过程规范

在完成软件开发工作之后，对软件系统的维护工作也需要制定一系列的规范，这是保证计算机软件在生命周期内正常运行的一项重要内容。对软件系统的维护主要是对软件的功能进行维护和升级，并根据计算机检测报告中的错误进行相关语句的维护和修订。在这个过程中易出现各种问题，所以需要制定相应的规范，尽可能减少由于软件维护而产生的负面影响。软件维护过程必须严格按照步骤进行，在软件维护的过程中必须有详细的语句备注和文本记录。在完成相关软件的维护工作之后，必须由相关的专业人员对维护过程进行审核评价，主要是对原错误的解决情况、语句变更后产生的影响和维护所用时间等进行审核评价，以求在软件维护过程中不会给用户造成新的困扰，避免影响用户工作的正常开展。

7.6.2　职业道德修养

职业道德是每个软件开发人员在软件开发过程中应该遵守的符合自身职业特点的职业行为规范，是软件开发人员通过学习与实践养成的优良职业品质，涉及软件开发工程师与服务对象、职业与职工、职业与职业之间的关系。职业道德行为规范是根据职业特点制定的指导和评价人们职业行为的准则。每个人既要遵守职业道德基本规范，又要遵守有自身行业特征的职业道德规范，如教师的有教无类、法官的秉公执法、官员的公正廉洁、商人的诚实守信、医生的救死扶伤等都反映出各自的行业道德特点。

软件开发人员的职业道德品质是通过知识学习和软件开发，在软件开发过程中逐渐养成的，是将软件开发人员向善发展的职业道德意识、意志、情感、理想、信念、观念、精神固化的结果。

软件公司多注重对软件开发人员进行公司文化和职业技能方面的培训，缺乏对软件开发人员进行道德培训的重视。虽然优秀的软件公司文化本身就蕴涵着道德价值，但不够系统，而且往往强调狭隘的职业道德，并没有将道德作为一门独立的培训课程对软件开发人员进行培训。这是现代软件公司软件开发人员培训的一大缺憾，这个空白应该得到填补，注重道德培训的软件公司必将得到更好的发展。著名服务营销专家梁芳老师表示，注重道德培训是现代软件公司发展的趋势，认识道德培训的重要性，将道德培训提上议事日程，对软件公司来说是明智之举。

7.7　小结

本章首先通过介绍软件危机分析了为什么要学习软件工程，并且介绍了软件工程的基本概念，以及几种常见的软件开发模型。其次介绍了软件开发过程，包括可行性分析、需求分析、总体设计、详细设计和编码实现等。再次介绍了软件测试与维护及软件成本估算的相关内容。最后介绍了软件开发规范与职业道德修养。

习题 7

一、选择题

1. 下列描述中正确的是（　　　）。
   A. 软件工程只解决软件项目的管理问题
   B. 软件工程主要解决软件产品的生产率问题
   C. 软件工程的主要思想是强调在软件开发过程中遵循应用工程化原则
   D. 软件工程只解决软件开发中的技术问题
2. 系统定义明确之后，应对系统的可行性进行分析。可行性分析的内容包括（　　　）。
   A. 软件环境可行性、技术可行性、经济可行性、社会可行性
   B. 经济可行性、技术可行性、法律可行性
   C. 经济可行性、社会可行性、系统可行性

D．经济可行性、实用性、社会可行性

3．模块（　　），说明模块的独立性越强。

    A．耦合越强   B．扇入数越高

    C．耦合越弱   D．扇入数越低

4．下面（　　）不是需求分析常用的方法。

    A．功能分解方法   B．结构化分析方法

    C．面向对象分析方法   D．自顶向下求精的分析方法

5．在整个软件维护阶段所进行的全部工作中，（　　）所占比例最大。

    A．校正性维护   B．适应性维护

    C．完善性维护   D．预防性维护

6．软件详细设计阶段的任务是（　　）。

    A．算法设计   B．功能设计

    C．调用关系设计   D．输入/输出设计

7．软件测试的目的是（　　）。

    A．证明软件的正确性   B．找出软件系统中存在的所有错误

    C．证明软件系统中存在错误   D．尽可能多地发现软件系统中的错误

8．软件生命周期可分为定义阶段、开发阶段和维护阶段，下面属于定义阶段任务的是（　　）。

    A．软件测试   B．可行性分析

    C．数据库设计设计   D．软件设计

9．软件生命周期可分为定义阶段、开发阶段和维护阶段，下面不属于开发阶段任务的是（　　）。

    A．测试   B．设计

    C．需求分析   D．编码

10．软件工程管理的具体内容不包括对（　　）的管理。

    A．开发人员   B．设备

    C．经费   D．组织结构

二、简答题

1．什么是软件？软件有什么特点？

2．什么是软件危机？软件危机的表现是什么？其产生的原因是什么？

3．什么是软件工程？怎样利用软件工程消除软件危机？

4．什么是模块独立性？衡量的标准是什么？

5．软件工程的基本原理有哪些？

6．什么是软件测试？软件测试的目的有哪些？

第 **8** 章

操作系统

操作系统是安装在裸机上的第一层软件，管理着计算机内的所有硬件和软件资源，同时给用户提供了一个方便使用计算机资源的接口。正是由于操作系统的存在，计算机资源的使用才越来越方便，并且随着操作系统的发展，计算机的使用越来越简单、易操作，计算机的应用也越来越普及。本章将从操作系统在计算机系统中地位开始，介绍操作系统的定义、发展史，并详细介绍现代操作系统的特征和功能，对主流的操作系统及国产操作系统的发展情况进行简单介绍，同时对未来操作系统的发展趋势做出预测。学习本章的目的是了解计算机操作系统究竟是做什么工作的，以及它是如何来做这些工作的。

通过本章的学习，学生能够：

（1）了解并掌握操作系统的地位；

（2）掌握操作系统的定义；

（3）了解操作系统的发展史；

（4）了解操作系统的各项功能；

（5）了解常见的四种操作系统，即 Windows、UNIX、Linux 和 macOS 的特点；

（6）了解国产操作系统的发展情况及主要产品；

（7）了解未来操作系统的发展趋势。

8.1　初识操作系统

8.1.1　操作系统的定义

操作系统是为裸机配置的一种系统软件，是用户和用户程序与计算机之间的接口，是用户程序和其他系统程序的运行平台和环境。计算机系统的抽象层次结构图如图 8.1 所示。

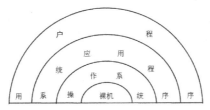

图 8.1　计算机系统的抽象层次结构图

从图 8.1 中可以看出，操作系统是安装在裸机上的第一层软件，它能将裸机改造成功能更强、使用更方便的机器，而各种系统应用程序和用户程序运行在操作系统上，以操作系统为支撑环境，同时向用户提供完成作业所需的各种服务。

操作系统是计算机系统的灵魂。从用户的角度看，操作系统就是人机接口，是用户和计算机之间的桥梁。它屏蔽了计算机硬件和系统软件的很多细节，极大地方便了用户对计算机资源的使用，使得计算机变得易学、易用。从系统的角度看，操作系统是计算机系统中所有资源的管理者，负责管理计算机系统内的所有硬件和软件资源。同时操作系统这个重要的系统软件跟其他软件不同，其他软件可能来去匆匆，而操作系统必须从机器开机到关机一直运行，操作系统运行后可以控制和帮助其他软件运行。从发展的角度看，引入操作系统可以给计算机系统的功能扩展提供支撑平台，使计算机在追加新的服务和功能时更加容易并且不影响原有的服务和功能。

综上所述，我们可以对操作系统做出如下定义。

操作系统是一组能有效地组织和管理计算机硬件和软件资源，合理地对各类作业进行调度，以及方便用户使用的程序的集合。

计算机系统中的资源包括硬件资源和软件资源。在之前的内容中我们学习过关于计算机硬件组成的冯·诺依曼结构，即计算机的硬件部分是由运算器、控制器、存储器、输入设备和输出设备五大部分组成的。其中，运算器和控制器是 CPU 的重要组成部分；输入设备和输出设备统称为 I/O 设备；存储器包括内存和外存，外存从工作方式上来看可归类为 I/O 设备，它可以接收来自内存的输出数据，又可以向内存输入数据，因此它既是输入设备又是输出设备。综上所述，计算机的硬件资源是指处理机、内存和 I/O 设备。软件资源以文件的形式存放在外存中，这又会用到外存作为存储器的功能。因此，从资源管理的角度来看，操作系统作为资源的管理者管理的就是计算机中的硬件资源和软件资源，即处理机、内存和 I/O 设备，以及文件资源。同时，站在用户的角度来看，操作系统还需要给用户提供一个良好的使用界面，即用户接口。故操作系统主要具备处理机管理、存储管理（内存管理）、设备管理、文件管理和用户接口这五大功能。

8.1.2　计算机的启动过程

要先将保存在磁盘中的程序文件调入内存，然后才可以执行程序中的指令，完成程序的运行过程。通过上述对操作系统的定义可知，操作系统要为其他程序提供支持，将程序由磁盘调入内存的任务就是由操作系统来完成的，而操作系统本身也是程序的集合，操作系统要想完成这个任务，它自身也必须要装入内存中运行，那么操作系统是由谁装入内存的呢？

针对这个问题，最早的解决方案是由内存制造商直接将操作系统永久性地写入内存的 ROM 中，然后将 CPU 的程序计数器设置在这个 ROM 的开始处。当计算机被加电时，CPU 就会从这个 ROM 中读取指令并执行它们。这样问题就解决了。但是，这样一来因为内存的很大一部分需要由 ROM 构成，而且用于存储操作系统的这部分还不能被其他程序使用，所以就产生了一个很大的缺陷——低效，内存资源的利用率急剧降低。

针对低效的问题，目前所采用的解决方案是在计算机主板上固化的 ROM 中存放一段自举程序，计算机的启动就是计算机完成硬件系统的自检、操作系统自举和加载操作系统的一个完整过程，分为冷启动和热启动两种类型。冷启动是指通过电源开关使系统从不加电状态转到加电状态完成启动过程，冷启动过程中需要进行硬件复位、硬件自检、操作系统自举、加载操作系统等；热启动是指在系统仍通电的情况下重新启动系统，也被称为软件复位，热启动过程中要进行内存清除，并重新装载操作系统，不需要进行硬件自检。热启动可以通过按 RESET 重启键、按 Ctrl+Alt+Delete 组合键或选择 Windows 操作系统中的重启选项来完成。

计算机启动过程中的硬件自检通过 BIOS 完成。BIOS 中包含与对应主板搭配的一组 I/O 程序、硬件自检程序、硬件参数设置程序等。通过这些程序，BIOS 负责在计算机加电启动时对计算机的各种硬件进行检查及初始化，确保计算机能够正常运行。BIOS 它为计算机提供了最底层的硬件控制手段，没有 BIOS 或 BIOS 损坏，计算机将无法启动。BIOS 程序存放在主板上的一个 ROM（也被称为 BIOS 芯片）中。

CMOS（互补金属氧化物半导体存储器）是计算机主板上的一块可随机读/写的存储芯片，一般集成在主板的南桥中，主要用来保存当前系统的硬件配置，以及操作人员对某些参数，如系统时间、日期、启动顺序、硬盘接口类型等的设定。

BIOS 和 CMOS 是两个完全不同的概念，BIOS 是一组固化在主板 ROM 中对计算机硬件进行管理的程序，CMOS 是主板上的 RAM，它存储 BIOS 管理程序所设置的一组参数。简单来讲就是 BIOS 存放设置参数的程序，CMOS 存放参数。在很多场合下，人们将 BIOS 设置和 CMOS 设置等同于一个概念。

需要注意的是，在第一次启动计算机时，由于 CMOS 中还没有任何参数，为了保证系统正常工作，必须通过 BIOS 硬件参数设置程序将系统硬件参数保存到 CMOS 中。

计算机的硬件自检过程非常复杂，大致如下。

按下主机箱上的电源开关，电源开始向主板和其他设备供电，主板上的控制芯片组会向 CPU 发出并保持一个 RESET 重启信号，此时 CPU 被初始化。当电源开始稳定供电后，CPU 便撤销 RESET 重启信号，并且立即进入 BIOS 的硬件自检程序，BIOS 的硬件自检程序开始检测系统中一些关键设备的性能，如内存和显卡等设备是否存在和能否正常工作。如果在进行硬件自检的过程中发现一些致命错误，如内存错误，此时由于显卡还没有初始化，无法显示错误信息，因此要根据主机箱中扬声器发声的类型来确定问题所在，声音的长短和次数代表了错误的类型。硬件自检完毕之后，进入硬件的初始化过程。首先查找显卡的 BIOS 并对显卡进行初始化，此时显卡会在屏幕上显示出一些初始化信息，如生产厂商、图形芯片类型等内容；然后查找其他设备的 BIOS 并完成初始化，同时系统 BIOS 显示自身的启动画面，包括系统 BIOS 的类型和版本号、CPU 的类型和工作频率、内存容量、标准硬件设备信息等。当所有硬件都已经检测配置完毕后，系统 BIOS 在屏幕上方显示出一个表格，其中列出了系统中安装的各种标准硬件设备，以及它们使用的资源和一些相关的工作参数。

在计算机硬件完成自检，加载硬件的配置后，启动 ROM 中的自举程序，CPU 的程序计数器指向 ROM 中自举程序第一条指令所对应的位置，CPU 开始读取并执行自举程序，这个自举程序唯一的任务就是将操作系统本身（不是全部，只需要启动计算机的那部分程序）装入 RAM；装入完成后，CPU 的程序计数器就被设置为指向 RAM 中操作系统的第一条指令所对应的位置，接下来 CPU 将开始执行操作系统的指令。引入自举程序前后操作系统的执行过程如图 8.2 所示。自举程序的引入大幅度降低了操作系统对内存的消耗，使低效的问题得到有效改善。

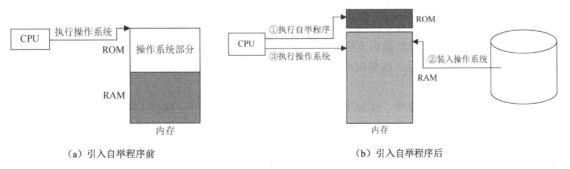

（a）引入自举程序前　　　　　　　　　　　（b）引入自举程序后

图 8.2　引入自举程序前后操作系统的执行过程

8.2 操作系统的发展史

操作系统是由于客观的需要而产生的，伴随着计算机技术及其应用的日益发展而逐渐发展和不断完善。操作系统的功能逐渐变强，在计算机系统中的地位不断提升，已经成为计算机系统中的核心，其主要发展过程如下。

1. 手工操作（无操作系统）

1946 年第一台计算机诞生，当时还未出现操作系统，计算机工作采用手工操作方式。在手工操作阶段，程序员将对应于程序和数据的已穿孔的纸带（或卡片）（见图 8.3）装入输入机，然后启动输入机把程序和数据输入计算机内存，接着通过控制台开关启动程序开始计算。计算完毕后，打印机输出计算结果，用户取走结果并卸下纸带（或卡片）后，才可让下一个用户上机。

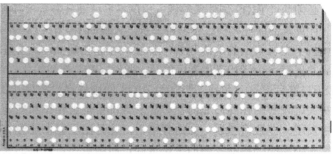

图 8.3 纸带

手工操作方式有以下两个特点。

（1）用户独占全机。不会出现因资源已被其他用户占用而等待的现象，但资源的利用率低。

（2）CPU 等待手工操作，CPU 的利用不充分。

20 世纪 50 年代后期，出现了人机矛盾，即手工操作的慢速度和计算机的高速度之间形成了尖锐的矛盾，手工操作方式已严重影响到系统资源利用率（系统资源利用率降为百分之几，甚至更低）。唯一的解决办法是摆脱手工操作，实现作业的自动过渡。因此，出现了批处理方式。

2. 批处理系统

批处理系统是加载在计算机上的一个系统软件，在它的控制下，计算机能够自动、成批地处理一个或多个用户的作业（包括程序、数据和命令）。

（1）联机批处理系统。

首先出现的是联机批处理系统，即作业的 I/O 由 CPU 来处理。主机与输入机之间增加一个存储设备——磁带，在运行在主机上的监督程序的自动控制下，计算机可自动完成：成批地把输入机上的用户作业读入磁带，依次把磁带上的用户作业读入主机内存并执行，然后把计算结果向输出机输出。在处理完上一批作业后，监督程序又控制计算机从输入机上输入另一批作业，保存在磁带上，并按上述步骤重复处理。

监督程序不停地处理作业，从而实现了作业到作业的自动转接，减少了作业建立时间和手工操作时间，有效地缓解了人机矛盾，提高了 CPU 的利用率。但是，在作业输入和结果输出时，主机的高速 CPU 仍处于空闲状态，等待慢速的 I/O 设备完成工作，即主机处于"忙等"状态。

（2）脱机批处理系统。

为缓解高速主机与慢速 I/O 设备之间的矛盾，提高 CPU 的利用率，引入了脱机批处理系统，即

I/O 设备脱离主机控制。脱机批处理系统的显著特征是增加一台不与主机直接相连而专门用于与 I/O 设备打交道的卫星机。脱机批处理系统的功能如下。

① 从输入机上读取用户作业并放到输入磁带上。

② 从输出磁带上读取执行结果并传给输出机。

这样，主机不直接与慢速的 I/O 设备打交道，而与速度相对较快的磁带机发生关系，有效缓解了高速主机与慢速 I/O 设备之间的矛盾。主机与卫星机可并行工作，二者分工明确，可以充分发挥主机的高速计算能力。

脱机批处理系统在 20 世纪 60 年代应用十分广泛，极大地缓解了人机矛盾及高速主机与慢速 I/O 设备之间的矛盾。IBM-7090/7094 配备的监督程序就是脱机批处理系统，是现代操作系统的原型。其不足之处在于，每次主机内存中仅存放一道作业，即采用单道程序设计技术，每当它在运行期间发出 I/O 请求后，高速的 CPU 便处于等待低速的 I/O 完成状态，致使 CPU 空闲。

为提高 CPU 的利用率，又引入了多道程序系统。

3. 多道程序系统（多道批处理系统）

所谓多道程序设计技术，是指允许多道程序同时进入内存并运行，即同时把多道程序放入内存，并允许它们交替在 CPU 中运行，它们共享系统中的各种硬件及软件资源的技术。当一道程序因 I/O 请求而暂停运行时，CPU 便立即转去运行另一道程序。

单道程序的运行过程如图 8.4 所示。

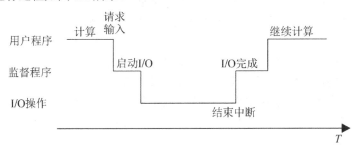

图 8.4　单道程序的运行过程

假定系统中的其他程序都不运行，单独运行一次程序 A 所需时间为 T_1，单独运行一次程序 B 所需时间为 T_2。

在程序 A 进行计算时，I/O 设备空闲；在程序 A 进行 I/O 操作时，CPU 空闲（对程序 B 也是这样）。必须在程序 A 工作完成后，程序 B 才能进入内存开始工作，两者是串行的，全部工作完成所需时间为 T_1+T_2。

在单道程序设计技术下，虽然用户独占全机资源，可以直接控制程序的运行，并且可以随时了解程序运行情况，但是这种工作方式会导致资源利用率极低。为此，引入了多道程序设计技术。

多道程序的运行过程如下。

将 A、B 两道程序同时存放到内存中，它们在系统的控制下可相互穿插、交替地在 CPU 中运行（见图 8.5）：当程序 A 因请求 I/O 操作而放弃 CPU 时，B 程序就可占用 CPU 运行，这样 CPU 不再空闲，而为程序 A 进行 I/O 操作服务的 I/O 设备也不空闲。显然，CPU 和 I/O 设备都处于"忙"状态，CPU 和 I/O 设备的工作时间出现了重叠性，大大提高了资源的利用率，从而提高了系统的工作效率，A、B 两道程序全部运行完成所需时间远小于 T_1+T_2。

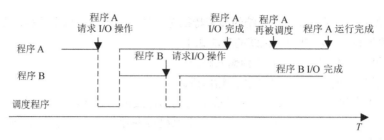

图 8.5　多道程序的运行过程

多道程序设计技术不仅使 CPU 得到了充分利用，还提高了 I/O 设备和内存的利用率，从而提高了整个系统的资源利用率和系统吞吐量【单位时间内处理作业（程序）的数量】，最终提高了整个系统的工作效率。

单处理机系统中多道程序运行时的特点如下。

（1）多道性：计算机内存中同时存放几道相互独立的程序。

（2）宏观上并行：同时进入系统的几道程序都处于运行过程，即它们先后开始各自的运行，但都未运行完毕。

（3）微观上串行：实际上，在单处理机系统中，各道程序轮流地占用 CPU，交替运行。

多道程序系统的出现标志着操作系统渐趋成熟，在这个阶段先后出现了作业调度管理、处理机管理、存储器管理、I/O 设备管理、文件系统管理等功能。

20 世纪 60 年代中期，人们在前述批处理系统中引入了多道程序设计技术，形成了多道程序系统，其有两个特点。

（1）多道性：系统内可同时容纳多个作业。这些作业存放在外存中，组成一个后备作业队列，系统按一定的调度原则每次从后备作业队列中选取一个或多个作业进入内存运行，运行作业结束、退出运行和后备作业进入运行均由系统自动控制，从而在系统中形成一个自动转接、连续的作业流。

（2）批：在系统运行过程中，不允许用户与作业进行交互，即一旦作业进入系统，用户就不能直接干预作业的运行。

多道程序系统的追求目标：提高整个系统的资源利用率和系统吞吐量，实现作业流程的自动化。

多道程序系统的一个重要缺点：不提供人机交互功能，给用户使用计算机带来不便。

因此，新的目标出现了：既要保证系统的工作效率，又要方便用户使用计算机。20 世纪 60 年代中期，计算机技术和软件技术的发展使这个目标的实现成为可能。

4．分时系统

由于 CPU 速度不断提高和采用了分时技术，一台计算机可同时连接多个用户终端，因此每个用户都可在自己的终端上联机使用计算机，就好像自己独占一台机器一样。

分时技术：把处理机的运行时间分成很短的时间片，按时间片轮流把处理机分配给各联机作业使用。若某个作业在分配给它的时间片内不能完成其计算，则该作业暂时中断，把处理机让给另一作业使用，等待下一轮再继续其计算。由于计算机运行速度很快，作业运行轮转得很快，给每个用户的印象是好像他独占了一台计算机，每个用户都可以通过自己的终端向系统发出各种操作控制命令，在充分的人机交互情况下，完成作业的运行。

分时系统的结构图如图 8.6 所示。

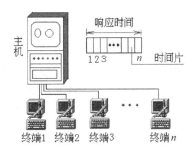

图 8.6 分时系统的结构图

分时系统可以同时接纳数十个甚至上百个用户，由于内存空间有限，因此往往采用对换（又称交换）的存储方式，即将未轮到的作业放入磁盘，一旦轮到，就将其调入内存。在时间用完后，又将作业存回磁盘（俗称"滚进""滚出"法），使同一存储区域轮流为多个用户服务。

分时系统是当今计算机中使用最普遍的一类操作系统。

5．实时系统

虽然多道程序系统和分时系统能获得较令人满意的资源利用率和系统响应时间，但却不能满足实时控制与实时信息处理两个应用领域的需求。于是就产生了实时系统，即系统能够及时响应随机发生的外部事件，并能在严格的时间范围内完成对该事件的处理。实时系统在特定的应用中常作为一种控制设备来使用。

实时系统可分成两类。

（1）实时控制系统。当实时控制系统用于飞机飞行、导弹发射等的自动控制时，要求计算机能尽快处理测量系统测得的数据，及时对飞机或导弹进行控制，或者将有关信息通过显示终端提供给决策人员。当实时控制系统用于轧钢、石化等工业生产过程的自动控制时，要求计算机能及时处理由各类传感器送来的数据，然后控制相应的执行机构。

（2）实时信息处理系统。当实时信息处理系统用于预订飞机票，查询有关航班、航线、票价等事宜，或者用于银行系统、情报检索系统时，要求计算机能对终端设备发来的服务请求及时给出正确的回答。实时信息处理系统对响应及时性的要求稍低于实时控制系统。可靠性和及时性对实时系统而言是最重要的。

6．通用操作系统

操作系统有三种基本类型：批处理系统、分时系统、实时系统。

通用操作系统是指具有多种类型操作特征的操作系统，可以兼有批处理、分时处理、实时处理中的两种或两种以上功能。

例如，实时处理 + 批处理 = 实时批处理系统。优先进行实时处理作业，插空进行批处理作业。常把实时处理作业称为前台作业，把批处理作业称为后台作业。

又如，批处理 + 分时处理 = 分时批处理系统。把对及时性要求不高的作业放入后台（批处理），把需要频繁交互的作业放入前台（分时处理），处理机优先处理前台作业。

20 世纪 60 年代中期，国际上开始研制一些大型通用操作系统。这些系统试图达到功能齐全、可适应各种应用范围和操作方式变化多端的环境的目标。但是，这些系统过于复杂和庞大，人们不仅付出了巨大的代价，而且在解决其可靠性、可维护性和可理解性方面遇到了很大的困难。

相比之下，UNIX 操作系统却是一个例外。它是一个通用的多用户分时交互型的操作系统，首先建立的是一个精干的核心，其功能足以与许多大型操作系统相媲美，在核心层以外，可以支持庞大的软件系统。UNIX 操作系统很快得到应用和推广，并不断完善，对现代操作系统有着重大的影响。

至此，操作系统的基本概念、功能、基本结构和组成都已形成并渐趋完善。

7. 操作系统的进一步发展

进入 20 世纪 80 年代，大规模集成电路技术的飞速发展，以及微处理机的出现和发展，掀起了计算机大发展、大普及的浪潮，使计算机进入了个人计算机的时代，同时向计算机网络、分布式处理、巨型计算机和智能化方向发展。于是，操作系统有了进一步的发展，如个人计算机操作系统、网络操作系统、分布式操作系统等。

（1）个人计算机操作系统。

个人计算机操作系统是联机交互的单用户操作系统，它提供的联机交互功能与通用分时系统提供的功能很相似。由于个人计算机操作系统是个人专用的，因此一些功能会简单很多。然而，由于个人计算机应用的普及，人们对提供更方便、友好的用户接口和功能丰富的文件系统的要求会越来越迫切。

（2）计算机网络操作系统。

计算机网络系统：通过通信设施，将地理上分散的、具有自治功能的多个计算机系统连接起来，实现信息交换、资源共享、互操作和协作处理的系统。

计算机网络操作系统：在原来各自的计算机操作系统上，按照网络体系结构的各个协议标准增加网络管理模块，包括通信、资源共享、系统安全和各种网络应用服务。

（3）分布式操作系统。

从表面上看，分布式系统（Distributed System）与计算机网络系统没有太大区别，其硬件连接相同。分布式系统也通过通信设施，将地理上分散的、具有自治功能的数据处理系统或计算机系统连接起来，从而实现信息交换和资源共享，协作完成任务。但它们有如下一些明显的区别。

① 分布式系统要求使用统一的操作系统，实现系统操作的统一性。

② 分布式操作系统管理分布式系统中的所有资源，负责全系统的资源分配和调度、任务划分、信息传输和控制协调工作，并为用户提供一个统一的界面。

③ 用户通过统一的界面实现所需要的操作和使用系统资源，至于操作定在哪台计算机上执行，或者使用哪台计算机的资源，则是由操作系统确定的，用户不必知道，此谓系统的透明性。

④ 分布式系统更强调分布式计算和处理，因此对于多机合作和系统重构、坚强性和容错能力有更高的要求，希望系统有更短的响应时间、更高的吞吐量和可靠性。

（4）嵌入式操作系统。

嵌入式操作系统（Embedded Operating System）是运行在嵌入式系统环境中，对整个嵌入式系统及其所操作、控制的各种部件、装置等资源进行统一协调、调度、指挥和控制的系统软件。嵌入式操作系统可以使整个系统高效地运行。

8.3 处理机管理

在单道程序环境下，系统内的所有资源都由唯一的作业或用户所占有，处理机管理很简单。但是，在多道程序环境下，多个用户作业同时运行，处理机的分配和运行都是以进程为基本单位的，处理机管理就变成了进程管理。

8.3.1 进程管理

进程、程序和作业是三个不同的概念。在多道程序系统中，程序仅是指令和数据的有序集合，是静态的。从一道程序被选中执行，到其执行结束并再次成为一道程序的这个过程中，这道程序被称为一个作业。因此，每个作业都是程序，但不是所有的程序都是作业。进程是程序在一个数据集合上的运行过程，是系统进行资源分配和处理机调度的独立单位。或者说进程是一个在内存中运行的作业，它是从众多作业中选取出来并装入内存的作业。需要注意的是，每个进程都是作业，但作业未必是进程。程序、作业和进程三者之间的关系如图 8.7 所示。

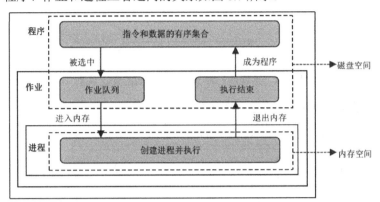

图 8.7　程序、作业和进程三者之间的关系

进程与程序的区别在于，程序是静态的，进程有自己的生命周期，会随着程序的运行而创建，随着程序的执行结束而消亡，而且进程可以和其他进程并发执行，特别是，同一段程序运行在不同的数据集合上属于不同的进程。

处理机管理的主要功能有：创建和撤销进程，控制进程生命周期中各个阶段的状态变迁；对并发执行的进程进行协调，保证其执行的正确性和可再现性；实现进程之间的信息交换；按照一定的算法为并发执行的进程分配处理机资源，也就是进行处理机调度。

1．进程控制

在多道程序环境下，要为每个作业创建一个或几个进程，并为其分配必需的资源使作业能够并发执行。因此，进程控制的主要功能是为作业创建进程、撤销（终止）已结束的进程，以及控制进程运行过程中的状态变迁。

并发执行的进程共享系统资源，得到资源时执行，得不到资源时等待，使进程在运行过程中呈现间断性运行规律，即以异步的形式（"走走停停"）向前推进。所以，进程在其生命周期内可能具有多种状态，其中每个进程至少处于以下三种基本状态之一。

（1）就绪（Ready）状态。

就绪状态是指进程得到了除处理机之外的其他资源，只要得到处理机的调度就可以投入运行时所处的状态。

（2）执行（Running）状态。

执行状态是指进程得到了处理机的调度正在处理机上运行时所处的状态。

（3）阻塞（Block）状态。

阻塞状态是指因某种事件发生进程放弃处理机的使用权而进入的一种等待状态。

进程的三种基本状态之间的变迁关系如图 8.8 所示。

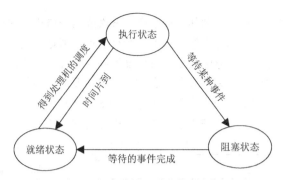

图 8.8　进程的三种基本状态之间的变迁关系

程序、作业和进程之间的转换关系如图 8.9 所示。

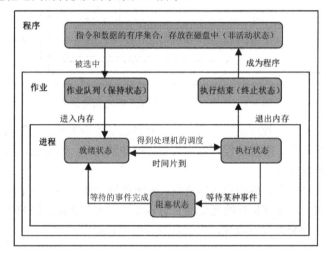

图 8.9　程序、作业和进程之间的转换关系

2. 进程同步

进程同步是指对多个相关进程在并发执行次序上进行协调，使并发执行的进程能按照一定的规则（或时序）共享系统资源，并能很好地合作，从而使程序的执行具有可再现性。

为了实现进程同步，并发执行的进程在使用互斥性共享资源的时候就必须保证前一个进程使用完后一个进程再使用，即严格地保证互斥使用，为了做到这一点引入了临界资源的概念。一次仅允许一个进程使用的资源称为临界资源。程序中使用临界资源的代码区域称为临界区。临界资源的互斥使用意味着临界区整体的互斥执行。

为了做到进程同步，并发执行的进程必须遵循四个原则。

（1）空闲让进。当无进程处于临界区时，表明该临界资源处于空闲状态，应允许一个请求进入该临界区（使用该临界资源）的进程立即进入临界区，以有效使用该临界资源。

（2）忙则等待。当有进程处于临界区时，表明该临界资源正在被访问，因而其他试图进入该临界区的进程必须等待，以保证对临界资源的互斥使用。

（3）有限等待。对要求访问临界资源的进程，应保证其在有限时间内进入自己的临界区，以免陷入"死等"状态。

（4）让权等待。当进程不能进入自己的临界区时，应立即释放处理机，以免进程陷入"忙等"状态。

在进程并发执行的过程中，只要有资源共享，就有可能出现死锁现象。

所谓死锁，指的是这样一种情况，下面举例来说明。进程 P1 和进程 P2 执行的过程中都需要使用到 R1 和 R2 两种资源，系统中 R1 和 R2 资源初始的时候各有 1 个。现在，进程 P1 得到了 R2 资源，进程 P2 得到了 R1 资源，P1 想继续执行需要 R1，P2 想继续执行需要 R2，否则都无法继续执行，而不继续执行则无法释放已占有的资源。因此，变成了 P1 占有 P2 申请的 R2，申请 P2 占有的 R1；P2 占有 P1 申请的 R1，申请 P1 占有的 R2。两者均无法继续执行，这种僵局称为死锁，即进程陷入了相互"死等"的状态。

我们用圆形表示进程，矩形表示资源，矩形中的点表示资源的个数，资源指向进程的边表示分配边，进程指向资源的边表示申请边，这种图被称为资源分配图。图 8.10 所示为死锁发生时的资源分配图。

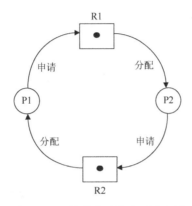

图 8.10 死锁发生时的资源分配图

竞争互斥性资源是死锁产生的根本原因，而且陷入死锁状态的进程至少有两个，它们至少占有两种资源，这些进程彼此占有对方申请的资源，申请对方占有的资源，从而陷入了相互"死等"的状态。

3. 进程通信

进程通信实现的是相互合作的进程之间的信息交换。例如，相互合作的输入进程、计算进程和打印输出进程，输入进程负责将数据送给计算进程；计算进程对输入的数据进行计算，并把计算结果送给打印输出进程；打印输出进程将结果打印输出。

进程通信可以分为低级通信和高级通信两种，低级通信是指实现进程间少量信息的传递，而高级通信则是指实现进程间大量信息的传递。高级通信方式通常有基于共享存储器的方式、消息传递机制和管道方式三种。

8.3.2 处理机调度

处理机调度包括作业调度和进程调度。

作业调度是指按照某种调度算法从后备作业队列中选择若干个作业调入内存，为其分配相应的资源并创建进程，将创建的进程插入就绪队列。进程调度是指按照某种调度算法从就绪队列中选择一个进程把处理机分配给它使之投入运行。

处理机调度过程图如图 8.11 所示。

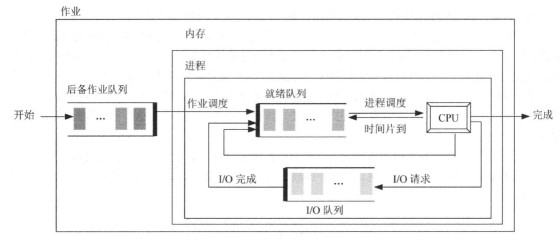

图 8.11　处理机调度过程图

在处理机调度过程中，最终要将处理机分配给进程，使得一个进程从就绪状态转换为执行状态。因此，处理机的调度算法将决定把处理机分配给哪个进程使之由就绪状态转换为执行状态。

处理机调度什么时候发生呢？通常处理机调度的方式有两种：一种是在一个进程从执行状态转换到阻塞状态或程序终止运行时发生的，被称为非抢占式处理机调度；另一种是在一个进程从执行状态转换到就绪状态或从阻塞状态转换到就绪状态时发生的，被称为抢占式处理机调度，因为当前正在执行的进程对处理机 CPU 的使用权被操作系统抢占了。

非抢占式处理机调度：当正在执行的进程自愿放弃处理机 CPU 的使用权时发生的处理机调度。

抢占式处理机调度：当操作系统决定照顾另一个进程而抢占当前正在执行的进程的处理机 CPU 使用权时发生的处理机调度。

对于同样的一组进程，在不同的调度方式和调度算法下，系统执行的效率各不相同。这里我们简单介绍三种处理机调度算法。

（1）先来先服务调度算法（FCFS）。

先来先服务调度算法是指按照进程进入就绪队列的次序来依次调度，而且在进程执行的过程中，除非主动放弃处理机 CPU 的使用权，否则进程将一直占用处理机 CPU，不能被强制剥夺。

（2）短进程优先调度算法（SPF）。

短进程优先调度算法是指从就绪队列中选出一个估计运行时间最短的进程，将处理机 CPU 的使用权分配给它，使它立即执行并一直执行到完成，或者在发生某事件而被阻塞放弃处理机 CPU 的使用权时再重新调度。

（3）时间片轮转调度算法（RR）。

时间片轮转调度算法是指将 CPU 的时间划分成固定长度的时间片，进程的就绪队列则按照到达的先后次序组织，每次选择就绪队列的队首进程调度执行，被调度的进程一次最多可以执行一个时间片长度的时间，如果该进程在一个时间片内执行完成则直接结束，继续调度下一个队首进程，否则，该进程将被抢占处理机 CPU 的使用权，回到就绪队列的队伍，等待下一轮的调度。

通常，我们可以使用周转时间作为对调度算法进行评价的标准。所谓周转时间，是指从任务提交到任务完成的时间间隔。

8.4 存储管理

本节中的存储器仅指内存。在操作系统启动以后，一部分系统程序是要常驻内存的，占用了一部分内存空间，这部分空间被称为系统区；除系统区之外的内存空间被称为用户空间，如图 8.12 所示。内存管理管理的就是用户空间。内存管理又分为两种情况：单道程序和多道程序。

在单道程序技术下，内存的用户空间分配给唯一的一道程序使用，如图 8.13 所示。在这种情况下，整道程序必须全部装入内存才可以运行，当程序运行结束后，用户空间中的程序由其他用户程序取代。现在，这种情况已经成为过去式。

在多道程序技术下，内存的用户空间同时分配给多道程序使用，CPU 轮流为其服务，如图 8.14 所示。现代操作系统中的内存管理管理的就是多道程序。

图 8.12　内存空间　　　　图 8.13　单道程序　　　　图 8.14　多道程序

现代操作系统是多道程序技术下的操作系统，内存管理的主要任务就是为多道程序的运行提供良好的运行环境，提高内存的利用率，方便用户使用，并从逻辑上扩充内存。因此，内存管理具有内存分配与回收、地址映射、内存保护和内存扩充等功能。

8.4.1 内存分配与回收

为调入内存的每道程序分配内存空间，要尽可能提高内存的利用率。内存分配可以分为非交换和交换两种技术范畴。在非交换技术范畴下，程序运行期间始终全部驻留在内存中，直至运行结束；在交换技术范畴下，程序运行过程中可以多次在内存和磁盘之间交换数据。在内存分配管理技术中，分区、基本分页和基本分段属于非交换技术范畴，而请求分页和请求分段则属于交换技术范畴，如图 8.15 所示。

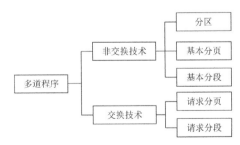

图 8.15　多道程序的分类

1．分区分配管理

分区分配管理有固定分区和动态分区两种方式。

固定分区是指提前将内存空间分成若干个大小固定、个数固定、位置固定的分区，内存的分配和回收都以分区为单位。在这种情况下，内存空间的管理比较容易，但是每个分区空间未必都用完了，内存的利用率较低。

动态分区是指按照作业的大小量身分配内存空间，根据内存中并发运行的程序的不同，内存中分区的个数、每个分区的大小和位置都不固定，会随着内存的分配和回收动态地发生变化。在这种情况下，内存空间管理的系统开销比较大，但是内存的利用率较高。

无论采用哪种分区分配管理方式，每道程序都全部载入内存，并且占有连续的内存空间。

2. 基本分页存储管理

基本分页存储管理是指将程序空间划分为若干个大小相等的页面，将内存空间划分为和页面大小相等的块，称为物理块，页面被载入内存的物理块。基本分页存储管理与分区分配管理的最大区别在于，同一道程序的若干个页面可以装入内存中不连续的物理块，如图 8.16 所示。基本分页存储管理在一定程度上提高了系统的效率，但是整道程序在运行前仍需要全部装入内存。

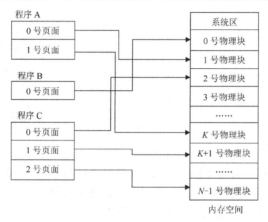

图 8.16　基本分页存储管理

3. 基本分段存储管理

基本分段存储管理是指将程序空间划分为具有完整逻辑含义的若干个段，各个段的长度各不相同。各个段在内存中需要占用连续的内存空间，但是程序的各个段占用的内存空间可以不连续，如图 8.17 所示。与基本分页存储管理相同，整道程序在运行前仍需要全部装入内存。引入基本分段存储管理方式不是为了提高内存的利用率，而是为了实现信息共享。

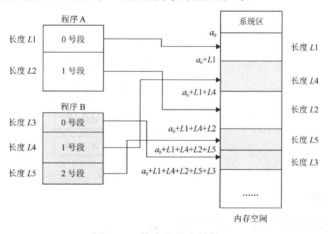

图 8.17　基本分段存储管理

4．请求分页存储管理

基本分页存储管理不需要将程序装入连续的内存空间，但仍须将程序全部装入内存才可以运行。在请求分页存储管理方式中，只需要装入程序的一部分页面程序就可以开始运行，在运行的过程中，若发现所需的页面不在内存中，再把所需的页面调入。在这个过程中，如果有空白的物理块，则直接把页面调入；如果没有空白的物理块，则可以按照某种置换算法从某个物理块中淘汰一个页面，把所需的页面调入。请求分页存储管理如图 8.18 所示。

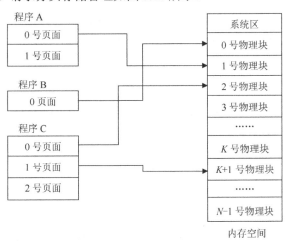

图 8.18　请求分页存储管理

5．请求分段存储管理

请求分段存储管理和请求分页存储管理类似，只调入程序的一部分段到内存中就开始运行，在运行中再把所缺的段调入内存。图 8.19 给出了请求分段存储管理方式的分配过程，由于内存中段的长度是相同的，但实际程序中段的长度各不相同，所以内存中段的一部分可能是空的。

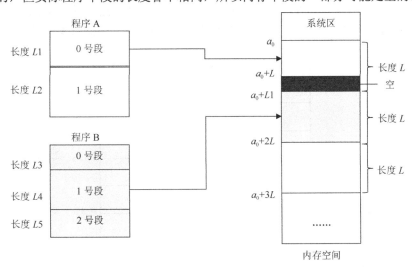

图 8.19　请求分段存储管理

8.4.2　内存管理的其他功能

除内存分配与回收之外，内存管理还应该具有地址映射、内存保护和内存扩充的功能。

1．地址映射

在多道程序技术下，每道程序经编译和链接后形成的可装入程序地址（逻辑地址）都是从 0 开始的，而内存地址（物理地址）只有一个起始 0，因此各程序段的地址空间中的地址（逻辑地址）与其所在内存空间中的地址（物理地址）不一致。为了确保程序正确运行，须将逻辑地址转换为其所在的内存空间中的地址，这个过程称为地址映射。

2．内存保护

内存保护的任务是设置相应的内存保护机制，确保每道用户程序都在自己的内存空间中运行，互不干扰，而且不允许用户访问系统的程序和数据，也不允许用户程序转移到非共享的其他用户程序中去运行。

3．内存扩充

内存扩充是指借助虚拟存储技术，从逻辑上扩充内存空间而非增加实际的物理内存空间，从而使用户从感官上认为内存容量比实际的物理内存容量大得多，以便让更多的用户程序并发运行。这也就是我们通常所说的虚拟内存。

8.4.3 内存中的栈和堆

在操作系统的内存管理中，堆和栈是两种重要的内存分配方式。

栈，也被称为堆栈，是一种按照"后进先出"的方式开辟的一端固定一端活动的存储空间。活动的一端叫栈顶，固定的一端叫栈底。栈底一经确定便固定不变，而栈顶却随着数据的出入不断浮动。在堆栈中，把数据存入栈叫作压入，把数据取出叫作弹出，数据的压入和弹出都是从栈顶进行的。在 CPU 中，用一个堆栈指示器 SP 指示当前栈顶的位置，当压入数据时，SP 自减，使栈顶上升；当弹出数据时，SP 自加，使栈顶下降。无论是压入一个数据还是弹出一个数据，堆栈中的其他数据在栈内的位置没有任何变化，唯一发生变化的是 SP 内的内容。堆栈是向低地址扩展的一块连续的内存区域，由编译器自动分配和回收，访问速度快，主要用来进行现场数据保护、子程序或中断服务子程序的调用和返回。图 8.20 表示向堆栈压入数据 45 和 23 及弹出数据 23 堆栈的变化。

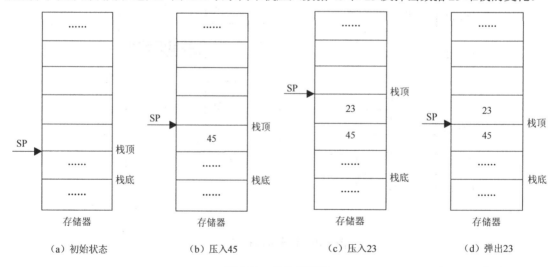

（a）初始状态　　　　（b）压入45　　　　（c）压入23　　　　（d）弹出23

图 8.20　处入栈过程

堆是程序运行时动态分配的存储空间，采用的是"随机读/写"的访问方式，当操作系统接收到程序申请内存空间的请求后，会遍历空闲内存地址的链表，寻找第一个内存空闲空间大于申请空间的节点，然后将该节点从空闲节点链表中删除，并将该节点指向的空间分配给程序，由于找到的内存空闲空间的大小不一定正好等于申请空间的大小，系统会自动将多余的空闲空间重新放入空闲链表。堆是向高地址扩展的一块不连续的内存区域，由程序申请和回收，访问速度慢，但访问方式灵活。

8.5　设备管理

设备管理管理的是计算机系统中所有的 I/O 设备。设备管理涉及很多物理设备，其品种众多，用法各异；设备和主机都能够并行操作，有的设备还可以被多个用户程序共享；设备之间、设备与主机之间存在很大的速度差异。因此，设备管理是操作系统中最为烦琐、庞杂的一部分。

对于设备管理而言，需要处理用户进程提出的 I/O 请求，为用户分配其所需的 I/O 设备并完成指定的 I/O 操作，同时要匹配 CPU 和 I/O 设备的速度，提高资源的利用率，提高 I/O 速度，方便用户使用 I/O 设备。为此，设备管理应该具有设备分配、设备处理、缓冲管理和虚拟设备等功能。

8.5.1　设备管理的功能

1．设备分配

根据用户进程提出的 I/O 请求及当前系统的资源拥有情况，按照某种分配策略，为用户进程分配所需的 I/O 设备。由于设备是在控制器的控制下工作的，而控制器和 CPU 之间还存在通道，所以设备分配其实还包括控制器分配及通道分配。为了实现设备分配，系统中需要设置相应的数据结构记录设备、设备控制器和通道的状态等信息，根据这些数据结构来进行设备的分配和回收。

同时，设备分配还涉及设备无关性。

设备无关性也叫作设备独立性，是指用户在编程时所使用的设备（逻辑设备）独立于具体的物理设备。用户在程序中只需要指明使用哪种设备而不需要具体指明使用哪个物理设备，在程序真正的运行过程中，系统会根据设备的实际情况在第一次使用该逻辑设备时为其分配合适的物理设备，并通过逻辑设备表（LUT）给出该逻辑设备名和具体的物理设备映射关系。之后，不管程序中用到多少次这个逻辑设备，都会映射到同一个物理设备上。这样做的好处如下。

（1）增加了设备分配时的灵活性。

程序中不具体指明使用哪个物理设备，只要同种物理设备中有一个空闲就可以分配给进程使用。

（2）易于 I/O 重定向。

更换 I/O 设备只需要在逻辑设备表中更换映射关系即可，程序中不需要做过多改动。

2．设备处理

设备处理程序又被称为设备驱动程序，其基本任务是实现处理机和设备控制器之间的通信。目前，大部分设备处理不是借助操作系统来实现的，而是借助设备厂商提供的驱动程序来实现的。

3．缓冲管理

缓冲管理是在 I/O 设备和 CPU 之间引入缓冲区，用以缓存数据以缓和 CPU 和 I/O 设备之间的速度差异，提高 CPU 的利用率，进而提高系统吞吐量。同时，缓冲区也可以协调传输数据量不一致的设备。缓冲区设置在内存空间中，通过增加缓冲区的容量可以改善系统的性能。不同的系统使用的缓冲机制各不相同，但操作系统的缓冲机制可以对系统内的缓冲区进行有效的管理。

4．虚拟设备

虚拟设备是利用假脱机（SPOOling）技术将一台物理设备虚拟成多台逻辑上存在的设备，从而将一个互斥访问的独占设备转变成可以同时访问的共享设备，允许多个用户共享一台物理 I/O 设备。

8.5.2 磁盘的性能和调度

磁盘是计算机系统中重要的存储设备。由于磁盘既可以接收来自内存的输出数据，又可以向内存输入数据，因此从工作方式上讲，磁盘本身既是输入设备又是输出设备。磁盘中可以存放大量的文件，对文件的读/写操作都会涉及磁盘的访问，而磁盘的访问操作本身就是设备的 I/O 操作。磁盘 I/O 速度的高低对文件系统至关重要，将直接影响系统的性能。我们可以通过多种方式来改善磁盘性能，首选的方式就是通过选择磁盘调度算法来减少磁盘的寻道时间。

磁盘驱动器包含若干个盘片，每个盘片分为一到两个盘面（Surface），每个盘面上都有若干条磁道（Track），磁道之间留有必要的间隙（Gap）。为使处理简单，在每条磁道上通常存储相同数目的二进制位。每条磁道又被从逻辑上划分为若干个分区，我们把这样的分区称为扇区（Sectors），各扇区之间保留一定的间隙。同时，为了读/写方便，每个盘面上都会设置一个读/写头，负责本盘面上各条磁道上数据的读/写。磁盘盘面的结构和磁盘的结构分别如图 8.21 和图 8.22 所示。

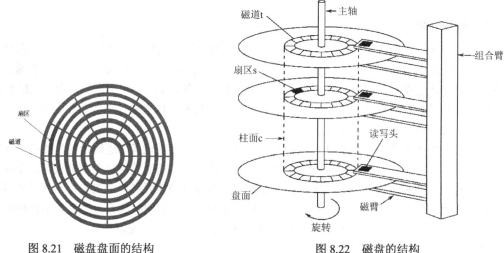

图 8.21 磁盘盘面的结构   图 8.22 磁盘的结构

磁盘的访问时间由寻道时间、旋转延迟时间和数据传输时间三部分构成。其中，寻道时间是指磁臂将读/写头移动到包含目标扇区的柱面的时间，寻道时间的长短主要取决于跨越的磁道条数；旋转延迟时间是指磁盘将目标扇区转动到磁头下的时间，这个时间主要是由磁盘自身的性能指标——磁盘转速来决定的；数据传输时间是指从磁盘读出数据或向磁盘写入数据的时间，它的大小与每次所读/写的字节数和旋转速度有关。

以上即操作系统中对硬件的管理功能，而软件和数据在计算机中是以文件的形式存在的，所以软件的管理主要是指文件的管理。

8.6 文件管理

计算机系统中所有的软件资源都是以文件的形式存放在磁盘空间中的。文件管理是指对存放在磁盘空间中的计算机数据资源的管理。因此，文件管理包含对文件数据自身的管理，如文件的创建、查找、删除等，以及文件的共享和保护，还包含对文件存储空间，也就是磁盘存储空间的管理。

8.6.1 文件

1. 文件的定义与类型

文件是具有文件名的相关信息的集合。文件名用来标记一个文件，由主名和扩展名两部分组成，其命名规则随操作系统的不同而不同。表 8.1 中列出了微软不同版本操作系统文件名的命名规则。

表 8.1 微软不同版本操作系统文件名的命名规则

项目	DOS/Windows 3.1	Windows 9x 及以后版本
文件主名长度	1～8 个字符	1～255 个字符
文件扩展名长度	0～3 个字符	0～255 个字符（但是在系统层面，仍然保留 3 个字母的命名方式，这对很多用户来说都是不可见的）
是否可以含有空格	否	是
不允许使用的字符	/ [ ] = " \ : , | * ? > <	< > / \ | : " * ?

文件主名主要是用来标识文件的，而文件扩展名则用来标识文件的类型，不同类型的文件其用途也是不同的。操作系统根据扩展名对文件建立和程序的关联。大多数程序在创建数据文件时，会自动给出数据文件的扩展名。例如，使用 Word 创建文档，在保存文件时，会自动提示加上 .doc（或 .docx）扩展名。文件扩展名只说明了文件中存放的是什么。你可以任意命名文件，只要文件名中使用的字符在操作系统允许的范围之内即可。例如，可以给任何文件使用 .gif 扩展名，但这并不能使该文件成为一个 GIF 图像文件。改变文件扩展名不会改变文件中的数据或它的内部格式。常用文件的扩展名如表 8.2 所示。

表 8.2 常用文件的扩展名

扩展名	文件类型	扩展名	文件类型	扩展名	文件类型
.com	命令文件	.sys	系统文件	.xls（.xlsx）	Excel 电子表格
.bat	批处理文件	.exe	可执行文件	.doc（.docx）	Word 文档
.rar	WinRAR 压缩文件	.dll	动态链接库文件	.jpg	普通图形文件
.swf	Adobe Flash 影片	.pdf	可移植文档格式	.bak	备份文件
.ppt（.pptx）	PowerPoint 演示文稿	.txt	纯文本文件	.png	图形文件
.c	C 语言的源程序文件	.db	数据库文件	.ini	初始化文件

根据文件扩展名，也就是文件的类型，操作系统可以按照对文件有效的方式操作它，以简化用户的操作。操作系统具有一个能识别的文件类型清单，而且会把不同扩展名所代表的各种类型的文件关联到特定的应用程序。同时，我们也会看到，在具有图形用户界面操作系统，如 Windows 操作系统中，不同类型的文件其图标也各不相同，这就使得用户在使用中更容易识别自己所需要的文件，而且当我们双击这个文件后，如果系统中已经安装了该类型文件的应用程序，操作系统会自动启动应用程序载入该文件。如何把文件扩展名和应用程序关联起来是由所采用的操作系统决定的。需要注意的是，一些文件扩展名是和特定的程序关联在一起的，还有一些文件类型能够关联到多种应用程序，在这种情况下用户可以选择默认的应用程序。

例如，Windows 操作系统可能会默认将一些扩展名为 .mp4 的文件与 Windows Media Player 关联在一起，只要一打开这种类型的文件，就会在 Windows Media Player 中进行播放。但如果你的计算机中还安装了其他的视频播放软件，你就可以选择更改这种关联性，使.mp4 文件在你喜欢的其他视频播放软件中打开。

要在成千上万个文件中查找其中一个或一部分特定的文件，需要使用两个通配符"*"和"?"。其中，"*"代表其所在位置上连续且合法的零个到多个字符，"?"代表其所在位置上任意一个合法字符。

例如，A*.txt 表示主名以 A 开头的 TXT 文件；ab??.* 表示主名以 ab 开头、最多有 4 个字符，扩展名不限的文件；???.exe 表示主名最多有 3 个字符的 exe 文件；*.* 表示所有文件。

大多数操作系统都支持这两个通配符，但在不同的操作系统中其使用方法和含义可能略有不同。

2. 文件的操作

对于存放在磁盘空间中的文件，我们能够执行的操作主要包括以下几种：

- 文件的创建；
- 文件的删除；
- 文件的打开；
- 文件的关闭；
- 文件的读/写；
- 文件读/写位置的设置；
- 文件内容的删除；
- 文件的重命名；
- 文件的复制等。

操作系统对文件所在的存储空间，也就是磁盘空间进行了跟踪管理，一方面通过一张空闲表记录下空闲的空间，另一方面通过一张称为目录的索引表把每个文件的信息记录下来。当创建文件时，操作系统首先会在磁盘空间中为文件找到一块可用空间，然后在目录中为该文件创建一个索引项，记录下该文件的名称和存储位置。删除文件则是从文件目录中找到该文件项，将其所占用的空间标识为空闲可用空间，并将目录项删除。

大多数操作系统要求在对文件执行读/写操作前要先打开该文件。操作系统维护一个记录当前打开文件的列表，以避免每次执行一项操作都要重新去磁盘空间中检索。当文件不再使用时要关闭该列表，操作系统会删除打开的文件列表中的相应条目。

无论何时，一个打开的文件都有一个当前文件指针（一个地址），用于说明下一次读/写操作要发生在什么位置。有些系统还为文件分别设置了读指针和写指针。所谓读文件，是指操作系统提交文件中从当前文件指针开始的数据的副本。发生读操作后，文件指针将被更新。写信息是指把数据存储到由当前文件指针所指向的位置，然后更新文件指针。通常，操作系统允许用户打开文件以便进行写操作或读操作，但不允许同时进行这两项操作。

打开的文件的当前文件指针可以被重定位到文件中的其他位置，以备下一次读或写操作。文件结尾附加信息要求把文件指针重定位到文件的结尾，然后写入相应的数据。

有时删减文件是很有用的。所谓删减文件，是指删除文件中的内容，但不删除文件目录中的管理条目。提供这项操作是为了避免删除一个文件，然后又要重新创建它。有时删减操作非常复杂，可以删除从当前文件指针到文件结尾的文件内容。

此外，操作系统还提供更改文件名（文件的重命名），以及创建一个文件内容的完整副本并给该副本取一个新名字（文件的复制）的功能。

3. 文件的访问

访问文件中数据的方式有很多。有些操作系统只提供一种文件访问方式,而有些操作系统则提供多种选择。文件的访问方式是在创建文件时设置的。

常用的文件访问方式有三种,分别是顺序访问、直接访问和索引访问。

(1)顺序访问。

大多数文件(如文本文件、音频文件、视频文件等)需要由操作系统按顺序访问,因此大多数操作系统按顺序访问文件。在顺序访问时,操作系统把文件看作一种线性结构,逐字读取文件。系统维护一个指针,该指针最初指向文件的基地址(起始地址),如果用户想要读取文件的第一个字,那么指针将该字提供给用户并将其值增加 1 个字。这个过程一直持续到文件访问结束。顺序访问方式如图 8.23 所示。

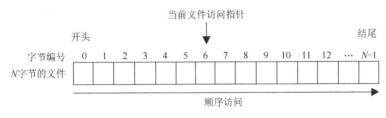

图 8.23　顺序访问方式

(2)直接访问。

对于数据库系统而言,在大多数情况下,需要从数据库中过滤信息,顺序访问可能非常慢并且效率低下。假设每个存储块存储 4 条记录,并且知道需要的记录存储在第 10 个存储块中,在这种情况下,不采用顺序访问方式,因为它将遍历所有存储块以访问所需的记录。这时直接访问就变得非常有效。

采用直接访问方式的文件会被概念性地划分为带编号的逻辑记录。直接访问允许用户指定记录编号,从而把文件指针设置为某个特定的记录。因此,用户可以按照任何顺序读/写记录。直接访问方式如图 8.24 所示。

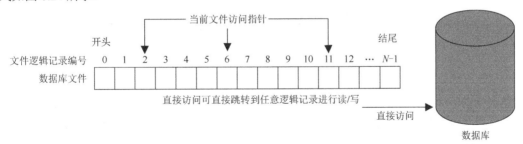

图 8.24　直接访问方式

直接访问将提供所需的结果,尽管操作系统必须执行一些复杂的任务,如确定所需的存储块号,但是在需要即刻使用大批数据(如数据库)的某个特定部分的情况下,这种访问方式很有用。

(3)索引访问。

如果文件可以在任何字段上排序,那么可以将索引分配给一组特定的记录。特定的记录可以通过其索引来访问。索引只不过是文件中记录的地址。

索引访问可以使大型数据库中的搜索变得非常快捷,但需要在内存中留出额外的空间来存储索引值。因此,这是一种以空间换取时间的方法。

8.6.2　目录管理

1．目录

引入目录管理是为了实现按名存取文件。目录其实就是索引，因此需要为每个文件建立一个目录项，记录其文件名、属性、位置等相关信息，实现方便的按名存取文件。同时，需要提供快速的目录查询技术，提高对文件的检索速度。

在大多数操作系统中，目录是以文件的形式存在的。目录文件就是文件的一张索引表，目录文件中的每一项存放的是一个文件的文件名、文件的类型、文件在磁盘上的存储位置信息、文件的大小、文件的访问控制权限、文件的使用信息等。每创建一个文件就需要为该文件创建一个目录项，目录项和文件之间是一一对应的关系。

一个目录可以包含其他目录，被包含的目录称为子目录，包含其他目录的目录称为父目录。父目录和各级子目录之间构成树形关系。通常在我们的个人计算机中，目录是以文件夹的形式表现出来的，子目录就是包含在父目录文件夹下的子文件夹，最终有的文件夹下只有文件，这体现出了包容的思想。

2．目录的组织结构

目录的组织结构关系到文件系统的存取速度，也关系到文件的共享性和安全性。因此，目录的组织结构是文件系统设计的重要环节。目录的组织结构通常有三种。

（1）单级目录。

单级目录是指整个文件系统只设置一张目录表，每个文件占一个目录项。这是最简单的一种目录结构。体现出来的就是系统只有一个文件夹，文件夹下全部是文件。单级目录结构如图8.25所示。

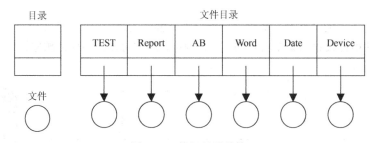

图 8.25　单级目录结构

单级目录结构能够实现目录管理的基本概念功能——按名存取文件，其优点是简单、易于理解和实现，但其也存在以下缺陷：查找速度慢、不允许重名和不便于文件的共享。

（2）两级目录。

为解决单级目录文件命名冲突问题，并提高对目录文件的检索速度，对目录结构做出了改进，将目录分为两级。

一级目录称为主文件目录（MFD），给出用户名、用户子目录所在的物理位置。

二级目录称为用户文件目录，给出该用户所有文件的目录项。

两级目录的主文件目录的表目按用户分，每个用户有一个用户文件目录（UFD）。两级目录结构如图8.26所示。

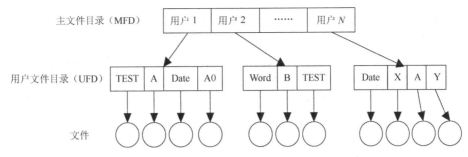

图 8.26 两级目录结构

从图 8.26 中可以看出，在两级目录下，每个用户都可以建立自己的用户目录，不同用户的文件可以有相同的文件名，如用户 1 和用户 N 下都有一个名字叫 A 的文件。

在两级目录结构中，当用户引用特定的文件时，系统只需搜索该用户的 UFD，因此不同用户可拥有具有相同名称的文件，只要每个 UFD 内的所有文件名唯一即可。

当用户创建文件时，操作系统也只搜索该用户的 UFD 以确定具有相同名字的文件是否存在。

当删除文件时，操作系统只在局部 UFD 中对其进行搜索，因此并不会删除另一个用户的具有相同名字的文件。

（3）多级目录（树形目录）。

两级目录解决了命名冲突和文件共享问题，提高了搜索速度，也降低了查找时间。但是，其仍有一定的缺陷：缺少灵活性、不能反映现实世界中的多层关系。因此产生了多级目录结构。

多级目录结构，即树形目录结构，是两级目录结构的扩充。这种多层次的目录结构如同一棵倒置的树，主目录就是树根，称为根目录，每个树枝节点都是一个子目录，每片树叶描述的是一个文件。多级目录结构如图 8.27 所示。

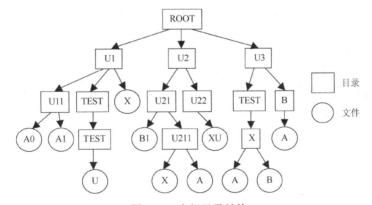

图 8.27 多级目录结构

例如，图 8.27 中共有三个用户目录，分别是 U1、U2 和 U3，用户目录 U1 下又包含两个子用户目录 U11 和 TEST，以及一个文件 X，其中每个子目录下又包含多个文件或相应的子目录。不同的子目录下可以有相同名称的文件，如 U1 下有一个文件 X，在用户 U2 的子目录 U21 下的子目录 U211 下也有个一名为 X 的文件。子目录也可以和父目录同名，如 U1 的子目录 TEST 下有一个和它同名的子目录 TEST。

3．路径名

在多级目录结构中，一个文件的全名包括从根目录开始到文件为止的通路上遇到的所有子目录路径。各子目录名之间用正斜线"/"（UNIX、Linux 操作系统中用正斜线"/"）或反斜线"\"（Windows

操作系统中用反斜线 "\"）隔开，其中子目录名组成的部分又被称为路径名。系统内的每个文件都有唯一的路径名。

由于一个进程在运行时所访问的文件大多局限于某个范围，因此当一个文件系统中含有许多级时，每访问一个文件要使用从根开始直到树叶（数据文件）为止的包含各中间节点（目录）的全路径名非常不便，会造成很多麻烦。因此，我们可以为每个进程设置一个当前目录，又被称为工作目录。进程对各文件的访问都相对于当前目录而进行。此时，文件所使用的路径从当前目录开始，逐级经过中间的目录文件，最后达到要访问的数据文件即可。

在引入当前目录后，路径名有两种形式：绝对路径名和相对路径名。

绝对路径名从根目录开始并给出路径上的目录名直到指定的文件；相对路径名从当前目录开始定义一个路径。

例如，若图 8.27 是 UNIX 操作系统中的一个目录结构，根目录 ROOT 可以记为 "/"，那么文件 A1 的绝对路径名就是 "/U1/U11/A1"；假定当前的工作目录，也就是当前目录是/U1，那么文件 A1 的相对路径名就是 "/U11/A1"。

为建立路径我们会使用的几个特殊符号，它们分别有着不同的含义。

"./" 代表目前所在的目录。

"../" 代表上一层目录。

在当前目录为/U1 的情况下，文件 B1 的相对路径名就是 "../U2/U21/B1"。

4．目录操作

对于目录而言，可以执行的操作包括创建目录、删除目录、改变目录、移动目录、链接（Link）、查找目录等。

不同的操作系统对删除目录有着不同的处理方法。例如，有的操作系统（如 DOS 操作系统）不允许删除非空目录，想要删除目录就要先删除目录下所有的子目录和文件，将目录变成一个空目录；更多的系统则允许删除非空目录，在删除目录时会将该目录下所有的子目录和文件一并删除（我们所熟悉的 Windows 操作系统就是这样的），这样做非常方便，但也比较危险，因为一个误删除操作就可能造成很严重的后果。

移动目录是指将文件或子目录在不同的父目录之间移动，这将改变文件的路径名。

在多级目录下，每个文件和子目录都只允许有一个父目录，这样不适合进行文件的共享。通过链接操作可以让指定文件具有多个父目录，从而方便了文件的共享。

当文件目录非常庞大时，要查找一个指定的文件是很困难的，因此操作系统支持以多种方式进行文件的查找，通常从根目录或当前目录位置开始顺序查找，在查找过程中可以采用精确匹配或局部匹配方法，我们称这种查找方法为目录的线性检索。在顺序查找的过程中，如果发现有一个文件分量名没有找到，则应立即停止查找，并返回 "文件未找到" 信息。例如，我们要在图 8.27 中查找 "/U2/U23/x"，从根目录 "/" 开始，先找文件分量名 "U2"，然后找 "/U2" 下的文件分量名 "U23"，但是 "U23" 不存在，所以要立即停止查找，并返回 "文件未找到" 信息。

8.6.3 文件管理的其他功能

1．文件共享

文件共享是指系统允许多个用户或进程共享同一个文件。文件共享不仅是完成共同任务的多个用户所必需的功能，而且可以避免同一个文件保存多个副本所造成的外存空间的浪费。

文件共享的方式有以下三种。

采用文件全名访问他人文件：直接通过文件目录找到他人文件。

基于有向无循环图实现文件共享：一个目录项直接用一个指针（或编号）指向另一个目录项以达到共享文件的目的，如图 8.28 所示。前文中提到的目录的链接操作就是用来实现文件共享的。

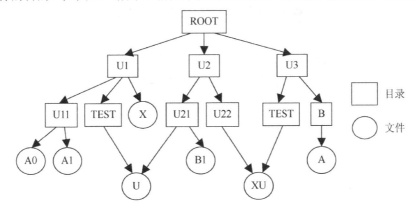

图 8.28　基于有向无循环图的文件共享

从图 8.28 中可以看出，同一个文件 U，有两个父目录，分别是"/U1/TEST"和"/U2/U21"，这样就实现了两个不同的用户 U1 和 U2 对同一个文件 U 的共享。同样的，图 8.28 中文件 XU 则是用户 U2 和 U3 共享的文件。

利用符号链接实现文件共享：用户 A 为了共享用户 B 的 Bboot 目录下的一个文件 f1.c，可以创建一个链接类型的新文件 x，新文件 x 中仅包含被链接文件 f1.c 的路径名。

2．文件的读/写管理和保护

文件的读/写管理是指根据用户的请求，检索文件目录，找到指定的文件位置，进而利用文件读/写指针从外存中读取数据或将数据写入外存。

文件保护是指在文件系统中设置有效的存取控制机制以防止系统中的文件被非法窃取和破坏，包括非法用户的非法存取、破坏，合法用户对文件的错误使用等。文件保护可以通过给不同的用户设置不同的文件访问权限等方式来实现。

3．文件存储空间的管理

文件存储空间的管理是指在系统中设置相应的数据结构，记录文件存储空间的使用情况，以便为每个文件分配其所需的外存空间，提高外存利用率，进而提高文件系统的存取速度。此外，还要进行空间回收。

8.7　用户接口

用户接口是操作系统提供给用户的方便使用操作系统的接口，也叫操作界面。通常，用户接口可以分成三类：图形用户接口、命令接口和程序接口。

图形用户接口采用了图形用户界面，用户可以通过移动鼠标选择菜单（或对话框）中的选项的方式完成对应用程序和文件的操作。大家比较熟悉的 Windows 操作系统使用的就是图形用户接口。

命令接口由一组键盘操作命令和命令解释程序组成，用户通过键入不同的命令，使计算机执行相应的命令解释程序，完成对作业的控制，直至作业完成。DOS 操作系统使用的就是命令接口。

程序接口是为用户程序在执行过程中访问系统资源而设置的，是用户程序取得操作系统服务的唯一途径，由一组系统调用组成，每个系统调用都是获得一个能完成特定功能的操作系统服务的唯一途径。

8.8 操作系统的分类

经过多年的发展，操作系统已发展出了多种类型，功能也相差很大，目前已经发展到能够适应各种不同的应用环境和硬件配置。操作系统按不同的分类标准可分为不同类型，如图 8.29 所示。

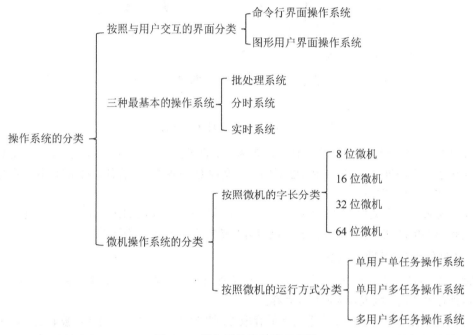

图 8.29　操作系统的分类示意图

1. 按照与用户交互的界面分类

（1）命令行界面操作系统。

在命令行界面操作系统中，用户只有在命令提示符（如 C:\>）后输入命令才能操作计算机。命令行界面操作系统的界面不友好，用户需要记忆各种命令，否则无法使用它。命令行界面操作系统有 DOS、Novell 等。

（2）图形用户界面操作系统。

图形用户界面操作系统采用图形用户界面，用非常容易识别的各种图形来将系统的各种功能、应用程序和文件直观、逼真地表示出来，用户无须记忆命令，可以通过移动鼠标选择菜单（或对话框）中的选项的方式取代命令的键入，以方便、快捷地完成对应用程序和文件的操作，交互性好，简单易学。常用的图形用户界面操作系统为 Windows。

2. 三种最基本的操作系统

三种最基本的操作系统是批处理系统、分时系统和实时系统。前文已对其进行了介绍，此处不再赘述。之后的操作系统都是在这三者的基础之上发展起来的。

3. 微机操作系统的分类

（1）按照微机的字长分类。

按照字长，可以将微机分为 8 位微机、16 位微机、32 位微机和 64 位微机。

（2）按照微机的运行方式分类。

按照运行方式，可以将微机分为单用户单任务操作系统、单用户多任务操作系统和多用户多任务操作系统三种。

① 单用户单任务操作系统。

单用户单任务操作系统是指只允许一个用户登录，并且一次仅允许用户程序作为一个任务运行的操作系统。简单来讲，就是只允许一个用户登录，并且这个用户一次只能提交一个任务给计算机执行。这是最简单的微机操作系统，主要配置在 8 位和 16 位微机上。这种操作系统的典型代表就是 Digital Research 公司的 CP/M 和微软公司的 DOS。

② 单用户多任务操作系统。

单用户多任务操作系统是指只允许一个用户登录，但允许用户程序分为多个任务并发运行，从而有效地改善操作系统性能的操作系统。换句话说，这种操作系统一次仅允许一个用户登录，但这个用户可以同时提交多个任务给计算机执行。目前，32 位和 64 位微机上配置的大部分都是单用户多任务操作系统。这种操作系统的典型代表就是微软公司的 Windows。从 Windows 3.0 开始，到之后的 Windows 95、Windows 98、Windows NT，一直到现在的 Windows 7、Windows 8、Windows 10，都属于单用户多任务操作系统。

③ 多用户多任务操作系统。

多用户多任务操作系统是指允许多个用户通过各自的终端同时登录同一台计算机，共享系统中的各种资源，而且每个用户程序又可进一步分为多个任务并发运行，从而进一步提高资源利用率和系统吞吐量的操作系统。在大、中、小型机中配置的大多数是多用户多任务操作系统，现在也有不少 32 位和 64 位微机中配置的是多用户多任务操作系统。这种操作系统的典型代表是 UNIX 和 Linux。

8.9　主流操作系统

8.9.1　Windows

Windows 是微软公司推出的一系列操作系统。

微软公司最早给 IBM 公司的 PC 做出了 DOS 操作系统，在 1983 年公布了其下一代操作系统——Windows 将为 IBM 公司的 PC 提供图形用户界面和多任务环境，并在 1985 年 11 月推出了第一个版本的 Windows 操作系统——Windows 1.0。早期的 Windows 操作系统是基 DOS 操作系统的，仅是 DOS 操作系统之下的桌面环境。20 世纪 80 年代末，微软公司聘请了原 DEC 公司的 David Cutler 来开发基于 UNIX 操作系统的 Windows NT。直到 1990 年微软公司推出 Windows 3.0 后，Windows 操作系统才逐渐被大家熟知，其后续版本逐渐发展成为 PC 和服务器用户设计的操作系统。Windows 操作系统以其图形用户界面和易用性等特点被广大的用户认可，并成为最受欢迎的 PC 操作系统之一。

Windows 操作系统采用了图形用户接口操作模式，比起从前的 DOS 操作系统更为人性化。Windows 操作系统是目前世界上使用最广泛的操作系统。随着 PC 硬件和软件系统的不断升级，Windows 操作系统也在不断升级，从 16 位、32 位操作系统发展到 64 位操作系统。从最初的 Windows 1.0 到大家熟知的 Windows XP、Windows 7、Windows 8、Windows 8.1、Windows 10 等，微软公司一直致力于 Windows

操作系统的开发和完善。

大卫·卡特勒（David Cutler）（见图 8.30）是一位传奇程序员，是 VMS 和 Windows NT 的首席设计师，被人们称为"操作系统天神"。他曾供职于杜邦、DEC 等公司，1988 年由比尔·盖茨招募到微软公司，他用了 5 年时间花费了 15 亿美元完成了 Windows NT 的开发，被称为"Windows NT 之父"。

图 8.30　大卫·卡特勒

8.9.2　UNIX

UNIX 操作系统最早由 Ken Thompson、Dennis Ritchie 和 Douglas Mcllroy 在贝尔实验室开发出来，从最初的 UNIX 的雏形 Unics 到不再用汇编语言编写，再到 Dennis Ritchie 将 B 语言改良成 C 语言，Ken Thompson 与 Dennis Ritchie 用 C 语言写出了 UNIX 3.0，UNIX 和 C 语言完美地结合成一个统一体。1975 年第 6 版（6th Edition）UNIX 发表，它在 UNIX 的发展史上具有里程碑式的意义。因为这是一款真正具有现代意义的操作系统，它几乎已经具备了现代（单机）操作系统的所有概念：进程、进程间通信、多用户、虚拟内存、系统的内核模式和用户模式、文件系统、中断（自陷）管理、I/O 设备管理、系统接口调用（API）、用户访问界面。1976 年对 UNIX 而言是革命性的一年，因为加利福尼亚大学伯克利分校推出了以第 6 版 UNIX 为基础，加上一些改进和新功能的 UNIX，开创了 UNIX 的另一个分支——BSD 系列。同时期，美国电话及电报公司（AT&T）将 UNIX 变成商业化的产品。1979 年推出来的 UNIX V.7 被广泛应用于多种小型机，是在程序员和计算机科学家中较为流行的操作系统。因此，在计算机历史上，UNIX 操作系统具有里程碑式的意义。UNIX 是一款非常强大的操作系统，经历了许多版本，目前它的商标权由国际开放标准组织所拥有，只有符合单一 UNIX 规范的 UNIX 操作系统才能使用 UNIX 这个名称，否则只能称为类 UNIX（UNIX-like）。

UNIX 是一款强大的多用户、多任务、可移植的操作系统，支持多种处理器架构，它被设计用来方便编程、文本处理、通信等。UNIX 中包含几百个简单的函数，但其组合在一起功能强大，可以完成任何可以想象的处理任务，而且非常灵活，可以用于单机系统、分时系统和客户机/服务器系统。

UNIX 操作系统由内核、命令解释器、标准工具和应用程序四部分组成。内核是其心脏，负责最基本的内存管理、进程管理、文件管理和设备管理；命令解释器是用户可见的部分，负责接收并解释命令；标准工具是 UNIX 标准程序，为用户提供支持过程；应用程序提供对系统的扩展能力。

UNIX 操作系统的特性如下。

（1）UNIX 操作系统主要用 C 语言而不是某种计算机系统的机器语言编写程序，这使得系统易读、易修改、易移植，可以不经较大改动就能很方便地从一个平台移植到另一个平台。

（2）UNIX 操作系统有一套功能强大的标准工具（命令），将它们组合起来能够解决许多问题，而这一工作在其他操作系统中则需要通过编程来实现。

（3）UNIX 操作系统本身就包含设备驱动程序，具有设备无关性，可以方便地配置运行设备。

现在，UNIX 操作系统已经扩展到人们生活中常用的手持设备的系统中，如苹果手机的 iOS。

丹尼斯·里奇（Dennis M. Ritchie）（见图 8.31），美国计算机科学家，对 C 语言和其他编程语言，以及 Multics 和 UNIX 等操作系统的发展做出了巨大贡献，被世人尊称为"无形之王的 C 语言之父""UNIX 之父"，是计算机及网络技术的奠基者，是为乔布斯等一众 IT 巨擘提供肩膀的巨人。丹尼斯·里奇曾担任贝尔实验室下属的计算机科学研究中心系统软件研究部的主任。1978 年与布莱恩·科尔尼干（Brian W. Kernighan）一起出版了名著 *The C Programming Language*（《C 程序设计语言》），此书已翻译成多种语言，被誉为 C 语言的圣经。2011 年 10 月 12 日（北京时间为 10 月 13 日），丹尼斯·里奇去世，享年 70 岁。

肯·汤普森（Kenneth Thompson）（见图 8.32），美国计算机科学家，C 语言的前身 B 语言的发明者，UNIX 的发明人之一（另一个人是丹尼斯·里奇），Belle（一个厉害的国际象棋程序）的发明者之一，操作系统 Plan 9 的主要发明者，被称为"UNIX 之父"，与丹尼斯·里奇同为 1983 年图灵奖得主。

图 8.31　丹尼斯·里奇

图 8.32　肯·汤普森

8.9.3　Linux

Linux 操作系统诞生于 1991 年 10 月 5 日（第一次正式向外公布的时间），是由赫尔辛基大学的在校大学生 Linus Torvadls 开发出来的，其初始内核与 UNIX 小子集相似。1997 年发布的 Linux 2.0 为商业操作系统，是一套可免费使用和自由传播的类 UNIX 操作系统。

Linux 操作系统由内核，系统库（一组被应用程序使用的函数，包括命令解释器，用于与内核交互），以及系统工具（使用系统库提供的服务，执行管理任务的各个程序）三部分组成。

Linux 操作系统有许多版本，它们都使用了 Linux 内核。Linux 内核可安装在各种硬件设备中，如手机、平板电脑、路由器、视频游戏控制台、台式计算机、大型计算机和超级计算机。严格来讲，Linux 这个词本身只表示 Linux 内核，但实际上人们已经习惯了用 Linux 来形容整个基于 Linux 内核，并且使用 GNU 工程各种工具和数据库的操作系统。

Linux 操作系统的基本思想有两点：第一，一切都是文件；第二，每个软件都有确定的用途。其中，第一点详细来讲就是系统中的所有东西都归结为文件，如命令、硬件和软件、操作系统、进程等对于操作系统内核而言，都被视为拥有各自特性或类型的文件。Linux 是一款免费的操作系统，用户可以通过网络或其他途径免费获得，并可以任意修改其源程序，这是其他的操作系统所做不到的。正是由于这一点，来自全世界的无数程序员参与了 Linux 的修改、编写工作，程序员可以根据自己的兴趣和灵感对其进行改变，这让 Linux 吸收了无数程序员知识的精华，不断壮大。同时，Linux

也是多用户、多任务、嵌入式操作系统，支持多处理机技术，可以运行在掌上电脑、机顶盒或游戏机上。

现在，Linux 操作系统已经扩展到移动手持设备中，我们比较熟悉的 Android 就是基于 Linux 的手机操作系统。

图 8.33　林纳斯·本纳第克特·托瓦兹

林纳斯·本纳第克特·托瓦兹（Linus Benedict Torvalds），芬兰赫尔辛基人，著名的计算机程序员，Linux 内核的发明人，毕业于赫尔辛基大学计算机系，1997 年至 2003 年在美国加利福尼亚州硅谷任职于全美达公司（Transmeta Corporation），现受聘于开放源代码开发实验室（Open Source Development Labs，OSDL），致力于开发 Linux 内核，被称为"Linux 之父"。因为成功地开发了 Linux 内核，托瓦兹获得了 2014 年计算机先驱奖（For pioneering development of the Linux kernel using the open-source approach）。他的获奖创造了计算机先驱奖历史上的多个第一：第一次授予一位芬兰人；第一次授予一位"60 后"；获奖成果是在学生时期取得的。

8.9.4　macOS

macOS 是一款运行于苹果 Mac 系列计算机的操作系统，是首个在商用领域获得成功的图形用户界面操作系统。

macOS 是由苹果公司自行开发的基于 XNU 混合内核的图形用户界面操作系统，是苹果机专用系统，一般情况下在普通 PC 上无法安装。macOS 的许多特点和服务都体现出了苹果公司的理念。另外，疯狂肆虐的计算机病毒几乎都是针对 Windows 操作系统的，由于 macOS 的架构与 Windows 的架构不同，所以很少受到计算机病毒的袭击。

macOS 操作系统的界面非常独特，突出了形象的图标和人机对话功能。苹果公司不仅自己开发软件系统，还开发硬件。2020 年 06 月 23 日，在 2020 年苹果全球开发者大会上，苹果公司正式发布了 macOS 的下一个版本——macOS 11.0，正式称为 macOS Big Sur，该版本使用了新的界面设计，增加了 Safari 浏览器的翻译功能等。

8.10　我国自主研发之路

8.10.1　国产操作系统的发展历程

信息安全一直是国家安全的重点，在互联网时代，网络安全成为信息安全的重要条件，操作系统安全作为网络安全的基础保障，时刻影响着信息安全。自主可控操作系统是信息安全的基础保障。

国产操作系统的发展史可以追溯到 20 世纪 60 年代，1965 年中国第一台百万次集成电路计算机"DJS-2"型操作系统编制完成，之后在石油勘探领域成功应用，从此开启了中国研发自己的操作系统的道路。在国产操作系统发展史上，具有标志性意义的事件如下。

1973 年，杨芙清主持研制成功我国第一台百万次集成电路电子计算机操作系统——150 机操作系统，这是由杨芙清院士主持研发的我国第一个多道运行操作系统。

1978 年，国防科技大学开发了 GX73 多机实时操作系统，并于 1980 年将其应用于远望一号航天测量船。

1979 年，中国引进 UNIX 操作系统，开始了以 UNIX 为基础的操作系统研发工作。

1983 年，国防科技大学开发了"银河"-1YHOS 矩形操作系统，并将其应用于 YH-1、YH-2 超级计算机。

为满足国家信息产业及信息安全的需要，中国计算机软件与技术服务总公司历时近十年于 1998 年开发完成了一款以 UNIX 为基础的操作系统——COSIX 操作系统，该系统为国产操作系统的研发打下了基础，具有举足轻重的意义。

20 世纪 90 年代末，Linux 凭借可靠、开源、功能强大等特性迅速发展，迅速抢夺了 UNIX 的大批市场。1999 年对于中国甚至全球的操作系统界来说是不平凡的一年，那一年，中国诞生了红旗 Linux、冲浪 Linux、蓝点 Linux、中软 Linux 等诸多优秀的国产操作系统，这是国产操作系统对国际龙头操作系统发起的一次挑战，也是响应中国科学院院士倪光南的"中国必须拥有自主知识产权的软件操作系统"的认识的一次创举。中国操作系统本土化就始于 20 世纪末，并多以 UNIX/Linux 为基础进行二次开发。

2001 年，国家联合产业界与学界，推出了最早的商业闭源操作系统——麒麟操作系统（Kylin OS），打响了国产操作系统的第一枪。在北京市正版化软件采购中，国产 Linux 桌面版操作系统一举中标并成功进入北京市 44 个政府部门。

2006 年，正版化运动加速了 Linux 普及，国内外部分计算机厂商开始选择国产 Linux 操作系统。

2008 年 10 月，微软公司对盗版 Windows 用户进行"黑屏"警告，我国大量的计算机用户将目光转移到 Linux 操作系统上，国产 Linux 操作系统进一步引起了用户关注。

2010 年 12 月，银河麒麟与中标 Linux 在上海正式宣布合并，以"中标麒麟"新品牌统一出现在市场上，并开发军民两用操作系统。

2013 年冬，由倪光南院士作为发起人，成立了中国智能终端操作系统产业联盟。

2014 年 1 月，中国科学院发布了覆盖 PC、智慧终端等平台的国产操作系统 COS。

2014 年 2 月，中央网络安全和信息化领导小组宣告成立，预示着信息安全上升至国家高度，国产操作系统再次迎来发展曙光，从 2014 年 9 月一直到 2014 年年底，中国智能终端操作系统产业联盟成员单位的新版操作系统相继发布。

目前，国产操作系统是以 Linux 为基础二次开发的操作系统，国内暂且还没有独立开发系统。Linux 只是提供了一个系统内核，其一大特性就是源程序完全公开，并且可以任意修改，在此基础上研发的操作系统不但具有较强的创新性，还杜绝了留有"后门"的隐患。

2019 年 8 月 9 日，华为在东莞举行华为开发者大会，正式发布手机操作系统——鸿蒙操作系统。

我国国产操作系统进入了快速发展阶段，但由于与国外厂商存在技术上的差距，国内操作系统开发公司普遍规模较小，开发力量分散，国内用户对国产操作系统不了解、使用不习惯、缺乏信心等原因，导致国产操作系统的生态圈一直未能有效建立，影响了国产操作系统的发展。

在中国工程院多位院士的倡导下，由中国电子信息产业集团有限公司、中国电子科技集团有限公司、中国软件行业协会等企业和机构共同组成了中国智能终端操作系统产业联盟，完成了包括国产芯片和固件、国产品牌整机、国产数据库、国产中间件、国产办公应用软件、国产杀毒软件、国产浏览器、国产影音播放软件、桌面和服务器操作系统软件在内的国产一体化软/硬件研发，兼顾机构和个人市场，适用于电信、金融、政府等企业级关键应用，改变了国产操作系统缺乏软件和硬件支持的尴尬状况。

如今，国产操作系统的发展取得了一定的成绩，在我国民生及信息相关领域，包括国防、金融、政府、教育等众多领域得到了广泛的应用。目前，芯片、大数据、操作系统等高端产业在国家的大力扶持下加快发展进程，我国操作系统产业将迎接更大的机遇与挑战。随着互联网的进一步发展及 5G 的商用，未来将有越来越多的智能终端设备，因此可以无缝衔接智能终端设备、安全可靠的操作系统必然有极大的发展优势。

8.10.2　主流国产操作系统

经过几十年的发展，我国先后出现了很多款国产操作系统，本节仅简单介绍几款主流国产操作系统。

1. 红旗 Linux

红旗 Linux 是由北京中科红旗软件技术有限公司开发的一系列 Linux 发行版，包括桌面版、工作站版、数据中心服务器版、HA 集群版和红旗嵌入式 Linux 等。红旗 Linux 是我国较大、较成熟的 Linux 发行版之一，2014 年北京中科红旗软件技术有限公司被五甲万京信息产业集团收购。

红旗 Linux 桌面产品（个人版操作系统）路线图如下。

2006 年 3 月，红旗 Linux 桌面版 5.0 商业发布。

2007 年 9 月，红旗 Linux 桌面版 6.0 商业发布。

2008 年 8 月，红旗 Linux 桌面版 7.0 奥运预览版。

2009 年 5 月，红旗 inMini 2009 版商业发布，这是第一个面向移动终端、笔记本电脑等的桌面系统。

2009 年 6 月，红旗 Linux 桌面版 7.0 研测后期发现重大产品设计缺陷，取消商业发布及推广，转入开源社区管理模式维护更新。

2009 年 9 月，红旗 Linux 桌面版 6.0 SP1 商业发布，广泛应用于 OEM 及政府采购。

2010 年 1 月，红旗 Linux 桌面版 6.0 SP2 商业发布，广泛应用于 OEM 及政府采购。

2010 年 3 月，红旗 inMini 2010 版商业发布，同时确定红旗桌面新版本研测计划，并对应新命名为"红旗 inWise 操作系统 v8.0"。

2010 年 7 月，红旗 Linux 桌面版 6.0 SP3 商业发布，集成部分核高基课题成果，广泛应用于 OEM 及政府采购等项目。

2012 年 7 月，红旗 inWise 操作系统 v8.0 商业预发布，开始进入 OEM 定制项目应用。

2013 年 4 月，红旗 inWise 操作系统 v8.0 正式发布。

2014 年 2 月 10 日，北京中科红旗软件技术有限公司贴出清算公告，宣布公司正式解散，同年被五甲万京信息产业集团收购。

2019 年 1 月，中科红旗（北京）信息科技有限公司成立。

2019 年 9 月，中科红旗（北京）信息科技有限公司亮相中国国际数字和软件服务交易会，全新操作系统版本 Asianux 8、Redflag Desktop10 全国首发。

2021 年 1 月，中科红旗（北京）信息科技有限公司发布全新红旗 Linux 桌面操作系统 V11.0 社区预览版，并于 2021 年 1 月 10 日开放下载。

2. 中标麒麟

2010 年 12 月 16 日，两大国产操作系统——中标 Linux 和银河麒麟在上海宣布合并，此后以"中标麒麟"新品牌统一出现在市场上，并将开发军民两用操作系统。两大操作系统的开发方中标软件有限公司和国防科技大学同日缔结了战略合作协议，双方今后将共同开发操作系统，共同成立操作系统研发中心，共同开拓市场，并将在"中标麒麟"的统一品牌下发布统一的操作系统产品。

中标麒麟操作系统采用强化的 Linux 内核，分成桌面版、通用版、高级版和安全版等，以满足不同客户的要求，已经广泛使用在能源、金融、交通等领域。中标麒麟增强安全操作系统采用银河麒麟 KACF 强制访问控制框架和 RBA 角色权限管理机制，支持以模块化方式实现安全策略，提供多种访问控制策略的统一平台，是一款真正超越"多权分立"的 B2 级结构化保护操作系统产品。

3．深度操作系统

深度操作系统（deepin，原名为 Linux Deepin）是由武汉深之度科技有限公司在 Debian 基础上开发的 Linux 操作系统，其前身是 Hiweed Linux 操作系统，于 2004 年 2 月 28 日开始对外发行，可以安装在 PC 和服务器中。

深度操作系统是基于 Linux 内核，以桌面应用为主的开源 GNU/Linux 操作系统，操作系统内部集成了 deepin Desktop Environment（深度桌面环境），并支持 deepin store、deepin Music、deepin Movie 等第一方应用软件，支持笔记本电脑、台式机和一体机。深度操作系统包含深度桌面环境和近 30 款深度原创应用，以及数款来自开源社区的应用软件，支撑广大用户日常的学习和工作。另外，通过深度商店还能够获得近千款应用软件的支持，满足对操作系统的扩展需求。深度操作系统由专业的操作系统研发团队和深度技术社区共同打造，其名称来自深度技术社区名称"deepin"一词，意思是对人生和未来的深刻追求和探索。

深度操作系统是中国第一个具备国际影响力的 Linux 发行版本，截至 2019 年 7 月 25 日，深度操作系统支持 33 种语言，用户遍布除南极洲之外的六大洲。深度桌面环境和大量的应用软件被移植到包括 Fedora、Ubuntu、Arch 等在内十余个国际 Linux 发行版和社区，在开源操作系统统计网站 DistroWatch 上，deepin 长期位于世界前十。

2019 年，华为开始销售预装 deepin 操作系统的笔记本电脑。

2020 年，武汉深之度科技有限公司正式发布了 deepin v20 版本，底层仓库升级到 Debian 10.5，系统安装则采用了 Kernel 5.4 和 Kernel 5.7 双内核机制，同时用户操作界面也得到了大幅度的调整。

4．统一操作系统

统一操作系统（UOS）由统信软件技术有限公司开发，该公司由国内多家长期从事操作系统研发的核心企业参与筹建。

2019 年 10 月 23 日，UOS 正式上线，并发布了对外测试和开放计划。

2019 年 12 月，UOS 完成与升腾高拍仪的兼容性适配。

2019 年 12 月 UOS 完成与北京和信创天科技有限公司产品的兼容性适配，北京和信创天科技有限公司是做桌面虚拟化产品的公司。

2019 年 12 月，UOS 完成与国产龙芯 3A4000 系列芯片的兼容性适配。

2019 年 12 月，UOS 完成与永中 Office 办公软件的兼容性适配。

2020 年 1 月，UOS 完成与杭州晟元数据安全技术股份有限公司产品的兼容性适配，现已支持一键指纹解锁。

2020 年 1 月，UOS 完成与锐捷桌面整机 RG-CT7800 的兼容性适配，可支持 4K 视频播放，满足办公和图形软件的性能要求。

2020 年 1 月，UOS 完成与中望 CAD Linux 预装版的兼容性适配。

2020 年 1 月，UOS 完成与数科 OFD 软件产品的兼容性适配。

2020 年 1 月，UOS 完成与立思辰系列硬件产品（如复印机、打印机等）的兼容性适配。

5．鸿蒙操作系统

2019 年 8 月 9 日，华为在广东东莞举办了史上规模最大的一次全球开发大会。在这场华为 600

名技术专家和来自全球的 6000 名开发者出席的大会上，华为正式发布了基于微内核、面向全场景的分布式操作系统——鸿蒙操作系统（HarmonyOS）。

鸿蒙操作系统和 Android、iOS 都不一样，是一款全新的基于微内核、面向全场景的分布式操作系统，旨在创造一个超级虚拟终端互联的世界，将人、设备、场景有机地联系在一起，使消费者在全场景生活中接触的多种智能终端实现极速发现、极速连接、硬件互助、资源共享，用最合适的设备提供最佳的场景体验，满足全场景流畅体验、架构级可信安全、跨终端无缝协同及一次开发多终端部署的要求。同时，鸿蒙操作系统具备分布式软总线、分布式数据管理和分布式安全三大核心能力。

鸿蒙操作系统发展历程如下。

2012 年，华为开始规划自有操作系统。

2019 年 5 月 24 日，国家知识产权局商标局网站显示，华为已申请"华为鸿蒙"商标，申请日期是 2018 年 8 月 24 日，注册公告日期是 2019 年 5 月 14 日，专用权限期是从 2019 年 5 月 14 日到 2029 年 5 月 13 日。

2019 年 5 月 17 日，由任正非领导的华为操作系统团队开发出自主产权操作系统——鸿蒙操作系统。

2019 年 8 月 9 日，华为正式发布鸿蒙操作系统，鸿蒙操作系统实行开源。

2020 年 9 月 10 日，鸿蒙操作系统升级至 2.0 版本，即 HarmonyOS 2.0，并面向 128KB～128MB 终端设备开源。

2020 年 12 月 16 日，华为正式发布了 HarmonyOS 2.0 手机开发者 Beta 版本，至 2020 年已有美的产品、九阳产品、老板电器产品、海雀科技产品搭载鸿蒙操作系统。

2021 年 2 月 22 日，华为正式宣布 HarmonyOS 将于 4 月上线，华为 Mate X2 将实现首批升级。

2021 年 3 月，华为表示 2021 年搭载鸿蒙操作系统的物联网设备（如手机、Pad、手表、智慧屏、音箱等）有望达到 3 亿台，其中手机将超过 2 亿台，将力争让鸿蒙生态的市场份额达到 16%。

8.11　操作系统未来发展趋势

随着计算机不断普及，操作系统的功能变得越来越复杂。在这种趋势下，操作系统的发展将面临两个方向的选择：一是向微内核方向发展；二是向大而全的全方位方向发展。微内核操作系统虽然有不少人在研究，但在工业界获得的承认并不多。这方面的代表是 MACH 系统。在工业领域，操作系统向着多功能、全方位方向发展。鉴于大而全的操作系统管理起来比较复杂，现代操作系统采取的都是模块化的管理方式，即一个小的内核加上模块化的外围管理功能。

例如，Solaris 将操作系统划分为内核和可装入模块两部分。其中，内核分为系统调用、调度、内存管理、进程管理、VFS 框架、内核锁定、时钟和计时器、中断管理、引导和启动、陷阱管理、CPU 管理；可装入模块分为调度类、文件系统、可加载系统调用、可执行文件格式、流模块、设备和总线驱动程序等。

Windows 将操作系统划分成内核、执行体、视窗和图形驱动及可装入模块。其中，执行体又分为 I/O 管理、文件系统缓存、对象管理、热插拔管理器、能源管理器、安全监视器、虚拟内存、进程与线程、配置管理器、本地过程调用等。Windows 还在用户层设置了数十个功能模块，可谓功能繁多、结构复杂。

进入 21 世纪以来，操作系统发展的一个新动态是虚拟化技术和云操作系统出现。虚拟化技术和云操作系统虽然听上去有点不易理解，其实它们只不过是传统操作系统和分布式操作系统的延伸和深化。虚拟化技术扩展的是传统操作系统，将传统操作系统提供的一个虚拟机变成多个虚拟机，从而同时运行多个传统操作系统。云操作系统扩展的是分布式操作系统，这种扩展有两层意思：分布式范围的扩展和分布式从同源到异源的扩展。虚拟化技术带来的最大的好处是闲置计算资源的利用，云操作系统带来的最大的好处是分散的计算资源整合和同化。

操作系统的另一个研究方向侧重于专用于某种特定任务的设备，如医疗设备、车载电子设备等。这些设备中的操作系统称为嵌入式系统。嵌入式系统通常能够节省电池电量、严格满足实时截止时间、在很少人或完全没有人监管下连续工作。其中，有代表性的成功系统有 Wind River 系统公司开发的 VxWORKS，该系统在被称为"精神与机会"的火星探索旅程中发挥了作用；微软公司开发的 Windows CE（Pocket PC）；PalmSource 公司开发的面向手持设备的 Palm OS。

8.12　小结

本章从操作系统在计算机系统中的地位开始，给出了操作系统的定义，介绍了计算机操作系统的发展过程，并详细说明了引入多道程序设计技术后的现代操作系统所具有的功能，最后对现在主流的操作系统和操作系统未来的发展趋势做了介绍。通过本章的学习，学生能对操作系统有更深入的认识，能够了解操作系统的发展过程，熟练掌握操作系统的定义、特征和功能，并对现在主流的操作系统、国产操作系统的发展过程和操作系统未来的发展趋势有更系统、更直观、更全面的认识。此外，学生可以更加清楚地了解操作系统的功能及这些功能的具体实现方式，有利于后期方便地利用操作系统使用计算机资源，并利用操作系统内核所提供的强大功能进行大型项目的设计、开发和实现。

习题 8

一、选择题

1. （　　）不是基本的操作系统。

    A．批处理系统　　　　　　　　　　　B．分时系统

    C．实时系统　　　　　　　　　　　　D．网络操作系统

2. （　　）不是分时系统的基本特征。

    A．同时性　　　　　　　　　　　　　B．独立性

    C．实时性　　　　　　　　　　　　　D．交互性

3. 进程所请求的一次打印输出结束后，将使进程状态从（　　）。

    A．执行状态变为就绪状态　　　　　　B．执行状态变为阻塞状态

    C．就绪状态变为执行状态　　　　　　D．阻塞状态变为就绪状态

4. 临界区是指并发进程中访问共享变量的（　　）段。

    A．管理信息　　　B．信息存储　　　C．数据　　　　D．程序

5. 操作系统是一种（　　）。

    A．通用软件　　　　　　　　　　　　B．系统软件

    C．应用软件　　　　　　　　　　　　D．软件包

6. 在下列选择中，（　　）不是操作系统关心的主要问题。

    A．管理计算机裸机

    B．设计、提供用户程序与计算机硬件系统的界面

C. 管理计算机系统资源

D. 高级程序设计语言的编译器

7. 操作系统的（　　）管理部分负责对进程进行调度。

A. 主存储器　　　　　　　　　　B. 控制器

C. 运算器　　　　　　　　　　　D. 处理机

8. 操作系统是对（　　）进行管理的软件。

A. 软件　　　　　　　　　　　　B. 硬件

C. 计算机资源　　　　　　　　　D. 应用程序

9. 从用户的观点看，操作系统是（　　）。

A. 用户与计算机之间的接口

B. 控制和管理计算机资源的软件

C. 合理地组织计算机工作流程的软件

D. 由若干层次的程序按一定的结构组成的

10. 操作系统的功能是进行处理机管理、（　　）管理、设备管理及信息管理。

A. 进程　　　　　　　　　　　　B. 存储器

C. 硬件　　　　　　　　　　　　D. 软件

11. 操作系统中采用多道程序设计技术提高 CPU 和 I/O 设备的（　　）。

A. 利用率　　　　　　　　　　　B. 可靠性

C. 稳定性　　　　　　　　　　　D. 兼容性

12. 现代操作系统具有并发性和共享性，是由（　　）的引入而导致的。

A. 单道程序　　　B. 磁盘　　　C. 对象　　　　D. 多道程序

13. 操作系统是现代计算机系统不可缺少的组成部分，是为了提高计算机的（　　）和方便用户使用计算机而配备的一种系统软件。

A. 速度　　　　　　　　　　　　B. 利用率

C. 灵活性　　　　　　　　　　　D. 兼容性

14. 操作系统的基本类型主要有（　　）。

A. 批处理系统、分时系统及多任务系统

B. 实时系统、批处理系统及分时系统

C. 单用户系统、多用户系统及批处理系统

D. 实时系统、分时系统和多用户系统

15. （　　）不是多道程序系统。

A. 单用户单任务系统　　　　　　B. 多道批处理系统

C. 单用户多任务系统　　　　　　D. 多用户分时系统

16. Windows 是（　　）操作系统。

A. 多用户分时　　　　　　　　　B. 批处理系统

C. 单用户多任务　　　　　　　　D. 单用户单任务

17. 当（　　）时，进程从执行状态转变为就绪状态。

A. 进程被调度程序选中　　　　　B. 时间片到

C. 等待某一事件　　　　　　　　D. 等待的事件发生

18. 在进程状态转换时，下列（　　）转换是不可能发生的。

A. 就绪状态→运行状态　　　　　B. 执行状态→就绪状态

C. 执行状态→阻塞状态　　　　　D. 阻塞状态→执行状态

19．把逻辑地址转换成物理地址称为（　　　）。

　　A．地址分配　　　　　B．地址映射　　　　C．地址保护　　　　D．地址越界

20．实现虚拟存储的目的是（　　　）。

　　A．实现存储保护　　　　　　　　　B．事项程序浮动

　　C．扩充辅存容量　　　　　　　　　D．扩充主存容量

二、简答题

1．简述操作系统的地位。

2．解释下列名词：操作系统、并发、并行、程序、作业、进程、死锁。

3．简述分时系统和实时系统的异同点。

4．操作系统用户接口的作用是什么？有几类用户接口？

5．单道程序和多道程序有什么区别？

6．分页存储管理和分区存储管理有什么区别？

7．程序和进程有什么区别？

8．简述进程的三种基本状，并画图说明三种基本状态之间的变迁关系。

9．死锁产生的必要条件是什么？

10．什么是设备的独立性？设备具有独立性有什么好处？

11．微机操作系统被分成哪几类？典型的代表是哪个？

12．磁盘的访问时间由哪几部分构成？

13．文件管理中为什么要引入目录管理？

14．文件的绝对路径名和相对路径名分别指什么？

15．UNIX 操作系统有什么样的特点？

第 9 章

数据库基础

到 21 世纪，信息逐渐成为经济发展的战略资源，信息技术已成为社会生产力的重要组成部分。人们充分认识到，数据库是信息化社会中信息资源管理与开发利用的基础。对于一个国家来说，数据库的建设规模和使用水平已成为衡量该国信息化程度的重要标志。数据库技术发展迅速，已形成较为完整的理论体系和一大批实用系统，现已成为计算机软件领域的一个重要分支。

通过本章的学习，学生能够：

（1）理解为什么要学习数据库；

（2）掌握数据库的基本概念；

（3）掌握数据库系统的基本组成；

（4）掌握数据库系统的基本原理和数据模型的基本概念；

（5）了解数据库设计流程及基本的结构化查询语言；

（6）了解国产数据库与我国数据库的自主创新之路。

9.1　数据库技术概述

9.1.1　初识数据库

学好编程必须学好数据库，这是为什么？数据库是用来干什么的？

首先，数据库就是存放数据的仓库；其次，并非所有计算机程序都需要用到数据库，但是如果你希望你的程序能对大量数据进行存储、整理、分析等，就需要设计数据库。

例如，需要对如图 9.1 所示的 Excel 里面的学生数据进行管理。

	A	B	C	D	E	F	G	H
1	学号	姓名	性别	所在系	系主任姓名	课程名称	课程学分	成绩
2	S1	张海	男	计算机系	王大力	高等数学	4	95
3	S1	张海	男	计算机系	王大力	大学英语	3	92
4	S2	王小红	女	信息管理系	李小康	高等数学	4	93
5	S2	王小红	女	信息管理系	李小康	大学英语	3	90
6	S3	刘晨	男	通信工程系	李勇	计算机文化学	2	96
7	S4	刘敏	女	通信工程系	李勇	数据库原理	4	88

图 9.1　学生数据

接下来，模拟做以下几件事情。

添加新学生：如果学生资料齐全，那么添加学生信息比较轻松，在这个过程中会发现系主任姓名重复出现，出现的次数与该系学生数量相同。

更改计算机系的系主任：需要修改计算机系所有学生所对应的系主任姓名。

删除通信工程系学生信息：假设通信工程系的学生毕业了，在删除通信工程系学生信息的同时通信工程系的系主任信息也被删除了。

当然，在数据量少的情况下这些其实不是大问题，但是如果这个表中的信息有成千上万条，甚至更多，问题就严重了，并且无法保证不会重复添加信息。

这些问题应该如何解决呢？采用关系数据库就可以轻松解决这些问题。为此，我们要好好学习数据库基础。

9.1.2　数据库的基本概念

数据（Data）：描述事物的符号记录称为数据。数据的种类有数字、文字、图形、图像、声音等。在现代计算机系统中，数据的概念是广义的。早期的计算机系统主要用于科学计算，处理的数据是整数、浮点数等传统数学中的数据。现代计算机能存储和处理的对象十分广泛，表示这些对象的数据也越来越复杂。数据与其语义是不可分的，意思是数据都有其含义，如一个整数 50，它可以代表年龄，也可以代表人数等。

数据库（Database，DB）：数据库是长期储存在计算机内的、有组织的、可共享的数据集合。数据库中的数据按一定的数据模型组织、描述和储存，具有较小的冗余度、较高的数据独立性和易扩展性，并且可为各种用户所共享。

数据库系统（Database System，DBS）：数据库系统是在计算机系统中引入数据库后构成的系统，一般由数据库、数据库管理系统、数据库应用程序、用户构成。这里要注意，数据库系统和数据库是两个概念。数据库系统是一个人机系统，而数据库是数据库系统的一个组成部分。但是在日常工作中人们常常把数据库系统简称为数据库。希望读者能够从文章的上下文中区分数据库系统和数据库，不要混淆。

数据库管理系统（Database Management System，DBMS）：数据库管理系统是位于用户与操作系统之间的一层数据管理软件，用于科学地组织和存储数据、高效地获取和维护数据。数据库管理系统的主要功能包括数据定义、数据操纵、数据库运行管理、数据库的建立和维护。数据库管理系统是一个大型、复杂的软件系统，是计算机中的基础软件。目前，专门研制数据库管理系统的厂商及其研制的数据库管理系统产品很多。

数据库管理系统是数据库系统的核心。数据库管理系统是负责数据库的建立、使用和维护的软件。数据库管理系统建立在操作系统之上，实施对数据库的统一管理和控制。用户使用各种数据库命令及应用程序的执行，最终都必须通过数据库管理系统实现。另外，数据库管理系统还承担着数据库的安全保护工作，并且要保证数据库的完整性和安全性。数据库管理系统的主要功能包括以下几个主要方面。

1．数据定义

数据库管理系统通过提供数据定义语言（Data Definition Language，DDL）来对外模式、模式和内模式加以描述。然后模式翻译程序把用 DDL 编写的各种模式的定义源代码翻译成相应的内部表示，形成相应的目标模式，分别称为目标外模式、目标模式、目标内模式，这些目标模式是对数据库的描述，而不是数据本身。这些目标模式只刻画了数据库的形式或框架，而未刻画数据库的内容。这些目标模式被保存在数据字典（或系统目标）中，作为数据库管理系统存取和管理数据的基本依据。例如，数据库管理系统根据这些目标模式定义，进行物理结构和逻辑结构的映象，以及逻辑结构和用户视图的映象，以导出用户要检索的数据的存取方式。

2. 数据操纵

数据库管理系统提供数据操纵语言（Data Manipulation Language，DML）以实现对数据库中数据的一些基本操作，如检索、插入、修改、删除和排序等。DML 有两类：一类是嵌入到主语言中的，如嵌入到 C 或其他高级语言中的，这类 DML 本身不能单独使用，故称为宿主型或嵌入式 DML。另一类是非嵌入式语言（包括交互式命令语言和结构化语言），其语法简单，可以独立使用，由单独的解释或编译系统来执行，所以一般称为自主型或自含型 DML。

命令语言是行结构语言，单条执行；结构化语言是命令语言的扩充和发展，增加了程序结构描述或过程控制功能，如循环、分支等功能。命令语言一般逐条解释执行；结构化语言可以解释执行，也可以编译执行。现在数据库管理系统一般均提供命令语言的交互式环境和结构环境两种运行方式，供用户选择。

数据库管理系统控制和执行 DML 语句（或 DML 程序），完成对数据库的操作。对于自主型的结构化 DML，数据库管理系统通常采用解释执行的方法，但也会采用编译执行的方法，而且编译执行的方法采用得越来越多。另外，很多系统同时设有解释和编译两种功能，由用户任选其一。对于宿主型或嵌入式 DML，数据库管理系统提供两种方法：①预编译法；②修改和扩充主语言编译程序法（又被称为增强编译法）。其中，预编译法是指由数据库管理系统提供一个预处理程序，对源程序进行语法扫描，识别出 DML 语句，并把这些语句转换成主语言中的特殊调用语句。

3. 数据库运行管理

数据库运行期间的动态管理是数据库管理系统的核心功能，包括并发控制、存取控制（或安全性检查、完整性约束条件的检查）、数据库内部的维护（如索引、数据字典的自动维护等）、缓冲区大小的设置等。所有的数据库操作都是在数据库运行管理下完成的，以确保事务处理的正常运行，保证数据库的正确性、安全性和有效性。

4. 数据库的建立和维护

数据库的建立和维护包括初始数据的装入、数据库的转储或后备、数据库恢复、数据库的重组织和性能分析等，这些功能一般都由各自对应的实用功能子程序来完成。数据库管理系统随软件产品和版本不同而有所差异。但是，目前由于硬件性能的改进，数据库管理系统的功能越来越全。

9.1.3 数据库技术的发展

数据管理是利用计算机硬件和软件技术对数据进行有效的收集、存储、处理和应用的过程。其目的在于充分、有效地发挥数据的作用。随着计算机技术的发展，数据管理经历了人工管理、文件系统、数据库管理三个发展阶段。

1. 人工管理阶段

人工管理阶段主要是指 20 世纪 50 年代中期以前，此时的计算机还很简陋，连完整的操作系统都没有，只有汇编语言，尚无数据管理方面的软件。因此，数据只能放在卡片或其他介质（纸带、磁带）上，由人来进行手工管理。数据处理方式基本是批处理。人工管理阶段的数据管理有以下几个特点。

（1）计算机系统不提供对用户数据的管理功能。用户在编制程序时，必须全面考虑相关的数据，包括数据的定义、存储结构及存取方法等。程序和数据是一个不可分割的整体。数据脱离了程序就无任何存在的价值，数据无独立性。人工管理阶段应用程序与数据集之间的对应关系如图 9.2 所示。

图 9.2　人工管理阶段应用程序与数据集之间的对应关系

（2）数据不能共享。不同的应用程序均有各自的数据集，这些数据集对不同的程序来说通常是不相同的，不可共享，即使不同的应用程序使用了相同的一组数据，这些数据也不能共享，程序中仍然需要各自加入这组数据，谁也不能省略。这种数据的不可共享性必然导致应用程序与应用程序之间存在大量的重复数据，浪费了存储空间。

（3）不单独保存数据。数据与程序是一个整体，数据只为本程序所使用，数据只有与相应的程序一起保存才有价值，否则就毫无用处。所以，所有程序的数据均不单独保存。

2．文件系统阶段

文件系统阶段主要是指 20 世纪 50 年代后期到 20 世纪 60 年代中期的这段时间，此时的计算机已经有了操作系统，不仅用于科学计算，还用于信息管理。在操作系统基础之上建立的文件系统已经成熟并被广泛应用。随着数据量的增加，数据的存储、检索和维护问题急需解决，数据结构和数据管理技术迅速发展起来。此时，外存已有磁盘、磁鼓等直接存取的存储设备；软件领域出现了操作系统和高级软件。因此，人们自然地想到用文件把大量的数据存储在磁盘这种介质中，以实现对数据的永久保存和自动管理及维护。操作系统中的文件系统是专门管理外存的数据管理软件，文件是操作系统管理的重要资源之一。数据处理方式有批处理和联机实时处理两种。文件系统阶段的数据管理有以下几个特点。

（1）数据可以文件形式长期保存在磁盘中。由于计算机的应用转向信息管理，因此需要对文件进行大量的查询、修改和插入等操作。

（2）数据的逻辑结构与物理结构有了区别，但比较简单。程序与数据之间具有设备独立性，即程序只需用文件名就可与数据打交道，不必关心数据的物理位置。由操作系统的文件系统提供存取方法。

（3）文件组织多样化，有索引文件、链接文件和直接存取文件等。但是文件之间相互独立、缺乏联系。数据之间的联系要通过程序去构造。

（4）数据不再属于某个特定的程序，可以重复使用，即数据面向应用。文件系统阶段应用程序与数据集之间的对应关系如图 9.3 所示。但是文件结构的设计仍然基于特定的用途，程序基于特定的物理结构和存取方法，因此程序与数据结构之间的依赖关系并未根本改变。

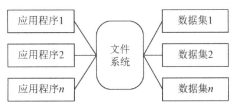

图 9.3　文件系统阶段应用程序与数据集之间的对应关系

在文件系统阶段，对数据的操作以记录为单位。这是因为文件中只存储数据，不存储文件记录的结构描述信息。文件的建立、存取、查询、插入、删除、修改等所有操作，都要用程序来实现。

随着数据管理规模的扩大，数据量急剧增加，文件系统也显露出一些缺陷。

（1）数据冗余。由于文件之间缺乏联系，每个程序都有对应的文件，有可能同样的数据在多个文件中重复存储。

（2）不一致性。这往往是由数据冗余造成的，在进行更新操作时，稍有不谨慎就可能使同样的数据在不同的文件中不一样。

（3）数据联系弱。这是由文件之间相互独立、缺乏联系造成的。

在文件系统阶段，得到充分发展的数据结构和算法丰富了计算机科学，为数据管理技术的进一步发展打下了基础，其现在仍是计算机软件科学的重要基础。

3. 数据库管理阶段

数据库管理阶段主要是指 20 世纪 60 年代后期至今，以数据库管理技术的诞生为标志。数据库管理技术的诞生以三个事件为标志，分别如下。

（1）IBM 公司的信息管理系统（Information Management System，IMS）于 1968 年研制成功并于 1969 年形成产品，该系统支持的是层次模型。

（2）美国数据系统语言协会（Conference on Data System Language，CODASYL）下属的数据库任务组（Database Task Group，DBTG）对数据库方法进行了系统的研究，在 20 世纪 60 年代末至 70 年代初发表了若干份报告（称为 DBTG 报告），DBTG 报告提出了数据库管理的很多概念、方法和技术。DBTG 报告所提出的方法是基于网状数据模型的。

（3）从 1970 年起，IBM 公司的研究员 E. F. Codd 发表了一系列论文，提出了数据库的关系模型，开启了数据库关系方法和关系数据理论的研究，为关系数据库的发展和理论研究奠定了基础。

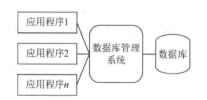

图 9.4　数据库管理阶段应用程序与数据库之间的联系

数据库系统克服了文件系统的缺陷，提供对数据更高级、更有效的管理。如图 9.4 所示，这个阶段应用程序和数据库之间的联系通过数据库管理系统来实现。数据库管理阶段的数据管理有以下几个特点。

（1）采用数据模型表示复杂的数据结构。数据模型不仅要描述数据本身的特征，还要描述数据之间的联系，这种联系通过存取路径实现。通过所有存取路径表示自然的数据联系是数据库与传统文件的根本区别。这样，数据不再面向特定的某个或多个应用，而是面向整个应用系统。数据冗余明显减少，实现了数据共享。

（2）有较高的数据独立性。数据的逻辑结构与物理结构之间的差别可以很大。用户以简单的逻辑结构操作数据而无须考虑数据的物理结构。数据库的结构分成用户的局部逻辑结构、数据库的整体逻辑结构和物理结构三级。用户（应用程序或终端用户）的数据和外存中的数据之间的转换由数据库管理系统实现。

（3）数据库系统为用户提供了方便的用户接口。用户可以使用查询语言或终端命令操作数据库，也可以使用程序（如用高级语言和数据库语言联合编制的程序）操作数据库。

（4）数据库系统提供了数据控制功能。例如，数据库的并发控制，即对程序的并发操作加以控制，防止数据库被破坏，杜绝提供给用户不正确的数据；数据库的恢复，即在数据库被破坏或数据不可靠时，系统有能力把数据库恢复到最近某个正确状态；数据完整性，即保证数据库中的数据始终是正确的；数据安全性，即保证数据的安全，防止数据丢失或被破坏。

9.1.4　数据库系统的构成

如图 9.5 所示，数据库系统主要由四部分组成：用户、数据库应用程序、数据库管理系统和数据库。

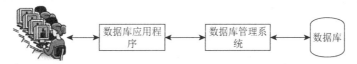

图 9.5　数据库系统

数据库是关联数据表和其他结构的集合。数据库管理系统是用于建立、处理和管理数据库的计算机程序。数据库管理系统接收用 SQL 编码的请求，并将这些请求转化为数据库中的操作。数据库应用程序是作为用户和数据库管理系统间媒介的一个或多个计算机程序。数据库应用程序通过向数据库管理系统发送 SQL 语句来读取或修改数据库中的数据，也会以表单或报表的形式向用户显示数据。数据库应用程序可以由软件供应商提供，也可以由企业内部人员编写。

用户中有一类特殊的人员，即数据库管理员（Database Administrator，DBA）。DBA 主要负责数据库的总体信息控制。DBA 的具体职责包括数据库的转储和恢复，数据库的安全性、完整性控制，数据库性能的监督、分析和改进，数据库的重组织和重构造。

数据管理系统就是实现把用户意义下抽象的逻辑数据处理，转换成计算机中具体的物理数据处理的软件。有了数据库管理系统，用户就可以在抽象意义下处理数据，而不必顾及这些数据在计算机中的布局和物理位置。数据库管理系统主要提供如下功能。

（1）数据定义：数据库管理系统提供 DDL 供用户定义数据库系统的三级模式结构、两级映像及完整性约束和保密限制等。DDL 主要用于建立、修改数据库的库结构。DDL 所描述的库结构仅给出了数据库的框架，数据库的框架信息被存放在数据字典中。

（2）数据操纵：数据库管理系统提供 DML 供用户实现对数据的检索、插入、修改、删除和排序等操作。

（3）数据库运行管理：数据库运行管理功能是数据库管理系统的运行控制、管理功能，包括多用户环境下的并发控制、安全性检查和存取限制控制、完整性检查和执行、运行日志的组织管理、事务的管理和自动恢复，即保证事务的原子性。该功能保证了数据库系统的正常运行。

（4）数据组织、存储与管理：数据库管理系统要分类组织、存储和管理各种数据，包括数据字典、用户数据、存取路径等，需要确定以何种文件结构和存取方式在存储级上组织这些数据，如何实现数据之间的联系。数据组织和存储的基本目标是提高存储空间利用率，选择合适的存取方法提高存取效率。

（5）数据库的保护：数据库中的数据是信息社会的战略资源，所以数据库的保护至关重要。数据库管理系统对数据库的保护通过 4 个方面来实现：数据库的恢复、数据库的并发控制、数据库的完整性控制、数据库的安全性控制。数据库管理系统的保护功能还有系统缓冲区的管理及数据存储的某些自适应调节机制等。

（6）数据库的维护：数据库的维护包括数据库的数据载入、转换、转储，以及数据库的重组、重构及性能监控等，这些功能分别由各个使用程序来完成。

（7）通信：数据库管理系统具有与操作系统的联机处理、分时系统及远程作业输入相关的接口，负责处理数据的传送。在网络环境下的数据库系统，还应该具有数据库管理系统与网络中其他软件系统通信的功能及数据库之间的互操作功能。

9.2　数据库系统的体系结构

数据库系统的体系结构是指数据库系统的总体框架。尽管各个数据库系统的类型和规模不尽相同，但是其体系结构却大体相似。ANSI 下属的标准计划和需求委员会（Standard Planning and Requirement Committee，SPARC）于 1987 年提出了标准化建议，为数据库系统建立了三层体系结构（也称三级模式结构）：面向用户或应用程序的用户级，即外部层或外模式；面向数据库设计和维护人员的概念级，即概念层或模式；面向系统程序员的物理级，即内部层或内模式。

9.2.1　三级模式

数据库系统的三级模式结构如图 9.6 所示。

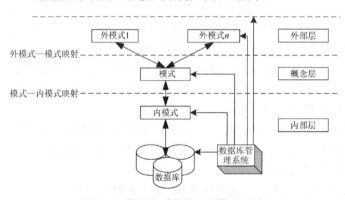

图 9.6　数据库系统的三级模式结构

（1）外模式：外模式又称子模式或用户模式，反映数据库的用户观。它是某个或某几个用户所看到的数据库的数据视图，是与某个应用有关的数据的逻辑表示。外模式是从模式中导出的一个子集，包含模式中允许特定用户使用的那部分数据。一个数据库可以有多个外模式。

（2）模式：模式又称概念模式或逻辑模式，反映数据库的整体观。它是由数据库设计者综合所有用户的数据，按照统一的观点构造的全局逻辑结构，是对数据库中全部数据的逻辑结构和特征的总体描述，是所有用户的公共数据视图（全局视图）。模式由数据库管理系统提供的模式描述语言 DDL 描述、定义。

（3）内模式：内模式又称存储模式，反映数据库的存储观。它是数据库中全体数据的内部表示或底层描述，是数据库最低一级的逻辑描述，描述了数据在存储介质中的存储方式和物理结构，对应实际存储在外存储介质中的数据库。内模式由内模式描述语言描述、定义。

9.2.2　两层映像

数据库管理系统在三级模式之间提供了两层映射，在内部实现数据库的 3 个抽象层的联系和转换。

（1）外模式—模式映射。

对应于同一个模式可以有任意多个外模式。对于每个外模式，数据库都有一个外模式—模式映射，它定义了该外模式与模式之间的对应关系。当模式改变时，由 DBA 对各个外模式—模式映射做相应的修改，以使外模式保持不变。应用程序是依据数据的外模式编写的，从而使应用程序不必修改，保证了数据与程序的逻辑独立性。

（2）模式—内模式映射。

数据库中只有一个模式，也只有一个内模式，所以模式—内模式映射是唯一的，它定义了数据库的全局逻辑结构与存储结构之间的对应关系。当数据库的存储结构改变时，由 DBA 对模式—内模式映射做相应的修改，以使模式保持不变，从而应用程序也不必修改，保证了数据与程序的物理独立性。

在数据库系统的三级模式结构中，数据库即全局逻辑结构，是数据库系统的中心与关键，它独立于数据库系统的其他层级。因此，在设计数据库系统的模式结构时应首先确定数据库的逻辑结构。定义、描述数据库存储结构的内模式是唯一的，定义、描述数据库逻辑结构的模式也是唯一的，但建立在数据库系统之上的应用则是非常广泛、多样的，所以对应的外模式不是唯一的，也不可能是唯一的。

9.3 数据模型

数据只有通过人们的认识、理解、抽象、规范和加工后，才能以数据库的形式放入计算机。这一系列的过程主要借助数据模型来完成。如图 9.7 所示，数据模型是对现实世界的抽象，并对现实世界的信息进行建模。在数据库设计过程中，被广泛使用的数据模型可分为两种类型：一种是独立于计算机系统的数据模型，它完全不涉及信息在计算机中的表示，只用来描述某个特定组织所关心的信息结构，这类模型称为概念层数据模型；另一种数据模型直接面向数据库的逻辑结构，它是对现实世界的第二层抽象，这类模型直接与数据库管理系统有关，称为组织层数据模型，如层次模型、网状模型、关系模型、面向对象模型等。

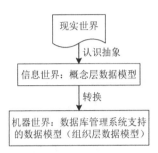

图 9.7 数据模型的抽象过程

9.3.1 概念层数据模型

概念层数据模型按用户的观点对数据建模，强调其语义表达能力，概念应该简单、清晰、易理解。概念层数据模型是对现实世界的第一层抽象，是用户和数据库设计人员之间进行交流的工具。这一类模型中最著名的是实体联系模型。

实体联系（Entity Relationship，ER）模型是 P. P. Chen 于 1976 年提出的。这个模型直接从现实世界中抽象出实体类型及实体间联系，然后用实体联系图（ER 图）表示数据模型。ER 图是直接表示概念层数据模型的有力工具。

如图 9.8 所示，ER 图有三种基本元素。

图 9.8 ER 图的三种基本元素

矩形框，用于表示实体类型（考虑问题的对象）。

菱形框，用于表示联系类型（实体间联系）。

椭圆形框，用于表示实体类型和联系类型的属性。

相应的命名均记到各种框中。对于实体标识符的属性，在属性名下画一条横线。实体与属性之间、联系与属性之间用直线连接；联系类型与其涉及的实体类型之间也以直线相连，用来表示它们之间的联系，并在直线端部标注联系的类型，即 1:1、1:n 和 m:n，分别表示一对一、一对多和多对多。

9.3.2 组织层数据模型

最常见的组织层数据模型有层次模型、网状模型和关系模型。三种组织层数据模型的信息对比如表9.1所示。

表9.1 三种组织层数据模型的信息对比

信息	层次模型	网状模型	关系模型
产生	1968年IBM公司的IMS系统	1969年CODASYL的DBTG报告	1970年E. F. Codd提出了关系模型
数据结构	树形结构	有向图结构	二维表
查询语言	过程性语言	过程性语言	非过程性语言
代表产品	IMS	IDS/II，IMAGE/3000	Oracle，Microsoft SQL Server，DB2，MySQL
流行时期	20世纪70年代	20世纪70年代到80年代	20世纪80年代到现在

1. 层次模型

用树形（层次）结构表示实体类型及实体间联系的数据模型称为层次模型（Hierarchical Model）。树的节点是记录类型，每个非根节点有且只有一个父节点。上一层记录类型和下一层记录类型之间的联系是1:n。

层次模型的特点是记录之间的联系通过指针来实现，查询效率较高。与文件系统的数据管理方式相比，层次模型有一个飞跃，用户和设计者面对的是逻辑数据而不是物理数据，用户不必花费大量的精力考虑数据的物理细节。逻辑数据与物理数据之间的转换由数据库管理系统完成。

层次模型有两个缺点。

（1）只能表示1:n联系，虽然系统有多种辅助手段实现n:m联系，但非常复杂。

（2）由于层次顺序的严格和复杂，数据的查询和更新操作很复杂，因此应用程序的编写也比较复杂。

如图9.9所示，层次模型采用树形结构，其主要特征如下。

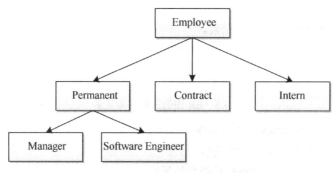

图9.9 层次模型采用树形结构

① 有且仅有一个无亲的根节点。

② 根节点以外的其他节点向上仅有一个父节点，向下可有若干个子节点。

2. 网状模型

用有向图结构表示实体类型及实体间联系的数据模型称为网状模型（Network Model）。网状模型的特点是记录之间的联系通过指针实现，n:m联系也容易实现（一个n:m联系可拆成两个1:n联系），且查询效率较高。

网状模型的缺点是数据结构复杂，并且编程复杂。

如图 9.10 所示，网状模型采用有向图结构，其主要特点如下。

① 允许有一个以上的节点无双亲。

② 至少有一个节点有多个双亲。

3．关系模型

关系模型（Relational Model）的主要特征是用二维表表示一类实体。关系模型的数据结构的特点是逻辑结构简单、数据独立性强、

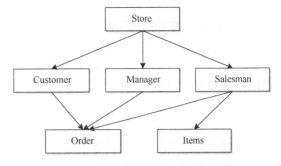

图 9.10　网状模型采用有向图图结构

存取具有对称性、操作灵活。数据库中的数据结构如果依照关系模型定义，就是关系数据库。

与前两种模型相比，关系模型数据结构简单，容易为初学者所理解。关系模型是由若干个关系模式组成的集合。关系模式相当于前面提到的记录类型，它的实例称为关系，每个关系实际上是一张二维表。

关系数据库系统由许多不同的关系构成，其中每个关系就是一个实体，可以用一张二维表来表示。

关系模型必须具备下面五个基本条件。

① 二维表中每一个数据项不可再分，这是最基本项。

② 二维表中每一列数据有相同的类型，即属性。

③ 每列数据的顺序是任意的。

④ 每行数据是一个实体诸多属性值的集合，即元组。

⑤ 各行数据的顺序是任意的。

9.4　关系数据库及表结构

关系数据库是建立在关系模型基础上的数据库，借助几何代数等数学概念和方法来处理数据库中的数据。现实世界中的各种实体及实体之间的联系均用关系来表示。真正系统、严格地提出关系模型的是 IBM 公司的研究员 E. F. Codd，他从 1970 年起发表了一系列论文，提出了数据库的关系模型，开启了数据库关系方法和关系数据理论的研究，为关系数据库的发展和理论研究奠定了基础。

9.4.1　关系数据库

关系数据库是数据库应用的主流，许多数据库管理系统的数据模型都是基于关系模型开发的，关系模型包括关系数据结构、关系操作集合和关系完整性约束三个重要因素。

1．关系数据结构

关系数据结构非常简单，在关系模型中，现实世界中的各种实体及实体之间的联系均用关系来表示。从逻辑或用户的观点来看，关系就是二维表。

关系是以集合的方式进行操作的，即操作的对象是元组的集合，操作的结果也是元组的集合。这和非关系模型的操作结果是一条记录有着重要的区别。

2．关系操作集合

关系模型中的操作包括以下几种。

传统的集合运算：并（Union）、交（Intersection）、差（Difference）、广义笛卡儿积（Extended

Cartesian Product）。

专门的关系运算：选择（Select）、投影（Project）、连接（Join）、除（Divide）。

有关的数据操作：查询（Query）、插入（Insert）、删除（Delete）、修改（Update）。

其中，查询表达能力是最重要的，它关系着数据库能否以便捷的方式为用户提供丰富的信息。

3．数据完整性约束

在数据库中数据完整性是指保证数据具有正确的特性。数据完整性是一种语义概念，它包括两方面的内容。

（1）与现实世界中应用需求的数据的相容性和正确性。

（2）数据库中数据之间的相容性和正确性。

例如，学生的学号必须唯一，学生所选修的课程必须是已经开设的课程等。所以，数据库是否具有数据完整性的特征，关系到数据库能否真实反映现实世界的情况，数据完整性是数据库的一个非常重要的内容。

9.4.2　关系型数据表

关系型数据是指以关系数学模型来表示的数据，关系数学模型中以二维表的形式来描述数据。关系型数据表是存储在计算机上的、可共享的、有组织的关系型数据的集合。为了解决 9.1.1 节中提出的问题，可以将图 9.1 中的数据拆分称表 9.2、表 9.3、表 9.4、表 9.5 这四张数据表。

表 9.2　学生表

学号	姓名	性别	所在系
S1	张海	男	D1
S2	王小红	女	D2
S3	刘晨	男	D3
S4	刘敏	女	D3

表 9.3　课程表

课程号	课程名	课程学分
C1	高等数学	4
C2	大学英语	3
C3	计算机文化学	2
C4	数据库原理	4

表 9.4　成绩表

学号	课程号	成绩
S1	C1	95
S1	C2	92
S2	C1	93
S2	C2	90
S3	C3	96
S4	C4	88

表 9.5 系表

系编号	系名称	系主任姓名
D1	计算机系	王大力
D2	信息管理系	李小康
D3	通信工程系	李勇

拆分后，学生表中存放学生信息，课程表说明开设课程，成绩表说明每个学生每门课程的得分情况，系表说明每个系的系名称及系主任姓名。这样可以顺着关系一层一层地理清楚某个学生具体信息及该学生的学习情况。同时，可以很轻松地添加学生信息。要想更改系主任信息，只需要更改系表中系主任姓名即可。假设学生毕业了，在删除学生信息的同时系主任的信息没有被删除。之前那些让人凌乱的关系问题都可以解决。

9.5 关系数据库及其设计

如果数据库模型设计得不合理，即使采用性能良好的数据库管理系统软件，也很难使应用系统达到最佳状态，数据库中仍然会出现文件系统中存在的冗余、异常和不一致等问题。总之，数据库设计的优劣将直接影响信息系统的质量和运行效果。

为了解决软件危机，软件工程的概念于 1968 年首次被提出。软件工程中把软件开发的全过程称为软件生存期（Life Cycle）。具体来说，软件生存期是指从软件的规划、研制、实现、测试、投入运行后的维护，到被新的软件取代而停止使用的整个周期。以数据库为基础的信息系统通常称为数据库应用系统，它一般具有信息的采集、组织、加工、抽取和传播等功能。数据库应用系统的开发也是一项软件工程，但其又有自己的特点，所以称为数据库工程。

一项数据库工程按内容可分为两部分：一部分是作为系统核心的数据库应用系统的设计与实现；另一部分是相应的应用软件及其他软件（如通信软件）的设计与实现。限于篇幅，本节主要介绍前一部分。

数据库系统生存期一般可划分成以下七个阶段。

（1）系统规划：进行建立数据库的必要性及可行性分析，确定数据库系统在组织中和信息系统中的地位，以及各个数据库之间的关系。

（2）需求分析：收集数据库所需要的信息和用户的处理需求，并加以规格化和分析。在分析用户需求时，要确保用户目标的一致性。

（3）概念设计：把用户的需求信息统一到一个整体逻辑结构（概念模式）中。此结构应能表达用户的需求，并且独立于数据库管理系统软件和硬件。

（4）逻辑设计：逻辑设计分成两部分，即数据库结构设计和应用程序设计。设计的结构应该是数据库管理系统能接受的数据库结构，称为逻辑数据库结构。应用程序设计是指程序模块的功能性说明，强调主语言和 DML 的结构化程序设计。

（5）物理设计：物理设计分成两部分，即物理数据库结构的选择和逻辑设计中程序模块说明的精确化。这一阶段的成果是得到一个完整的、能实现的数据库结构。逻辑设计中程序模块说明的精确化是指强调进行结构化程序的开发，产生一个可实现的算法集。

（6）系统实现：根据物理设计的结果产生一个具体的数据库和应用程序，并把原始数据装入数据库。应用程序的开发基本上依赖于主语言和逻辑结构，而较少依赖于物理结构。应用程序的开发目标是开发一个可信赖的、有效的数据存取程序来满足用户的处理需求。

（7）运行和维护：这一阶段的任务主要是收集和记录系统运行状况相关的数据，用于评价数据库系统的性能，进一步用于对系统的修正。这一阶段可能要对数据库结构进行修改或扩充。

1. 系统规划

对于大型数据库系统或大型信息系统中的数据库群来说，系统规划是十分必要的。系统规划的好坏将直接影响整个系统设计的成功与否。随着数据库技术的发展与普及，各个行业在计算机应用中都会提出建立数据库的要求。但是，数据库技术对技术人员和管理人员的水平、数据采集和管理活动规范化及最终用户使用计算机能力都有较高的要求。同样的，数据库技术对于计算机系统的软件和硬件的要求也较高，至少要有足够的内、外存容量和必要的数据库管理系统软件。在确定要采用数据库技术之前，必须对上述因素做全面的分析和权衡。

系统规划阶段的具体工作主要有系统调查、可行性分析、确定数据库系统的总目标及制订项目开发计划等。

2. 需求分析

需求分析阶段由分析人员（系统分析员）和用户双方共同收集数据库所需要的信息和用户的处理需求，并以需求说明书的形式确定下来，作为以后系统开发的指南和系统验证的依据。需求分析的工作主要由以下四步组成。

（1）分析用户活动，画出业务流程图。了解用户当前的业务活动和职能，弄清其处理流程（业务流程）。如果一个处理过程比较复杂，就要把这个处理过程分解成若干个子处理过程，使每个处理过程功能明确、界面清楚，分析之后画出用户的业务流程图。

（2）确定系统范围，画出系统范围图。这一步目的是确定系统范围。在和用户进行过充分讨论的基础上，确定计算机所能进行的数据处理的范围，确定哪些工作由人工完成，哪些工作由计算机系统完成。

（3）分析用户活动涉及的数据，画出数据流图。深入分析用户的业务处理，以数据流图形式表示出数据的流向和对数据所进行的加工。数据流图是从"数据"和"对数据的加工"两方面表达数据处理系统工作过程的一种图形表示法，是具有直观、易于被用户和技术人员双方理解的一种表达系统功能的描述方式。

（4）分析系统数据，产生数据字典。数据字典是对数据描述的集中管理，它的功能是存储和检索各种数据描述（称为元数据）。对数据库设计来说，数据字典是进行详细的数据收集和数据分析所获得的主要成果。数据字典中通常包括数据项、数据结构、数据流、数据存储和处理过程五部分。

3. 概念设计

概念设计阶段的目标是产生反映企业组织信息需求的数据库概念结构，即概念模式。概念模式既独立于计算机硬件结构，又独立于支持数据库的数据库管理系统。

在早期的数据库设计中，概念设计并不是一个独立的设计阶段。当时的设计方式是在需求分析之后，直接把用户信息需求中的数据存储格式转换成数据库管理系统能处理的数据库模式。这样，注意力往往被分散到很多细节限制方面，而不能集中在最重要的信息组织结构和处理模式上。因此，在设计依赖于具体数据库管理系统的模式后，当外界环境发生变化时，设计结果就难以适应这种变化。

为了改善这种状况，在需求分析和逻辑设计之间增加了概念设计。此时，设计人员仅从用户角度看待数据及处理需求和约束，而后产生一个反映用户观点的概念模式（也被称为组织模式）。将概念设计从设计过程中独立出来，可以使数据库设计各阶段的任务相对单一化，从而有效控制设计的复杂程度，便于组织管理。概念模式能充分反映现实世界中实体间的联系，是各种基本数据模型的共同基础，同时容易向现在普遍使用的关系模型转换。

概念设计的任务一般可分为三步来完成：进行数据抽象，设计局部概念模式；将局部概念模式综合成全局概念模式；评价。

（1）进行数据抽象，设计局部概念模式。

局部用户的信息需求是构造全局概念模式的基础。因此，需要先从个别用户的需求出发，为每个用户或每个对数据的观点与使用方式相似的用户建立一个相应的局部概念结构。在建立局部概念结构时，要对需求分析的结果进行细化、补充和修改，如有的数据项要分为若干子项，有的数据的定义要重新核实等。

（2）将局部概念模式综合成全局概念模式。

综合各局部概念结构就可得到反映所有用户需求的全局概念结构。在综合过程中，主要处理各局部概念模式对各种对象定义的不一致问题，包括同名异义、异名同义和同一事物在不同模式中被抽象为不同类型的对象（如有时作为实体、有时又作为属性）等问题。将各局部概念模式合并，还会产生冗余问题，须对信息需求进行再调整与分析，以确定确切的含义。

（3）评价。

在消除所有冲突后，就可把全局概念模式提交并进行评价。评价分为用户评价与 DBA 及应用开发人员评价两部分。用户评价的重点放在确认全局概念模式是否准确、完整地反映了用户的信息需求和现实世界事物的属性间固有联系；DBA 及应用开发人员评价侧重于确认全局概念模式是否完整，各种成分划分是否合理，是否存在不一致性，以及各种文档是否齐全等。文档应包括局部概念模式描述、全局概念模式描述、修改后的数据清单和业务活动清单等。

概念设计中最著名的方法就是 ER 方法，即用 ER 图表示概念结构，得到数据库的概念模式。

4．逻辑设计

概念设计的目的是得到一个与数据库管理系统无关的概念模式，而逻辑设计的目的是把概念设计阶段设计好的全局概念模式转换成与选用的具体机器上的数据库管理系统所支持的数据模型相符的逻辑结构（包括数据库模式和外模式）。这些模式在功能、完整性和一致性约束及数据库的可扩充性等方面均应满足用户的各种要求。

对于逻辑设计而言，应首先选择数据库管理系统，但往往数据库设计人员没有挑选的余地，都是在指定的数据库管理系统上进行逻辑结构的设计。

逻辑设计主要是把概念模式转换成数据库管理系统能处理的模式。在转换过程中要对模式进行评价和性能测试，以获得较好的模式设计。

现在广泛使用的是关系数据库管理系统，即支持关系模型的系统。因此，在逻辑数据库设计阶段，首先将概念层数据模型转换为关系模型，即将 ER 图中的实体和联系转换为关系模式。逻辑数据库设计的结果是一组关系模式，需要应用关系规范理论对这些关系模式进行规范化处理。此外，还应该考虑以下问题。

（1）确定各个关系模式的主关键字，考虑实体完整性。

（2）确定各个关系模式的外部关键字，考虑参照完整性。

（3）确定各个关系模式中属性的约束、规则和默认值，考虑域完整性。

（4）考虑特殊的用户定义完整性。

（5）根据用户需求设计视图。

（6）考虑安全方案和用户使用权限等。

5．物理设计

对给定的基本数据模型选取一个最适合应用环境的物理结构的过程称为物理设计。数据库的物理结构主要是指数据库的存储记录格式、存储记录安排和存取方法。显然，数据库的物理设计是完全依赖于给定的硬件环境和数据库产品的。在关系模型系统中，物理设计比较简单，因为文件是单记录类型文件，仅包含索引机制、空间大小、块的大小等内容。

物理设计可分五步完成，前三步涉及物理结构设计，后两步涉及约束和具体的应用程序设计。

（1）存储记录结构设计。存储记录结构设计包括记录的组成，数据项的类型、长度，以及逻辑记录到存储记录的映射。

（2）确定数据存放位置。可以把经常同时被访问的数据组合在一起，"记录聚簇"技术能满足这个要求。

（3）存取方法的设计。存取路径分为主存取路径与辅助存取路径，前者用于主键检索，后者用于辅助键检索。

（4）完整性和安全性考虑。设计者应在完整性、安全性等方面进行分析，做出权衡。

（5）应用程序设计。在逻辑数据库结构确定后，就应当开始进行应用程序设计。保证物理数据独立性的目的是消除由于物理结构的改变而引起的对应用程序的修改。物理数据独立性未得到保证可能会导致对应用程序的修改。

6．系统实现

对数据库的物理设计初步评价完成后就可以开始建立数据库系统了。系统实现主要包括定义数据库结构、数据装载、编制与调试应用程序、数据库试运行。

（1）定义数据库结构。确定数据库的逻辑结构与物理结构后，就可以用所选用的数据库管理系统提供的 DDL 来严格描述数据库结构。

（2）数据装载。数据库结构定义好后，便可以向数据库中装载数据。组织数据入库是系统实现阶段最主要的工作。对于数据量较小的小型系统，可以用人工方法完成数据的入库。对于大中型系统，由于数据量极大，用人工方式组织数据入库将会耗费大量人力、物力，而且很难保证数据的正确性，因此通常需要设计一个数据输入子系统，由计算机辅助数据的入库工作。

（3）编制与调试应用程序。数据库应用程序的设计应该与数据结构设计同步进行。在系统实现阶段，当数据库结构建立好后，就可以开始编制与调试数据库的应用程序，也就是说，编制与调试应用程序与组织数据入库一般是同步进行的。在调试应用程序时由于数据入库尚未完成，可先使用模拟数据。

（4）数据库试运行。应用程序调试完成，并且已有一小部分数据入库后，就可以开始数据库试运行。数据库试运行也被称为联合调试，主要有两方面的工作。

①功能调试，即实际运行应用程序，执行对数据库的各种操作，测试应用程序的各种功能。

②性能测试，即测量系统的性能指标，分析其是否符合设计目标。

7．运行和维护

在数据库试运行结果符合设计目标后，数据库就可以真正投入运行了。数据库投入运行标志着开发任务的基本完成和维护工作的开始。但这并不意味着设计过程的终结，由于应用环境在不断变化，数据库运行过程中物理存储条件也会不断变化，因此对数据库设计进行评价、调整、修改等维护工作是一项长期的任务，也是设计工作的继续和提高。在数据库运行阶段，经常性地对数据库进行维护的工作主要是由 DBA 完成的，DBA 的主要职责如下。

（1）数据库的转储和恢复。数据库的转储和恢复是数据库投入运行后最重要的维护工作之一。

DBA 要针对不同的应用要求制订不同的转储计划，定期对数据库和日志文件进行备份，以保证一旦发生故障，能利用数据库和日志文件备份尽快将数据库恢复到某种一致性状态，并尽可能减少对数据库的破坏。

（2）数据库的安全性、完整性控制。DBA 必须对数据库的安全性和完整性控制负起责任。根据用户的实际需要授予其不同的操作权限。此外，在数据库运行过程中，应用环境会发生变化，对安全性的要求也会随之发生变化。例如，有的数据原来是机密的，现在可以公开查询了，而新加入的数据又可能是机密的，而且系统中用户的密级也会改变。这些都需要 DBA 根据实际情况对安全性进行控制。同样，由于应用环境的变化，数据库的完整性约束条件也会发生变化，因此也需要 DBA 根据情况不断修正，以满足用户需求。

（3）数据库性能的监督、分析和改进。在数据库运行过程中，监督运行过程，对监测数据进行分析，找出改进系统性能的方法，是 DBA 的一项重要任务。目前许多数据库管理系统产品提供监测系统性能参数的工具，DBA 可以利用这些工具方便地得到系统运行过程中的一系列性能参数。DBA 通过仔细分析这些数据，来判断当前系统是否处于最佳运行状态：如果不是，则需要通过调整某些参数来进一步改进数据库性能。

（4）数据库的重组织和重构造。数据库运行一段时间后，记录的不断增、删、改会使数据库的物理存储变坏，从而降低数据库存储空间的利用率和数据的存取效率，使数据库的性能下降。这时 DBA 就要对数据库进行重组或部分重组织（只对频繁增、删的表进行重组织）。数据库的重组织不会改变原计划的数据逻辑结构和物理结构，只是按原计划要求重新安排存储位置、回收垃圾、减少指针链、提高系统性能。数据库管理系统一般都提供重组织数据库的相关功能，以帮助 DBA 重新组织数据库。

重构造数据库的程度通常是有限的。若应用变化太大，导致无法通过重构造数据库来满足新的需求，或者重构造数据库的代价太大，则表明现有数据库的生命周期已经结束，应该重新设计新的数据库，开始新数据库的生命周期。

9.6 结构化查询语言

1972 年，IBM 公司开始研制实验型关系数据库管理系统 System R，配备的查询语言称为 SQUARE（Specifying Queries as Relational Expression）。1974 年，Boyce 和 Chamberlin 对 SQUARE 进行了改进，并将其命名为 SEQUEL（Structured English Query Language）。SEQUEL 采用英语单词表示且具有结构式的语法规则，看起来很像英语，因此很多用户比较喜欢这种形式的语言。后来 SEQUEL 被简称为 SQL（Structured Query Language，结构化查询语言），它的发音仍为 Sequel。

SQL 出现后，各软件生产厂商纷纷推出了基于 SQL 的商用数据库产品，同时，SQL 也成为关系数据库产品事实上的标准。1986 年，ANSI 发布了第一个 SQL 标准，次年，ISO 采纳其为国际标准，这两个标准一般简称为 SQL86。随后，SQL 标准化工作不断地进行，相继出现了 SQL89、SQL92 和 SQL99。SQL 在成为国际标准后，对数据库以外的领域也产生了很大影响，不少软件产品将 SQL 的数据查询功能与图形功能、软件工程工具、软件开发工具、人工智能程序结合起来，不仅把 SQL 作为检索数据的语言规范，还把 SQL 作为检索图形、图像、声音、文字、知识等类型信息的语言规范。各种类型的计算机和 DBS 都采用 SQL 作为其存取语言和标准接口，从而使数据库世界有可能连接成一个统一的整体，这个前景意义非常重大。

核心 SQL 主要包括四部分。

（1）DDL，用于定义数据库模式、基本表、视图、索引等结构。

（2）DML，数据操纵分为数据查询和数据更新两类。其中，数据更新又分为插入、删除和修改三种操作。

（3）嵌入式 SQL。这部分内容涉及 SQL 语句嵌入宿主语言程序的规则。

（4）DCL（数据控制语言）。这部分内容包括对基本表和视图的授权、完整性规则的描述、事务控制等。

SQL 的语法非常简单，它很接近自然语言（英语），因此容易学习、掌握。虽然 SQL 的功能很强，但它只有为数不多的几条命令，下面列出了分类的命令动词。

数据定义：CREATE、DROP、ALTER。

数据查询：SELECT。

数据操纵：INSERT、UPDATE、DELETE。

数据控制：GRANT、REVOKE。

本节以 9.4.2 节的关系型数据表为例来讲解数据定义、数据查询、数据操纵和数据控制功能。

9.6.1　数据定义

SQL 的数据定义功能包括数据对象的创建、删除和修改，这三个功能分别由 CREATE、DROP 和 ALTER 动词来实现。下面分别介绍这三个动词的使用。

1．用 CREATE 创建数据对象

（1）创建数据库。创建数据库的一般格式为：

CREATE DATABASE <数据库名>

【例 9-1】创建一个名称为 NewDB 的数据库，对应的 SQL 语句为：

CREATE DATABASE NewDB

（2）创建基本表。创建基本表即定义基本表的结构。基本表结构的定义可用 CREATE 语句实现，其一般格式为：

CREATE TABLE <表名>
　　　　　（<列名 1><数据类型 1>[列级完整性约束条件 1]
　　　　　[,<列名 2><数据类型 2>[列级完整性约束条件 2]] …
　　　　　[,<表级完整性约束条件>]）;

定义基本表的结构，首先需要指定表名，表名在一个数据库中应该是唯一的。表可以由一个或多个属性组成，属性的类型可以是基本类型，也可以是用户事先定义的域名。定义基本表结构的同时可以指定与该表有关的完整性约束条件。如果完整性约束条件涉及该表的多个属性列，则必须定义在表级上，否则既可以定义在列级上，也可以定义在表级上。

【例 9-2】建立"学生表"，包含字段：学号（主键，文本类型，长度为 10），姓名（文本类型，长度为 20，不允许有空值），性别（文本类型，长度为 2），所在系（文本类型，长度为 20）。对应的 SQL 语句为：

CREATE TABLE 学生表(学号 CHAR(10) PRIMARY KEY,
　　　　　　　　姓名 CHAR(20) NOT NULL,
　　　　　　　　性别 CHAR(2),所在系 CHAR(20));

2．用 ALTER 修改数据对象

修改基本表。基本表的修改遵循如下语法格式：

ALTER TABLE <表名>
　[ADD <新列名><数据类型>[完整性约束]]

  [DROP <完整性约束名>]
  [ALTER COLUMN<列名> <数据类型>];

【例 9-3】在"学生表"中增加字段"出生日期"（日期类型），对应的 SQL 语句为：

ALTER TABLE 学生表 ADD 出生日期 DATE;

【例 9-4】在"学生表"中删除字段"出生日期"，对应的 SQL 语句为：

ALTER TABLE 学生表 DROP 出生日期;

3．用 DROP 删除数据对象

（1）删除数据库。删除数据库的语法格式为：

DROP DATABASE <数据库名>

（2）删除基本表。删除基本表的语法格式为：

DROP TABLE <表名> [RESTRICT| CASCADE];

  RESTRICT：删除该表是有限制的。欲删除的基本表不能被其他表的约束引用。如果存在依赖该表的对象，则此表不能被删除。CASCADE：删除该表没有限制。在删除基本表的同时，相关的依赖对象也一起被删除。

【例 9-5】删除"学生表"，对应的 SQL 语句为：

DROP TABLE 学生表;

9.6.2 数据查询

  数据查询是数据库中最常用的操作，也是核心操作。SQL 提供了 SELECT 语句用于进行数据查询，该语句具有灵活的使用方式和丰富的功能，其一般格式为：

  SELECT [ALL|DISTINCT] <目标列表达式 1>[,<目标列表达式 2>]…
     FROM <表名或视图名 1>[,<表名或视图名 2>]…
     [WHERE <条件表达式>]
     [GROUP BY <列名 3>[HAVING <组条件表达式>]]
     [ORDER BY <列名 4>[ASC|DESC],…];

  整个 SELECT 语句的含义是，根据 WHERE 子句的条件表达式，从 FROM 子句指定的基本表或视图中找出满足条件的元组，再按 SELECT 子句中的目标列表达式选出元组中的属性值。如果有 GROUP 子句，则将结果按<列名 3>的值进行分组，该属性列的值相等的元组为一个组。如果 GROUP 子句带 HAVING 短语，则只有满足组条件表达式的组才能够输出。如果有 ORDER 子句，则结果要按<列名 4>的值进行升序或降序排列。

  若要查询输出表中所有列，则可不必列出所有列名，而使用"*"代替。

【例 9-6】查询全体学生的学号、姓名、性别和所在系，对应的 SQL 语句为：

SELECT 学号,姓名,性别,所在系 FROM 学生表;

 等价于

SELECT * FROM 学生表;

【例 9-7】查询"学生表"中计算机系（计算机系编号为 D1）所有学生的学号、姓名和所在系，并按学号降序排列，对应的 SQL 语句为：

SELECT 学号,姓名,所在系 FROM 学生表 WHERE 所在系='D1' ORDER BY 学号 DESC;

9.6.3 数据操纵

  SQL 的数据操纵功能主要针对基本表中每行元组的插入、删除和更新，这三个功能分别由 INSERT、DELETE 和 UPDATE 动词来实现。

1. 插入

插入元组的基本格式为：

INSERT INTO <表名>[(<属性列 1>[,<属性列 2>]…)]
       VALUES(<常量 1>[,<常量 2>]…)

其功能是将新元组插入到指定表中。VALUES 后的元组值中列的顺序表必须同表的属性列一一对应。如果表名后不跟属性列，则表示在 VALUES 后的元组值中提供插入元组的每个分量的值，分量的顺序和关系模式中列名的顺序一致。如果表名后有属性列，则表示在 VALUES 后的元组值中只提供插入元组对应于属性列中的分量的值，元组的输入顺序和属性列的顺序一致，没有包括进来的属性将采用默认值。基本表后如果有属性列表，则必须包括关系的所有非空的属性，自然应包括关键码属性。

【例 9-8】将一个学生元组（学号为 S4，姓名为张雨明，性别为男，所在系为 D1）插入到学生表中，对应的 SQL 语句为：

INSERT INTO 学生表(学号,姓名,性别,所在系)VALUES('S4', '张雨明', '男', 'D1');

2. 删除

删除元组的基本格式为：

DELETE FROM <表名> [WHERE <条件>];

其功能是从指定表中删除满足 WHERE 条件的所有元组。如果省略 WHERE 语句，则删除表中全部元组。

【例 9-9】删除学号为 S4 的学生记录，对应的 SQL 语句为：

DELETE FROM 学生表 WHERE 学号='S4';

3. 更新

更新元组的基本格式为：

UPDATE <表名>
       SET <列名>=<表达式>[,<列名>=<表达式>]…
       [WHERE <条件>];

其功能是修改指定表中满足 WHERE 条件的元组，用 SET 语句的表达式的值替换相应属性列的值。如果省略 WHERE 语句，则修改表中所有元组。

【例 9-10】将学生 S3 的所在系改为计算机系（计算机系编号为 D1），对应的 SQL 语句为：

UPDATE 学生表 SET 所在系='D1' WHERE 学号='S3';

9.6.4 数据控制

1. 授权

授权（GRANT）的作用是将对指定操作对象的指定操作权限授予指定的用户，GRANT 语句的一般格式为

       GRANT <权限>[,<权限>]...
       [ON <对象类型> <对象名>]
       TO <用户>[,<用户>]...
       [WITH GRANT OPTION];

【例 9-11】把查询"学生表"的权限授予用户 U1，对应的 SQL 语句为：

GRANT SELECT ON TABLE 学生表 TO U1;

【例 9-12】把查询"学生表"和修改学生学号的权限授予用户 U2，对应的 SQL 语句为：

GRANT SELECT, UPDATE(学号) ON TABLE　学生表　TO U2;

2. 回收

授予的权限可以由 DBA 或其他授权者用 REVOKE 语句收回，REVOKE 语句的一般格式为：

REVOKE <权限>[,<权限>]...

[ON <对象类型> <对象名>]

FROM <用户>[,<用户>]...;

【例 9-13】把用户 U2 修改学生学号的权限收回，对应的 SQL 语句为：

REVOKE UPDATE(学号) ON TABLE　学生表　FROM U2;

9.7　数据库管理软件介绍

目前，流行的数据库系统有许多种，大致可分为小型桌面数据库、大型关系数据库、开源数据库等。小型桌面数据库主要是指运行在 Windows 操作系统下的桌面数据库，如 Microsoft Access、FoxPro、SQLite 等，适合初学者学习和管理小规模数据用。以 Oracle 为代表的大型关系数据库，更适用于大型中央集中式数据管理场合，这种数据库可存放几十太字节至上百太字节的数据，并且支持多客户端访问。开源数据库即"开放源程序"的数据库，其中的代表是 MySQL，其在 Web 网站建设中应用较广。

1. Microsoft Access

Microsoft Access 是 Microsoft Office 办公软件的组件之一，是当前 Windows 环境下非常流行的小型桌面数据库。使用 Microsoft Access 无须编写任何代码，只需通过直观的可视化操作就可以完成大部分的数据库管理工作。Microsoft Access 是一个面向对象的、采用事件驱动的关系型数据库管理系统。通过 ODBC（Open Database Connectivity，开放数据库互联）可以与其他数据库相连实现数据交换和数据共享，也可以与 Word 和 Excel 等办公软件进行数据交换和数据共享，还可以采用对象链接与嵌入（OLE）技术在数据库中嵌入和链接音频、视频、图像等多媒体数据。

Microsoft Access 的特点如下。

（1）利用窗体可以方便地进行数据库操作。

（2）利用查询可以实现信息的检索、插入、删除和修改，可以用不同的方式查看、更改和分析数据。

（3）利用报表可以对查询结果和表中数据进行分组、排序、计算、生成图表和输出信息。

（4）利用宏可以将各种对象连接在一起，提高应用程序的工作效率。

（5）利用 Visual Basic for Application 语言，可以实现更加复杂的操作。

（6）系统可以自动导入其他格式的数据并建立 Access 数据库。

（7）具有名称自动纠正功能，可以纠正因为表的字段名变化而引起的错误。

（8）通过设置文本、备注和超链接字段的压缩属性，可以弥补因为引入双字节字符集支持而引起的对存储空间需求的增加。

（9）报表可以通过使用报表快照和快照查看相结合的方式来查看、打印或以电子方式分发。

（10）可以直接打开数据访问页、数据库对象、图表、存储过程和 Access 项目视图。

（11）支持记录级锁定和页面级锁定。通过设置数据库选项，可以选择锁定级别。

（12）可以从 Microsoft Outlook 或 Microsoft Exchange Server 中导入或链接数据。

2．Microsoft SQL Server

Microsoft SQL Server 是大型关系数据库，适合中型企业使用。基于 Windows NT 的可伸缩性和可管理性，提供功能强大的客户机/服务器平台，高性能客户机/服务器结构的数据库管理系统可以将 Visual Basic、Visual C++作为客户端开发工具，而将 Microsoft SQL Server 作为存储数据的后台服务器软件。

Microsoft SQL Server 有多种实用程序允许用户来访问其服务，用户可以用这些实用程序对 Microsoft SQL Server 进行本地管理或远程管理。随着 Microsoft SQL Server 产品性能的不断提高，其已经在数据库系统领域占有非常重要的地位。

3．Oracle

Oracle 是一种对象关系数据库管理系统（ORDBMS）。它提供关系数据库系统和面向对象数据库系统这二者的功能。Oracle 在数据库领域一直处于领先地位。1984 年，首先将关系数据库转到桌面计算机上。然后，Oracle 的 5.0 版本率先推出了分布式数据库、客户机/服务器结构等崭新的概念。Oracle 是以 SQL 为基础的大型关系数据库，通俗地讲，它是用方便逻辑管理的语言操纵大量有规律数据的集合，是目前世界上最流行的客户机/服务器结构的数据库之一，也是目前世界上最流行的大型关系数据库，具有移植性好、使用方便、性能强大等特点，适用于各类大、中、小、微机和专用服务器环境。

Oracle 的主要特点如下。

（1）从 Oracle 7.X 开始引入了共享 SQL 和多线索服务器体系结构。这减少了 Oracle 的资源占用，并增强了 Oracle 的能力，使其在低档平台上用较少的资源就可以支持更多的用户，而在高档平台上可以支持成百上千个用户。

（2）提供基于角色（Role）分工的安全保密管理。在数据库管理功能、完整性检查、安全性、一致性方面都有良好的表现。

（3）支持大量多媒体数据，如二进制图形、声音、动画及多维数据等。

（4）提供与第三代高级语言的接口软件 PRO*系列，能在 C、C++等主语言中嵌入 SQL 语句及过程化（PL/SQL）语句，对数据库中的数据进行操纵。加上它有许多优秀的前台开发工具，如 Power Builder、SQL*FORMS、Visual Basic 等，可以快速开发生成基于客户端 PC 平台的应用程序，并具有良好的移植性。

（5）提供新的分布式数据库能力。可通过网络较方便地读/写远端数据库里的数据，并具备对称复制的技术。

4．MySQL

MySQL 是一个小型关系数据库管理系统，开发者为瑞典的 MySQL AB 公司。2008 年 MySQL AB 公司被 SUN 公司收购，2009 年 SUN 公司又被 Oracle 公司收购。目前 MySQL 被广泛地应用于 Internet 上的中小型网站。由于 MySQL 体积小、速度快、总体拥有成本低，并且开放源代码，因此许多中小型网站为了降低网站总体拥有成本而选择 MySQL 作为网站数据库。虽然 MySQL 并没有与 Microsoft SQL Server 一样多的功能，但是 MySQL 作为一个数据库管理系统也得到了广泛的应用，支持运行 Apache Web 服务器的 Web 站点。MySQL Community Server 版本和 MySQL Workbench 图形用户界面实用工具也是免费的。MySQL 可以在 Linux、UNIX、NetWare、Windows 操作系统上运行。

5．Sybase

Sybase 是美国 Sybase 公司研制的一种关系数据库系统，是一种可运行于 UNIX 或 Windows NT

操作系统客户机/服务器环境下的大型数据库系统。Sybase 公司成立于 1984 年 11 月，公司名称 "Sybase" 取自 "System" 和 "Database" 相结合的含义。Sybase 的产品研究和开发内容包括企业级数据库、数据复制和数据访问等。

Sybase 公司的创始人之一 Bob Epstein 是 Ingres 大学版（与 System R 同时期的关系数据库模型产品）的主要设计人员。Sybase 首先提出 Client/Server 数据库体系结构的思想，并率先在 Sybase SQL Server 中实现。Sybase 公司的第一个关系数据库产品是 1987 年 5 月推出的 Sybase SQL Server 1.0。起初，为了在企业级数据库市场上与 Oralce 和 IBM 竞争，Sybase 与 Microsoft 合作开发数据库产品。1988 年，Sybase、Microsoft 和 Asbton-Tate 联合开发出运行于 OS/2 操作系统的 SQL Server 1.0，其本质上和 Sybase SQL Server 3.0 是一样的。而后 Microsoft 致力于将 SQL Server 移植到 Windows NT 平台上。Sybase 与 Microsoft 的合作关系一直坚持到开发出 SQL Server 4.21（1993 年），随后各自开发相应平台的数据库系统。1995 年，Sybase 发布了 SQL Server 11.0。为了区别于 Microsoft SQL Server，Sybase 将其 11.5 及以上版本的 SQL Server 改名为 Adaptive Server Enterprise（ASE）。2005 年 9 月，Sybase 发布了 Adaptive Server Enterprise 15。Sybase SQL Server 与 Microsoft SQL Server 都使用 T-SQL（Transact-SQL，由 SQL 扩展而来）作为数据库语言。

Sybase 提供了一套应用程序编程接口和库，可以与非 Sybase 数据源及服务器集成，允许在多个数据库之间复制数据，适用于创建多层应用。Sybase 具有完备的触发器、存储过程、规则及完整性定义，支持优化查询，具有较好的数据安全性。Sybase 通常与 Sybase SQL Anywhere 一起用于客户机/服务器环境，前者作为服务器数据库，后者作为客户机数据库，采用 PowerBuilder 作为开发工具。

6. MongoDB

MongoDB 是一个基于分布式文件存储的数据库，用 C++语言编写。旨在为 WEB 应用提供可扩展的高性能数据存储解决方案。

MongoDB 是介于关系数据库和非关系数据库之间的产品。它支持的数据结构非常松散，是类似 JSON 的 BSON 格式，因此可以存储比较复杂的数据类型。MongoDB 最大的特点是它支持的查询语言非常强大，其语法有点类似于面向对象的查询语言，几乎可以实现类似关系数据库单表查询的绝大部分功能，还支持对数据建立索引。

9.8 国产数据库和我国自主创新之路

9.8.1 国产数据库

1. 南大通用

天津南大通用数据技术股份有限公司（以下简称南大通用）是专注于数据库领域的新型数据库产品和解决方案供应商，为数据分析、数据挖掘、商业智能、海量数据管理、数据安全等细分市场提供具有国际先进技术水平的数据库产品。南大通用已经形成了在大规模、高性能、分布式、高安全的数据存储、管理和应用方面的技术储备，同时在数据整合、应用系统集成、PKI 安全等方面具有丰富的应用开发经验。南大通用将以数据管理为核心竞争力，依据自主研发和引进先进技术相结合的方针，不断研发科技含量高、附加值大、市场急需、具有自主知识产权的软件产品。

2. 武汉达梦

武汉达梦数据库股份有限公司（以下简称武汉达梦）成立于 2000 年，为基础软件企业，专业从事数据库管理系统研发、销售和服务。其前身是华中科技大学数据库与多媒体研究所——国内最早从事数据库管理系统研发的科研机构。武汉达梦是中国数据库标准委员会组长单位，得到了国家各级政府的强力支持。

3. 人大金仓

北京人大金仓信息技术股份有限公司（以下简称人大金仓）是中国自主研发数据库产品和数据管理解决方案的企业，由中国人民大学及一批最早在国内开展数据库教学、研究与开发的专家于1999年创立，至今已成功获得中国电子科技集团有限公司（CETC）旗下的普华基础软件股份有限公司和太极计算机股份有限公司的战略注资，被纳入CETC的整体发展战略。

人大金仓成功承担了国家十五"863"数据库重大专项课题"通用数据库管理系统 KingbaseES研发及其应用"和北京市科技计划重大项目"大型通用数据库管理系统研制"等重大数据库项目研发任务。金仓数据库 KingbaseES 是入选国家自主创新产品目录的唯一数据库产品，同时还入选了北京市和中关村科技园区自主创新产品目录，曾获得北京市科技进步一等奖。目前，金仓数据库KingbaseES 在政府、军队、电力、农业、水利、质检、教育、金融、能源、制造业信息化等领域拥有一大批成功应用案例。在中共中央组织部的全国组织系统信息化、国家电网、新华保险信息化建设和北京市及下属30多个委办局和区县的电子政务应用中，金仓数据库 KingbaseES 都发挥了重要支撑作用。在质监行业中，人大金仓是唯一入选国家"金质"工程的国产数据库厂商，在审计行业，人大金仓的数据库产品成功应用于国家"金审"工程二期。

人大金仓是国家"核高基"重大专项数据库方向课题的牵头承担单位，在国产数据库领域，人大金仓市场份额始终保持领先。

4. 神舟通用

天津神舟通用数据技术有限公司（以下简称神舟通用）致力于神通国产数据库产业化，隶属中国航天科技集团公司，是国内最具影响力的基础软件企业之一，获得国家"核高基"科技重大专项重点支持。神舟通用提供神通数据库系列产品与服务，产品技术领先，先后获得30余项数据库技术发明专利，在国产数据库行业处于领先位置。神舟通用拥有北京研发中心、天津研发中心、杭州研发中心三家产品研发基地，与浙江大学、北京航空航天大学、北京大学、中国科学院软件研究所等高校和科研院所开展了深度合作，具有一大批五年以上的数据库核心研发人才。

神舟通用主营业务主要包括神通关系型通用数据库、神通 KStore 海量数据管理系统、神通xCluster 集群件、神通商业智能套件等系列产品研发和市场销售。基于产品组合，可形成支持交易处理、MPP 数据库集群、数据分析与处理等解决方案。神舟通用拥有40余名实战经验丰富的中高级数据库技术服务人员，可提供数据库系统调优和运维服务。神舟通用的客户主要覆盖电信、能源、交通、国防和军工等领域，率先实现国产数据库在电信行业的大规模商用。

5. 万里开源

北京万里开源软件有限公司（以下简称万里开源）成立于2000年，是创意信息技术股份有限公司的控股子公司，专注从事国产、自主可控数据库、操作系统研发、销售和服务。其数据库及操作系统已在能源、通信、金融、交通等多个领域实现商用。万里开源数据库通过了中华人民共和国工业和信息化部信息技术应用创新产品质量测试，得到了国家各级政府的认可与支持。其自主可控系列产品已经进入华为鲲鹏生态，2019年年底万里开源成为华为云鲲鹏凌云伙伴，而且其全资子公司北京拓林思软件有限公司还基于华为的 OpenEuler 发布了操作系统。

9.8.2　我国自主创新之路

随着我国政府对信息安全、自主可控的 IT 系统的要求越来越高，各种严格的规章制度也相继出台。

对国产数据库企业来说，当前市场形势比较有利。一方面，我国在自主可控和信息安全领域持续加强政策支持和增加产业投入，并且随着计算机网络、大数据等技术的发展，数据的开发利用需求不断增大，同时出于信息安全角度的考虑，国产数据库必将获得青睐。另一方面，在国际环境下，我国从国家层面支持发展相关高端技术行业的必要性和紧迫性日益凸显，同时我国对国产化和信息安全的重视程度日益加深，这给国内自主研发企业的发展带来机遇，特别是掌握核心技术、提供安全可控产品的企业将会在未来有更大的发展空间。

在良好的市场环境下，数据市场成为众多企业必争之地，不仅三大运营商在数据中心落子，各设备厂商积极布局，IT、互联网企业纷纷抢滩，还有众多创新公司出现来分数据红利这杯羹，整个市场竞争比较激烈。

在此环境下，未来巨大的市场机遇为国产数据库的发展提供了无限可能。目前，我国还处于技术追赶、市场开拓的阶段。国产数据库企业对于技术研发的投入越来越大，人才竞争越来越激烈，国家层面的市场引导也逐步出现。国产数据库企业必须在困境中解决生存与发展的问题，走自主创新之路，在困难中逐步发展壮大。

9.9　小结

本章首先分析了为什么要使用数据库，接着介绍了数据库的基本概念、发展和数据库系统的构成。现实中在数据信息进入数据库的过程中需要对其进行建模，因此本章讲解了数据模型的基本概念和理论。本章重点讲解了关系模型和关系数据库的基本理论。为了增强实践性，本章简单地介绍了 SQL 的基本语法和基本功能的实现。最后阐述了一些常见的数据库软件，并且介绍了国产数据库与我国自主创新之路。

习题 9

一、选择题

1. 数据管理经历了人工管理阶段、文件系统阶段和数据库系统阶段。在这几个阶段中，数据独立性最高的是（　　）阶段。

　　A．数据库系统　　　　B．文件系统　　　　C．人工管理　　　　D．数据项管理

2. 不同实体是根据（　　）的不同加以区分的。

　　A．主键　　　　　　　　　　　　　B．外键

　　C．属性的语义、类型和个数　　　　D．名称

3. 数据库（DB）、数据库系统（DBS）和数据库管理系统（DBMS）三者之间的关系是（　　）。

　　A．DBS 包括 DB 和 DBMS　　　　　B．DDMS 包括 DB 和 DBS

　　C．DB 包括 DBS 和 DBMS　　　　　D．DBS 就是 DB，也就是 DBMS

4. 删除表结构应该选用下面哪个命令　（　　）。

　　A．DROP　　　　B．TRUNCATE　　　　C．DELETE　　　　D．以上都不正确

5. 关系模型的基本数据结构是（　　）。

    A. 树　　　　　　　　　B. 图　　　　　　　　　C. 索引　　　　　　　　　D. 关系

6. 对关系模型叙述错误的是（　　）。

    A. 建立在严格的数学理论、集合论和谓词演算公式的基础之上

    B. 微机 DBMS 绝大部分采取关系模型

    C. 用二维表表示关系模型是其一大特点

    D. 不具有连接操作的 DBMS 也可以是关系数据库系统

7. FoxPro 使用的数据模型是（　　）。

    A. 层次模型　　　　　　　　　　　　　B. 关系模型

    C. 网状模型　　　　　　　　　　　　　D. 非关系模型

8. 在关系数据库设计中，设计关系模式是（　　）的任务。

    A. 需求分析阶段　　　　B. 概念设计阶段　　　　C. 逻辑设计阶段　　　　D. 物理设计阶段

9. 下面哪个不是数据库系统必须提供的数据控制功能（　　）。

    A. 安全性　　　　　　　B. 可移植性　　　　　　C. 完整性　　　　　　　D. 并发控制

10. IBM 公司于 20 世纪 70 年代推出的 IMS 系统使用的数据模型是（　　）。

    A. 层次模型　　　　　　　　　　　　　B. 关系模型

    C. 网状模型　　　　　　　　　　　　　D. 面向对象模型

二、简答题

1. 什么是数据库、数据库系统及数据库管理系统？

2. 简要概述数据库管理系统的功能。

3. 数据库管理经历了哪几个阶段？各自有哪些特点？

4. 国产数据库都有哪些？

5. 数据库设计分为哪几个阶段？

第 10 章

多媒体处理技术

近年来，多媒体技术飞速发展，多媒体应用深刻地影响着人们的学习、工作和生活方式，广泛应用于娱乐、教育、通信、军事、金融、医疗等诸多行业。多媒体是多种媒体的综合体，包括文字、声音、图形、图像、动画和视频等。本章将介绍多媒体技术的基础知识、多媒体处理技术、多媒体编辑工具，以及多媒体技术的新发展。

通过本章的学习，学生能够：

（1）了解多媒体技术相关概念等基础知识。

（2）了解文本的表示方法和相关处理技术。

（3）了解动画的相关概念和处理技术。

（4）了解数字图像的表示方法和相关处理技术。

（5）了解数字音频的表示方法和相关处理技术。

（6）了解数字视频的表示方法和相关标准。

（7）理解多媒体信息的压缩原理和方法。

（8）了解多媒体技术的新发展。

（9）了解国产多媒体相关产品和我国自主创新之路。

10.1　初识多媒体技术

1. 媒体

媒体，又被称为媒介或介质，是表示、传输和存储信息的载体。在计算机领域中，媒体有两种含义：一种是指用以存储或传输信息的实体，如磁盘、光盘及半导体存储器、光纤等；另一种是指信息的载体，如数字、文字、声音、图像和图形等。

按照国际电信联盟（International Telecommunications Union，ITU）的建议，媒体可以划分成五种类型。

（1）感觉媒体（Perception Medium）：直接作用于人的感官，令人产生感觉（视、听、嗅、味、触觉）的媒体称为感觉媒体。例如，语言、音乐、音响、图形、动画、数据、文字、文件等都是感觉媒体。人们通常所说的多媒体就是感觉媒体的多种组合。

（2）表示媒体（Presentation Medium）：为了对感觉媒体进行有效的传输，以便对其进行加工和处理而人为地构造出的一种媒体称为表示媒体。例如，语言编码、静止和活动图像编码及文本编码等都是表示媒体。

（3）显示媒体（Display Medium）：显示感觉媒体的设备称为显示媒体。显示媒体分为两类：一类是输入显示媒体，如话筒、摄像机、光笔及键盘等；另一类是输出显示媒体，如扬声器、显示器及打印机等。

（4）传输媒体（Transmission Medium）：传输信号的物理载体称为传输媒体。例如，同轴电缆、双绞线、光纤及电磁波等都是传输媒体。

（5）存储媒体（Storage Medium）：用于存储表示媒体，即用于存放感觉媒体数字化代码的媒体称为存储媒体。例如，磁盘、磁带、光盘、纸张等都是存储媒体。

2. 多媒体

多媒体是一种融合了多种媒体的人机交互式信息交流及传播媒体，是多种媒体的综合体，如图10.1所示。首先，多媒体是信息交流及传播媒体，这说明多媒体和电视、杂志、报纸等媒体的功能是一样的，都为信息的交流及传播服务。另外，多媒体是人机交互式媒体，"机"是指机器，主要是指计算机或由微处理器控制的其他终端设备（如手机）。其次，多媒体信息都是以数字的形式而不是以模拟信号的形式存储和传输的，而且传播信息的媒体有很多种类，如文字、声音、图形、图像、动画等。宽泛地讲，融合任意两种以上的媒体就可以称为多媒体。

借助互联网和"超文本"思想与技术，多媒体构成了一个全球范围内的超媒体（Hypermedia）空间，通过网络、各种数字存储器和多媒体计算机，人们表达、获取和使用信息的方式和方法将发生重大变革。

图 10.1　多媒体

3. 多媒体系统

多媒体系统是一个能够处理多媒体信息的计算机系统，是计算机与多种媒体系统的有机结合。一个完整的多媒体系统是由硬件和软件两部分组成的，其核心是计算机，外围主要是多种媒体设备。因此，简单地说，多媒体系统的硬件系统包括计算机主机及可以接收和播放多媒体信息的各种 I/O 设备，其软件系统包括音频/视频处理核心程序、多媒体操作系统及多媒体驱动软件和各种多媒体应用软件。多媒体系统的具体组成如图10.2所示。

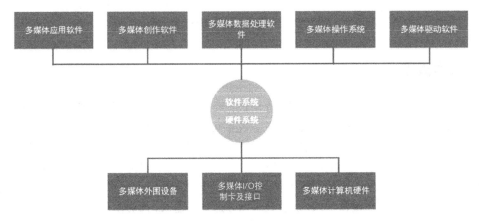

图 10.2 多媒体系统的具体组成

4. 多媒体技术

多媒体技术是以计算机为主体，结合通信、微电子、激光、广播电视等多种技术而形成的，用来综合处理多种媒体信息的交互性信息处理技术。具体来讲，多媒体技术就是以计算机为中心，将文字、声音、图形、图像、动画和视频等多种媒体信息通过计算机进行数字化处理，使之建立起逻辑连接，集成为一个具有交互性的系统的技术。

与多媒体相关的理论技术种类繁多，因此多媒体技术涉及多种学科和多种技术的相互交叉。目前，有关多媒体技术的研究和应用主要有以下几方面。

（1）多媒体数据的表示技术，包括文字、声音、图形、图像、动画和视频等媒体在计算机中的表示技术。由于多媒体，尤其是声音和图像及高清晰度数字视频等连续媒体的数据量庞大，因此为了突破数据传输通道带宽和存储设备容量的限制，数据压缩和解压缩技术在多媒体领域变得尤为重要。此外，为了丰富人与计算机的交互方式，人机接口技术也逐渐发展起来，如语音识别和文本—语音转换（Text to Speech，TTS）是多媒体研究中的重要课题。此外，虚拟现实（Virtual Reality，VR）和信息可视化（Information Visualization）也是当今多媒体技术研究中的热点。

（2）多媒体创作和编辑工具。使用工具的目的是提高信息加工的效率，在快节奏的今天，方便、易用的多媒体创作和编辑工具在逐渐替代传统创作和编辑工具。

（3）多媒体数据的存储技术。多媒体数据有两个显著的特点：一是数据表现为多种形式，并且数据量庞大，尤其是动态的声音和视频；二是多媒体数据传输具有实时性，声音和视频必须严格同步，这就要求存储设备的容量必须足够大，存取速度快，以便高速传输数据，使得多媒体数据能够实时地传输和显示。多媒体数据的存储技术主要研究多媒体数据的逻辑组织，存储体的物理特性，逻辑组织到物理组织的映射关系，多媒体信息的访问方法、访问速度、存储可靠性等问题。多媒体数据的存储技术具体包括磁盘存储技术、光存储技术及其他存储技术。

（4）多媒体应用开发。多媒体应用包括多媒体节目、多媒体数据库、环球超媒体信息系统、多目标广播技术（Multicasting）、影视点播（Video On Demand，VOD）、电视会议（Video Conferencing）、远程教育系统和多媒体信息的检索等。

（5）多媒体网络通信技术。多媒体网络通信是指通过对多媒体信息特点和网络技术的研究，建立适合传输文字、声音、图形、图像、动画和视频等多媒体信息的信道、通信协议和交换方式等，解决多媒体信息传输中的实时与同步等问题。

10.2　文本处理技术

10.2.1　文本概述

文字从无到有，其发展过程主要包括三个阶段：纸发明以前的"前纸时代"，纸发明以后的"纸的时代"，电子媒介出现以后的"后纸时代"。文字可用于记录语言，可以分为拼音文字和象形文字，这两类文字都是用图形符号（如字母和汉字）来表示的。不管是在多媒体技术出现之前，还是在多媒体技术得到广泛应用的今天，文字都是一种重要且特殊的媒体元素。文字媒体的特殊性主要包括两个方面：文字的"形"要素主要体现视觉信息；文字的"音"要素与听觉信息有关。文字的输入主要分为键盘输入和非键盘输入，后者又可以分为手写输入、扫描输入和语音输入等多种方式。文字需要经过编码后才能在计算机中存储。随着网络的普及，电子书正逐渐被更多的人接受。下面将重点介绍这些内容。

10.2.2　文本处理基础

1．文本的输入

（1）键盘输入。

计算机的通用键盘来源于传统的打字机，起初是为英文字母的输入而设计的，非常适用于西方字母的输入。但是，像汉字这样的象形文字，用键盘输入则没有那么方便。结合汉字的三要素（形、音、义），其输入法可以分两大类：形码（如五笔字型）输入法和音码（如全拼）输入法。各种形码和音码输入法还可以结合汉字的词义与语义特性，进行词组或整句话等的智能化输入（如微软拼音输入法）。

（2）手写输入。

手写输入是另一种广为使用的人性化中英文输入法，适用于不太熟悉键盘操作的人群和没有标准英文键盘的场合。常用的掌上电脑、部分台式机及智能手机等产品都支持手写输入。常规的手写输入系统由一支手写笔、一块手写板和手写识别软件三部分组成，在使用时只要把手写板与计算机正确连接，并安装手写识别软件，即可通过在手写板上写字实现向计算机输入信息。与键盘输入相比，手写输入的最大特点就是操作简便，并且对使用者的要求较低，只要会写字即可输入文字。一般的计算机系统如果没有手写板和手写笔，还可以通过鼠标仿真手写笔来进行手写输入。

（3）扫描输入。

扫描输入是通过扫描仪将纸面上印刷或书写的文字扫描到计算机中，使其变成计算机可处理的信息的文本输入方法。具体地说，它首先利用扫描仪，先将印刷或书写的文本扫描成图像，然后通过专用的 OCR（Optical Character Recognition，光学字符识别）技术进行文字的识别，将文字的图像转换成文本形式，最后显示在计算机屏幕上或按照格式要求存储在文档中。光学字符识别技术是扫描输入的核心，可对扫描仪输入的文字进行判断，并将图像形式的字符转换成计算机能识别的信息形式。扫描输入法一般适用于大量纸质文字的快速录入。需要注意的是，原稿的印刷质量越高，识别的准确率就越高。如果原稿的纸张较薄，那么在扫描时纸张背面的图形、文字等内容有可能透视过来，将对最后的识别效果带来一定的干扰。

（4）语音输入。

语音输入是最直接、最迅速的一种输入方式。随着语音识别和语音合成技术的发展，计算机已经初步具备语音处理功能，有了"说话"和"听话"的能力，语音输入也因此成为一种重要的人机交互方式。语音输入使计算机通过识别和理解过程，将语音信号转换成相应的文本和命令。用户可以通过语音输入对文件进行编辑、修改和显示等处理。语音输入不仅是计算机输入的一个跨越式突破，而且正在逐步改变人们使用计算机的方式。IBM 公司的 ViaVoice 是目前应用较为广泛的语音识别软件。它提供的语音训练程序可以让计算机熟悉不同地区人的口音，并且可以帮助人们通过话筒使用语音输入文字，通过语音命令控制计算机。

2. 文本在计算机中的表示

文本通常是指具有完整、系统含义的一个或多个句子的组合。计算机中的文本由数字、文字和符号等字符组成。为了用计算机对文本进行处理，需要按照特定的规则对组成文本的这些字符进行数字化编码，称为字符编码。

（1）字符的表示。

在计算机内部，数据的存储和处理均采用二进制方式，但是在计算机外部对数据进行输入或输出仍然采用十进制方式。为了便于实现机器对数据的识别与转换，通常将每位十进制数用二进制编码来表示。这种用二进制数表示十进制数的编码称为 BCD（Binary Coded Decimal）码。它保留了十进制的权，而数字则只用 0、1 来表示。BCD 码包括压缩 BCD 码和非压缩 BCD 码两种形式。

在计算机中，只有按照特定的规则用二进制数对数字、文字或符号进行编码才能对其进行正确的表示。目前，计算机中普遍采用的是美国国家信息交换标准代码，即 ASCII（American Standard Code for Information Interchange）码。ASCII 码是 7 位二进制编码，其中包括 0～9 十个阿拉伯数字，52 个英文字母（大小写各 26 个），以及常用的标点符号和控制字符。此外，一字节（包含 8 位二进制位）表示一个 ASCII 码字符，最高位为 0。例如，0～9 对应的 ASCII 码为 30H～39H，A～Z 对应的 ASCII 码为 41H～5AH，a～z 对应的 ASCII 码为 61H～7AH。

（2）汉字的表示。

为了在计算机中存储和识别汉字，需要对其进行编码，称为汉字编码。下面介绍汉字交换码和汉字机内码。

①汉字交换码。

汉字交换码又称国标码，是计算机与其他系统或设备进行汉字信息交换的标准编码。

考虑到汉字数量非常多，我们一般用连续的两字节（16 位二进制位）来表示一个汉字（16 个二进制数）。1980 年，我国颁布了第一个汉字编码字符集标准，即 GB 2312—80《信息交换用汉字编码字符集　基本集》，该标准简称为国标码，是我国及新加坡、马来西亚等海外华语区通用的汉字交换码。国标码可以表示 7445 个字，包括 6763 个汉字及 682 个符号。

需要注意的是，国标码不能直接在计算机中使用，因为它可能会与 ASCII 码产生冲突。例如，"大"的国标码是 3473H，与字符组合"4S"的 ASCII 码相同。

②汉字机内码。

与汉字交换码不同，汉字机内码是真正的计算机内部用来存储和处理信息的代码。为了避免国标码与 ASCII 码可能产生的冲突，在计算机内部表示汉字时，把国标码每个字节的最高位改为 1，称为汉字机内码。这样，某个字节若最高位为 1，则必须和下一个最高位同样为 1 的字节组合起来代表一个汉字；若最高位为 0，则代表一个 ASCII 码。

3. 文本格式的设置

采用主流办公软件可以实现对文本的输入、编辑、排版和打印等工作。以天安门城楼上的标语"世界人民大团结万岁，中华人民共和国万岁"为例，在 Microsoft Office Word 中对它进行不同格式的设置，可以得到不同的效果，如图 10.3 所示。第一行为宋体 10 磅的效果，第二行到第五行分别为加粗、楷体、斜体和添加下画线的效果，第六行为宋体 12 磅灰色背景的效果。

宋体 10 磅：世界人民大团结万岁，中华人民共和国万岁！

加粗：世界人民大团结万岁，中华人民共和国万岁！

楷体：世界人民大团结万岁，中华人民共和国万岁！

斜体：世界人民大团结万岁，中华人民共和国万岁！

<u>下划线：世界人民大团结万岁，中华人民共和国万岁！</u>

宋体 12 磅灰色背景：世界人民大团结万岁，中华人民共和国万岁！

图 10.3　Microsoft Office Word 文本处理示例

4. 电子书的制作

电子书（EBook）是一种以数字化形式存储和传播的出版物，已经成为一种流行的传媒形式。区别于传统以纸张为载体的纸质出版物，电子书是利用计算机技术将文字、图片、声音和影像等信息，通过数字方式记录在光盘或磁盘等存储介质中，通过网络进行传播，并借助特定软件来阅读的图书。电子书具有便于携带、方便阅读、小容量等特点，十分适合现代人快节奏的生活。电子书给读者带来了传统书报无法比拟的视听感受。随着网络的普及和阅读器的发展，相对于传统阅读方式，电子书阅读正逐渐为更多的人所接受。

（1）电子书的格式。

目前互联网上的电子书格式种类很多，常见的主要有以下几类。

①帮助文件格式 HLP 和 CHM：二者都是微软公司推出的帮助文件格式。

②专用文件格式：这类格式的电子书在制作和阅读时需要使用专用软件。

PDF：Adobe 公司开发的文件格式，使用 Acrobat Reader 软件阅读。

LIT：微软公司开发的文件格式，使用 Microsoft Reader 软件阅读。

PDG：超星公司开发的图像存储格式，使用超星阅读器浏览。

CAJ：清华同方公司开发的文件格式，使用 CAJ 浏览器阅读。

CEB：北大方正公司开发的文件格式，在我国被作为电子公文传递的标准格式。

NLC：中国国家图书馆的电子书格式。

③可执行文件格式 EXE：不需要特殊阅读软件的支持。

④手机电子书：UMD、JAR、TXT 等是目前手机上广泛支持的电子书格式，可以使用百阅或掌上书院等阅读软件来浏览。

（2）各种格式电子书的制作。

①HLP 和 CHM 电子书的制作。

HLP 是一种早期的电子书格式，被看作 16 位 Windows（Windows 95 以前的各版本）操作系统下的标准帮助文件格式。CHM 是微软公司后来推出的基于 HTML 文件特性的帮助文件格式，用于替代早期 HLP 格式的帮助系统，它能在 Windows 操作系统中直接运行。在制作 CHM 电子书时，可以使用微软公司的 HTML Help Workshop 软件。

②PDF 电子书制作。

PDF 是 Adobe 公司开发的电子书文件格式。Adobe 公司开发 PDF 格式旨在出版和发布支持跨平台的多媒体集成信息。PDF 将文字、字形、格式、颜色及独立于设备和分辨率的图形和图像等封装在一个文件中，因此是一种独立于软/硬件和操作系统的文件格式。目前，PDF 已成为数字化信息的一个工业标准。Adobe 公司围绕电子和网络出版提供了一整套解决方案，包括用于制作 PDF 文件的专业版商业软件 Acrobat 和用于阅读 PDF 文件的免费软件 Acrobat Reader。

③EXE 电子书的制作。

EXE 电子书目前十分流行，它具有阅读方便、制作简单等优点。除此之外，这种格式的电子书非常精美，书中可以内嵌阅读软件，无须安装专门的阅读器就可以直接阅读，对运行环境要求不高。用于制作 EXE 电子书的软件有很多，如 eBook Workshop（e 书工场）、eBook Edit Pro 和 Natata eBook Compile 等。

5．毕业论文格式的要求

一篇完整的毕业论文应该包括论文封面、中英文摘要、论文正文和参考文献等部分，每一部分的字体、字号、对齐排版等都有严格的要求。下面以郑州轻工业大学本科毕业论文要求为例，说明毕业论文格式的要求。

（1）毕业论文用纸一律采用 A4 幅面；正文用宋体小四号字；版面页边距为上 2.5cm，下 2.5cm，左 3cm，右 2cm；论文题目作为页眉，用宋体小五号字，居中；页码用时代新罗马（Times New Roman）字体小五号字，底端居中；靠左边装订。

（2）毕业论文由以下部分组成：A．封面；B．毕业设计（论文）任务书；C．中文摘要与中文关键词；D．英文摘要与英文关键词；E．目录；F．正文；G．致谢；H．参考文献；I．附录（若有大于 A3 幅面的图纸，则所有图纸单独装订成册）。

（3）中英文摘要及关键词（中文在前，英文在后）。摘要是论文内容的简要陈述，应尽量反映论文的主要信息，内容包括研究目的、方法、成果和结论，不含图表，不加注释，具有独立性和完整性。中文摘要以 300 字左右为宜，英文摘要应与中文摘要内容一致。"摘要"字样位置居中。

关键词是反映毕业设计（论文）主题内容的名词，供检索时使用。词条应为通用技术词汇，不得自造关键词，尽量从《汉语主题词表》中选用。关键词一般为 3～4 个，按照条外延层次（学科目录分类）由高至低顺序排列。关键词用分号隔开，另起一行写在摘要正文之后。

（4）目录。目录应层次分明，章、节、页号清晰，并且要与正文标题一致，主要包括绪论、正文主体、结论（或结束语）、致谢、主要参考文献及附录等。

（5）正文。正文部分包括绪论（或前言、序言）、论文主体及结论。绪论综合评述前人工作，说明论文工作的选题目的和意义，国内外文献综述，以及论文所要研究的内容。论文主体是论文的主要组成部分，要求层次清楚、文字简练、通顺、重点突出。各层次的题序和标题之间空一格，不加标点。题序一般不超过四层，第四层题序可使用（1）、（2）……或 1.1.1.1、1.1.1.2……表示。每章（包括结论或结束语、致谢、参考文献和附录）都要从新的一页开始，各层次标题都要尽量避免出现在页面的最后一行。格式除题序层次外，还应包括分段、行距、字体和字号等。正文的内容用宋体小四号字，数字和字母使用时代新罗马（Times New Roman）字体，行间距为 1.5 倍。

（6）结论（或结束语）。作为单独一章排列，但标题前不加序号。结论（或结束语）是对整篇论文的总结，文字应简练，一般不超过两页。

（7）致谢。致谢是作者向在撰写论文过程中对他提供支持和帮助的组织或个人表示谢意的内容，文字要简洁、实事求是。

（8）主要参考文献。为了反映论文的科学依据和作者尊重他人研究成果的严肃态度，同时向读者提供有关信息的出处，正文之后一般应列出主要参考文献。只列出作者阅读过的、重要的且发表在公开出版物上的文献或网上下载的资料。论文中被引用的参考文献序号用方括号括起来，置于所引用部分的右上角。参考文献按正文中引用的先后顺序排列。

（9）附录。对于一些不宜放在正文中，但又具有重要参考价值的内容（如公式的推导、编写的程序清单、实验的数据等）可以编入附录。

（10）其他要求。

①文字。论文中的汉字应使用《简化汉字总表》规定的简化字，并严格按照汉字的规范书写。

②表格。论文中的表格可以统一编序（如表 15），也可以逐章单独编序（如表 2-5），表格的编序方式应和插图及公式的编序方式统一。表序必须连续，不得重复或跳跃。表格的结构应简洁。表格中各栏都应标注量和相应的单位。表格内数字须上下对齐，当相邻栏内的数值相同时，不能用"同上""同左"和其他类似用词，应一一重新标注。表序和表题置于表格上方中间位置，用 5 号字，加粗，无表题的表序置于表格的左上方或右上方（同一篇论文位置应一致）。

③图。插图要精选。图可以连续编序（如图 52），也可以逐章单独编序（如图 6-8），图的编序方式应与表格、公式的编序方式统一。图序必须连续，不得重复或跳跃。当仅有一个图时，在图题前加"附图"字样。毕业设计（论文）中的插图及图中文字符号应打印，当无法打印时一律用钢笔绘制和标出。由若干个分图组成的插图，分图用（a）、（b）、（c）……标出。图序和图题置于图下方中间位置，用 5 号字，加粗。

④公式。论文中重要的或后文中须重新提及的公式应注序号并加圆括号。公式序号一律用阿拉伯数字连续编序[如（45）]或逐章编序[如（6-10）]，序号排在版面右侧，且使公式居中。公式与序号之间不加虚线。

⑤数字用法。公历世纪、年代、年、月、日、时间和各种计数、计量，均用阿拉伯数字。年份不能简写，如 1999 年不能写成"99 年"。数值的有效数字应全部写出，如 0.50:2.00 不能写作"0.5:2"。

⑥软件。软件流程图和源程序清单要按软件文档格式附在论文后面，在特殊情况下可在答辩时展示，不附在论文内。

⑦工程图。工程图应遵循国标的最新规定，对设计类专业计算机绘图应占一定的比例。若工程图图纸均小于或等于 A3 幅面，则应与论文装订在一起；若有大于 A3 幅面的图纸，则所有图纸应按国标规定单独装订成册作为附图。

⑧计量单位的定义和使用方法。计量单位的定义和使用方法遵循《中华人民共和国法定计量单位》相关规定。

10.2.3 常用文本处理软件

文本处理软件是一种常用的办公软件，主要用于对文字进行排版和格式化。常用文本处理软件主要有微软公司的 Microsoft Office Word 和记事本，以及金山软件有限公司的 WPS Office 等。

1．Microsoft Office Word

Microsoft Office Word 是微软公司开发的一款文本处理软件，也是最流行的文本处理软件之一。它提供了许多简单、易于使用的文档创建工具和文档编辑工具，同时提供了丰富的功能集，供创建复杂的文档使用。Microsoft Office Word 操作界面如图 10.4 所示。

图 10.4 Microsoft Office Word 操作界面

2. 记事本

在 Windows 操作系统中，记事本是一种常用的纯文本处理软件，它采用一个简单的文本编辑器对文字信息进行记录和存储。用记事本软件保存的文件扩展名为.txt，文件内容没有任何格式。从 Windows 1.0 开始，所有的 Windows 版本都内置了这款软件。记事本操作界面如图 10.5 所示。

图 10.5 记事本操作界面

3. WPS Office Word

WPS Office Word 是由金山软件有限公司自主研发的一款国产办公软件，可以实现常用的文字编辑功能。它具有占用内存空间小、运行速度快、体积小巧、支持多种插件等优点，可以在 Windows、Linux、Android、iOS 等多种平台上运行。WPS Office Word 操作界面如图 10.6 所示。

图 10.6 WPS Office Word 操作界面

10.3 动画处理技术

10.3.1 动画概述

动画又被称为卡通，最早源于英文 Animation 或 Animated Cartoon，根据《韦伯斯特大词典》的解释，动画是由一系列图像构成的运动图像，即对一组木偶、泥塑等进行拍摄并通过每幅图像的细微改变模拟目标物体的动作。运动员掷铅球的动画如图 10.7 所示。

图 10.7 运动员掷铅球的动画

从科学的观点来看，我们之所以认为动画会动，是因为人的视觉具有局限性。当图像的更新速率超过一定的范围（每秒 18 次到 24 次之间）时，一种被称为"视觉停留"的生物物理现象就发生了。这一现象产生的原因是：为了进行图像特征的识别，要求图像在人的大脑中停留相当长一段时间，而这段时间远远长于在视网膜上成像的时间，这样一来，即使图像在不停地闪烁，只要每次闪烁的时间间隔足够小（大约为 50ms），这幅图像就会一直停留在人的大脑中，好像它并没有闪烁过一样。当一系列离散的静态图像以一定的速率闪烁时，人的大脑将把这些图像混合起来（因为前一幅图像还未消失，后一幅图像就进入了），形成目标物体在连续运动的错觉。这种有趣的错觉就是所有活动影像技术（包括电影和电视）能发生作用的基础。试想一下，如果一个人大脑的图像处理速度足够快，以至于不会发生"视觉停留"现象，那么我们所欣赏的影视作品在这个人看来就像幻灯片一样，毫无乐趣可言。

1. 动画的发展过程

动画技术从无到有，经历了漫长的发展过程。早在 1640 年，近代动画的先驱阿塔纳斯·珂雪发明了"魔术幻灯"，它不仅是动画，还是电影作品的萌芽。中国的皮影戏与其类似，皮影戏诞生于两千多年前的西汉，也被称为羊皮戏或人头戏等。唐宋时期，皮影戏在秦、晋、豫三地逐渐发展成熟。在中国，皮影戏衍生出许多地方戏，皮影戏所用的屏幕、演出方式、艺术手段等对当代电影的发展起到了至关重要的指导作用。1882 年，法国人埃米尔·雷诺发明了光学影戏机，为后期动画的发展奠定了技术基础，他因具有独特的创造力，被誉为"动画的鼻祖"。而后经过不断发展和改良，动画放映机诞生，成为现代动画放映系统的雏形。随着电影业的不断进步与发展，动画产业也在探索中逐渐发展壮大。1900 年，爱迪生公司创作了动画作品《迷人的图画》。这是由斯图亚特·勃拉克顿尝试用粉笔画雪茄和瓶子，而后拍摄下来的。1906 年，史都华·布雷克在黑板上制作了《滑稽脸的幽默像》，该作品构思精细，内容诙谐有趣，充分发挥了创作者的艺术天赋。这部作品采取了一帧接一帧的拍摄方式，运用了剪纸和摄影技术。史都华·布雷克废寝忘食地研究逐格拍摄技术，这项技术对之后世界动画的发展贡献极大。1914 年，动画界先驱温瑟·麦凯创作的动画片《恐龙盖蒂》上映，人物和现场表演被设计成有趣的互动情节，得到了观众的一致认可。1918 年，温瑟·麦凯与美国环球影业公司合作发行了动画纪录片《路斯坦尼雅号之沉没》，这是历史上第一部使用动画形式来表现的纪录片。随着技术的不断发展和人类追求的提升，人们已经不满足于无声无色的画面。1928 年 11 月 18 日，动画师华特尔·伊利斯·迪士尼创作出"米老鼠"这一角色，这一天也是影片《蒸汽船威利》的首映日，该影片是历史上第一部音画同步的动画作品。《花和树》是历史上第一部有色电影，于 1932 年拍摄完成，其采用的彩色摄影技术由泰尼柯勒公司发明。华特尔将此技术应用于彩色动画制作，第一次尝试便取得了成功。1950 年，新媒介的出现给动画带来了新的挑战，也带来了新的机遇，标志着电视时代即将来临。当华纳的作品第一次出现在电视上时，意味着动画行业开始迅猛发展。中国动画发展的高峰期在 1950 年之后，其间涌现出大量优秀的动画作品。1961—1964 年，万籁鸣和唐澄联合执导了一部彩色动画长片《大闹天宫》，这是中国动画史上的丰碑，给无数人的童年带来了欢乐。同时，它也对中国动画的审美产生了深远的影响，满足了观众对中国风格的想象，还获得了多项国际大奖。20 世纪后期也出现了许多优秀的动画作品，如改编自敦煌壁画《鹿王本生》的《九色鹿》，水墨动画片《小蝌蚪找妈妈》，具有深厚文化背景的《天书奇谭》等。随着经济和科技的不断发展，人们逐渐开始了解动画，对动画的喜爱之情开始高涨，漫画、影视动画、电视动画越来越多地出现在人们的视野中。当然，这个时期还是以二维动画为主。直至 1980 年，信息技术的发展和数字技术的普及推动了三维动画的诞生。如今，计算机动画（Computer Animation，CA）已经慢慢进入人们的视野并受到人们的喜爱。

2．动画的应用领域

动画的应用领域十分广，下面列举五个方面的应用。

（1）科学研究。

在科学研究领域，有许多问题都需要依靠动画技术解决。例如，在航天工程中，整个操控过程都需要动画技术的支持，从火箭升空到返回地面，动画技术发挥着不可替代的作用，如可以制作模拟火星探测的动画，如图 10.8 所示。又如，在一些微观研究领域，有很多以人类现有的技术还难以观察到的现象，只有依靠动画技术的辅助，科研人员才能更好地掌握研究规律，获得理想的研究结果。再如，有些研究项目可能涉及人类无法承受的恶劣环境条件，这时只能依靠动画技术来模拟解决研究中遇到的问题。当前，无论是在基础研究中还是在应用研究中，动画技术都发挥着十分重要的作用，这项技术已经成为科学家不可或缺的重要科研手段。

（2）文化教育。

现代文化教育技术的飞速发展带来了全新的教育革命，旧的教学模式正在发生着巨大变化，以动画技术为主的多媒体教学模式受到广大师生的喜爱。通过运用动画教学手段，枯燥的学习内容变得生动有趣，这不仅可以有效地调动学生的学习兴趣，而且可以极大地提高学生的学习效果。另外，动画还可以把一些抽象难懂又不易讲清楚的问题形象、直观地展示出来，从而达到增强教学效果的目的。例如，制作模拟天体运动的动画，如图 10.9 所示。因此，动画是文化教育领域一直倡导的趣味化教学手段。

（3）医疗卫生。

动画很早就被应用于医务人员培训、医药研究、手术模拟等诸多医学领域，如制作模拟肺部呼吸的计算机动画，如图 10.10 所示。现代医学教育中的数字人技术也需要动画的协助，对影像医学教育来说，计算机动画技术的支持几乎是不可或缺的。随着现代医疗水平的进一步提高，动画技术在医疗卫生方面发挥的作用将会越来越大。

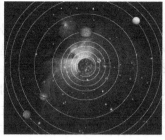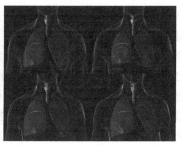

图 10.8　模拟火星探测的动画　　　　图 10.9 模拟天体运动的动画　　　图 10.10　模拟肺部呼吸的计算机
动画

（4）电影、电视。

电影、电视行业始终是动画的主要商业应用领域，尤其是电影、电视得到普及以后，动画片的商业制作都集中到了电影、电视领域。电影、电视作品数量巨大，受众面广，因而电影、电视动画的需求量很大。统计资料显示，2019 年我国动画总产值约为 1941 亿元，而同年世界动画片及其周边衍生产品的产值大约为 1 万亿美元。

（5）广告宣传。

现代社会经济的迅猛发展使得人类社会生活的节奏加快，传统的文字与语音已不能满足信息传递的需要。人们对信息的获取呈现出多样性的特点，而动画在传递信息上具有独特的优势，如动画直观、生动、信息含量大且艺术感染力强，可用极短的时间传递出非常丰富的信息，所以特别适用于广告宣传。现在电视和网络已十分普及，这为动画成为现代广告的主要形式奠定了基础。如今，人们形象地把 21 世纪称为"读图的时代"，而动画制作技术的进步又大大增加了广告的表现力。现在只要打开电视，就可看到各类动画广告，由此可见，广告宣传已成为动画的重要应用领域。

10.3.2　动画处理基础

1．计算机动画及其分类

计算机动画是计算机图形学和艺术学相结合的产物，随着计算机硬件和图形学算法的发展，计算机动画也快速发展起来。计算机动画综合利用计算机科学、艺术、数学、物理学和其他相关学科的知识，用计算机生成连续、绚丽多彩的虚拟画面，给人们提供一个充分展示个人想象力和艺术才能的途径。与传统动画一样，计算机动画也采用连续播放静态图像的方法产生物体运动的效果。实验证明，若动画的画面刷新率为 24 帧/s，即每秒放映 24 幅画面，则人眼会看到连续的画面效果。

计算机动画分为二维动画和三维动画两大类。二维动画是在平面上的画面，在纸张、照片或计算机屏幕上显示，无论画面的立体感有多强，终究是在二维空间中模拟真实三维空间的效果。三维动画中的景物分为正面、侧面和反面，通过调整三维空间的视角可以看到不同的内容。由于具有这些特点，计算机动画广泛应用于让应用程序更加生动的场合，增添多媒体的感官效果。此外，计算机动画可应用于游戏开发、电视动画制作、电影特效制作、生产及科研过程的模拟等领域。

2．计算机动画制作方法

由于计算机动画的制作流程是在传统手绘动画制作流程的基础上发展起来的，因此计算机动画与传统手绘动画制作方法类似，区别是将部分由手工制作的步骤转变为借助计算机来完成，从而提高动画制作效率。一般来说，计算机动画的制作流程可以分为三个阶段：一是创意脚本写作，这是对应某一具体创作工具而言的，有时不需要详细地写出创意脚本，但是在制作人员的大脑中至少要有一个待制作动画的大致轮廓；二是素材准备，包括图片、声音，以及外来视频等；三是具体动画的制作，首先要设置动画基本参数，如选择动画背景、设置动画画面大小和动画播放速度等。下面只对计算机动画与传统手绘动画制作过程中的不同之处做简要说明。

（1）原画。在传统的手绘动画中，原画由动画设计师手工绘制。而在计算机动画制作中，原画和背景画面可以用摄像机、扫描仪或数字化仪等设备进行数字化输入，也可以直接用动画制作软件进行绘制。动画制作软件提供各种绘画工具，可以随时存储、检索、修改和删除任意画面，这在很大程度上提高了动画的制作速度和制作水平。

（2）中间画面。在传统的手绘动画中，中间动画由动画设计师手工绘制。而在计算机动画制作中，则利用插值算法对两幅关键帧进行插值计算，自动生成中间画面，从而将动画制作人员从烦琐的劳动中解放出来，这是计算机动画制作的主要优点之一。

（3）分层制作合成。传统手绘动画的每帧画面通常由多张透明胶片叠合而成，每张胶片上包含不同的对象或对象的某一部分，这是保证质量、提高效率的一种方法，但在制作过程中需要精确对位。此外，受透光率的影响，透明胶片不得超过 4 张。在计算机动画制作软件中，同样使用了分层的方法，但是对位非常简单，不同层的个数在理论上没有限制，对层的各种控制（如移动、旋转等）实现起来也十分容易。

（4）着色。着色是动画制作过程中极为重要的一个环节。计算机动画辅助着色，由用户选定颜色，指定着色区域，由计算机完成。计算机描线着色具有界线准确、速度快、无须晾干、不会串色和修改方便等优点，而且可以避免层数太多给颜色带来的影响。

（5）预演。在生成和制作特效之前，可以先在计算机屏幕上演示一下草图或原画，检查动画中的画面和时限，以便及时发现问题并对其进行修正。

（6）库图。动画中的各种角色造型和画面的动态过程可以存放在图库中重复利用，这样做不仅省时省力，还可以提高动画制作效率。

（7）编辑、剪辑、录音、字幕。这是动画的后期制作工作，用计算机完成后期制作的各种工作，修改方便，效率很高。

综上所述，传统手绘动画和计算机动画的本质区别是传统手绘动画由画师和画工在纸上画，而计算机动画则利用动画制作软件绘制或直接导入现成的图像。因此，相对于传统手绘动画，计算机动画制作不仅效率高，而且制作成本低。

3．动画文件格式

计算机动画文件格式包括 MB、SWF、ANI、FLA 等。

（1）MB。MB 是美国 Autodesk 公司三维动画制作软件 Maya 的源文件格式。Maya 软件主要应用于动画专业的影视广告、角色动画、电影特效等的制作，具有功能完善、工作灵活、易学易用、制作效率高和渲染真实感强等特点，是电影级别的高端动画制作软件。

（2）SWF。SWF（Shock Wave Flash）是 Macromedia 公司（现已被 Adobe 公司收购）的动画设计软件 Flash 的专用格式，在网页设计、动画制作等领域的应用十分广泛。SWF 文件通常也被称为 Flash 文件，可以在安装了 Adobe Flash Player 插件的浏览器中打开。SWF 格式的设计理念是可以在任何操作系统和浏览器中运行，并且可以在网络速度较慢的情况下流畅地浏览。

（3）ANI。ANI（APPlicedon Startins Hour Glass）文件是微软窗体中的动画光标文件，其展名为.ani。ANI 文件一般由四部分构成：文字说明区、信息区、时间控制区和数据区，即 ACONLIST 块、anih 块、rate 块和 LIST 块。

（4）FLA。FLA 是一种包含原始素材的 Flash 动画文件格式，它可以在 Flash 认证的软件中进行编辑并且编译生成 SWF 文件。在动画制作过程中，由于所有的原始素材都保存在 FLA 文件中，因此 FLA 文件的体积通常比较大。

10.3.3　常用动画制作软件

常用的二维动画制作软件有 Flash、RETAS、Animator Studio 和 Pegs 等，三维动画制作软件有 3D Studio Max、LightWave 3D、Maya 等。下面挑选四个有代表性的动画制作软件进行简单介绍。

1. Flash

Flash 是由美国 Macromedia 公司发布的专业动画制作软件，功能强大，主要用于网页设计和多媒体创作等领域，其操作主界面如图 10.11 所示。Flash 软件包括三个紧密相连的逻辑功能模块：绘图及编辑图形、补间动画和遮罩。Flash 动画本质上是"遮罩+补间动画+逐帧动画"与元素（主要是影片剪辑）的混合物，通过这些元素的不同组合，可以制作出千变万化的效果。

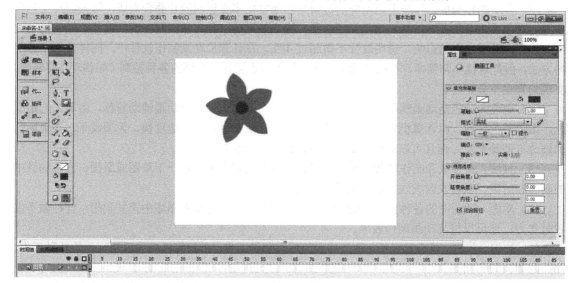

图 10.11　Flash 操作主界面

2. RETAS

RETAS 是由日本 CELSYS 株式会社开发的一套专业二维动画制作软件，广泛应用于电影、电视、游戏等诸多领域。RETAS 软件由 Stylos、TraceMan、PaintMan 和 CoreRETAS 四款软件组合而成，其操作主界面如图 10.12 所示。人们利用 RETAS 软件，创作了大量受全球动画爱好者欢迎的作品，如《海贼王》、《火影忍者》和《机器猫》等。

3. 3D Studio Max

3D Studio Max 又称 3d Max 或 3ds Max，是 Discreet 公司（后被 Autodesk 公司收购）基于个人计算机开发的三维动画渲染和制作软件。在 Windows NT 操作系统出现以前，工业级的计算机动画制作被 SGI 图形工作站垄断。3D Studio Max + Windows NT 组合的出现，极大地降低了计算机动画制作的门槛。3D Studio Max 起初是运用在计算机游戏制作中的，后来进一步参与到影视片的特效制作中，如《X 战警 II》和《最后的武士》等。在 Discreet 3ds Max 7.0 版本以后，该软件被正式更名为 Autodesk 3ds Max。3D Studio Max 操作主界面如图 10.13 所示。

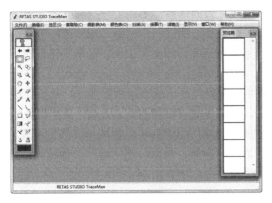

图 10.12　RETAS 操作主界面

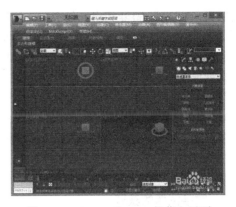

图 10.13　3D Studio Max 操作主界面

4．LightWave 3D

LightWave 3D 是由美国 NewTek 公司开发的一款三维动画制作软件，其操作主界面如图 10.14 所示。LightWave 3D 软件从有趣的 AMIGA 软件开始，发展到如今的 2020.0.3 版本，已经发展成为一款功能强大的三维动画制作软件。它支持 Windows、macOS 等操作系统，被广泛应用于电影、电视、游戏和动画等领域，在生物建模和角色动画方面表现极好。光线跟踪和光能传递等模块使得 Light Wave 3D 的图像渲染品质尽乎完美，其以优异的性能倍受影视特效制作公司和游戏开发商的青睐。好莱坞大片《TITANIC》中细致逼真的船体模型、《Red Planet》中气势恢宏的电影特效，以及《恐龙危机 2》和《生化危机：代号维洛尼卡》等许多经典游戏均采用 LightWave 3D 软件开发制作完成。

图 10.14　LightWave 3D 操作主界面

10.4　数字图像处理技术

10.4.1　数字图像处理概述

1．数字图像处理的发展

20 世纪 20 年代，数字图像处理首次应用于改善伦敦和纽约之间海底电缆发送的图片质量。到 20 世纪 50 年代，数字计算机发展到一定的水平后，数字图像处理才真正引起人们的研究兴趣。1964 年，美国喷气推进实验室用计算机对"徘徊者七号"太空船发回的大批月球照片进行处理，收到明显的效果。20 世纪 60 年代末，数字图像处理具备了比较完善的体系，形成了一门独立的学科。20 世纪 70 年代，数字图像处理技术得到迅猛发展，相关理论和方法进一步完善，应用范围更广。在这一时期，数字图像处理主要和模式识别及图像理解系统的研究，如文字识别、医学图像处理、遥感图像处理等相联系。

20 世纪 70 年代后期到现在，各个应用领域对数字图像处理提出越来越高的要求，从而促进了这门学科向更高级的方向发展。特别是在景物理解和计算机视觉（机器视觉）方面，数字图像处理已由二维处理发展到三维理解或解释。数字图像处理技术的应用迅速从宇航领域扩展到生物医学、信息科学、资源环境科学、天文学、物理学、工业、农业、国防、教育、艺术等各个领域与行业，对经济、军事、文化及人们的日常生活产生了重大的影响。

2．数字图像的获取

数字图像是指以数字方式存储的图像。将图像在空间上离散，然后量化存储每个离散位置上的信息，就可以得到最简单的数字图像。这种数字图像一般数据量很大，需要采用图像压缩或编码技术以便更有效地将其存储在数字介质中。

如图 10.15 所示，一个真实物体在一定的光照条件下，经过成像设备映射到数字图像传感器上，然后由数字图像传感器将其转换成电压信号，该信号经过数字化后就成为数字图像，这样一个真实物体就被转换成一个数字图像。目前，计算机所处理的多数图像信息都是通过类似的转换方式获得的。这个转换过程主要包括采样和量化两个步骤。

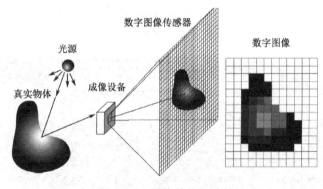

图 10.15　图像的获取过程

（1）采样是指将二维空间中连续的图像在水平和垂直方向上等间距地分割成矩形网状结构，所形成的微小方格称为像素（Pixel）点。像素是用来表示数字图像大小的一种单位，用来表示一幅图像的像素点越多，结果就越接近原始的图像，即图像的精度越高。因此，像素点总量也是衡量采样结果质量的标准之一。经过采样后，一幅图像就被变换成由有限个像素点构成的集合。

（2）量化是指确定使用多大范围的数值来表示采样之后图像的每个像素点。量化的结果是图像能够容纳的颜色总数。在量化时所确定的离散取值个数称为量化级数。为表示量化的色彩值（或亮度值）所需的二进制位数称为量化字长，一般可用 8 位、16 位、24 位或更大的量化字长来表示图像的颜色。量化字长越大，越能真实反映原有的图像颜色，但得到的数字图像的容量也越大。

如图 10.16 所示，通过采样和量化，将一个以自然形式存在的图像转换为适合计算机处理的数字形式。图像在计算机内部被表示为一个数字矩阵，矩阵中每个元素称为像素。像素灰度取值可以为有限个离散的可能值，一般取值范围为[0,255]。因此，一幅图像可定义为二维函数 $f(x, y)$，这里 x 和 y 是空间坐标，而任何一对空间坐标(x, y)对应的幅值 f 称为该点像素的强度或灰度。

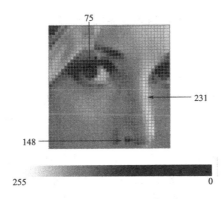

图 10.16　数字图像

10.4.2　数字图像处理基础

1. 数字图像相关概念

描述一幅图像的基本情况需要使用图像的属性，这些属性包含分辨率和像素深度等。

（1）分辨率。

分辨率是一个比较笼统的属性，一般经常遇到的分辨率有两种：显示分辨率和图像分辨率。下面分别介绍这两种分辨率。

①显示分辨率。

显示分辨率是指显示设备上能够显示出的像素数目。显示分辨率一般用"水平像素数×垂直像素数"的方式来表示。例如，显示分辨率为 640 像素×480 像素表示显示屏分成 480 行，每行显示 640 像素，整个显示屏上就含有 307 200 个显像点。屏幕上能够显示的像素越多，说明显示设备的显示分辨率越高，显示出的图像质量也就越高。

②图像分辨率。

图像分辨率是对数字图像中像素密度的一种度量。对于同样大小的一幅图像，如果构成该图像的像素数目越多，则说明该图像的分辨率越高，看起来就越逼真，反之则图像显得越模糊。如图 10.17 所示，左边是低分辨率图像，右边是高分辨率图像。

图 10.17　低分辨率图像和高分辨率图像对比

图像分辨率与显示分辨率是两个不同的概念。图像分辨率是确定组成一幅图像的像素数目，而显示分辨率是确定显示图像的区域大小。如果显示屏的分辨率为 640 像素×480 像素，那么一幅 320

像素×240 像素的图像只占显示屏的 1/4，2400 像素×3000 像素的图像在这个显示屏上不能显示出完整的画面。

（2）像素深度。

像素深度（又被称为位深）是指存储每个像素所用的位数，也用来度量图像的分辨率。像素深度决定彩色图像每个像素可能拥有的颜色数量，或者决定灰度图像每个像素可能有的灰度级数量。例如，一幅灰度图像的每个像素用 8 位表示，就说像素深度为 8，每个像素可以是 $2^8 = 256$ 个灰度级中的一种。存储一个像素所用的位数越多，能表达的灰度级就越多，像素深度就越大。

像素深度越大，所占用的存储空间越大。相反，如果像素深度太小，也会影响图像的质量，图像看起来会很粗糙、不自然。从图 10.18 中可以看出，像素深度分别为 16 位和 8 位在表示灰度级上有明显差别，像素深度越大则明暗过渡得越自然。从图 10.19 中可以看出，当表示彩色信息时，像素深度的大小会带来一些差异。

图 10.18　灰度级信息用不同的像素深度表示

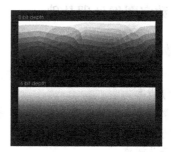

图 10.19　彩色信息用不同的像素深度表示

虽然像素深度可以设置得很大，但是一些硬件设备能够处理的颜色深度却受到限制。例如，早期标准 VGA（Video Graphics Array）支持 4 位 16 种颜色的彩色图像，多媒体应用中推荐至少用 8 位 256 种颜色。由于设备的限制，加上人眼分辨率的限制，一般情况下，不一定要追求特别大的像素深度。

2．常见的颜色模型

为了正确、有效地表达颜色信息，需要建立和选择合适的颜色模型。针对不同的应用情况，人们已经提出了很多种颜色模型。颜色模型是建立在颜色空间中的，因此颜色模型和颜色空间密切相关。颜色空间可看成一个三维的坐标系统，而每种具体的颜色就是其中的一个点。

颜色模型通常分为两类：设备相关颜色模型和设备无关颜色模型。在设备相关颜色模型中，最常见的是 RGB 模型和 CMYK 模型。例如，用一组确定的 RGB 值来确定三色 LED 的电压，并最终在液晶屏上显示，这样一组值在不同设备上解释时，得到的颜色可能并不相同。CMYK 模型的解释则需要依赖打印设备。其他常见的设备相关颜色模型还有 HSL 模型、HSV（HSB）模型、YUV 模型、YCbCr 模型等，这些颜色模型主要用于设备显示、数据传输等。设备无关颜色模型是基于人眼对颜色感知的度量建立的数学模型，如 CIE-RGB 模型、CIE-XYZ 模型，这些颜色模型主要用于计算和测量，为颜色的表示提供标准。下面重点介绍几种常用的设备相关颜色模型。

（1）RGB 模型。

如图 10.20 所示，RGB 模型是最常见的设备相关颜色模型。红、绿、蓝三种颜色分量由 R、G、B 表示，在计算机和常见的图像设备中，各分量的取值范围一般为[0,255]。

（2）CMYK 模型、CMY 模型。

CMYK 模型、CMY 模型常用于印刷出版领域。CMYK 分别表示青（Cyan）、品红（Magenta）、黄（Yellow）、黑（Black）四种颜色，如图 10.21 所示。由于颜色有不同的特性，因此 CMYK 模型也是与设备相关的。相对于 RGB 加色混色模型，CMY 是减色混色模型，颜色混在一起，亮度会降低。之所以加入黑色是因为打印时由品红、黄、青构成的黑色不够纯粹。

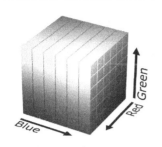
图 10.20　RGB 模型

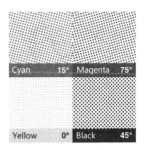
图 10.21　CMYK 模型

（3）HSL 模型、HSV 模型。

HSL 模型和 HSV 模型比较相近，使用它们来描述颜色相对于使用 RGB 模型等会显得更加自然。在使用计算机绘画时，这两个模型非常受欢迎。在 HSL 和 HSV 中，H 都表示色调或色相（Hue），通常该值的取值范围是[0°, 360°]，对应红—橙—黄—绿—青—蓝—紫—红这样顺序的颜色，构成一个首尾相接的色相环。色调的物理意义就是光的波长，不同波长的光呈现出不同的色调。S 都表示饱和度（Saturation）（有时也被称为色度、彩度），即色彩的纯净程度。从物理意义上讲，一束光可能由很多种不同波长的单色光构成，波长越多，光越分散，色彩的纯净程度越低，所以由单色光构成的光的色彩纯净程度就很高。

HSL 模型和 HSV 模型的不同之处是最后一个分量。HSL 中的 L 表示亮度（Lightness、Luminance 或 Intensity）。根据缩写不同，HSL 有时也称作 HLS 或 HSI，即 HSL、HLS、HSI 是同一类模型。HSV 中的 V 表示明度（Value 或 Brightness）。根据缩写不同，HSV 有时也被称作 HSB，即 HSV 和 HSB 是同一类模型。亮度和明度的区别在于，纯色的明度是白色的明度，而纯色的亮度是中灰色的亮度。

3. 数字图像的分类

（1）点位图与矢量图。

在计算机中，数字图像和计算机生成的图形图像有两种常用的表示方法：一种是矢量图（Vector Image）法；另一种是点位图（Bitmap）法，又称点阵图或栅格图像（Raster Image）法。虽然两种生成图像的方法不同，但在显示器上显示的结果几乎是一样的。

点位图是指把一幅彩色图像分成许多像素，对每个像素用若干位二进制位来指定该像素的颜色、亮度和属性。因此，一幅图像由许多描述每个像素的数据组成，如图 10.22（a）所示，这些数据通常称为图像数据，这些数据作为一个文件来存储，这种文件称为图像文件。点位图的获取通常依靠扫描仪、摄像机、录像机、激光视盘与视频信号数字化卡这类设备，通过这些设备把模拟图像信号变成数字图像数据。

与点位图不同，矢量图用一系列基本图元指令来表示一幅图，如画点、画线、画曲线、画圆、画矩形等，如图 10.22（b）所示。矢量图法实际上是用数学方法来描述一幅图，然后变成许多数学表达式的方法。在计算机显示图时，往往也能看到画图的过程。绘制和显示矢量图的软件通常称为绘图程序。矢量图法有许多优点：当需要管理每一小块图像时，矢量图法非常有效；目标图像的移动、缩小、放大、旋转、复制、属性改变（如线条变宽或变细、颜色改变）很容易做到；可以把相同或类似的图像当作图的构造块，并把它们存到图库中，这样不仅可以加速图像的生成，而且可以减小矢量图文件的大小。然而，当图像变得很复杂时，计算机就要花费很长的时间去执行绘图指令。

此外，对于一幅复杂的彩色照片，很难用数学方法来描述，因而就不能用矢量图法表示，而要采用点位图法表示。

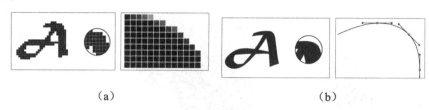

（a）　　　　　　　　　　　　　　　　　　　（b）

图 10.22　点位图与矢量图

　　矢量图法与点位图法的不同之处在于，显示点位图文件比显示矢量图文件要快；矢量图侧重于"绘制"和"创造"，而点位图侧重于"获取"和"复制"。就存储空间而言，矢量图文件的大小主要取决于图像的复杂程度，而影响点位图文件大小的因素主要有两个，即图像分辨率和像素深度。分辨率越高，组成一幅图像的像素越多，图像文件越大；像素深度越大，表达单个像素的颜色和亮度的位数越多，图像文件就越大。一般来说，点位图文件占据的存储器空间比较大。另外，矢量图和点位图之间可以通过软件进行转换，由矢量图转换成点位图采用光栅化（Rasterizing）技术，这种转换相对容易；由点位图转换成矢量图用跟踪（Tracing）技术，这种技术从理论上来讲比较容易，但在实际中很难实现，对复杂的彩色图像来说更难。

　　（2）二值图像、灰度图像与彩色图像。

　　按照颜色和灰度可以将图像分为彩色图像、灰度图像和二值图像三种基本类型。目前，大多数图像处理软件都支持这三种类型的图像。

　　①彩色图像。彩色图像可按照颜色的数目来划分，如 256 色图像和真彩色（$2^{24}=16\,777\,216$ 种颜色）等。一幅 640 像素×480 像素的 256 色图像需要 300KB 的存储空间，而一幅 640 像素×480 像素的真彩色图像需要 900KB 的存储空间。图 10.23 所示为真彩色图像。

　　②灰度图像。如果每个像素的像素值用一个字节表示，灰度值级数就等于 256 级，每个像素可以是 0 到 255 之间的任何一个值，一幅 640 像素×480 像素的灰度图像需要占据 300KB 的存储空间。"0"表示纯黑色，"255"表示纯白色，中间的数字从小到大表示由黑到白的过渡色。灰度图像如图 10.24 所示。在某些软件中，灰度图像也可以用双精度数据类型表示，像素的值域为[0,1]，"0"代表黑色，"1"代表白色，0 到 1 之间的小数表示不同的灰度等级。二值图像可以看作灰度图像的一个特例。

　　③二值图像。一幅二值图像的二维矩阵仅由 0 和 1 两个值构成，"0"代表黑色，"1"代表白色。二值图像如图 10.25 所示。一幅 640 像素×480 像素的单色图像需要占据 37.5KB 的存储空间。因为每个像素（矩阵中每个元素）取值仅有 0、1 两种可能，所以计算机中二值图像的数据类型通常为一位二进制位。二值图像通常用于文字、线条图的扫描识别（Optical Character Recognition，OCR）和图像掩模（Image Masking）的存储。

图 10.23　真彩色图像　　　　　图 10.24　灰度图像　　　　　图 10.25　二值图像

许多 24 位彩色图像是用 32 位存储的，这个附加的 8 位称为 Alpha 通道，它的值称为 Alpha 值，用来表示该像素如何产生特技效果。使用真彩色表示的图像需要很大的存储空间，在网络上传输也很费时间。由于人的视觉系统的颜色分辨率不高，因此图像在很多情况下没有必要使用真彩色表示。

4．常用图像处理技术

图像处理是进行图像分析和图像理解的基础，下面介绍几种常用图像处理技术。

（1）图像变换。

由于图像阵列很大，直接在空间域中进行处理涉及的计算量很大，因此往往采用各种图像变换的方法，如傅里叶变换、沃尔什变换、离散余弦变换等间接处理技术，将空间域的处理转换为变换域的处理，这样不仅可以减少计算量，而且可以获得更有效的处理（如傅里叶变换可在频域中进行数字滤波处理）。目前，小波变换在时域和频域中都具有良好的局部化特性，在图像处理中也有着广泛而有效的应用。

（2）图像压缩编码。

图像压缩编码技术可减少描述图像的数据量（位数），以便节省图像传输、处理时间和减少所占用的存储器容量。压缩可以在不失真的前提下进行，也可以在允许的失真条件下进行。编码是压缩技术中最重要的方法，它在图像处理技术中是发展最早且比较成熟的技术。

（3）图像增强和复原。

图像增强和复原的目的是提高图像的质量，如去除噪声、提高图像的清晰度等。图像增强不需要考虑图像降质的原因，只需突出图像中所感兴趣的部分，如强化图像高频分量可使图像中物体轮廓清晰、细节明显，强化图像低频分量可减少图像中的噪声影响。图像复原则要求对图像降质的原因有一定的了解，一般来讲，应根据降质过程建立"降质模型"，再采用某种滤波方法恢复或重建原来的图像。

（4）图像分割。

图像分割技术是数字图像处理的关键技术之一。图像分割是指将图像中有意义的特征部分，如图像中的边缘、区域等提取出来，这是进一步进行图像识别、分析和理解的基础。虽然目前已研究出不少边缘提取、区域分割的方法，但是还没有一种普遍适用于各种图像的有效方法。因此，对图像分割的研究还在不断深入的过程中，图像分割是目前图像处理技术的研究热点之一。

（5）图像描述。

图像描述是图像识别和理解的必要前提。最简单的二值图像可采用其几何特性描述物体的特性；一般图像采用二维形状描述物体的特性，有边界描述和区域描述两类方法；特殊的纹理图像可采用二维纹理特征描述物体的特性。随着图像处理研究的深入发展，人们已经开始进行三维物体描述的研究，提出了体积描述、表面描述、广义圆柱体描述等方法。

（6）图像分类。

图像分类（识别）属于模式识别的范畴，其主要内容为图像经过某些预处理（增强、复原、压缩）后，进行图像分割和特征提取，从而进行判断和分类。图像分类常采用经典的模式识别方法——统计模式分类和句法（结构）模式分类。近年来发展起来的模糊模式识别和人工神经网络模式分类在图像分类领域也越来越受到重视。

5．图像文件的存储格式

（1）EPS 格式。EPS（Encapsulated PostScript）格式是保存任意种类图像最好的文件格式之一，是用 PostScript 语言描述的一种 ASCII 码文件格式，既可以存储点位图，又可以存储矢量图。它在 Mac 和 PC 环境下的图形和版面设计中被广泛使用，几乎每个绘画程序及大多数页面布局程序都允许保存 EPS 文件。EPS 文件由一个 PostScript 文本文件和一个低分辨率由 PICT 或 TIFF 格式描述的图像组成，因此它可以包含图像和文本信息，在图像、图形与排版软件之间方便地进行互换，还可以进行编辑与修改。

EPS 格式采用矢量方式描述，亦可容纳点位图，而且它并非将点位图转换为由矢量描述，而是将所有像素数据整体由原描述方式保存，因此文件的信息量较大，如果仅保存图像，建议不要使用 EPS 格式。

（2）BMP 格式。BMP（Bitmap）格式是微软公司开发的 Microsoft Paint 的固有格式，是 Windows 操作系统下使用的与设备无关的点位图文件格式，允许在任何输出设备上显示该点位图，这种格式为大多数软件所支持。BMP 格式采用了一种称为行程长度编码的无损压缩方式，对图像质量不会产生影响。改文件格式有黑白、16 色、256 色、真彩色等几种形式。BMP 文件由文件头、点位图信息数据块和图像数据组成。

（3）TIFF 格式。TIFF（Tagged Image File Format）格式是应用最为广泛的标准图像文件格式之一，在理论上具有无限大的位深，TIFF 点位图可具有任何大小的尺寸和任何大小的分辨率，是跨越 Mac 与 PC 平台的图像打印格式，在 Mac 和 PC 上移植 TIFF 文件十分便捷。TIFF 是目前流行的图像文件交换标准之一，几乎所有的图像处理软件都能接收并编辑 TIFF 文件。TIFF 文件由文件头、参数指针表与参数域、参数数据表和图像数据四部分组成。

（4）JPEG 格式。目前 JPEG（Joint Photographic Experts Group）格式是印刷和网络媒体上应用最广泛的压缩文件格式，使用这种格式可以对扫描图像或自然图像进行大幅度的压缩，以节约存储空间。JPEG 格式尤其适用于图像在网络上的快速传输和网页设计。

使用 JPEG 格式会损失一些有关原图的数据，这是由于 JPEG 格式采用了有损压缩方法。用 JPEG 标准压缩图像文件，将人眼难以分辨的图像信息删除，从而提高压缩比。当将图像存储为 JPEG 格式时，品质参数可以设置成 0 到 12 之间的数值，数值设置得越大，图像在压缩时压缩倍率越小，图像数据损失越少。JPEG 格式占用空间较小，应用比较广泛，但是 JPEG 格式的图片不适宜放大观看或制成印刷品。

（5）DCS 格式。DCS 格式是 Quark 公司开发的 EPS 格式的一个变种，全称为 Desk Color Separation，可在支持 DCS 格式的 QuarkXPress、PageMaker 和其他应用软件中使用。DCS 文件便于分色打印。在 Photoshop 中使用 DCS 格式时，必须转换成 CMYK 四色模式。

（6）GIF 格式。GIF 格式是输出图像到网页最常采用的格式，但 GIF 文件并不适合进行印刷和任何类型的高分辨率彩色输出，因为 GIF 格式的颜色保真度很差，而且显示的图像几乎总是出现色调分离的现象。

GIF 格式采用 LZW 编码法压缩，目的在于最小化文件，从而减少电子传输时间，它将图像色彩限定在 256 色以内，这些颜色被保存在作为 GIF 文件自身一部分的调色板上，这个色调板被称为索引调色板。GIF 格式使用无损失压缩方法来充分减小文件，因此压缩量完全取决于图像内容。如果图像几乎是单色调的，则图像文件大小可缩小到十分之一到百分之一，而对自然图像，压缩量通常非常小。因此，通过减少文件中的颜色数量可以减小 GIF 文件。另外，GIF 格式保留索引颜色图像中的透明度，但不支持 Alpha 通道。

（7）PNG 格式。PNG 格式是为网络传输而设计的一种点位图格式，和 GIF 格式一样，在保留清晰细节的同时，高效地压缩实色区域。与 GIF 格式不同的是，PNG 格式可以保存 24 位的真彩色图像，可采用无损压缩方式减小文件，并且支持透明背景和消除锯齿边缘的功能，可以在不失真的情况下压缩保存图像。PNG 格式的压缩比高于 GIF 格式，并且不支持动画效果。

（8）PICT 格式。PICT 格式是 Mac 上常用的数据文件格式之一。如果要将图像保存成一种能够在 Mac 上打开的格式，选择 PICT 格式比选择 JPEG 格式要好，因为它打开的速度相当快。另外，如果要在 PC 上用 Photoshop 打开一幅 Mac 上的 PICT 文件，建议在 PC 上安装 QuickTime，否则将不能打开 PICT 图像。

（9）TGA 格式。TGA 格式由 Truevision 公司推出，现为通用的图像格式之一。目前，大部分 TGA 分文件为 24 位或 32 位真彩色，具有很强的色彩表达能力。TGA 格式被广泛应用于真彩色扫描与动画设计方面。TGA 文件由固定长度的字段和 3 个可变长度的字段组成，前 6 个字段为文件头，后 2 个字段记录实际的图像数据。

10.4.3 数字图像处理软件

1．Photoshop

Photoshop（PS）是 Adobe 公司开发并发行的一款图像处理软件，主要用于处理由像素构成的数字图像。1987 年，为了解决苹果计算机不能显示灰度图像的问题，Thomas 编写了一个名为 Display 的程序，之后经过多次修改最终命名为 Photoshop。1990 年 2 月，Photoshop 1.0.7 版本正式发行。Photoshop 提供了丰富的编修与绘图工具，可以有效地对图像进行编辑。Photoshop 操作主界面如图 10.26 所示。

2．光影魔术手

光影魔术手是国内比较流行的一款图像处理软件，于 2006 年推出第一个版本，次年被《电脑报》等多家媒体及网站评为"最佳图像处理软件"，之后被迅雷公司收购。光影魔术手的主要作用是提升和改善图像画面的质量，其操作简单易用，可以实现反转片效果、黑白效果、数码补光、冲版排版等，且批处理功能非常强大，是进行摄影作品后期处理和数码照片冲印整理的图像处理软件。光影魔术手操作主界面如图 10.27 所示。

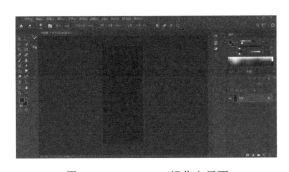
图 10.26　Photoshop 操作主界面

图 10.27　光影魔术手操作主界面

3．彩影

彩影是梦幻科技公司推出的一款图形处理和相片制作软件，它拥有非常智能且功能强大的图像处理、修复和合成功能。该软件面向用户需求，兼备所见即所得的设计理念，具有场景合成和抠图合成制作等功能。使用彩影软件可以容易地制作出非常精美的效果。彩影操作主界面如图 10.28 所示。

4．美图秀秀

美图秀秀是 2008 年 10 月由厦门美图网科技有限公司推出的一款影像处理软件，2018 年 4 月美图秀秀推出社区服务功能，将自身定位为"潮流美学发源地"，这标志着美图秀秀从影像处理软件升级为以让用户变美为核心的社区平台。美图秀秀拥有拼图、场景、边框、饰品等功能模块，还能分享到新浪微博、人人网等社交平台上。美图秀秀操作主界面如图 10.29 所示。

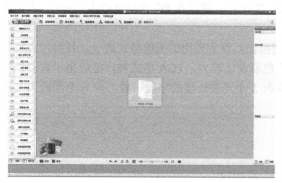

图 10.28　彩影操作主界面

图 10.29　美图秀秀操作主界面

5．MATLAB

MATLAB 是美国 MathWorks 公司开发的商业数学软件，为用户提供了大量功能丰富的工具箱，常用于图像处理、计算机视觉和信号处理等领域。其中，Image Acquisition Toolbox（IAT）工具箱主要用于采集图像、深度图和框架数据，Image Processing Toolbox（IPT）工具箱用于完成图像分割、图像增强和图像几何变换等图像处理功能。MATLAB 操作主界面如图 10.30 所示。

图 10.30　MATLAB 操作主界面

10.5　数字音频处理技术

10.5.1　数字音频概述

声音源自空气的振动，如由乐器的琴弦或扬声器的振膜所产生的振动，如图 10.31 所示。声音是多媒体技术研究中的一项重要内容，是一种可携带信息的媒体。声音的种类繁多，如人的话音、乐器声音、动物发出的声音、机器产生的声音及自然界的各种声音等，这些声音有许多共同的特性，但也有各自的特性。

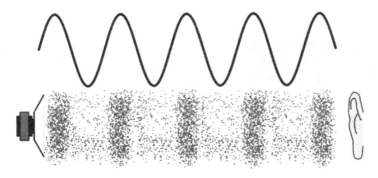

图 10.31　声音源自空气的振动

声音信号在时间和幅度上都是连续的模拟信号。通过对声音信号的进一步分析发现，声音信号其实是由许多不同频率的单一信号构成的，这类信号一般称为复合信号，而单一频率的信号被称为分量信号。

描述声音信号的重要参数之一是带宽，带宽用来表示构成复合信号的频率范围，如高保真声音信号（High-Fidelity Audio）的频率范围为 10～20 000Hz，它的带宽约为 20kHz。描述声音信号的另外两个参数是频率和幅度。信号的频率是指信号每秒周期变化的次数，单位为 Hz。通常把频率小于20Hz 的信号称为亚声信号或次声（Subsonic）信号，这类信号在一定的强度范围内，人类的听觉系统一般是听不到的，如人体内脏的活动频率为 4～6Hz，这就是一种次声信号。把频率范围为 20Hz～20kHz 的信号称为音频（Audio）信号，虽然人的发音器官发出的声音频率为 80～3400Hz，但人说话的信号频率通常为 300～3000Hz，人们把在这种频率范围内的信号称为话音（Speech）信号。把频率高于 20kHz 的信号称为超音频信号或超声波（Ultrasonic）信号。超音频信号具有很强的方向性，并且能够形成波束，在工业上得到广泛的应用，如超声波探测仪、超声波成像仪等设备利用的就是这种信号。多媒体系统所处理的音频信号主要包括音乐、话音等声音。

人类的听觉系统能否感知到声音，主要取决于人类的年龄和耳朵的灵敏性。一般来说，人类的听觉系统能感知到的声音频率为 20～20 000Hz，在这种频率范围内感知到的声音幅度 0～120dB。除此之外，人类的听觉系统对声音的感知还有一些其他特性，这些特性在声音数据压缩中已经得到了广泛的应用。

10.5.2　数字音频处理基础

1. 声音信号的数字化

通过模仿声音的振动原理将声音接收器内振膜的振动用强弱不同的电流来表示，这种表示和振膜的振动是一致的。这种电流信号在时间上是连续的，在幅度上也是连续的。在时间上连续是指在一个固定的时间范围内声音信号的幅度值有无穷多个，在幅度上连续是指幅度值有无穷多个，把在时间和幅度上都连续的信号称为模拟信号。

早期一直用模拟元部件对模拟信号进行处理，但是在计算机产生之后，数字信号处理技术渐渐成为主流。现代计算机几乎都是以数字信号的表示和处理为基础的。因此，需要将模拟信号转换为数字信号，用数字量来表示模拟量，并以数字信号为基础进行计算和处理，如图 10.32 所示。为了实现这一目的，数字信号处理器（Digital Signal Processor，DSP）应运而生。

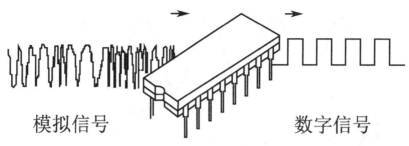

模拟信号　　　　　　　　　　　　数字信号

图 10.32　将模拟信号转换为数字信号

将声音存入计算机的第一步便是数字化，数字化的主要工作是采样和量化。10.5.1 节中提到，声音是一种连续的模拟信号，在某些特定的时刻对这种模拟信号进行测量称为采样，采样是指每隔一定的时间间隔在模拟波形上取一个幅值，于是便把在时间上连续的信号变成了在时间上离散的信号，该时间间隔为采样周期，其倒数为采样频率。

通过采样得到的幅值是无穷多个实数值中的一个，因此幅度还是连续的。如果把信号幅度取值的数目加以限定，这种由有限个数值组成的信号就称为离散幅度信号。假设输入电压的范围是 0～15.0V，它的取值只限定为 0,1,2,…,15 共 16 个值。如果通过采样得到的幅度值是 2.6V，它的取值就应算作 3V，如果通过采样得到的幅度值是 6.1V，它的取值就算作 6V，这种数值就称为离散数值。把时间和幅度都用离散数值表示的信号称为数字信号。

如前所述，连续时间的离散化通过采样来实现，即每隔相等的一小段时间采样一次，这种采样称为均匀采样（Uniform Sampling）。连续幅度的离散化通过量化来实现，量化是指以数字形式存储每个采样点得到的表示声音强弱的模拟电压的幅度值。如果信号幅度的划分是等间隔的，就称为线性量化，否则称为非线性量化。图 10.33 所示为正弦波声音信号的均匀采样和线性量化。

量化位数（或量化精度）表示存放采样点幅度值的二进制位数，它决定了模拟信号数字化之后的动态范围。量化位数一般有 8 位、16 位等。以 8 位量化位数为例，它的精度有 256 个等级，因此每个采样点的音频信号的幅度精度为最大振幅的 1/256。

声音数字化过程中需要考虑以下两个问题。

（1）每秒需要采集多少个声音样本，即采样频率是多少。

（2）每个声音样本的位数（bit per sample，bit/s）应该是多少，即量化精度是多少。

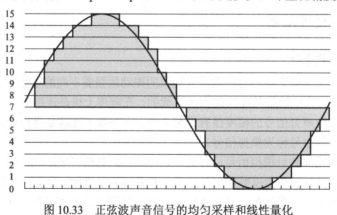

图 10.33　正弦波声音信号的均匀采样和线性量化

2. 音频技术相关术语

（1）采样频率。

根据奈奎斯特理论（Nyquist Theory），用数字形式表达的声音想要精确还原成原来的真实声音，采样频率不应低于声音信号最高频率的两倍，满足这种条件的数字化称为无损数字化（Lossless Digitization）。因此，采样频率的高低是由奈奎斯特理论和声音信号自身的最高频率决定的。

在进行模拟/数字信号转换的过程中，当采样频率 fs 不小于信号中最高频率 fmax 的 2 倍，即 fs ≥2fmax 时，采样之后的数字信号将完整地保留原始信号中的信息。因此，如果一个信号中的最高频率为 fmax，则采样频率最低要为 2fmax。例如，电话话音的信号频率约为 3.4 kHz，那么采样频率为 8 kHz 显然是合适的。

如图 10.34 所示，采样频率越高，量化位数越多，声音信号被还原得越精确，声音质量就越好。但是这也意味着需要用更大的数据量来表示同样的信息。庞大的数据量不仅会造成处理上的困难，而且不利于声音在网络中传输。那么如何在声音的质量和数据量之间找到平衡点呢？人类语言的基频频率范围为 50～800Hz，泛音频率一般不超过 3kHz，因此使用 11.025kHz 的采样频率和 10 位的量化位数进行数字化，就可以满足绝大多数人的要求。同样，乐器声音的数字化也要根据不同乐器的最高泛音频率来确定选择多高的采样频率。例如，钢琴的第四泛音频率为 12.558kHz，仍旧用 11.025kHz 的采样频率显然不能满足要求，因此需要采用 44.1kHz 或更高的采样频率。

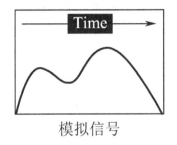 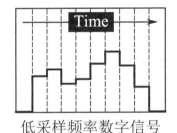 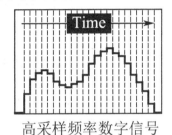

模拟信号　　　　　低采样频率数字信号　　　　　高采样频率数字信号

图 10.34　高低采样频率对比

（2）样本精度。

声音波形幅度的精度可以由样本大小，即每个声音样本的位数来度量。样本位数的大小影响声音的质量，位数越多，声音的质量越高，需要的存储空间大多；位数越少，声音的质量越低，需要的存储空间越小。

样本精度的另一种度量依据是信号噪声比，简称信噪比（Signal-to-Noise Ratio，SNR）。信噪比的大小是用有用信号功率（或电压）和噪声功率（或电压）比值的对数来表示的。这样计算出来的值的单位为贝尔。在实际应用中，因为贝尔这个单位太大，所以用它的十分之一作为度量单位，称为分贝，即 dB，其计算方法是 10log10(Ps/Pn)，其中 Ps 和 Pn 分别代表信号和噪声的有效功率，它们也可以换算成电压幅值的比率关系，如下式所示：

$$SNR_{dB} = 10\log_{10}\left[\left(\frac{A_{signal}}{A_{noise}}\right)^2\right] = 20\log_{10}\left(\frac{A_{signal}}{A_{noise}}\right)$$

式中，Asignal 和 Anoise 分别代表信号和噪声电压的有效值。

（3）声音质量。

根据声音的频带，通常把声音的质量分成 5 个等级，由低到高分别是电话（Telephone）、调幅（Amplitude Modulation，AM）广播、调频（Frequency Modulation，FM）广播、激光唱盘（CD-Audio）和数字录音带（Digital Audio Tape，DAT）的声音。在这 5 个等级中，分别使用的采样频率、样本精度和数据率，如表 10.1 所示。其中，电话使用 m 律编码，动态范围为 13 位，而不是 8 位。

表 10.1　声音质量的 5 个等级

声音质量	采样频率/kHz	样本精度/（bit/s）	数据率/（kB/s）（未压缩）	频率范围/Hz
电话	8	8	8	200～3400
调幅广播	11.025	8	11.0	20～15 000
调频广播	22.050	16	88.2	50～7000
激光唱盘	44.1	16	176.4	20～20 000
数字录音带	48	16	192.0	20～20 000

3．常用音频处理技术

（1）语音识别。

语音识别技术是计算机通过识别和理解过程把人类的语音信号转变为相应的文本或命令的技术。一个完整的语音识别系统大致可以分为三部分，即语音特征提取部分、声学模型与模式匹配部分和语义理解部分。常用的语音识别技术包括基于矢量量化的技术、隐马尔可夫模型技术、连接词语音识别技术和动态时间归正识别技术等。语音识别技术的应用十分广泛，常见的有语音输入、语音控制系统和智能对话系统等。

（2）语音合成。

语音合成技术也称文语转换系统，是指利用计算机将任意组合的文本文件转变为声音文件，并通过多媒体设备将其"读"出来。语音合成由浅到深可以分为三个层次，即按规则从文本到语音的合成、按规则从概念到语音的合成和按规则从意向到语音的合成。语音合成技术在各个领域有许多实用的产品，如电话银行查询系统和银行票据防伪系统等。

4．声音文件的存储格式

计算机为文本的存储提供了多种格式，如 DOC 格式和 TXT 格式等，同样声音数据也有很多存储格式。在 Internet 和各种机器上存储和表示声音文件的格式很多，目前比较流行的有以.wav（Waveform）、.mp3（MPEG-1 Audio Layer 3）、.au（Audio）、.aiff（Audio Interchangeable File Format）和.snd（Sound）为扩展名的存储格式。WAV 格式主要用在 PC 上，AU 格式主要用在 Unix 工作站上，AIFF 和 SND 格式主要用在苹果机和美国视算科技有限公司（SGI）的工作站上。

（1）WAV 格式。

以.wav 为扩展名的文件格式称为波形文件格式（Wave File Format），即 WAV 格式，在多媒体编程接口和数据规范 1.0（Multimedia Programming Interface and Data Specifications 1.0）文档中有对它详细的描述。该格式是由 IBM 公司和微软公司于 1991 年 8 月联合开发的，是一种为交换多媒体资源而开发的资源交换文件格式（Resource Interchange File Format，RIFF）。

WAV 格式支持存储各种采样频率和样本精度的声音数据，并支持声音数据的压缩。WAV 文件由许多不同类型的文件构造块组成，其中最主要的两个文件构造块是 Format Chunk（格式块）和 Sound Data Chunk（声音数据块）。格式块中包含描述波形的重要参数，如采样频率和样本精度等，声音数据块中包含实际的波形声音数据。

（2）MP3 格式。

MP3 的全称是 MPEG-1 Audio Layer 3，属于 MPEG-1 标准中的声音部分，也称 MPEG 音频层。MPEG-1 音频根据压缩质量和编码复杂程度划分为三层，即 Layer1、Layer2、Layer3，分别对应 MP1、MP2、MP3 这三种声音文件。根据用途不同，可使用不同层次的 MPEG 音频编码，层次越高，编码器越复杂，压缩率也越高。MP1 和 MP2 的压缩率分别为 4:1 和 6:1～8:1，而 MP3 的压缩率 10:1～12:1。一分钟 CD 音质的音乐，未经压缩需要大约 10MB 的存储空间，而经过 MP3 压缩编码后只需

1MB 左右的存储空间。几乎所有的音频编辑工具都支持打开和保存 MP3 文件，还有许多硬件播放器也支持 MP3 文件。

（3）CD 格式。

CD 文件的音质是比较高的，因为 CD 格式是近似无损的，所以它的声音基本上忠于原声。在大多数播放软件的"打开文件类型"中，都可以看到*.cda 格式，这就是 CD 格式。一个*.cda 文件只是一个索引信息，并不真正地包含声音数据信息，所以无论 CD 音乐的长短，在计算机上看到的*.cda 文件都是 44B 的。CD 可以在 CD 唱机中播放，也能用计算机中的各种播放软件来播放。注意，不能直接复制 CD 格式的*.cda 文件到硬盘上播放，需要使用无损音频抓轨软件（Exact Audio Copy，EAC）把 CD 文件转换成 WAV 文件或其他格式的文件，如果 CD 驱动器质量过关且 EAC 的参数设置得当，则基本可以达到无损抓取音频。

（4）RealAudio（RA）格式。

RealAudio（RA）文件是 RealNetworks 公司开发的一种流式音频文件格式，主要用在低速率的广域网中实时传输音频信息，它包含在 RealNetworks 所定制的音频和视频压缩规范 RealMedia 中。该格式在网速较慢的情况下仍然可以较为流畅地传送数据，因此主要适用于网络上的在线播放。RA 文件主要有 RA（RealAudio）、RM（RealMedia，RealAudio G2）、RMX（RealAudio Secured）三种，这些文件的共性在于随着网络带宽的不同而改变声音的质量，在保证大多数人听到流畅声音的前提下，最大限度地保证音频的质量。

（5）WMA 格式。

WMA 格式是微软公司开发的音频格式，一般情况下，其音质要强于 MP3 格式，更远胜于 RA 格式，它和日本 Yamaha 公司开发的 VQF 格式一样，是以减少数据流量但保持音质的方法来达到比 MP3 格式压缩率更高的目的，WMA 格式的压缩率一般可以达到 1:18 左右。WMA 格式的另一个优点是内容提供商可以通过 DRM 加入防复制保护功能。这种内置了版权保护技术可以限制播放时间和播放次数甚至播放机器等的存储格式对音乐公司来说是一个福音。另外，WMA 格式还支持音频流（Stream）技术，适合在网络上在线播放，不像 MP3 格式那样需要安装额外的播放器，而 Windows 操作系统和 Windows Media Player 的无缝捆绑让用户只要安装了 Windows 操作系统就可以直接播放 WMA 音乐，Windows Media Player 可以直接把 CD 文件转换为 WMA 文件。WMA 格式在录制时可以对音质进行调节。同一格式，音质好的可与 CD 格式媲美，压缩率较高的可用于网络广播。WMA 格式在压缩比上进行了深化，它的目标是在相同音质条件下文件体积可以变得更小。

10.5.3　数字音频处理软件

数字音频处理软件用于录放、编辑和分析音频文件。数字音频处理软件的使用相当普遍，但它们的功能相差很大。下面简单介绍几种比较常见的数字音频处理软件。

1．Adobe Audition

Adobe 公司推出的 Adobe Audition 是一款完整的、应用于运行 Windows 操作系统的 PC 的软件，其操作主界面如图 10.35 所示。Adobe Audition 提供高级混音、编辑、控制和特效处理功能，是一款专业级的数字音频处理软件，允许用户编辑个性化的音频文件、创建循环，引进了 45 个以上的 DSP 特效及多达 128 个音轨。

Adobe Audition 拥有集成的多音轨和编辑视图、实时特效、环绕支持、分析工具、恢复特性和视频支持等功能，为音乐、视频和声音设计专业人员提供全面集成的音频编辑和混音解决方案。用户可以听到即时的变化和跟踪 EQ（Equalizer）的实时音频特效。Adobe Audition 包含灵活的循环工具和数千个高质量、免除专利使用费的音乐样本，有助于音乐跟踪和音乐创作。

2. GoldWave

GoldWave 是一款融声音编辑、播放、录制和转换为一体的数字音频处理软件，其体积小、功能强大。GoldWave 支持多种声音格式，不但可以编辑 WAV、MP3、VOC、AU、AVI、MPEG、MOV、RAW、SDS 等格式的声音文件，还可以编辑苹果计算机所使用的声音文件，并且可以把 MATLAB 中的 MAT 文件当作声音文件来处理，通过这些功能可以很容易地制作出所需要的声音。通过 GoldWave 用户也可以从 CD 文件或其他视频文件中提取声音。GoldWave 内含丰富的音频处理特效，有一般特效，如多普勒、回声、混响、降噪，以及高级的公式（利用公式在理论上可以产生任何用户想要的声音）。GoldWave 支持以动态压缩方式保存 MP3 文件。除了附有许多效果处理功能，它还能将编辑好的文件存成 WAV、AU、SND、RAW、AFC 等格式，而且若用户的 CD-ROM 是 SCSI 形式的，那么它可以不经过声卡直接抽取 CD-ROM 中的音乐来进行录制和编辑，GoldWave 操作主界面如图 10.36 所示。

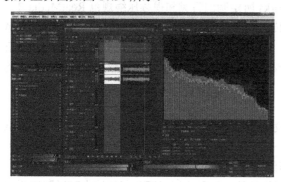

图 10.35　Adobe Audition 操作主界面　　　　图 10.36　GoldWave 操作主界面

3. Audacity

Audacity 是一个免费的跨平台（包括 Linux、Windows、Mac OS X）音频编辑器，其操作主界面如图 10.37 所示。它可用于录音、播放、输入/输出 WAB、AIFF、Ogg Vorbis 和 MP3 格式的文件，并且支持大部分常用的功能，如剪切、复制、粘贴、混音、升/降音及变音特效等。它还有一个内置的封装编辑器，一个用户可自定义的声谱模版和实现音频分析功能的频率分析窗口。

Audacity 能够让用户轻松且无负担地编辑音乐文件，提供理想的音乐文件功能，以及自带的声音效果，更能够满足一般的编辑需求。除此之外，它还支持 VST 和 LADSPA 插件效果。

4. Total Recorder Editor

Total Recorder Editor 是 High Criteria 公司开发的一款优秀的录音软件，其功能强大，支持的音源极为丰富。它不仅支持硬件音源，如麦克风、电话、CD-ROM 和 Walkman 等，还支持软件音源，如 Winamp、RealPlayer、Media player 等。此外它还支持网络音源，如在线音乐、网络电台和 Flash 等。Total Recorder Editor 的工作原理是利用一个虚拟的"声卡"去截取其他程序输出的声音，然后传输到物理声卡上，整个过程中完全是数码录音，因此从理论上来说不会出现任何失真。Total Recorder Editor 操作主界面如图 10.38 所示。

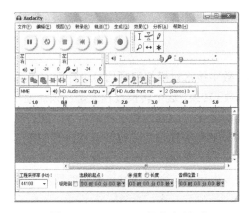

图 10.37 Audacity 操作主界面

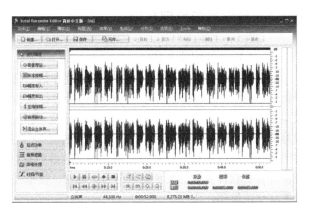

图 10.38 Total Recorder Editor 操作主界面

10.6 数字视频处理技术

视觉接收的信息可分为两大类：静止的和运动的。前面介绍的图像是静止的信息，而视频（Video）则可以看作运动的图像。视频是最直观、最具体、信息量最丰富的信息。人们在日常生活中看到的电视、电影，以及用摄像机、手机等拍摄的活动图像等都属于视频的范畴。

10.6.1 数字视频概述

人眼具有"视觉暂留"的时间特性，人眼对光线的主观亮度感觉与光线对人眼作用的时间并不同步，主观感觉亮度是逐渐下降的，当影像显示结束后，主观感觉仍会持续 0.1～0.4s。因此，利用这一现象，将一系列画面中物体移动或形状改变很小的图像以足够快的速度连续播放，就会产生连续活动的场景。所以，视频在某种程度上是连续随着时间变化的一组图像，是由一幅幅单独的画面（称为帧）序列组成的，这些画面以一定的速率（帧率，即每秒播放帧的数目）连续地投射到屏幕上，与连续的音频信息在时间上同步，使观察者具有对象或场景在运动的感觉。

视频的概念最初是在电视系统领域提出的。在不考虑电视调制发射和接收等诸多环节的情况下，仅研究电视基带信号的摄取、改善、传输、记录、编辑和显示的技术统称为视频技术。人们在日常生活中看到的电视、电影都属于模拟视频的范畴。模拟视频信号是基于模拟技术及图像显示的国际标准来产生视频画面的。模拟视频信号具有成本低、还原性好等优点，但是它也有一个很大的缺陷，即信息的表示不够精确。对于存储的模拟数据，在取时时不能保证其和原来存储时一模一样，经过长时间的存储之后，模拟视频信号和画面的质量将会降低。模拟视频信号在放大、处理、传输、存储过程中，难免会引入失真与噪声，而且多种失真与噪声叠加到模拟视频信号上后，不易去除，并且会随着处理次数和传输距离的增加不断积累，导致图像质量及信噪比下降。

电视信号是视频处理的重要信息源。电视信号的标准也被称为电视制式，目前各国的电视制式不尽相同，不同电视制式之间的主要区别在于刷新速度、颜色编码系统、传送频率等不同。目前世界上最常用的模拟广播视频标准（制式）有中国、欧洲使用的 PAL（Phase Alteration Line，逐行倒相）制，美国、日本使用的 NTSC（National Television System Committee）制，以及法国等国使用的 SECAM（Sequentiel Couleur a Memoire，顺序传送彩色与存储）制。

10.6.2 数字视频处理基础

1．视频信号的数字化

计算机中保存的都是数字视频。数字视频信号是基于数字技术对模拟视频信号进行数字化后的产物。可以通过视频采集卡对模拟视频信号进行 A/D（模/数）转换，这个转换过程就是视频捕捉（或采集）过程，将转换后的信号采用数字压缩技术存到计算机磁盘中就成为数字视频信号。数字视频信号从字面上来理解就是以数字方式记录的视频信号。实际上数字视频信号包括两方面的含义：一方面是指将模拟视频信号数字化以后得到的数字视频信号；另一方面是指由数字摄录设备直接获得或由计算机软件生成的数字视频信号。通常，模拟视频信号可用复合编码和分量编码两种方法来进行数字化或编码。

（1）复合编码。

模拟视频信号数字化最简单的方法是对整个模拟视频信号（彩色复合视频信号）进行采样。这样所有的信号分量都被转化为一个数字表示。这种对整个模拟视频信号进行"集成编码"从根本上来讲要比数字化单独的信号分量（亮度信号和两个色度信号）简单。

然而这种方法也有许多缺点：亮度信号和色度信号之间经常存在串扰；模拟视频信号的复合编码取决于所采用的电视制式，难以统一；由于亮度信息比色度信息更为重要，因此亮度信息将占用更多的带宽；当采用复合编码方法时，采样频率并不能适应不同分量的带宽需求。

（2）分量编码。

分量编码是指将各信号分量（亮度信号和色度信号）单独数字化。例如，对来自录像带、CD、摄像机等的视频信号，通常的做法是首先把模拟的全彩色视频信号分离成 YCbCr、YUV、YIQ 等色彩空间中的分量信号，然后用 3 个 A/D 转换器分别对它们进行数字化，最后它们可以采用复用的方式来一起传输。亮度信号（Y）通常比色度信号更为重要，它的采样频率较高（如 13.5MHz），色度信号的采样频率减半（6.75MHz），数字化的亮度信号和色度信号都统一采用 8 位进行量化。

数字视频具有如下特点。

①数字视频可以不失真地进行无数次复制。

②数字视频便于长时间存放而不会有任何的质量降低。

③可以对数字视频进行非线性编辑，并且可增加特效。

④数字视频数据量大，在存储与传输的过程必须进行压缩编码。

2．视频技术相关术语

（1）帧。帧（Frame）是影像动画中最小的单位，一帧就是一幅静止的画面，它相当于电影胶片上的一格镜头，连续的帧就形成了动画。

（2）帧率。视频是连续快速地显示在屏幕上的一系列图像，可提供连续的运动效果。每秒出现的帧数称为帧率（Frame Rate），它以每秒帧数（Frames Per Second，FPS）为单位度量。帧率越高，每秒用来显示系列图像的帧数就越多，运动也就越流畅。

视频品质越高，帧率就越高，也就需要越多的数据来显示视频，从而占用的频宽越大。电视制式中，PAL 制式每秒 25 帧，NTSC 制式每秒 30 帧。帧率在有些时候还表示图形处理器处理视频信息时每秒能够更新的次数。

（3）码率。码率（Bit Rate）是在进行数据传输时单位时间传送的数据位数，一般使用的单位为千位每秒（kbit/s）。通常，码率越大，精度就越高，得到的数字文件也就越接近原始文件。但是文件体积与码率是成正比的，所以几乎所有的视频编码格式都在追求用最低的码率达到最低的失真。因为编码算法不一样，所以不能单纯地用码率来统一衡量音质或画质。

（4）分辨率。分辨率用来反映视频中每一帧图像的像素密度。现在的高清视频几乎全部是数字数频，由若干像素构成每一帧图像，一帧图像的水平像素乘以垂直像素就表示分辨率，如分辨率为1920 像素×1080 像素，图像的水平方向上每行有 1920 像素，垂直方向上每列有 1080 像素。分辨率越高，构成图像的像素越多，包含的图像信息越丰富，图像越清晰，所以分辨率是衡量视频质量的重要指标之一。

（5）逐行扫描与隔行扫描。隔行（Interlaced）扫描和逐行（Progressive）扫描是描述早期阴极射线管（CRT）显示器水平扫描显示的方式。CRT 显示器每帧画面的显示都通过电子枪自上而下的扫描来完成。在这个过程中，如果逐一扫描每条水平扫描线，就称为逐行扫描，如图 10.39（a）所示。如果先扫描所有奇数扫描线，再扫描偶数扫描线，就称为隔行扫描，如图 10.39（b）所示。假设一帧画面有 500 行，如果这一帧画面中所有的行是从上到下一行接一行地连续扫描完成的，即扫描顺序是 1,2,3,…,500，就称这种扫描方式为逐行扫描；如果一帧画面需要扫描两遍，第一遍只扫描奇数行，即第 1,3,5,…,499 行，第二遍只扫描偶数行，即第 2,4,6,…,500 行，就称这种扫描方式为隔行扫描。一帧只含奇行或偶数行的画面称为"场"（Field），其中只含奇行的场称为奇数场或前场（Top Field），只含偶数行的场称为偶数场或后场（Bottom Field），也就是说，一个奇数场加上一个偶数场等于一帧。

进入数字时代后，虽然采用液晶、等离子等数字技术的显示设备本身不再采用 CRT 显示器水平扫描显示方式，但是隔行扫描和逐行扫描依然是高清信号扫描显示的两种格式，视频每帧画面仍是由若干条水平方向的扫描线组成的。经常见到参数值 720p、1080i、1080p 中的 p 就是指逐行扫描，i 是指隔行扫描。电视制式中，PAL 制为 625 行/帧，NTSC 制为 525 行/帧。

逐行扫描的画面平滑、无闪烁，而隔行扫描行间闪烁比较明显，会造成锯齿现象，这是由组成单一帧的两个视场间的相对位移造成的。隔行扫描还是一种压缩方式，通过偏置两个视场来组建一帧，从而减少了一半需要传输或储存的信息量，而对于未被压缩的隔行高清晰度视频，数据产生的速度大约是逐行扫描的两倍。

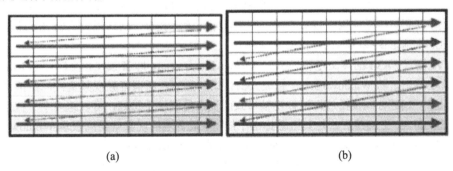

(a)　　　　　　　　　　　　　　　　(b)

图 10.39　逐行扫描与隔行扫描

（6）关键帧。关键帧是插入到视频剪辑的连续间隔中的完整视频帧（或图像）。关键帧之间的帧包含前后两个关键帧之间所发生的移动及场景变换的信息。例如，将一个人经过门口作为一段视频，关键帧包含该人物的完整图像及背景中门的图像，间隔帧则包含描述人从门前经过这一连串动作的信息，这些帧通过相互比较来除去多余的信息。这一环节会采用具有运动补偿的帧间预测编码，这是视频压缩的关键技术之一。关键帧之间的帧数称为关键帧间隔值。一般来说，关键帧间隔值越小，文件就越大。如果视频中包含大量场景变换或迅速移动的运动或动画，减小关键帧间隔值将会提高图像的整体品质。

3．常用视频处理技术

（1）线性编辑。

线性编辑是视频的传统编辑方式。视频信号顺序记录在磁带上，在进行视频编辑时，编辑人员通过播放录像机磁带选择一段合适的素材，然后把它记录到录像机中的一个磁带上，再顺序寻找所需要的视频画面，接着进行记录工作，如此反复操作，直至把所有合适的素材按照要求全部顺序记录下来。这种依顺序进行视频编辑的方式称为线性编辑。

（2）非线性编辑。

非线性编辑的功能远远多于线性编辑的功能，它在电影胶片剪辑上早已应用，拍摄的电影胶片素材在剪辑时可以按任何顺序将不同素材的胶片粘接在一起，也可以随意改变顺序、剪短或加长其中的某一段。"非线性"在这里是指使用素材的长短和顺序可以不按摄制的长短和顺序而进行任意编排和剪辑。非线性视频节目的后期制作包括视频图像编辑、音频编辑、特技及声像合成等工序，是根据前期摄制的节目素材按要求进行的再创作过程。制作完成后的电视画面，其表现力除单个画面的自身作用以外，更取决于画面组接的作用，即由镜头组接所产生的感染力与表现力。非线性编辑由于信号质量高、编辑方便且高效、制作水平高、投资相对较少等特点，目前已经成为电视节目编辑的主要方式。

4．视频文件的存储格式

一个完整的视频文件是由音频和视频两部分组成的。例如，将一个 DivX 视频编码文件和一个 MP3 音频编码文件按 AVI 封装标准封装以后，就得到一个扩展名为.avi 的视频文件，这就是常见的 AVI 视频文件。由于很多种视频编码文件、音频编码文件都符合 AVI 封装要求，因此会出现同是扩展名为.avi 的文件，但是其中的具体编码格式并不同的情况。所以常常会出现这样的情况，在一些设备上，相同后缀的文件有些可以播放，而有些无法播放。

目前，数字视频格式可以分为适合本地播放的本地影像视频和适合在网络上播放的网络流媒体视频两大类，尽管后者在播放的稳定性和播放画面质量上可能没有前者优秀，但网络流媒体视频的广泛传播性使其正被广泛应用于视频点播、网络演示、远程教育、网络视频广告等互联网信息服务领域。其中，本地影像视频格式包括以下几种。

（1）AVI 格式。AVI 的英文全称为 Audio Video Interleaved，即音频视频交错。AVI 格式于 1992 年被微软公司推出，随 Windows 3.1 一起被人们认识和熟知。所谓音频视频交错，是指可以将视频和音频交织在一起进行同步播放。这种视频格式的优点是图像质量好，可以跨多个平台使用。其缺点是体积过于庞大，更加糟糕的是其压缩标准不统一，最普遍的现象就是高版本 Windows 媒体播放器播放不了采用早期编码编辑的 AVI 视频，而低版本 Windows 媒体播放器又播放不了采用最新编码编辑的 AVI 视频，所以在进行一些 AVI 视频播放时常会出现由视频编码问题而造成的视频不能播放，或者即使能够播放，但存在不能调节播放进度和播放时只有声音没有图像等问题，如果用户在进行 AVI 视频播放时遇到了这些问题，可以通过下载相应的解码器来解决。

（2）nAVI 格式。nAVI 是 newAVI 的缩写，与上面所说的 AVI 格式没有太大联系。nAVI 格式是由 Microsoft ASF 压缩算法修改而来的，但是又与下面将会介绍的 ASF 格式有所区别，它以牺牲原有 ASF 视频的"流"特性为代价，通过增加帧率来大幅提高 ASF 视频的清晰度。

（3）DV-AVI 格式。DV 的英文全称是 Digital Video Format，DV 格式是由索尼、松下、JVC 等多家厂商联合开发的一种家用数字视频格式。目前非常流行的数码摄像机就是使用这种格式记录视频数据的。它可以通过计算机的 IEEE 1394 端口传输视频数据到计算机，也可以将计算机中编辑好的视频数据回录到数码摄像机中。这种视频格式的文件扩展名一般是.avi，所以也叫 DV-AVI 格式。

（4）MPEG 格式。MPEG 的英文全称为 Moving Picture Expert Group，即运动图像专家组，

VCD、SVCD、DVD 视频就是这种格式的。MPEG 格式是运动图像压缩算法的国际标准，采用了有损压缩方法以减少运动图像中的冗余信息，也就是说，MPEG 格式的压缩依据是相邻两幅图像绝大部分是相同的，把后续图像中和前面图像有冗余的部分去除，从而达到压缩的目的（其最大压缩比可达到 200:1）。目前 MPEG 格式有五个压缩标准，分别是 MPEG-1、MPEG-2、MPEG-4、MPEG-7 与 MPEG-21。

① MPEG-1：制定于 1992 年，是针对 1.5Mbit/s 以下数据传输速率的数字存储媒体运动图像及其伴音编码而制定的国际标准。MPEG-1 格式也就是通常所见到的 VCD 格式。使用 MPEG-1 的压缩算法，可以把一部 120 min 的电影压缩到 1.2GB 左右。MPEG-1 文件的扩展名包括.mpg、.mlv、.mpe、.mpeg 及.dat 等。

② MPEG-2：制定于 1994 年，设计目标为实现高级工业标准的图像质量及更高的传输率。MPEG-2 格式主要应用于 DVD/SVCD 的制作（压缩），同时在一些 HDTV（高清电视广播）和一些高要求视频编辑、处理上也有一定的应用。使用 MPEG-2 的压缩算法，可以把一部 120 min 的电影压缩到 4～8GB。MPEG-2 文件的展名包括.mpg、.mpe、.mpeg、.m2v 及.vob 等。

③ MPEG-4：制定于 1998 年，是为了播放流媒体的高质量视频而专门制定的。MPEG-4 可利用很窄的带度，通过帧重建技术压缩和传输数据，以求使用最少的数据获得最佳的图像质量。目前 MPEG-4 格式最有吸引力的地方在于它能够保存接近于 DVD 画质的小体积视频文件。另外，这种文件格式还包含以前 MPEG 压缩标准所不具备的比特率的可伸缩性、动画精灵、交互性甚至版权保护等一些特殊功能。MPEG-4 文件的扩展名包括.asf、.mov 和.avi 等。

（5）DivX 格式。DivX 格式是由 MPEG-4 衍生出的一种视频编码（压缩）标准，也就是通常所说的 DVD rip 格式，它在采用 MPEG-4 的压缩算法的同时综合了 MPEG-4 与 MP3 各方面的技术，具体地说就是使用 DivX 压缩技术对 DVD 盘片的视频图像进行高质量压缩，同时用 MP3 或 AC3 对音频进行压缩，然后将视频与音频合成并加上相应的外挂字幕文件而形成的视频格式。其画质直逼 DVD 视频并且体积只有 DVD 视频的数分之一。这种编码对机器的要求也不高。

（6）MOV 格式。MOV 格式是苹果公司开发的一种视频格式，默认的播放器是苹果的 QuickTime Player。其具有较高的压缩比和较完美的视频清晰度等，但是其最大的特点还是跨平台性，即不仅能支持 macOS，而且支持 Windows 系列。

网络流媒体视频格式包括以下几种。

（1）ASF 格式。ASF 的英文全称为 Advanced Streaming Format，ASF 格式是微软公司为了与 RealPlayer 竞争而推出的一种视频格式，用户可以直接使用 Windows 自带的 Windows Media Player 对其进行播放。由于它使用了 MPEG-4 的压缩算法，因此压缩率和图像的质量都很好（高压缩率有利于视频流的传输，但图像质量肯定会有损失，所以有时候 ASF 格式的画面质量不如 VCD 视频是正常的）。

（2）WMV 格式。WMV 的英文全称为 Windows Media Video，WMV 格式也是微软公司推出的一种采用独立编码方式并且可以直接在网上实时观看视频节目的文件压缩格式。WMV 格式的主要优点是支持本地或网络回放、可扩充的媒体类型、支持部件下载、可伸缩的媒体类型、流的优先级化、多语言支持、环境独立性、丰富的流间关系及扩展性等。

（3）RM 格式。RealNetworks 公司所制定的音频视频压缩规范称为 RealMedia，用户可以使用 RealPlayer 或 RealOne Player 对符合 RealMedia 规范的网络音频/视频资源进行实况转播，并且 RealMedia 可以根据不同的网络传输速率制定出不同的压缩比，从而实现在低速的网络上进行影像数据实时传送和播放。RM 格式的另一个特点是，用户使用 RealPlayer 或 RealOne Player 可以在不下载音频/视频内容的条件下实现在线播放。另外，RM 格式作为目前主流网络视频格式，还可以通过其 Real Server 将其他格式的视频转换成 RM 视频并由 Real Server 负责对外发布和播放。RM 格式和 ASF 格式可以说各有千秋，通常 RM 视频更柔和一些，而 ASF 视频则相对清晰一些。

（4）RMVB 格式。RMVB 格式是一种由 RM 格式升级延伸出的视频格式，它的先进之处在于打破了原先 RM 格式平均压缩采样的方式，在保证平均压缩比的基础上合理利用比特率资源，即静止和动作场面少的画面场景采用较低的编码速率，这样可以留出更多的带宽，而这些带宽会在出现快速运动的画面场景时被利用。这样在保证静止画面质量的前提下，大幅提高了运动画面质量，从而在图像质量和文件大小之间达到了微妙的平衡。另外，相比 DVD rip 格式，RMVB 格式也有着较明显的优势。例如，一部 700MB 左右的 DVD 影片，如果将其转录成同样视听品质的 RMVB 视频，约为 400MB。不仅如此，RMVB 格式还具有内置字幕和无须外挂插件支持等独特优点。要想播放 RMVB 视频，可以使用高版本的 RealPlayer。

10.6.3　数字视频处理软件

1．Premiere Pro

Premiere Pro 是由 Adobe 公司开发的一款常用的视频编辑软件，具有较好的兼容性，广泛应用于广告制作和电视节目制作。Premiere Pro 提供了采集、剪辑、调色、美化音频、字幕添加、输出、DVD 刻录的一整套流程，并且可以和其他 Adobe 软件高效集成，以完成在编辑、制作、工作流上遇到的问题，满足创建高质量作品的需要。Premiere Pro 操作主界面如图 10.40 所示。

2．DVBviewer

人们可以使用 DVBviewer 播放视频，该软件自由度高，可以自由外挂插件。DVBviewer 可以录下含有字幕与多音轨的 TS 档，其操作主界面如图 10.41 所示。

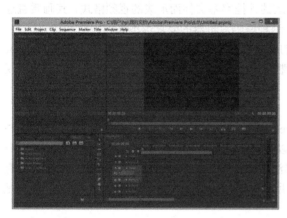
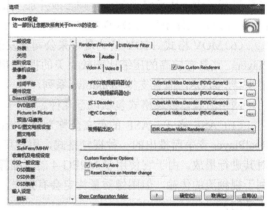

图 10.40　Premiere Pro 操作主界面　　　　　图 10.41　DVBviewer 操作主界面

3．会声会影

会声会影是加拿大 Corel 公司制作的一款功能强大的视频编辑软件，英文名是 Corel Video Studio。它具有图像抓取和编修功能，可以抓取转换 MV、DV、V8、TV 和实时记录抓取画面文件，并提供 100 多种编制功能与效果，可导出多种常见的视频格式，甚至可以直接制作成 DVD 和 VCD 视频。它不仅具备家庭或个人所需的影片剪辑功能，甚至可以挑战专业级的影片剪辑软件。会声会影适合普通大众使用，操作简单易懂，界面简洁，其操作主界面如图 10.42 所示。

4．格式工厂

格式工厂属于视频格式转换器，几乎支持所有的多媒体格式转换。其不足之处在于，不能对视频进行一些修改调整。其优势在于，在转换的过程中可以修复一些被损坏的文件。格式工厂操作主界面如图 10.43 所示。

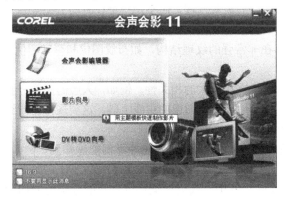

<table>
<tr><td>图 10.42　会声会影操作主界面</td><td>图 10.43　格式工厂操作主界面</td></tr>
</table>

10.7　多媒体压缩技术

本节主要介绍多媒体信息的冗余性、多媒体压缩编码技术和常用多媒体压缩标准。前面介绍的数字图像处理软件、数字音频处理软件和数字视频处理软件都具有压缩功能，故本节不再单独介绍多媒体压缩软件。

10.7.1　多媒体压缩概述

数据压缩的目的是去除各种冗余数据。在多媒体应用系统中，为了达到令人满意的图像、视频画面质量和听觉效果，必须解决图像、视频、音频等大容量数据的存储和实时展示等问题。一方面，数字化了的图像、视频、音频信号数据量非常大，如果不进行处理，很难对它们进行存取和交换。另一方面，图像、视频、音频等数据的冗余度很大，具有很大的压缩潜力。多媒体压缩主要是对视频数据和音频数据的压缩，二者使用的基本技术是相同的。

多媒体压缩主要根据两个基本事实来实现：一个是多媒体信息中有许多重复的数据，使用数学方法来表示这些重复数据就可以减少数据量；另一个是人类的听觉和视觉系统对多媒体信息的细节（如颜色、对比度、音量等）的辨认有一个极限，把超过极限的部分去掉，就达到了压缩数据的目的。基于前一个事实的压缩技术是无损压缩技术，基于后一个事实的压缩技术是有损压缩技术。实际上，多媒体压缩是综合使用各种有损和无损压缩技术来实现的。

10.7.2　多媒体压缩基础

1．多媒体信息的冗余性

数据之所以能够压缩，是因为基本原始信源数据存在很大的冗余性。一般来说，多媒体数据中存在以下种类的数据冗余。

（1）空间冗余。空间冗余是图像数据中经常存在的一种冗余。在同一幅图像中，规则物体和规则背景（所谓规则是指表面颜色分布是有序的而不是完全杂乱无章的）的表面物理特征具有相关性，这些相关性在数字化图像中就表现为空间冗余。

（2）时间冗余。时间冗余是图像序列（电视图像、动画）和言语数据中经常包含的冗余。图像序列中的两幅相邻的图像，后一幅图像与前一幅图像之间有较大的相关性，这反映为时间冗余。同理，在言语中，由于人在说话时发音的音频是一个连续的渐变过程，而不是一个在时间上完全独立的过程，因此存在时间冗余。

（3）结构冗余。有些图像从大的区域上来看存在非常强的纹理结构，如布纹图像和草席图像，这反映为它们在结构上存在冗余。

（4）知识冗余。有许多图像的理解与某些基础知识有相当大的相关性。例如，人脸的图像有固定的结构，嘴的上方有鼻子，鼻子的上方有眼睛，鼻子位于正面图像的中线上等。这类规律性的结构可由先验知识和背景知识得到，此类冗余称为知识冗余。

（5）认知（视觉和听觉）冗余。人类视觉系统对于场景中的任何变化并不都能感知到。例如，在进行图像编码和解码处理时，由于压缩或量化截断引入了噪声，图像发生了一些变化，如果这些变化不能为视觉系统所感知，则仍认为图像足够好。事实上人类视觉系统一般的分辨能力约为26灰度等级，而一般图像量化采用28灰度等级，这类冗余称为视觉冗余。对于听觉，也存在类似的冗余。

数据压缩的目的就是去除各种冗余数据。数据压缩又被称为数据信源编码，或简称为数据编码。与此对应，数据压缩的逆过程称为数据解压缩，也被称为数据信源解码，或简称为数据解码。

2．数据压缩编码技术

如图10.44所示，数据压缩的主要流程作包括预准备、处理、量化和熵编码等，数据可以是静止图像、视频和音频数据等。数据解压缩则是数据压缩的逆过程。

图10.44　数据压缩的主要流程

预准备包括A/D转换和生成适当的数据表达信息。处理实际上是使用复杂算法进行压缩处理的第一个步骤，主要实现从时域到频域的变换，一般可以用离散余弦变换和小波变换等。量化是对上一步骤产生的结果进行处理，该过程定义了从实数到整数映射的方法。这一处理过程导致会精度的降低。被量化对象视重要性而区别处理。熵编码通常是最后一步，它对序列数据流进行无损压缩。

数据压缩可分成两种类型：一种称为无损压缩；另一种称为有损压缩。

无损压缩是指使用压缩后的数据进行重构（又被称为解压缩），重构后的数据与原来的数据完全相同。无损压缩适用于要求重构信号与原始信号完全一致的场合。一个很常见的例子是磁盘文件的压缩。根据目前的技术水平，无损压缩算法一般可以把普通文件的数据压缩到原来的1/4～1/2。常用的无损压缩算法有霍夫曼（Huffman）算法和LZW算法等。

有损压缩是指使用压缩后的数据进行重构，重构后的数据与原来的数据有所不同，但不影响人对原始资料表达的信息的理解。有损压缩适用于不要求重构信号和原始信号完全相同的场合。例如，图像和声音的压缩就可以采用有损压缩，因为其中包含的数据往往多于人们的视觉系统和听觉系统所能接收的信息，丢掉一些数据不至于让人对声音或图像所表达的意思产生误解，但可大大提高压缩比。

3．常用多媒体压缩标准

（1）JPEG标准。

JPEG 是由 ISO 和 IEC 两个组织机构联合组成的一个专家组。该专家组负责制定静态数字图像数据压缩标准，其中包括 JPEG 算法，它已经成为国际上通用的标准，因此又被称为 JPEG 标准。JPEG 标准是一个适用范围很广的静态数字图像数据压缩标准，既可用于灰度图像又可用于彩色图像。

JPEG 开发了两种基本的压缩算法：一种是以离散余弦变换为基础的有损压缩算法；另一种是以预测技术为基础的无损压缩算法。在使用有损压缩算法时，在压缩比为 25:1 的情况下，对于压缩后还原得到的图像和原始图像，多数观察者难以找出它们之间的区别，因此有损压缩算法得到了广泛的应用。例如，DVD-Video 图像压缩技术就使用 JPEG 的有损压缩算法来去除空间方向上的冗余数据。为了在保证图像质量的前提下进一步提高压缩比，JPEG 2000（简称 JP 2000）标准中采用小波变换（Wavelet Transform）算法。

JPEG 压缩是有损压缩，它利用了人的视觉系统的特性，使用量化和无损压缩编码相结合的方法去除视觉系统中的冗余信息和数据本身的冗余信息。JPEG 压缩编码大致分成以下三个步骤。

①使用正向离散余弦变换把由空间域表示的图变换成由频率域表示的图。

②使用加权函数对离散余弦变换系数进行量化，这个加权函数对于人的视觉系统来说是最佳的。

③使用霍夫曼可变字长编码器对量化系数进行编码。

译码（或称为解压缩）的过程与编码过程正好相反。

JPEG 算法与彩色空间无关，因此"RGB 到 YUV 变换"和"YUV 到 RGB 变换"不包含在 JPEG 算法中。JPEG 算法处理的彩色图像是单独的彩色分量图像，因此它可以压缩来自不同彩色空间的数据，如 RGB、YCbCr 和 CMYK。

（2）MPEG Audio 标准。

MPEG Audio 标准在本书中是指 MPEG-1 Audio、MPEG-2 Audio 和 MPEG-2 AAC，它们处理频率为 10～20 000Hz 的声音数据，数据压缩的主要依据是人的听觉系统的特性，使用心理声学模型（Psychoacoustic Model）来达到压缩声音数据的目的。MPEG-1 和 MPEG-2 的声音数据压缩编码利用人的听觉系统的特性来达到压缩声音数据的目的，这种压缩编码称为感知声音编码（Perceptual Audio Coding）。进入 20 世纪 80 年代之后，人类在利用自身的听觉系统的特性来压缩声音数据方面取得了很大的进展，先后制定了 MPEG-1 Audio、MPEG-2 Audio 和 MPEG-2 AAC 等标准。

心理声学模型中的一个基本概念就是人的听觉系统存在一个听觉阈值，低于这个听觉阈值的声音信号人就听不到，因此可以把这部分信号去除。听觉阈值的大小随声音频率的改变而改变，每个人的听觉阈值也不同。大多数人的听觉系统对 2～5kHz 的声音最敏感。一个人是否能听到声音取决于声音的频率，以及声音的幅度是否高于这种频率下的听觉阈值。

心理声学模型中的另一个基本概念是听觉掩饰特性，意思是听觉阈值电平是自适应的，即听觉阈值会随着听到的声音的频率不同而发生变化。例如，同时有两种频率的声音存在，一种是 1000 Hz 的声音，另一种是 1100 Hz 的声音，但它的强度比前者低 18dB，在这种情况下，1100 Hz 的声音就听不到。也许读者有这样的体验，在安静房间里的普通谈话可以听得很清楚，但在嘈杂的聚会上，同样的普通谈话就很难听清楚。声音压缩算法同样可以通过建立这种特性的模型来去除更多的冗余数据。

前文提到，声音的数据量由两方面决定：采样频率和样本精度。要减小数据量，就要降低采样频率或降低样本精度。但是人耳可听到的频率范围是 20 Hz～20 kHz。根据奈奎斯特理论，要想不失真地重构信号，采样频率不能低于 40 kHz。再考虑到实际中使用的滤波器不可能是理想滤波器，以及各国所用的交流电源的频率，为保证声音频带的宽度，采样频率一般不能低于 44.1 kHz。这样，压缩就必须从降低样本精度这个角度出发，即减少每个样本所需要的位数。

MPEG-1 和 MPEG-2 的声音压缩采用子带编码（Sub-Band Coding，SBC）方法，这也是一种功能很强且很有效的声音信号编码方法。与音源特定编码法不同，SBC 不局限于对话音进行编码，也不局限于哪一种声源。这种方法的具体思想是首先把时域中的声音数据变换到频域，对频域内的子带分量分别进行量化和编码，然后根据心理声学模型确定样本精度，从而达到压缩数据的目的。

MPEG 声音数据压缩的基础是量化。虽然量化会带来失真，但 MPEG 标准要求量化失真对于人耳来说是感觉不到的。在 MPEG 标准的制定过程中，MPEG Audio 委员会做了大量的主观测试实验。实验表明，当采样频率为 48 kHz、样本精度为 16bit 的声音数据压缩到 256 kbit/s 时，即在 6:1 的压缩率下，即使是专业测试员也很难分辨出哪个是原始声音哪个是压缩后的声音。

10.8　多媒体技术的新发展

10.8.1　多媒体智能化

随着机器学习技术的发展，各种媒体的使用变得越来越智能化。下面结合目前的发展趋势，简单介绍多媒体智能化应用案例。

文本是多媒体系统中最基本、最常见的一种媒体。智能化的文本处理，即自然语言处理，是一门融合了计算机科学、语言学和数学等多门学科的科学，目标是实现人与计算机之间用自然语言进行有效的沟通，广泛应用于机器翻译、舆情监测、问题回答和观点提取等领域。从现有的理论和技术来看，开发通用的、高质量的自然语言处理系统仍然是我们长期努力的目标。但是，针对某些具体应用，具有一定自然语言处理能力的实用系统已经开始出现，有些已经商品化，甚至开始产业化。典型的应用实例有机器翻译系统、全文信息检索系统及自动文摘系统等。

图像分类是根据图像信息所蕴含的不同特征，把不同种类的目标区分开的图像处理方法。具体地说，图像分类利用计算机视觉算法对图像进行定量分析，把图像或图像中的每个像元或区域按照某种预测的比值归为若干类别中的某一种，以近似人的视觉判读。近年来，随着人工智能技术的兴起，图像分类技术已经得到比较广泛的应用，如对场景的分类和对图像内容的分类等。2021 年 1 月 10 日《汉斯期刊》公布了在我国西南地区四川甘孜藏族自治州发现的新物种"胡古叉襀"，如图 10.45 所示。我们可以通过图像分类技术来区分它与其他物种，以及进一步去确认其是否为新物种。然而，图像分类技术仍然面临着一些问题，如在数据不足的情况下如何进行精准分类等。

语音识别是一门涉及人工智能、语言学和数理统计学等多学科交叉的科学。它的主要任务是让计算机能够识别和理解语音信号并将其转变为相应的文本或命令。近年来，随着人工智能尤其是深度学习技术的兴起，语音识别的应用越来越广泛，常见的应用系统主要集中在语音输入、语音控制、智能家电等方面。例如，微软公司人工智能助理"Cortana"、高德导航语音助手"小德"、苹果系统语音助手"Siri"（见图 10.46）和小米公司的智能音箱"小爱同学"等，就是语音识别应用很好的例子。然而，虽然经过了半个多世纪的研究，但是语音识别技术如今仍存在许多问题，如何降低语音识别对环境的依赖、如何提高语音识别的抗噪能力、如何使语音识别更加高效等都是亟待解决的问题。

（a）雄性成虫

（b）雌性成虫

图 10.45　胡古叉襀

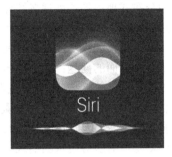

图 10.46　苹果系统语音助手"Siri"

视频目标跟踪属于计算机视觉领域的一项重要技术，广泛地应用于体育赛事转播、安防监控，以及无人机、无人车、机器人等领域，一个典型的视频目标跟踪示例如图 10.47 所示。视频目标跟踪的目的主要是对图像序列中的运动目标进行检测、提取、识别和定位，从而获得视频运动目标的运动参数，并对其进行后续处理与分析，以便更好地理解运动目标的行为，完成更高一级的检测任务。然而，运动目标自身姿态的变化容易导致其在视频中呈现出多种形态和尺寸，因为摄像头有时会被遮挡，运动背景差异偏大，以及外部恶劣天气形成强烈干扰等，对运动目标进行自适应跟踪仍然具有极大的挑战性。因此，寻找一种行之有效的方法，增加视频目标跟踪技术的稳健性，以处理上述可能存在的各种复杂情况，仍然是一个需要深入探索的开放性热点问题。

（a）田径赛事转播

（b）车辆跟踪

图 10.47　一个典型的视频目标跟踪示例

10.8.2　多媒体云计算

多媒体云计算是多媒体技术和云计算相结合的产物。云计算的目标是通过互联网提供各种计算服务和存储服务，包括基础设施即服务（IaaS）、平台即服务（PaaS）和软件即服务（SaaS）三种服务模式。为满足多媒体服务在互联网和移动无线网络中服务质量（Quality of Service，QoS）的要求，人们引入了多媒体云计算。具体地说，多媒体云计算通过互联网和移动无线网络提供多媒体应用和服务，并拥有 QoS 支持功能。而媒体云主要研究如何使云为多媒体应用和服务提供 QoS 支持，主要用于提供原始资源（如硬盘、CPU 和 GPU），这些资源由媒体服务提供商出租给用户使用。云媒体则重点研究多媒体怎样在云中执行内容存储、处理、适配和渲染等任务，以达到最有效地利用云计算资源的目的，进而为多媒体提供体验质量（Quality of Experience，QoE）服务，这时媒体服务提供商利用媒体云资源来开发多媒体应用和服务。

对基于互联网和移动无线网络的多媒体应用和服务而言，由于需要同时服务于数百万个网民和移动用户，需要大量的计算资源，因此对多媒体云计算的需求也非常大。在这种基于云的新型多媒体计算模式中，用户可以直接在云中分布式地存储和处理多媒体应用数据，不需要在计算机或终端设备上单独安装多媒体应用软件，进而减轻了用户对多媒体应用软件进行维护和升级的负担，避免了在用户设备上直接进行计算，有助于延长移动终端的续航时间。在云中进行多媒体信息处理给人们带来了巨大的挑战，主要面临以下几个方面的问题：①多媒体和服务的异构性。由于存在多种类型的媒体和服务，如 VoIP、视频会议、照片共享和编辑、基于图像的渲染、视频编码转换和适配等，媒体云必须为数百万个用户同时提供不同类型的多媒体应用和服务支持。②服务质量的异构性。由于不同的多媒体服务具有不同的服务质量要求，因此媒体云必须提供自适应的服务质量配置和支持各种类型的多媒体服务，以满足不同多媒体对服务质量的要求。③网络的异构性。由于不同的网络（如互联网、无线局域网、蜂窝网等）具有不同的网络特性（如带宽、延迟和抖动等），因此媒体云须提供与网络环境适配的多媒体内容，以便将数据以最优的方式传送到具有不同网络特性的终端设备上。④设备的异构性。由于不同类型的终端设备（如电视、计算机和手机）有不同的多媒体处理能力，因此媒体云须拥有多媒体适配功能，以适应不同类型的设备。

10.8.3 多媒体大数据

当前正值大数据时代，高密度的多媒体数据及海量的社交数据给人们带来了新的机遇和挑战。因此，近年来多媒体大数据分析技术在学术界和工业界引起了较多的关注，被认为是一个富有挑战性的研究方向。多媒体大数据反映了世界上发生的事情，可以给出每日热点新闻、显示特殊事件及预测人们的行为和偏好等。与传统的只有文本和数字的数据不同，多媒体大数据通常是非结构化的，并且含有大量干扰信息，故使用传统方法处理这些复杂数据是行不通的。因此，需要更加全面和更为复杂的解决方案对非结构化多媒体大数据进行管理。下面介绍几种流行的多媒体大数据应用程序，以展示大数据在多媒体分析中的重要性。

（1）社交网络。

对社交网络领域的研究已经产出了大量的文章，社交媒体大数据分析已经有了长足发展。例如，Tufekci 基于 Twitter 主题标签通过分析人类社会活动来解决人们社交需求领域的问题，Wilson 将 Facebook 作为一项宝贵的社交资源进行研究。此外，社交推荐技术是一个研究热点，其主要利用多媒体社交网络中的信息进行感兴趣主题的推荐研究。例如，Davidson 提出了一个 YouTube 视频推荐框架，将社交情境信息归入视频推荐系统，根据用户的社交活动和偏好设置进行视频个性化推荐。

（2）智能手机。

近年来，智能手机的使用量已经超越了其他电子设备，因为具有先进的功能和技术（如蓝牙、相机、强大的 CPU 和网络连接等），智能手机可以对不同格式的多媒体数据（如音频、图像、视频和文字）进行访问和操纵。除此之外，创新应用的爆炸式增长使得智能手机成为多媒体大数据不可或缺的重要来源，这为智能手机数据的研究提供了途径。智能手机在推荐系统中也受到广泛关注，特别是根据不同类型的上下文信息及智能手机无处不在的情境感知功能提出了多媒体推荐系统。

（3）监控视频。

监控视频是多媒体大数据的重要来源之一。随着多媒体大数据解决方案的出现，监控视频由于具有庞大的数据量而有着极高的研究价值。监控视频的一个重要应用场景是自动检测视频中包含的感兴趣目标等信息，如智能城市监控就是一种重要的多媒体大数据应用，它可以利用云存储来提供可靠和可扩展的多媒体监测框架。

（4）其他应用。

除上述应用场景以外，多媒体大数据分析技术还在健康信息学、智能电视和物联网（IoT）等领域有着广泛的应用。例如，医疗保健和生物医学数据也被视为多媒体大数据的重要来源之一，主要包括结构化数据和非结构化数据等不同类型的数据（如医学图像、医生笔记和基因组测序结果等）。多媒体大数据技术对于处理如此庞大、异构且重要的数据至关重要，它能大幅度提高数据处理的质量。

10.8.4　视频会议系统

视频会议是指多个处于不同地方的人或群体，通过现有的各种网络通信传输媒体，将人物的静态或动态图像、语音、文字等多种资料分别传送到其他用户的计算机上，使得在地理位置上分散的用户可以聚集在一起，通过图形和声音等多种方式进行交流，增加参会方对会议内容的理解。目前，视频会议正逐步朝着多网协作、高清化和开放化的方向发展。

视频会议系统是目前最先进的通信技术之一，只需借助互联网就可以实现高效、高清的远程会议、办公，在持续提升用户沟通效率、缩减企业差旅费用成本、提高管理成效等方面具有得天独厚的优势，已部分取代商务出行，成为远程办公的最新模式。近年来，视频会议系统的应用愈加广泛，在网络视频会议、协同办公、在线培训、远程医疗、远程教育等方面都有应用。概括来讲，视频会议系统主要有以下 4 个应用领域：①商务领域。该领域的视频会议系统要求较为简单，性价比高，主要服务于商务活动，一般的电视会议终端都可以满足业务需求。②教学领域。教学领域的视频会议旨在满足老师的教学要求，让老师如同站在讲台上讲课一样，方便自如地组织教学活动。教学过程的需求较为复杂，既要面对各学科的老师，又要面对不同老师的不同教学习惯，为老师提供一个讲课的平台，还要为学生与老师提供方便的交互功能，让学生与老师如同面对面交流一样便利。③会议领域。会议领域的视频会议系统要求是双向的，它主要面向政府和行业的行政会议，会议场面较大，参会人数较多，但是会议内容比较单一。④特殊领域。为了满足生产调度、军事指挥等特殊领域的需求，相应的视频会议系统要既能满足教学型视频会议系统的复杂功能需求，又具备会议型视频会议系统的宏大场面。

视频会议系统具有的功能包括：①会议预约。发起人预约会议，确定会议开始的时间和地点、会议标题、简要内容、参会人员，系统将自动把会议相关内容及会议登录密码以邮件方式或信息方式发送给参会人员，而且系统还能自动统计参会人员对本次会议的回复情况。②会议签到。参会人员通过指纹仪，或者以其他方式进行会议签到。在会议进行过程中，其他人员不得入内（未经授权的人员无法进入会议室）。③会议投票。会议投票功能支持在会议开始前或会议进行中完成投票的整个过程（发起、投票、统计和发布等）。④会议文件的上传、下载和桌面的共享。支持文件上传和下载；用户可将各类文件进行上传共享，方便参会者下载；参会人员可以将自己当前屏幕上显示的内容共享给其他远程参会人员同步观看。⑤电子白板功能。可以对当前屏幕上显示的会议文档内容进行标注操作或修改操作，并且系统具有自动保存最新文档内容的功能，以便会后浏览查阅。⑥

会议内容的录制和保存。会议全程高清摄像记录功能支持对整个会议的视频、音频和修改操作进行全程录像、回放、查询、发布及下载等。⑦会议总结和查询。针对已经结束的会议可以进行查询，查看会议的详细内容，生成会议报表，提供会议室利用率、个人会议统计和部门会议统计等各种详细报表和摘要报表。

10.8.5　流媒体技术

流媒体包括音频和视频两种文件类型，一般含有较大的信息量，因此需要的存储空间也较大，这将导致采用传统的下载方式启动下载的时延比较长。同时，受网络带宽的限制，下载一个文件耗时非常久，根据文件的大小不同，往往可能需要花费几分钟甚至几小时。传统的下载方式不但浪费下载时间和硬盘空间，而且使用起来非常不方便，在这种情况下，流媒体技术应运而生。流媒体技术实现了即点即看功能，也就是说，多媒体文件可以一边被下载一边被播放，这不仅使启动下载的时延大大缩短，而且不需要太大的缓存容量，极大地减少了用户在线等待的时间。流媒体技术不是一种单一的技术，而是网络技术及音频和视频技术有机结合的产物。

流媒体传输技术大致可以分为两种：一种是顺序流式传输技术；另一种是实时流式传输技术。顺序流式传输是指顺序下载，用户在下载文件的同时可以观看。但是，用户的观看与服务器上的传输并不是同步进行的，用户在一段延时后才能看到服务器上传出来的信息，或者说用户看到的总是服务器在一段时间以前传出来的信息。在这个过程中，用户只能观看已下载的部分，不能观看还未下载的部分。顺序流式传输比较适用于传输高质量的视频片段，因为它可以较好地保证视频片段播放的最终质量。在实时流式传输中，音频和视频信息可以被实时观看，在观看过程中用户可以通过快进或后退观看前面或后面的内容。但是，在实时流式传输方式中，如果网络传输状况不理想，那么收到的信号效果会比较差。

在使用流媒体技术时，音频和视频文件要采用与之相对应的格式，不同格式的文件需要用不同的播放器来播放。从文件格式的角度看，采用流媒体技术的音频和视频文件主要有三大“流派”。第一个是微软公司的 ASF（Advanced Stream Format），这类文件的扩展名是.asf 和.wmv，对应的播放器是微软公司的 Media Player。用户可以将图形、声音和动画数据组合成一个 ASF 文件，也可以将其他格式的音频和视频文件转换为 ASF 文件。第二个是 RealNetworks 公司的 RealMedia，它包括 RealAudio、RealVideo 和 RealFlash 三种类型。其中，RealAudio 用来传输接近 CD 音质的音频数据，RealVideo 用来传输连续的视频数据，RealFlash 是 RealNetworks 公司与 Macromedia 公司联合推出的一种高压缩比动画格式，其扩展名是.rm，对应的播放器是 RealPlayer。第三个是苹果公司的 QuickTime，这类文件的扩展名通常是.mov，对应的播放器是 QuickTime。此外，MPEG、AVI、DVI 和 SWF 等也都是适用于流媒体技术的文件格式。流媒体技术在互联网媒体传播方面起到了重要的作用，方便了人们在全球范围进行内信息的交流，在视频点播、远程教育、视频会议和网络直播等方面的应用更为广泛。

10.9　国产多媒体相关产品及公司和我国自主创新之路

10.9.1　国产多媒体相关产品及公司

1．WPS Office

WPS（Word Processing System）Office 是由我国应用软件产品和服务供应商金山软件股份有限

公司独立研发的办公软件套装，具有自主知识产权。该办公软件可以实现最常用的文字编辑、表格处理、文稿演示、PDF 阅读等多种功能，其优点表现为内存占用小、运行速度快、云功能多、有强大的插件平台支持及免费提供海量的在线存储空间及文档模板。WPS Office 还具有全面兼容 Microsoft Office 97 到 2010 等多种版本的独特优势，并且能够覆盖 Windows、Linux、Android、iOS 等多个平台。WPS Office 能够有效地支持桌面和移动办公，如 WPS 移动版通过了 Google Play 平台的验证，现已覆盖 50 多个国家和地区。2020 年 12 月，我国教育部考试中心宣布将 WPS Office 作为全国计算机等级考试（NCRE）的二级考试科目之一，并于 2021 年在全国范围内执行。

2. 美图秀秀

美图秀秀是由我国厦门美图网科技有限公司研发、推出的一款免费的图像处理应用软件。经过十几年的发展，美图秀秀的全球用户数已累计超过 10 亿，并且在影像类应用软件排行榜上始终保持领先地位，2017 年被美国《时代周刊》评选为最值得推荐的 25 款应用软件之一。该软件具有操作简单、功能齐全等特点，自推出以来一直深受广大用户的喜爱，美图秀秀具有的图片特效、美容、拼图、场景、边框、饰品等功能方便用户在短时间内制作出专业水平的照片效果。2018 年，美图秀秀推出社区功能，随后将自身定位为"潮流美学发源地"，这标志着美图秀秀软件从影像处理工具升级为用户社交平台。

3. 科大讯飞

科大讯飞股份有限公司（简称科大讯飞）是一家致力于智能语音及语音技术研究、软件及芯片产品开发、语音信息服务的国家级骨干软件企业，目前拥有灵犀语音助手、讯飞输入法等优秀的应用软件产品。研究语音技术的目标是实现人机语音交互，也就是使人与机器之间的沟通变得像人与人之间的沟通一样自然。一般而言，语音技术主要包括语音合成和语音识别两项关键技术。让机器"说话"需要语音合成技术，而让机器"听懂"人的话则需要语音识别技术。此外，较成熟的语音技术还包括语音编码、音色转换、语音消噪与增强等相关技术，具有广泛的应用领域。2017 年 11 月 9 日，科大讯飞在其年度发布会上发布了 10 多款人工智能产品，涉及从教育到医疗，从客服到智能家居，再到移动手机端和车载环境等多个应用领域。

4. 海康威视

杭州海康威视数字技术有限公司（简称海康威视）是我国安防产品及行业解决方案的品牌供应商，其核心竞争力在于不断提高视频处理技术和视频分析技术水平，并且为全球用户提供安防产品、行业解决方案及相关的信息服务，持续不断地创造更大价值。海康威视拥有业内领先的自主核心技术和可持续发展的独立研发能力，连年入选"中国安防十大品牌"、中国安防百强企业。目前，该公司能够提供摄像机/智能球机、光端机、DVR/DVS/板卡、网络存储、视频综合平台、中心管理软件等安防产品，并且为金融、公安、电信、交通、司法、教育、电力、水利等众多行业提供合适的细分产品与专业的行业解决方案。据不完全统计，这些产品和解决方案面向全球 100 多个国家和地区，在许多重大安保项目中起着重要应用。

10.9.2　我国自主创新之路

多媒体技术最早兴起于 20 世纪 80 年代中后期，而我国多媒体应用的开发起步于 1990 年初。当时，位于深圳的蛇口新欣软件产业有限公司受海外订单的牵引，利用海外客户提供的多媒体微机系统和多媒体软件工具完成应用项目制作。随后，多媒体技术在国内有了长足的发展。

从多媒体产品的角度来看，国内市场采取经销、开发等手段紧跟国外多媒体技术的发展，以声霸、视霸为主流产品，同时搭配其他型号的声卡、视频卡及压缩/解压缩卡、触摸屏、CD-ROM 驱动器、扫描仪等，这构成了国内的多媒体产品市场，推进了国内多媒体应用技术的发展。在众多的多媒体技术公司中，北京创通多媒体电脑公司最具有代表性。

从多媒体技术的研发主体角度看，国内的参与单位主要为少数高等学校和少数专业性多媒体公司。在初创阶段，由于受开发环境条件和技术力量的约束，有影响力的研究成果主要集中在制作多媒体应用系统的工具软件的开发和多媒体信息查询系统上。其中，有代表性的单位是清华大学，其较早涉足了多媒体技术多个领域的研究，包括多媒体基础理论、多媒体关键技术、多媒体系统的硬件与软件等。

近年来，随着人工智能技术尤其是深度学习技术的发展，多媒体技术研究的内容更为广泛，包括图像/视频内容分析、多媒体搜索与推荐、流媒体和多媒体内容发布，并且均取得了很大进展。同时，涌现出了很多多媒体技术公司及实验室，如科大讯飞、海康威视、北京大学计算机研究所多媒体信息处理研究室、清华大学多媒体信号与智能信息处理实验室、百度与人民日报联合成立的人工智能媒体实验室、华为媒体技术实验室、腾讯多媒体实验室等。

10.10　小结

本章较为全面地介绍了多媒体相关的基本概念、原理及一般处理方法，主要内容包括：初识多媒体技术，文本处理技术，动画处理技术，数字图像处理技术，数字音频处理技术，数字视频处理技术，多媒体压缩技术，多媒体技术的新发展，国产多媒体相关产品及公司和我国自主创新之路。

习题 10

一、选择题

1. 多媒体技术涉及的内容非常广泛，包括（　　）。
   A. 文本　　　　　　　B. 图像　　　　　　　C. 动画　　　　　　　D. 以上都是
2. 一般说来，要求声音的质量越高，则（　　）。
   A. 量化级数越低和采样频率越低　　　　B. 量化级数越高和采样频率越高
   C. 量化级数越低和采样频率越高　　　　D. 量化级数越高和采样频率越低
3. 音频和视频信息在计算机内是以（　　）表示的。
   A. 数字信息　　　　　　　　　　　　B. 模拟信息
   C. 模拟信息或数字信息　　　　　　　D. 某种转换公式
4. 属于多媒体压缩算法或标准的是（　　）。
   A. RLE 标准　　　　　　　　　　　　B. JPEG 标准
   C. MPEG Audio 标准　　　　　　　　D. 以上都是
5. 印刷行业中通常采用的色彩模型是（　　）模型。
   A. RGB　　　　　　B. HSV　　　　　　C. CMYK　　　　　　D. CIE

二、填空题

1. HSV 模型中 H 和 S 分别代表＿＿＿＿＿和＿＿＿＿＿。
2. 国际电信联盟将媒体分为五种类型，分别是＿＿＿＿＿，＿＿＿＿＿，＿＿＿＿＿，＿＿＿＿＿和＿＿＿＿＿。
3. 彩色视频可用＿＿＿＿＿和＿＿＿＿＿两种方法来进行数字化或编码。

4．按照颜色和灰度的多少可以将图像分为彩色图、_____和_____。

5．多媒体信息的冗余性主要体现在_____，_____，_____，_____

和_____。

三、简答题

1．利用 RLE 标准对字符串"KKKKKKAAAAVVVAAAAAA"进行编码，给出编码结果。

2．解释灰度图与彩色图，并说出二者的区别。

3．简单介绍 RGB 模型。

4．简单阐述图像的像素深度的概念。

第 11 章

计算机网络

计算机网络是计算机技术与通信技术紧密结合的产物，在当今社会中起着重要的作用，为人类社会进步做出了巨大的贡献。进入 20 世纪 90 年代以后，以 Internet 为代表的计算机网络得到了飞速的发展，迅速成为仅次于全球电话网的全球第二大网络，并已成为融合电话网络、电视网络的世界第一大"终极信息网络"。现代人们的生活、工作、学习及交往都离不开计算机网络。本章将主要介绍计算机网络的基本概念、网络中间系统、计算机局域网、Internet 基础知识、国产网络相关产品和我国自主创新之路。

通过本章的学习，学生能够：

（1）掌握计算机网络的概念；

（2）掌握计算机网络的组成；

（3）掌握计算机网络的功能与分类；

（4）掌握网络中间系统；

（5）了解计算机局域网基础知识；

（6）了解 Internet 基础知识；

（7）了解国产网络相关产品和我国自主创新之路。

11.1　初识计算机网络

迄今为止，还没有哪一项发明和技术能像计算机网络一样对人类社会产生如此广泛和深远的影响。如今计算机网络就像空气一样渗透到人类社会的各个角落。计算机网络正在改变着人类的价值体系、思维方式、道德观念、生活习惯及行为模式。计算机网络的发展和应用普及，特别是在应用上的不断创新，推动了信息社会的进步。

从某种意义上来讲，计算机网络的发展水平不仅可以反映一个国家的计算机科学和通信技术水平，而且已经成为衡量一个国家的国力及其现代化程度的重要标志之一。本章将从科技文化这个角度来介绍计算机网络。

计算机网络与交通系统类似，在计算机网络中传输的消息类似于交通系统中的汽车、卡车和其他车辆。每位司机会定义一个起点（源计算机）和一个终点（目的计算机）。在计算机网络中有一些规则，类似于停止标志和交通信号灯，这些规则控制着从源计算机到目的计算机的数据传输。

从我们在浏览器中输入网址，到计算机屏幕上显示相关网页的内容，这个只有几秒的过程需要很多软件、硬件在各自的岗位上相互配合完成一系列工作。在这个过程中，浏览器访问 Web 服务器并显示相关网页的内容由浏览器和 Web 服务器之间的交互完成。它们之间的交互和人类之间的对话非常相似。在信息世界中，要实现它们的交互还需要大量软件、硬件的支持。另外还需要一种机制，以保证无论遇到何种情况都可以将请求和响应准确无误地发送给对方。这种负责搬运信息的机制是由操作系统中的网络控制软件，以及交换机、路由器等分工合作来实现的。负责搬运信息的机制再加上浏览器和 Web 服务器这些网络应用程序就构成了计算机网络。

　　生活中常见的计算机网络应用有网上银行、手机支付系统、订票系统、各种商业应用的计算机网络系统、证券交易系统等。"上网"是非正式但已经普及了的词汇，特指连接上 Internet，对应的专业词汇是登录。生活中的上网方式有许多种，如局域网上网、宽带上网、无线（Wi-Fi）上网、移动数据上网等，如图 11.1 所示。

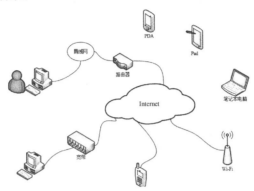

图 11.1　生活中的上网方式

11.2　计算机网络概述

11.2.1　计算机网络的概念

　　现在计算机网络的精确定义并未统一。可以将计算机网络简单地定义为：以共享信息为目的的多台自治计算机的互连集合。自治计算机是指网络中计算机之间不存在主从关系，各自是一个独立的工作系统；互连是指两台计算机通过通信介质连接在一起，可以相互交换信息。也可以将计算机网络的组成和功能定义得具体一些，即计算机网络是指将地理位置不同的多台自治计算机系统及其外部设备通过通信介质连接在一起，在网络操作系统、网络管理软件及网络通信协议的管理和协调下，实现资源共享和信息传递的系统。最简单的计算机网络只有两台计算机和连接它们的一条通信链路，即两个节点和一条链路。计算机网络如图 11.2 所示。

图 11.2　计算机网络

　　在理解计算机网络的定义时，要注意以下几点。
　　（1）自治：计算机之间没有主从关系，所有计算机都是平等独立的。

（2）互连：计算机之间由通信链路相连，并且能够相互交换信息。

（3）集合：网络是计算机的群体。

例如，将人类群体连接起来的道路形成一个物理网络，与朋友之间的联系形成一个人的人际关系网络，允许链接到他人页面的网站为社交网站。

11.2.2 计算机网络的组成

计算机网络主要由物理硬件和功能软件两部分构成，如图 11.3 所示。

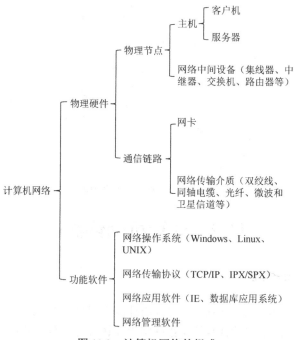

图 11.3 计算机网络的组成

计算机网络的物理硬件主要包括物理节点和通信链路。物理节点分为主机和网络中间设备两类。主机从服务功能上又可以分为客户机和服务器。客户机是指连接服务器的计算机；服务器是指提供某种网络服务的计算机。网络中间设备包括集线器、中继器、交换机、路由器等。通信链路包括网卡和网络传输介质。网卡，即网络适配器，是计算机与网络传输介质连接的接口设备。网络传输介质是计算机网络最基本的组成部分，任何信息的传输都离不开它。网络传输介质有有线介质和无线介质两种。有线介质包括双绞线、同轴电缆、光纤等；无线介质包括微波和卫星信道等。

计算机网络的功能软件主要包括网络操作系统、网络传输协议、网络应用软件和网络管理软件等。其中，网络操作系统是控制、管理、协调网络中的计算机，使之能方便、有效地共享网络中硬件、软件资源，为网络用户提供所需的各种服务的软件和有关规程的集合。一般而言，网络操作系统除具有一般操作系统的功能以外，还具有网络通信和多种网络服务功能。网络传输协议是连入网络的计算机必须共同遵守的一组规则和约定，用以保证数据传送与资源共享能顺利完成。网络应用软件是能够使用户在网络中完成和使用相关网络服务的工具软件集合，如能够实现网上漫游的 IE 和 Google Chrome 浏览器，能够收发电子邮件的 Outlook Express 等。随着网络应用的普及，将会有越来越多的网络应用软件，为用户带来更大的方便。网络管理软件的功能是对网络中大多数参数进行测量与控制，以保证用户安全、可靠、正常地使用网络服务功能，使网络性能得到优化。

11.2.3　计算机网络的发展

计算机网络的发展历史不长，但发展速度很快。在几十年的时间里，它经历了一个从简单到复杂、从单机到多机、从地区到全球的发展过程。这个发展过程大致可概括为 4 个阶段：具有通信功能的单机系统阶段，具有通信功能的多机系统阶段，以共享资源为主的标准化计算机网络阶段，网络互联与高速计算机网络阶段。

1．具有通信功能的单机系统阶段

具有通信功能的单机系统又被称为终端—计算机网络系统，是早期计算机网络的主要形式，如图 11.4 所示。该系统由一台中央计算机（主机）连接大量地理位置上分散的终端。典型应用是 20 世纪 60 年代开发出的由一台主机和全美国范围内 2000 多个终端组成的飞机订票系统 SABRE-1，信息通过通信链路汇集到主机上进行集中处理，首次实现了计算机技术与通信技术的结合。这样的系统除主机以外，其余的终端都没有自主处理功能，还不是真正意义上的计算机网络。

图 11.4　终端—计算机网络系统

2．具有通信功能的多机系统阶段

20 世纪 60 年代后期到 70 年代中期，随着计算机技术和通信技术的进步，计算机网络开始发展。在单机系统中，主机负担较重，既要进行数据处理，又要进行通信控制，实际工作效率低，而且主机与每台远程终端都用一条专用通信链路连接，通信链路的利用率较低。由此出现了数据处理和数据通信的分工，即在主机前增设一个前端处理机负责通信工作，并在终端比较集中的地区设置集中器。集中器通常由微型机或小型机构成，它首先通过低速通信链路将附近各远程终端连接起来，然后通过高速通信链路与主机的前端处理机相连。这种具有通信功能的多机系统构成了计算机网络的雏形，如图 11.5 所示，其在军事、银行、铁路、民航、教育等领域有广泛的应用。

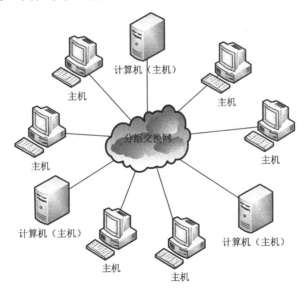

图 11.5　具有通信功能的多机系统

3．以共享资源为主的标准化计算机网络阶段

20 世纪 70 年代末至 90 年代，出现了由若干台计算机互连构成的系统，开创了计算机—计算机通信的时代。该系统呈现出多处理中心的特点，即利用通信链路将多台计算机连接起来，实现了计算机之间的通信。计算机网络系统是非常复杂的系统，计算机之间相互通信涉及许多复杂的技术问题，为实现计算机网络通信、资源共享，采用了对解决复杂问题十分有效的分层解决问题的方法。1974 年，美国 IBM 公司公布了它研制的系统网络体系结构（System Network Architecture，SNA）。不久之后，各种分层网络系统体系结构相继出现。对各种体系结构来说，同一体系结构的网络产品互联是非常容易实现的，而不同体系结构的网络产品却很难实现互联。为此，ISO 于 1977 年成立了专门的机构来研究该问题，在 1984 年正式颁布了开放系统互联基本参考模型（Open System Interconnection Basic Reference Model）的国际标准 OSI，于是产生了第三代计算机网络。

4．网络互联与高速计算机网络阶段

自 20 世纪 90 年代末至今，随着大规模集成电路技术和计算机技术的飞速发展，局域网技术得到迅速发展。早期的计算机网络是以主机为中心的，计算机网络控制和管理功能都是集中式的，但随着 PC 功能的增强，PC 呈现出的计算能力已使其逐步发展成为独立的平台，这就促使了一种新的计算模式——分布式计算模式的诞生。

进入 20 世纪 90 年代，计算机技术、通信技术及建立在计算机网络技术基础上的计算机网络技术得到了迅猛的发展。特别是 1993 年美国宣布建立国家信息基础设施（National Information Infrastructure，NII）后，全世界许多国家纷纷开始建立本国的 NII，从而极大地推动了计算机网络技术的发展，使计算机网络进入一个崭新的阶段，即网络互联与高速计算机网络阶段。全球以 Internet 为核心的高速计算机网络已经形成，Internet 已经成为人类非常重要的知识宝库。网络互联与高速计算机网络就是第四代计算机网络，如图 11.6 所示。这一阶段计算机网络发展的特点是综合、高效、智能与更为广泛的应用。

图 11.6　网络互联与高速计算机网络

11.2.4　计算机网络的功能与分类

计算机网络的种类繁多，性能各不相同，根据不同的分类原则，可以将计算机网络分为不同类型。

1．按照网络的地理分布范围分类

将计算机网络按照网络的地理分布范围进行分类，可以很好地反映不同类型网络的技术特征。按照网络的地理分布范围分类，计算机网络可以分为局域网、城域网、广域网和接入网。几种网络之间的关系如图 11.7 所示。

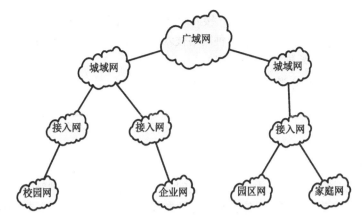

图 11.7　几种网络之间的关系

（1）局域网（Local Area Network，LAN）。局域网是最常见、应用最广泛的一种网络。所谓局域网，是指在一个局部的地理范围（如一个学校或工厂）内，一般是方圆几千米以内，将各种计算机、外部设备和数据库等连接起来组成的计算机通信网络。局域网用于连接计算机、工作站和各类外部设备以实现资源共享和信息交换。它的特点是分布距离近、传输速度高、连接费用低、数据传输可靠、误码率低等，主要涉及以太网、快速以太网、令牌环网、FDDI、Wi-Fi、蓝牙等技术。

局域网是大型网络的基本单元，也是各种网络连接的基本组态，如 Wi-Fi 就是基于局域网的传输技术构建的。移动上网也可以利用移动数据网络实现，但是需要支付流量费。现在的 PC、笔记本电脑、手机等都有访问局域网的无线接口。事实上，Wi-Fi 技术已经成为无线上网的代名词。蓝牙使用 2.4 GHz 公共频段，连接距离为 1～90m。蓝牙网在两个以上蓝牙设备之间自动形成。目前有代表性的蓝牙技术产品有无线鼠标、键盘等，语音通信中的蓝牙设备可以是耳机。如果按照规模定义网络，那么最小规模的网络应该是家庭网。网络技术发展到今天，有许多价格很便宜的无线网络设备支持家庭成员接入家庭网。

（2）城域网（Metropolitan Area Network，MAN）。城域网的分布范围介于局域网和广域网之间，其连接距离为 10～100 km。城域网与局域网相比扩展的距离更长，连接的计算机数量更多，在地理范围上可以说是局域网的延伸。在一个大型城市或都市地区，一个城域网通常连接着多个局域网。例如，在地铁隧道、城市交通主干道上的光纤网能够使城市交通指挥系统实现智能化控制，在市区建设的光纤网能够使市民接入 Internet，移动电话网允许城域网连接汽车电话和手机。我国的城市信息化建设发展迅速，大中城市都建有城域网，而且现在使用无线技术构建城域网已经成为一个发展趋势。

（3）广域网（Wide Area Network，WAN）。广域网又被称为远程网，它的联网设备分布范围广，一般为数千米到数千千米。覆盖全球的 Internet 常常被看作最大的广域网，尽管它只是广域网的一个应用。按照定义，只要两个以上的局域网实现互联，所形成的网络就是广域网。广域网接入的概念随着 Internet 的发展在发生变化，不再局限于网络之间的互联，一台计算机也能通过路由器连接到 Internet 上。

广域网通过一组复杂的分组交换设备和通信链路将各主机与通信子网连接起来，因此广域网涉及的范围可以是市、地区、省、国家，乃至世界。广域网的这一特点使得单独构建一个广域网是极其昂贵和不现实的，所以常常借用传统的公共传输网（电报网、电话网）来实现。此外，由于广域网传输距离远，又依靠传统的公共传输网，所以错误率较高。从目前的发展趋势来看，无线广域网是广域网未来的发展趋势。

（4）接入网（Access Network，AN）。接入网又被称为本地接入网和居民接入网，是近年来由于用户对高速上网需求的增加而开发的一种网络技术。接入网提供了多种高速接入技术，使用户接触到 Internet 的瓶颈得到了某种程度上的解决。

2. 按网络的拓扑结构分类

抛开网络中的具体设备，把网络中的计算机等设备抽象为点，把网络中的通信媒介抽象为线，这样从拓扑学的观点来看就形成了由点和线组成的几何图形，从而抽象出计算机网络系统的具体结构。这种结构被称为网络的拓扑结构。计算机网络常采用的基本拓扑结构有总线结构、星形结构、环形结构、树形结构、网状结构。

网络的拓扑结构是指一个网络中各个节点之间互连的几何形状。局域网的拓扑结构通常是指局域网的通信链路和工作节点在物理上连接在一起的布线结构，局域网的拓扑结构通常分为三种：总线结构、星形结构和环形结构。

（1）总线结构。

总线结构是指所有节点都通过相应硬件接口连接到一条无源公共总线上，任何一个节点发出的信息都可沿着总线传输，并可被总线上其他任何一个节点接收的结构。总线结构的信息传输方向是从发送点向两端扩散，是一种广播式传输方式。在局域网中，采用带有冲突检测的载波侦听多路访问控制方式，即 CSMA/CD 方式。每个节点的网卡上有一个收发器，当发送节点发送信息的目的地址与某一节点的接口地址相符时，该节点接收该信息。总线结构的优点是安装简单，易于扩充，可靠性高，一个节点损坏不会影响整个网络工作；缺点是一次仅能有一个端用户发送信息，其他端用户必须等到获得发送权后才能发送信息，介质访问控制机制较复杂。总线结构示意图如图 11.8 所示。

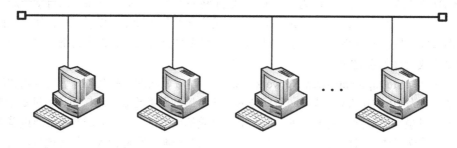

图 11.8　总线结构示意图

（2）星形结构。

星形结构也被称为辐射网，它将一个节点作为中心节点，该节点与其他节点之间均有传输线路。具有 N 个节点的星形结构至少需要 $N-1$ 条传输线路。星形结构的中心节点就是转接交换中心，其余 $N-1$ 个节点之间相互通信都要经过中心节点来转接。中心节点可以是主机或集线器，该设备的交换能力和可靠性会影响网络内所有用户。星形结构的优点有：利用中心节点可方便地提供服务和重新配置网络；单个节点的故障只影响一个设备，不会影响全网，容易检测和隔离故障，便于维护；任何一个连接只涉及中心节点和一个站点，因此介质访问控制机制很简单，访问协议也很简单。星形结构的缺点有：每个站点直接与中心节点相连，需要大量电缆，因此费用较高；如果中心节点发生故障，则全网不能工作，所以对中心节点的可靠性和冗余度要求很高，中心节点通常采用双机热备份来提高系统的可靠性。星形结构示意图如图 11.9 所示。

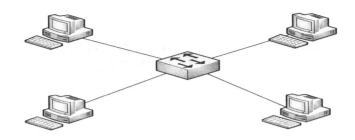

图 11.9　星形结构示意图

（3）环形结构。

环形结构中的各节点通过有源接口连接在一条闭合的环形通信线路中，是点对点的结构。环形结构中每个节点发送的数据流按环路设计的流向流动。为了提高可靠性，可采用双环或多环等冗余措施。目前的环形结构中采用了一种多路访问部件 MAU，当某个节点发生故障时，可以自动旁路，隔离故障点，这使系统可靠性得到了提高。环形结构的优点是实时性好，信息吞吐量大，环路的周长可达 200km，节点可达几百个。但因环路是封闭的，所以扩充不便。IBM 公司于 1985 年率先推出令牌环网，目前的 FDDI 网使用的就是这种结构。环形结构示意图如图 11.10 所示。

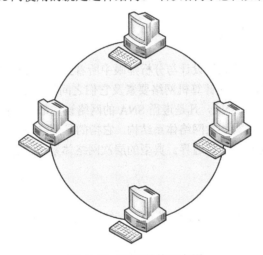

图 11.10　环形结构示意图

（4）树形结构。

树形结构可以看作星形结构的扩展，如图 11.11 所示。在树形结构中，节点按层次进行连接，信息交换主要在上下节点之间进行，相邻节点之间数据交换量小。网络中的故障易于检测和隔离。由于树形结构可靠性差，结构复杂，所以在局域网中很少采用。

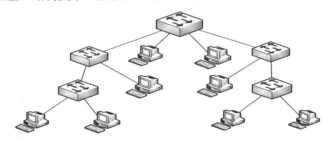

图 11.11　树形结构示意图

（5）网状结构。

网状结构中节点之间的连接是任意的，没有规律，如图 11.12 所示。网络结构的主要优点是可靠性高，缺点是结构复杂，必须采用路由选择算法与流量控制方法。目前实际存在与使用的广域网基本上都采用网状结构。

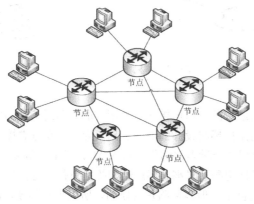

图 11.12　网状结构示意图

11.2.5　计算机网络体系结构

计算机网络体系结构是网络系统设计与分析师眼中所看到的计算机网络。网络系统设计与分析师使用系统的概念、方法和理论对计算机网络要素及它们之间的联系进行设计和分析。1974 年，IBM 公司公布了世界上第一个 SNA，凡是遵循 SNA 的网络设备都可以很方便地进行互连。目前主要的计算机网络体系结构大多是层次网络体系结构，它指的是网络分层及其相关协议的总和，包括两种网络边界：操作系统边界和协议边界。典型的层次网络体系结构有两种：OSI/RM 参考模型和TCP/IP 参考模型。

1. OSI/RM 参考模型

1977 年 3 月，ISO 的技术委员会 TC97 成立了一个新的技术分委员会 SC16，用来专门研究"开放系统互联"，并于 1983 年提出了开放系统互联参考模型，即著名的国际标准 ISO 7498（我国相应的国家标准是 GB 9387），记为 OSI/RM 参考模型。在 OSI/RM 参考模型中采用了三级抽象：参考模型（体系结构），服务定义和协议规范（协议规格说明），自上而下逐步求精。OSI/RM 参考模型并不是一般的工业标准，而是一个用于制定标准的概念性框架。

经过各国专家的反复研究，OSI/RM 参考模型采用了如表 11.1 所示的具有 7 个层次的体系结构。

表 11.1　OSI/RM 参考模型

层号	名称	主要功能简介
7	应用层	作为与应用进程的接口，负责用户信息的语义表示，并在两个通信者之间进行语义匹配，不仅要完成应用进程所需要的信息交换和远程操作，还要作为互相作用的应用进程的用户代理来完成一些为进行语义上有意义的信息交换所必须完成的功能
6	表示层	对源站点内部的数据结构进行编码，形成适合传输的比特流，到了目的站再转换成用户所要求的格式并进行解码，并保持数据的意义不变，主要用于数据格式转换

层号	名称	主要功能简介
5	会话层	提供一个面向用户的连接服务,给合作的会话用户之间的对话和活动提供组织和同步所必需的手段,以便对数据的传送提供控制和管理,主要用于会话的管理和数据传输的同步
4	传输层	实现从端到端经网络透明地传送报文,完成端到端通信链路的建立、维护和管理
3	网络层	分组传送、路由选择和流量控制,主要用于实现端到端通信系统中中间节点的路由选择
2	数据链路层	通过一些数据链路层协议和链路控制规程,在不太可靠的物理链路上实现可靠的数据传输
1	物理层	实现相邻计算机节点之间比特流的透明传送,尽可能屏蔽掉具体传输介质和物理设备的差异

7 个层次从低到高分别是物理层、数据链路层、网络层、传输层、会话层、表示层、应用层。每层完成一定的功能,每层都直接为其上层提供服务,并且所有层次都互相支持。第 4 层到第 7 层主要负责互操作,第 1 层到第 3 层则用于实现两个网络设备之间的物理连接。

OSI/RM 参考模型对各个层次的划分遵循下列原则。

(1)网络中各节点都有相同的层次,相同的层次具有同样的功能。

(2)同一节点内相邻层之间通过接口通信。

(3)每一层使用下层提供的服务,并向其上层提供服务。

(4)不同节点的相同层之间按照协议实现通信。

2. TCP/IP 参考模型

TCP/IP 参考模型是目前异种网络通信使用的唯一协议体系,使用范围极广,既可用于局域网,又可用于广域网,许多厂商的计算机操作系统和网络操作系统产品都采用或含有 TCP/IP 参考模型。TCP/IP 参考模型目前已成为事实上的国际标准和工业标准。TCP/IP 参考模型也是一个分层的网络协议,不过它与 OSI/RM 参考模型模型所分的层次有所不同。TCP/IP 参考模型从低到高分为网络接口层、互联网层、传输层、应用层共 4 个层次,各层功能如下。

(1)网络接口层。

网络接口层是 TCP/IP 参考模型的最低层,负责接收从 IP 层交来的 IP 数据报并将 IP 数据报通过低层物理网络发送出去,或者从低层物理网络上接收物理帧,抽出 IP 数据报,交给 IP 层。网络接口有两种类型:第一种是设备驱动程序,如局域网的网络接口;第二种是含自身数据链路协议的复杂子系统,如 X.25 中的网络接口。

事实上,在 TCP/IP 参考模型的描述中,互联网层的下面什么都没有,TCP/IP 参考模型没有真正描述这一部分,只指出了主机必须使用某种协议与网络连接,以便能在网络中传递 IP 分组。这个协议未被定义,并且随主机和网络的不同而不同,有关 TCP/IP 参考模型的书和文章很少谈及它。

(2)互联网层。

互联网层主要负责相邻节点之间的数据传送。它的主要功能包括三个方面:第一,处理来自传输层的分组发送请求。将分组装入 IP 数据报,填充报头,选择去往目的节点的路径,然后将 IP 数据报发往适当的网络接口。第二,处理输入数据报。首先检查 IP 数据报的合法性,然后进行路由选择,假如该 IP 数据报已到达目的节点(本机),则去掉报头,将 IP 报文的数据部分交给相应的传输层协议;假如该 IP 数据报尚未到达目的节点,则转发该 IP 数据报。第三,处理 ICMP 报文,即处理网络的路由选择、流量控制和拥塞控制等问题。TCP/IP 参考模型中的互联网层在功能上非常类似于 OSI/RM 参考模型中的网络层。

(3)传输层。

TCP/IP 参考模型中传输层的作用与 OSI/RM 参考模型中传输层的作用是一样的,即在源节点和目的节点的两个进程实体之间提供可靠的端到端的数据传输。为保证数据传输的可靠性,传输层协议规定接收端必须发回确认，假如分组丢失，必须重新发送。

传输层还要解决不同应用程序的标识问题，因为在一般的通用计算机中，常常有多个应用程序同时访问互联网。为区别各个应用程序，传输层在每个分组中增加识别信源和信宿应用程序的标记。另外，传输层的每个分组均附带校验和，以便接收节点检查接收到的分组的正确性。

TCP/IP 参考模型提供了两个传输层协议：传输控制（TCP）协议和用户数据报（UDP）协议。TCP 协议是一个可靠的面向连接的传输层协议，它将某节点的数据以字节流形式无差错投递到互联网的任何一台机器上。发送方的 TCP 协议将用户交来的字节流划分成独立的报文并交给互联网层进行发送，而接收方的 TCP 协议将接收的报文重新装配交给接收用户。TCP 协议同时处理有关流量控制的问题，以防止快速的发送方淹没慢速的接收方。UDP 协议是一个不可靠的、无连接的传输层协议，UDP 协议将可靠性问题交给应用程序解决。UDP 协议主要面向请求/应答式的交易型应用，一次交易往往只有一来一回两次报文交换，假如为此而建立连接和撤销连接，开销是相当大的。这种情况下使用 UDP 协议就非常有效。另外，UDP 协议也应用于一些对可靠性要求不高，但要求网络的延迟较小的场合，如话音和视频数据的传送。

（4）应用层。

TCP/IP 参考模型没有会话层和表示层，由于没有需要，所以把它们排除在外。来自 OSI/RM 参考模型的经验证明，会话层和表示层对大多数应用程序都没有用处。传输层的上面是应用层，应用层包含所有的高层协议。最早引入的是虚拟终端（TELNET）协议、文件传输（FTP）协议和电子邮件（SMTP）协议，如图 11.13 所示。

虚拟终端协议允许一台机器上的用户登录到远程机器上并且进行工作。文件传输协议提供了有效地把数据从一台机器移动到另一台机器的方法。电子邮件协议最初仅是一种文件传输方式，但是后来为它提出了专门的协议。这些年来又增加了不少的协议，如域名系统服务（Domain Name Service，DNS）用于把主机名映射到网络地址；HTTP 协议用于在万维网上获取主页等。

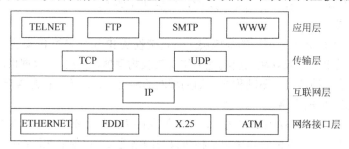

图 11.13　TCP/IP 参考模型各层使用的协议

OSI/RM 参考模型与 TCP/IP 参考模型都采用了分层结构，都是基于独立的协议栈的概念。OSI/RM 参考模型有 7 层，而 TCP/IP 参考模型只有 4 层，即 TCP/IP 参考模型没有表示层和会话层，并且把数据链路层和物理层合并为网络接口层。

11.2.6　网络应用模式

按照通信过程中双方的地位是否相等，可以把网络应用模式分为 C/S（Client/Server）模式和 P2P（Peer-to-Peer）模式。

1. C/S 模式

C/S 模式是传统的网络应用模式，目前互联网的主要应用模式是 C/S 模式，此模式要求在互联网上设置拥有强大处理能力和大带宽的高性能计算机，配合高档的服务器，再将大量的数据集中存放到上面，并且要安装多样化的服务软件，在集中处理数据的同时可以对互联网上其他 PC 进行服务，提供或接收数据，提供处理能力及其他应用。一台与服务器联机并接受服务的 PC 就是客户机，其性能可以相对弱小。C/S 模式结构示意图如图 11.14 所示。

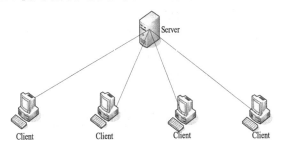

图 11.14　C/S 模式结构示意图

2．P2P 模式

P2P 称为对等网，强调系统中节点之间的对等关系，节点之间的关系如图 11.15 所示。IBM 公司对 P2P 下的定义如下。P2P 系统由若干互连协作的计算机构成，并且至少具有如下特征之一：系统依存于边缘化（非中央式服务器）设备的主动协作，每个成员直接从其他成员而不是从服务器的参与中受益；系统中的成员同时扮演服务器与客户端的角色；系统应用的用户能够意识到彼此的存在，构成一个虚拟成实际的群体。P2P 并不是新思想，它是互联网整体架构的基础，互联网中最基本的 TCP/IP 协议并没有客户端和服务器的概念，在通信过程中，所有的设备都是平等的一端，只是构建在互联网之上的应用导致了服务器、客户端的出现。

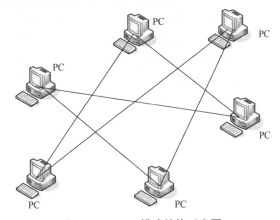

图 11.15　P2P 模式结构示意图

P2P 的原意是一种通信模式，在这种通信模式中，每一部分具有相同的能力，任意部分之间都能开始一次通信。P2P 技术与计算机技术联系起来可理解为计算机以对等关系接入网络，进行数据交换，类似 Windows 中的网上邻居。Windows 中的 NetBEUI 协议就是一种支持对等网的网络协议，通过网上邻居使用该协议可以在局域网上共享伙伴机器中的文件内容，甚至硬件设施。实质上，可以认为目前所关注的 P2P 技术是 Windows 中的网上邻居从局域网到 Internet 概念上的一种延伸。也就是说，可以利用 P2P 客户端软件在 Internet 上实现文件内容，甚至硬件设施的共享。

P2P 网络强调节点地位的对等性。构建于互联网之上的 P2P 网络，它的节点具有双重身份，首先是物理网络中的节点，其次是 P2P 网络中的节点。处于同一 P2P 网络中的节点在逻辑上构成新的拓扑关系，这种关系和物理拓扑关系并没有必然的联系，可以看作物理网络的一种覆盖。P2P 网络中对等节点之间的位置关系是逻辑意义上的。

P2P 技术改变了"内容"所在的位置，使其从"中心"走向"边缘"，也就是说，内容不再存在于主要的服务器上，而存在于所有用户的 PC 上。P2P 使得 PC 重新焕发活力，不再是被动的客户端，而成为具有服务器和客户端双重特征的设备。

依据对等节点之间逻辑关系的组织方式不同，P2P 通常可分为三类：集中式 P2P，如 Napster；分布式 P2P，如 Gnutella；混合式 P2P，如 Bittorrent、JXTA。P2P 还可分为非结构化 P2P（如 Gnutella）和结构化 P2P（如 Chord、CAN、PAST、Tapestry）。

11.3　网络中间系统

网络中间系统主要由网络传输介质和网络中间设备组成。常见的网络中间设备有集线器、交换机、路由器等。其中，路由器是最重要的网络中间设备。

11.3.1　网络传输介质

网络传输介质是网络连接设备之间的介质，也是信号传输的介质，常见的网络传输介质有双绞线、同轴电缆、光纤、微波和卫星信道等。

1．双绞线

双绞线（Twist-Pair）是最常用的一种网络传输介质，采用一对或若干对互相绝缘的金属导线互相绞合的方式来抵御一部分外界电磁干扰，一般双绞线扭线越密，抗干扰能力就越强。常见双绞线由 4 对线构成，外包绝缘电缆套管。与其他网络传输介质相比，双绞线在传输距离、信道宽度和数据传输速度等方面有一定限制，但价格较为低廉。双绞线分为非屏蔽双绞线（UTP）（见图 11.16）和屏蔽双绞线（STP）（见图 11.17）两种。非屏蔽双绞线电缆无屏蔽外套，易弯曲，易安装，适用于结构化综合布线。屏蔽双绞线外层有铝铂包裹，以减小辐射，价格相对较高，安装比非屏蔽双绞线困难。

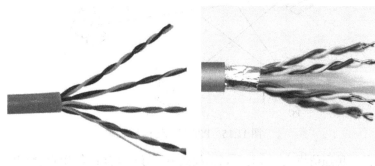

图 11.16　非屏蔽双绞线　　　　　　图 11.17　屏蔽双绞线

常见的双绞线有 5 类线、超 5 类线及 6 类线等类型，前者线径细，后者线径粗。5 类线增加了绕线密度，最高传输频率为 100MHz，用于语音传输和最高传输速率为 100Mbit/s 的数据传输，主要用于 100BASE-T 和 10BASE-T 网络；超 5 类线具有衰减小、串扰少等特点，最高频率带宽为 100MHz，主要用于百兆、千兆以太网；6 类线的传输频率为 1～250MHz，适用于传输速率高于 1Gbit/s 的场合。常用的双绞线还有 25 对、50 对和 100 对等大对数双绞线，大对数双绞线常用于语音通信的干线子系统。

2．同轴电缆

同轴电缆（Coaxial Cable）由里往外依次是导体、塑胶绝缘层、金属屏蔽层和塑料护套，铜芯与网状导体同轴，故名同轴电缆，如图 11.18 所示。金属屏蔽层可防止中心的导体向外辐射电磁场，也可防止外界电磁场干扰中心导体中的信号。

图 11.18　同轴电缆

常用的同轴电缆有两类：一类是特性阻抗为 50Ω 的同轴电缆，用于传输数字信号，通常把表示数字信号的方波所固有的频带称为基带（Baseband），所以这种电缆也叫基带同轴电缆，其典型的传输速率是 10Mbit/s，当前已很少采用这种电缆。另一类是特性阻抗为 75Ω 的 CATV 电缆，用于传输模拟信号，这种电缆也叫宽带（Broadband）同轴电缆。要把计算机产生的比特流变成模拟信号在 CATV 电缆中传输，就要求在发送端和接收端加入 Modem（调制解调器）。对于带宽为 400MHz 的 CATV 电缆，其传输速率可达 100Mbit/s。也可以采用频分多路（Frequency Division Multiplex，FDM）技术，把整个带宽划分为多个独立的信道，分别传输数字、声音和视频信号，实现多种电信业务。

3．光纤

光纤是光导纤维的简称，是一种传输光束的细而柔韧的介质。光缆由一捆光纤组成。典型的光纤结构自内向外为纤芯、包层及涂覆层，如图 11.19 所示。包层的外径一般为 115μm（一根头发的平均直径为 100μm），在包层外面是 5～40μm 的涂覆层，涂覆层的材料是环氧树脂或硅橡胶。

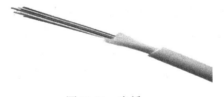

图 11.19　光纤

（1）系统运用。

高分子光纤在开发之初仅用于汽车照明灯的控制和装饰，后主要用于医学、装饰、汽车、船舶等领域，主要用于显示元件。在通信和图像传输方面，高分子光纤的应用日益增多，工业上用于光导向器、显示盘、标识、开关类照明调节、光学传感器等。

（2）通信应用。

光纤可以用于通信领域。1979 年 9 月，一条 3.3km 的 110 路光缆通信系统在北京建成，几年后上海、天津、武汉等地也相继铺设了光缆线路，利用光纤进行通信。

由多模光纤做成的光缆可用于通信，它的传导性能良好，传输信息容量大，一条通路可同时容纳数十人通话。可以同时传送数十套电视节目，供用户自由选看。

利用光纤进行的通信叫作光纤通信。一对金属电话线至多只能同时传送 1000 多路电话，而根据理论计算，一对细如蛛丝的光纤可以同时传送 100 亿路电话。铺设 1000km 的同轴电缆大约需要 500t 铜，改用光纤通信只需几千克石英就可以了。沙石中就含有石英，石英材料几乎是取之不尽的。

（3）医学应用。

光纤内窥镜可导入心脏和脑室，测量心脏中的血压、血液中氧的饱和度等。用光纤连接的激光手术刀已在临床领域应用。光纤还可用于光敏法治癌。

另外，利用光纤制成的内窥镜，可以帮助医生检查胃、食道、十二指肠等部位的疾病。光纤胃镜是由上千根玻璃纤维组成的软管，它既有输送光线、传导图像的功能，又有柔软、灵活、可以任意弯曲等优点，可以通过食道插到胃里。光纤把胃里的图像传出来，医生就可以看见胃里的情形，然后根据情况进行诊断和治疗。

（4）传感器应用。

光纤可以把阳光送到各个角落，还可以用于机械加工。在计算机、机器人、汽车配电盘等中也成功实现了用光纤传输光源或图像。若与敏感元件组合或利用本身的特性，则可以做成各种传感器，用于测量压力、流量、温度、位移、光泽和颜色等。光纤在能量传输和信息传输方面也得到了广泛的应用。

（5）艺术应用。

由于光纤具有良好的物理特性，光纤照明越来越发挥出艺术装饰、美化的作用。

（6）井下探测技术。

过去石油工业只能利用现有的技术开采油气，常常无法满足快速投资回收和最大化油气采收率的需求，并且导致平均原油采收率只有 35%左右。井下系统供应商预测，利用智能井技术可以使原油采收率提高到 50%～60%。在开发井中传感器之前，收集井下信息的唯一方法是测井。测井方法虽然能提供有价值的数据，但作业成本高，并有可能对井产生损害。因此，需要更好的井下探测技术以提高无干扰流动监测和控制水平。

（7）光纤收发器。

光纤收发器是一种对短距离的双绞线电信号和长距离的光信号进行互换的以太网传输介质转换单元，在很多地方也被称为光电转换器。光纤收发器一般应用在以太网电缆无法覆盖、必须使用光纤来延长传输距离的实际网络环境中，并且通常定位于宽带城域网的接入层应用，同时在把光纤最后一公里线路连接到城域网和更外层的网络上也发挥了巨大的作用。

4. 微波

微波载波频率为 2～40 GHz，频率高，可同时传送大量信息。由于微波是沿直线传播的，因此在地面上的传播距离有限。微波通信示意图如图 11.20 所示。

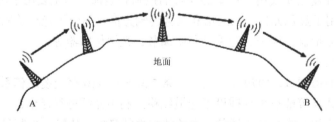

图 11.20　微波通信示意图

5. 卫星信道

卫星通信利用地球同步卫星作为中继器来转发微波信号，可以克服地面微波通信距离的限制，三个同步卫星可以覆盖地球上的全部通信区域。卫星通信示意图如图 11.21 所示。

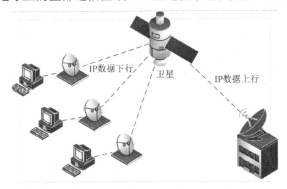

图 11.21　卫星通信示意图

6. 红外通信和激光通信

红外通信和激光通信与微波通信一样，有很强的方向性，信号都是沿直线传播的。但红外通信和激光通信在把传输的信号分别转换成红外光信号和激光信号后才能直接在空间中沿直线传播。

11.3.2　网络接口卡

网络接口卡（Network Interface Card，NIC）也被称为网络适配器，简称网卡，在局域网中用于将用户计算机与网络相连，大多数局域网采用以太网卡，如 ISA 网卡、PCI 网卡、PCMCIA 网卡（应用于笔记本电脑）、USB 网卡等。

网卡是一块插到微机 I/O 槽中，发出和接收不同的信息帧、计算帧检验序列、执行编码译码转换等以实现微机通信的集成电路卡。它主要完成如下功能。

（1）读入由其他网络设备（如路由器、交换机、集线器或其他网卡）传输过来的数据包（一般是帧的形式），经过拆包，将其变成客户机或服务器可以识别的数据，通过主板上的总线将数据传输到相应的 PC 设备中（如 CPU、内存或硬盘）。

（2）将 PC 设备发送的数据打包后输送到其他网络设备中。网卡按总线类型可分为 ISA 网卡、PCI 网卡、USB 网卡等，如图 11.22 所示。网卡有 16 位、32 位和 64 位之分，16 位网卡现在几乎已经淘汰了；32 位网卡的代表产品是 NE3200，一般用于服务器，市面上也有兼容产品出售；64 位网卡的代表产品是 AMD 网卡和 Intel 网卡，一般用于主流的服务器。网卡有有线的和无线的，也有 USB 接口的。

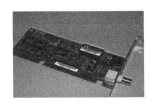

（a）ISA 网卡　　　　　　（b）PCI 网卡　　　　　（c）USB 网卡

图 11.22　各种网卡外观图

EISA 网卡和 PCI 网卡的数据传送量为 32 位，AMD 网卡和 Intel 网卡的 64 位速度较快。USB 网卡的传输速率远远大于传统的并行接口和串行接口，并且其安装简单，即插即用，越来越受到厂商和用户的欢迎。

网卡的接口大小不一，其旁边还有红、绿两个小灯。网卡的接口有 3 种规格：粗同轴电缆接口（AUI 接口），细同轴电缆接口（BNC 接口）和无屏蔽双绞线接口（RJ-45 接口）。一般的网卡仅有一种接口，但也有两种甚至三种接口的网卡，称为二合一或三合一网卡。红、绿小灯是网卡的工作指示灯，红灯亮表示正在发送或接收数据，绿灯亮表示网络连接正常，否则表示网络连接不正常。值得说明的是，若连接两台计算机的线路长度大于规定长度（双绞线为 100 m，细电缆为 185 m），则即使网络连接正常，绿灯也不会亮。

11.3.3　集线器

集线器（Hub）是指将多条以太网双绞线或光纤集合并连接在同一段物理介质下的设备。集线器工作在 OSI/RM 参考模型中的物理层。集线器可以视作多端口的中继器，若侦测到碰撞，会提交阻塞信号。

集线器通常会附上 BNC and/or AUI 转接头来连接传统 10BASE2 或 10BASE5 网络。

由于集线器会把接收到的所有数字信号经过再生或放大从集线器的所有端口提交，这会导致信号之间碰撞的概率很大，而且信号可能被窃听，并且这代表所有连到集线器的设备都属于同一个碰撞域名及广播域名，因此大部分集线器已被交换机取代。

11.3.4　交换机

交换机可以根据数据链路层信息做出帧转发决策，同时构造自己的转发表。交换机工作在数据链路层，可以访问 MAC 地址，并将帧转发至该地址。交换机的出现促使了网络带宽的增加。

1．数据交换的 3 种方式

Cut Through：封装数据包进入交换引擎后在规定时间内被丢到背板总线上，再送到目的端口，这种交换方式交换速度快，但容易出现丢包现象。

Store&Forward：封装数据包进入交换引擎后被存到一个缓冲区，由交换引擎转发到背板总线上，这种交换方式克服了丢包现象，但降低了交换速度。

Fragment Free：介于上述两者之间的一种交换方式。

2．背板带宽与端口速率

交换机将每个端口都挂在一条背板总线上，背板总线的带宽即背板带宽，端口速率即端口每秒吞吐多少数据包。

3．模块化与固定配置

从设计理念上讲，交换机只有两种：一种是机箱式交换机（也被称为模块化交换机）；另一种是独立式固定配置交换机。

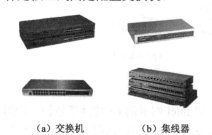

（a）交换机　　　（b）集线器

图 11.23　交换机与集线器

机箱式交换机最大的特色就是具有很强的可扩展性，它能提供一系列扩展模块，如千兆以太网模块、FDDI 模块、ATM 模块、快速以太网模块、令牌环网模块等，所以能够将具有不同协议、不同拓扑结构的网络连接起来。它最大的缺点就是价格昂贵。机箱式交换机一般作为骨干交换机来使用。

独立式固定配置交换机一般具有固定端口的配置，其可扩充性不如机箱式交换机，但是价格低得多。

交换机与集线器如图 11.23 所示。

11.3.5　路由器

20 世纪 60 年代，网络数据传输是由一台专门的计算机完成的，斯坦福大学的两名研究生改进了其设计，在这台机器中存放网内机器的地址，先判断数据是网内的还是网外的，再决定传输路径，并为其取名路由器（Router）。后来他们成立了一个公司，这个公司就是如今的大型网络公司思科（Cisco）。

路由器的主要工作是寻找一条最佳传输路径，并将数据传送到目的地址。为此，路由器中保存各条传输路径的相关数据——路径表（Routing Table），或由网络管理员配置，或由系统动态修正，或自动调整。互联网的关键连接设备就是路由器，通过路由器可以把全世界的不同网络组成一个全球交互的信息网。

今天路由器的概念已经远远超出了其最初的含义，路由器已经成为网络互联的主要设备，有将路由功能与交换功能结合的路由交换机；将路由功能与调制解调功能结合的路由调制解调器；将路由功能与无线通信功能结合的无线路由器。家庭网络中使用的是具有调制解调、无线通信、路由等功能的多功能接入设备。所以，计算信息传输的路径是网络技术的核心。

图 11.24　路由器

路由器是工作在 OSI/RM 参考模型的网络层，具有连接不同类型网络的能力，并能选择数据传输路径的网络设备，如图 11.24 所示。路由器有 3 个特征：工作在网络层，能够连接不同类型的网络，具有路径选择能力。

1．路由器工作在网络层

路由器是网络层的网络设备，这样说比较难以理解，为此先介绍一下集线器和交换机，集线器工作在物理层，它没有智能处理能力，对它来说，数据只是电流而已，当一个端口的电流传到集线器中时，它只是简单地将电流传送到其他端口，至于其他端口连接的计算机接不接收这些数据，它就不管了。交换机工作在数据链路层，它要比集线器智能一些，对它来说，网络中的数据就是 MAC 地址的集合，它能分辨出帧中的源 MAC 地址和目的 MAC 地址，因此可以在任意两个端口间建立联系，但是交换机并不懂 IP 地址，它只知道 MAC 地址。路由器工作在网络层，它比交换机还要智能一些，能理解数据中的 IP 地址，它如果接收到一个数据包，就会检查其中的 IP 地址，如果目标地址是本地网络就不理会，如果是目标地址其他网络就将数据包转发出本地网络。

2．路由器能连接不同类型的网络

常见的集线器和交换机一般都是用于连接以太网的，但是如果要将两种类型的网络，如以太网与 ATM 网连接起来，集线器和交换机就派不上用场了。路由器能够连接不同类型的局域网和广域网，如以太网、ATM 网、FDDI 网、令牌环网等。针对不同类型的网络，其传送的数据单元——帧（Frame）的格式和大小是不同的，就像公路运输以汽车为单位装载货物，而铁路运输以车皮为单位装载货物一样，从汽车运输改为铁路运输，必须把货物从汽车上移到火车车皮上，网络中的数据也是如此，数据从一种类型的网络传输改为另一种类型的网络传输，必须进行帧格式转换。路由器就有这种能力，而交换机和集线器没有。实际上，我们所说的互联网就是由各种路由器连接起来的，因为互联网中存在各种不同类型的网络，集线器和交换机根本不能完成连接不同类型网络的任务，所以必须采用路由器。

3．路由器具有路径选择能力

在互联网中，从一个节点到另一个节点可能有许多条路径，路由器可以选择通畅快捷的近路，从而大大提高通信速度，减轻网络系统通信负荷，节约网络系统资源，这是集线器和交换机所不具备的能力。

11.4 计算机局域网

11.4.1 局域网概述

自 20 世纪 70 年代末以来，微机由于价格不断下降获得了日益广泛的使用，这就促使计算机局域网技术得到了飞速发展，并在计算机网络中占有越来越重要的地位。

局域网最主要的特点是，网络为一个单位所拥有且地理范围和站点数目均有限。在局域网刚刚出现时，与广域网相比，局域网具有较高的数据率、较低的时延和较低的误码率。但随着光纤技术在广域网中普遍使用，现在广域网也具有很高的数据率和很低的误码率。

一个工作在多用户系统下的小型计算机，也基本上可以完成局域网所能做的工作，二者相比，局域网主要具有如下一些优点。

（1）能方便地共享昂贵的外部设备、主机，以及软件、数据，从一个站点可访问全网。

（2）便于系统的扩展和逐渐演变，各设备的位置可灵活地调整和改变。

（3）提高了系统的可靠性、可用性和残存性。

11.4.2 以太网

以太网是最早的局域网，最初由美国的施乐（Xerox）公司研制成功，当时的数据传输速率只有 2.94Mbit/s。1981 年，施乐公司与数字设备（DEC）公司及英特尔（Intel）公司合作，联合提出了以太网的规约，即 DIX 1.0 规范。后来以太网的标准由 IEEE 来制定，DIX Ethernet 标准就成了 IEEE 802.3 标准的基础。IEEE 802.3 标准是 IEEE 802 标准系列中的一个标准，由于是由 DIX Ethernet 标准演变而来的，所以通常又叫作以太网标准。

早期的以太网采用同轴电缆作为网络传输介质，传输速率为 10 Mbit/s。使用粗同轴电缆的以太网称为 10Base-5 标准以太网。Base 是指传输信号是基带信号，它采用 0.5in 的 50Ω 同轴电缆作为网络传输介质，最远传输距离为 500m，最多可连接 100 台计算机。使用细同轴电缆的以太网称为 10Base-2 标准以太网，它采用 0.2in 的 50Ω 同轴电缆作为网络传输介质，最远传输距离为 200m，最多可连接 30 台计算机。

双绞线以太网 10Base-T 采用双绞线作为网络传输介质。10Base-T 中引入集线器，网络采用树形结构或总线和星形混合结构。这种结构具有良好的故障隔离功能，网络中任一线路或某工作站点出现故障，均不影响网络中其他站点，使得网络更加易于维护。

随着数据业务的增加，10 Mbit/s 的网络已经不能满足业务需求。1993 年诞生了快速以太网 100Base-T，在 IEEE 标准里为 IEEE 802.3u。快速以太网的出现大大提升了网络传输速度，再加上快速以太网设备价格低廉，快速以太网很快成为局域网中的主流。快速以太网由传统以太网发展而来，保持了相同的数据格式，也保留了 CSMA/CD 介质访问控制方式。目前，正式的 100Base-T 标准定义了 3 种物理规范以支持不同介质：100Base-T 用于使用两对线的双绞线电缆，100Base-T4 用于使用四对线的双绞线电缆，100Base-FX 用于光纤。

吉比特以太网是 IEEE 802.3 标准的扩展，在保持与以太网和快速以太网设备兼容的同时，提供 1000Mbit/s 的数据率。IEEE 802.3 工作组成立了 IEEE 802.3z 以太网小组来制定吉比特以太网标准。吉比特以太网沿袭了以太网和快速以太网的主要技术，并在线路工作方式上进行了改进，提供全新的全双工工作方式。吉比特以太网支持双绞线电缆、多模光纤、单模光纤等网络传输介质。目前吉比特以太网设备已经普及，主要用于网络的骨干部分。

十吉比特以太网技术的研究开始于 1999 年年底。2002 年 6 月，IEEE 802.3ac 标准正式发布，目前支持 9μm 单模、50μm 多模和 62.5μm 多模 3 种光纤。在物理层，主要分为两种类型：一种为可与传统以太网实现连接、数据率为 10GMbit/s 的 LAN PHY；另一种为可连接 SDH/SONET、数据率为 9.584 64Gbit/s 的 WAN PHY。两种物理层连接设备都可使用 10GBase-S（850nm 短波）、10GBase-L（1310nm 长波）、10GBase-E（1550nm 长波）3 种规格，最大传输距离分别为 300m、10km、40km，另外，LAN PHY 还包括一种可以使用 DWDM 波分复用技术的 10GBASE-LX4 规格。WAN PHY 与 SONET OC-192 帧结构融合，可与 OC-192 电路、SONET/SDH 设备一起运行，可保护传统基础设施，使运营商能够在不同地区通过城域网提供端到端以太网。

11.5　Internet 基础知识

11.5.1　Internet 概述

1．什么是 Internet

Internet 是一个全球性的互联网，中文名称为"因特网"。它并非一个具有独立形态的网络，而是将分布在世界各地的、类型各异的、规模大小不一的、数量众多的计算机网络连在一起而形成的网络集合体，是当今最大和最流行的国际性网络。

Internet 采用 TCP/IP 协议作为共同的通信协议，将世界范围内许多计算机网络连接在一起，只要与 Internet 相连，就能利用这些网络资源，还能以各种方式和其他 Internet 用户进行信息交流。但 Internet 又远远超出一个提供丰富信息服务的机构范畴，它更像一个面向公众的、自由松散的社会团体，一方面有许多人通过 Internet 进行信息交流和资源共享，另一方面有许多人和机构将时间和精力投入到 Internet 中进行开发、运用和服务。Internet 正逐步深入社会生活的各个方面，成为人们生活中不可缺少的部分。网民对 Internet 的正面作用评价很高，认为 Internet 对工作、学习有很大帮助的网民占 93.1%，认为 Internet 丰富了人们的娱乐生活的网民占 94.2%。前 7 类网络应用的使用率按高低排序依次是网络音乐、即时通信、网络影视、网络新闻、搜索引擎、网络游戏、电子邮件。除上述 7 种用途以外，Internet 还常用于电子政务、网络购物、网上支付、网上银行、网上求职、网络教育等。

2．Internet 的起源和发展

Internet 是由美国国防部高级研究计划局（Defence Advance Research Projects Agency，DARPA）于 1969 年 11 月建立的实验性网络 ARPAnet 发展演化而来的。ARPAnet 是全世界第一个分组交换网络，是一个实验性的计算机网络，用于军事领域。其设计要求是支持军事活动，特别是研究如何建立网络才能经受战争破坏或其他灾害性破坏，当网络的一部分（某些主机或部分通信链路）受损时，整个网络仍然能够正常工作。与此不同，Internet 是民用的，最初 Internet 主要面向科学与教育界的用户，后来才转到其他领域，为一般用户服务，成为开放性的网络。ARPAnet 模型为网络设计提供了一种思想：网络的组成成分可能是不可靠的，当从源计算机向目标计算机发送信息时，应该

对承担通信任务的计算机而不是网络本身赋予一种责任——保证把信息完整无误地送达目的地址。这种思想始终体现在以后计算机网络通信协议的设计及 Internet 的发展过程中。

Internet 的真正发展是从 NSFnet 的建立开始的。最初，美国国家自然科学基金会（National Science Foundation，NSF）曾试图用 ARPAnet 作为 NSFnet 的通信干线，但这个尝试没有取得成功。20 世纪 80 年代是网络技术取得巨大进展的年代，不仅大量涌现出由以太网电缆和工作站组成的局域网，而且奠定了建立大规模广域网的技术基础。于是 NSF 提出了发展 NSFnet 的计划。1988 年年底，NSF 把在全国建立的五大超级计算机中心用通信干线连接起来，组成全国科学技术网 NSFnet，并以此作为 Internet 的基础实现同其他网络的连接。现在，NSFnet 连接了全美国上百万台计算机，拥有几百万个用户，是 Internet 最主要的成员网。采用 Internet 的名称是在 MILnet（由 ARPAnet 分离出来）实现和 NSFnet 连接后开始的。此后，其他联邦部门的计算机网相继并入 Internet，如能源科学网 Esnet、航天技术网 NASAnet、商业网 COMnet 等。之后，NSF 巨型计算机中心一直肩负着扩展 Internet 的使命。

随着近年来信息高速公路建设的热潮，Internet 在商业领域的应用得到了迅速发展，加之 PC 的普及，越来越多的个人用户也加入进来。

3．Internet 在我国的发展

中国网络已作为第 71 个国家级网加入 Internet，1994 年 5 月，以"中科院-北大-清华"为核心的中国国家计算机网络设施（The National Computing and Network Facility of China，NCFC）（国内也称中关村网）已与 Internet 连通。目前，Internet 已经在我国开放，通过中国公用互联网（CHINANET）或中国教育和科研计算机网（CERNET）都可与 Internet 相连。

Internet 在中国的发展历程可以大致地划分为三个阶段。

第一阶段为 1986 年—1993 年，是研究试验阶段。

在这个阶段，中国一些科研部门和高等院校开始研究 Internet 联网技术，并开展了相关课题研究和科技合作工作。这个阶段的网络应用仅限于小范围内的电子邮件服务，而且仅为少数高等院校、研究机构提供电子邮件服务。

第二阶段为 1994 年—1996 年，是起步阶段。

1994 年 4 月，北京中关村地区教育与科研示范网络工程接入 Internet，实现了和 Internet 的 TCP/IP 连接，从而开通了 Internet 全功能服务。从此中国被国际上正式承认为有 Internet 的国家。之后，ChinaNet、CERnet、CSTnet、ChinaGBnet 等多个 Internet 网络项目在全国范围内相继启动，Internet 开始进入公众生活，并在中国得到了迅速的发展。1996 年年底，中国 Internet 用户个数已达 20 万，利用 Internet 开展的业务与应用也逐步增多。

第三阶段为 1997 年至今，是快速增长阶段。

国内 Internet 用户自 1997 年以后基本保持每半年翻一番的增长速度，中国网民数增长迅速，中国互联网（China Internet Directindustry）网民人数多，联网区域广，但中国互联网整体发展时间短，网速可靠性、科技性需要进一步发展。

4．下一代网络

随着网络应用的广泛与深入发展，通信行业呈现出三个重要的发展趋势：移动通信业务超越了固定通信业务；数据通信业务超越了语音通信业务；分组交换业务超越了数据交换业务。由此引发了三项技术的基本形成：计算机网络的 IP 技术可将传统电信行业的所有设备都变成互联网的终端；软交换技术可使各种新的电信业务方便地加载到电信网络中，加快电话网、移动通信网与互联网的融合；第三代、第四代移动通信技术将数据业务带入移动通信时代。

由此，计算机网络出现了两个重要的发展趋势：一是计算机网络、电信网络与有线电视网络实现"三网融合"，即未来将会以一个网络完成上述三网的功能；二是基于 IP 技术的新型公共电信网络快速发展。这就是下一代网络（Next Generation Network，NGN），同时发展了下一代互联网（Next Generation Internet，NGI）。

NGI 是指下一代互联网，而 NGN 是指互联网应用给传输网络带来技术演变，促使新一代电信网络出现。通常认为，NGN 的主要特征有建立在 IP 技术基础上的新型公共电信网络上，容纳各种类型的信息，提供可靠的服务质量保证，支持语音、数据与视频等多媒体通信业务，并且具备快速、灵活地生成新业务的机制与能力。

5. 物联网

物联网（Internet of Things）是 MIT Auto-ID 中心的 Ashton 教授于 1999 年在研究 RFID 时最早提出来的，当时叫作传感网，其定义是通过射频识别（RFID）、红外感应器、全球定位系统（GPS）、激光扫描器等信息传感设备，按约定的协议，把任意物品与互联网相连，进行信息交换和通信，以实现智能化识别、定位、跟踪、监控和管理。

物联网可实现全球亿万种物品之间的互联，将不同领域、不同地域、不同应用的不同物理实体按其内在关系紧密联系到一致，可对小到电子元器件，大到飞机、轮船等巨量物体的信息实现联网与互动。

11.5.2 Internet 的接入

Internet 是"网络的网络"，它允许用户随意访问任何连入其中的计算机，但如果要访问其他计算机，首先要把你的计算机系统连接到 Internet 上。

与 Internet 连接的方法大致有 4 种，下面进行简单介绍。

1. ISDN

ISDN（Integrated Service Digital Network，综合业务数字网）接入技术俗称"一线通"，它采用数字传输和数字交换技术，将电话、传真、数据、图像等多种业务综合在一个统一的数字网络中进行传输和处理。用户利用一条 ISDN 用户线路，可以在上网的同时拨打电话、收发传真，就像有两条电话线一样。ISDN 基本速率接口有两条 64kbit/s 的信息通路和一条 16kbit/s 的信令通路，简称 2B+D，当有电话拨入时，它会自动释放一个 B 信道来进行电话接听。

就像普通拨号上网要使用调制解调器一样，用户使用 ISDN 也需要专用的终端设备，主要由网络终端 NT1 和 ISDN 适配器组成。网络终端 NT1 像有线电视上的用户接入盒一样必不可少，它为 ISDN 适配器提供接口和接入方式。ISDN 适配器和调制解调器一样又分为内置 ISDN 适配器和外置 ISDN 适配器两类，内置 ISDN 适配器一般称为 ISDN 内置卡或 ISDN 适配卡；外置 ISDN 适配器称为 TA。最初，ISDN 内置卡价格在 300～400 元，而 TA 的价格则在 1000 元左右。

用户采用 ISDN 拨号方式接入 Internet 需要申请开户，各种测试数据表明，双线上网速度并不能翻倍，从发展趋势来看，窄带 ISDN 也不能满足高质量的 VOD 等宽带应用。

2. DDN

DDN（Digital Data Network，数字数据网）是随着数据通信业务发展而迅速发展起来的一种新型网络。DDN 的主干网传输介质有光纤、数字微波、卫星信道等，用户端多使用普通电缆和双绞线。DDN 将数字通信技术、计算机技术、光纤通信技术及数字交叉连接技术有机地结合在一起，提供高速度、高质量的通信环境，可以向用户提供点对点、点对多点透明传输的数据专线出租电路，供用户传输数据、图像、声音等信息。DDN 的通信速率可根据用户需要在 $N\times64kbit/s$（$N=1\sim32$）中进行选择，当然速度越快租用费用也越高。DDN 主要面向集团公司等需要综合运用的单位。

3．ADSL

ADSL（Asymmetrical Digital Subscriber Line，非对称数字用户环路）是一种能够通过普通电话线提供宽带数据业务的技术，也是目前极具发展前景的一种接入技术。ADSL 素有"网络快车"之美誉，其因下行速率高、频带宽、性能优、安装方便、无须交电话费等特点而深受广大用户喜爱，成为继 ISDN、DDN 之后的又一种高效 Internet 接入方式。

ADSL 接入方式如图 11.25 所示，其最大的特点是不需要改造信号传输线路，完全可以利用普通铜质电话线作为传输介质，配上专用的调制解调器即可实现数据高速传输。ADSL 支持的上行速率为 640 kbit/s～1 Mbit/s，下行速率为 1～8 Mbit/s，其有效传输距离为 3～5km。在 ADSL 接入方式中，每个用户都有单独的一条线路与 ADSL 局端相连，它的拓扑结构可以看作星形结构，数据传输带宽是由每个用户独享的。

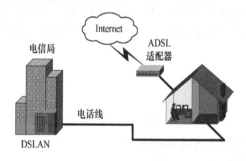

图 11.25　ADSL 接入方式

4．光纤入户

PON（无源光网络）技术是一种点对多点的光纤传输和接入技术，下行采用广播方式，上行采用时分多址方式，可以灵活地组成树形、星形、总线等拓扑结构，在光分支点不需要节点设备，只需要安装一个简单的光分支器即可，具有节省光缆资源、带宽资源共享、节省机房投资、设备安全性高、建网速度快、综合建网成本低等优点。

随着 Internet 的爆炸式发展，在 Internet 上的商业应用和多媒体等服务也得以迅猛推广，宽带网络一直被认为是构成信息社会最基本的基础设施。要享受 Internet 上的各种服务，用户必须以某种方式接入 Internet。为了实现用户接入 Internet 的数字化、宽带化，提高用户上网速度，光纤到户是用户网今后发展的必然方向。

11.5.3　IP 地址与 MAC 地址

1．IP 地址

由于网际互联技术是将不同物理网络技术统一起来的高层软件技术，因此在统一的过程中，首先要解决的就是地址的统一问题。

TCP/IP 协议对物理地址的统一是通过上层软件完成的，确切地说是在互联网层完成的。IP 地址提供一种在 Internet 中通用的地址格式，并在统一管理下进行地址分配，保证一个地址对应 Internet

中的一台主机，这样物理地址的差异被互联网层屏蔽。互联网层所用到的地址就是经常所说的 IP 地址。

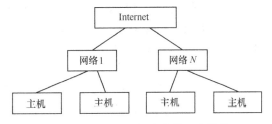

IP 地址是一种层次型地址，携带关于对象位置的信息。它要处理的对象比广域网要处理的对象庞杂得多，无结构的地址是不能担此重任的。Internet 在概念上分为 3 个层次，如图 11.26 所示。

图 11.26　Internet 概念上的 3 个层次

IP 地址正是对上述结构的反映，Internet 是由许多网络组成的，每个网络中有许多主机，因此必须分别为网络主机加以标识，以示区别。这种地址模式明显地携带位置信息，给出一台主机的 IP 地址，就可以知道它位于哪个网络。

IP 地址是一个 32 位的二进制数，是将计算机连接到 Internet 的网际协议地址，是 Internet 主机的一种数字型标识，一般用由小数点隔开的十进制数表示，如 168.160.66.119，而实际上并非如此。IP 地址由网络地址和主机地址两部分组成，网络地址用来区分 Internet 上互联的各个网络，主机地址用来区分同一网络上的不同计算机，即主机。

IP 地址由 4 部分数字组成，每部分都不大于 255，各部分之间用小数点隔开。例如，某 IP 地址的二进制数表示为

$$11001010 \quad 11000100 \quad 00000100 \quad 01101010$$

表示为十进制数为 202.196.4.106。

IP 地址通常分为以下 3 类。

（1）A 类：IP 地址的前 8 位为网络号，其中第 1 位为"0"，后 24 位为主机号，其有效范围为 1.0.0.1～116.255.255.254。该类地址的网络全世界仅可有 116 个，每个网络可连接的主机数为 $2^8 \times 2^8 \times 2^8 - 2 = 16\,777\,214$ 台，通常供大型网络使用。

（2）B 类：IP 地址的前 16 位为网络号，其中第 1 位为"1"，第 2 位为"0"，后 16 位为主机号，其有效范围为 118.0.0.1～191.255.255.254。该类地址的网络全世界共有 $2^6 \times 2^8 = 16\,384$ 个，每个网络可连接的主机数为 $2^8 \times 2^8 - 2 = 65\,534$ 台，通常供中型网络使用。

（3）C 类：IP 地址的前 24 位为网络号，其中第 1 位为"1"，第 2 位为"1"，第 3 位为"0"，后 8 位为主机号，其有效范围为 192.0.0.1～223.255.255.254。该类地址的网络全世界共有 $2^5 \times 2^8 \times 2^8 = 2\,097\,152$ 个，每个网络可连接的主机数为 $2^8 - 2 = 254$ 台，通常供小型网络使用。

2．子网掩码

从 IP 地址的结构中可知，IP 地址由网络地址和主机地址两部分组成。这样 IP 地址中具有相同网络地址的主机应该位于同一网络内，同一网络内的所有主机的 IP 地址中网络地址部分应该相同。在 A 类、B 类或 C 类网络中，具有相同网络地址的所有主机构成一个网络。

通常一个网络本身并不只是一个大的局域网，它可能是由许多小的局域网组成的。因此，为了维持原有局域网的划分、便于网络的管理，允许将 A 类、B 类或 C 类网络进一步划分成若干个相对独立的子网。A 类、B 类或 C 类网络通过 IP 地址中的网络地址部分来划分。在划分子网时，对网络地址部分进行扩展，占用主机地址的部分数据位。在子网中，为识别其网络地址与主机地址，引出一个新的概念——子网掩码（Subnet Mask）或网络屏蔽字（Net Mask）。

子网掩码的长度也是 32 位，其表示方法与 IP 地址的表示方法一致。其特点是 32 位二进制数可以分为两部分，第一部分全部为"1"，第二部分全部为"0"。子网掩码用于区分 IP 地址中的网络地址与主机地址。其操作过程为，将 32 位的 IP 地址与子网掩码进行二进制的逻辑与操作，得到

的便是网络地址。例如，IP 地址为 166.111.80.16，子网掩码为 255.255.118.0，则该 IP 地址所属的网络地址为 166.111.0.0；IP 地址为 166.111.119.32，子网掩码为 255.255.118.0，则该 IP 地址所属的网络地址为 166.111.118.0，原本为一个 B 类网络的两种主机被划分为两个子网。由 A 类、B 类及 C 类网络的定义可知，它们具有默认的子网掩码。A 类网络的子网掩码为 255.0.0.0，B 类网络的子网掩码为 255.255.0.0，C 类网络的子网掩码为 255.255.255.0。

这样，便可以利用子网掩码来进行子网的划分。例如，某单位拥有一个 B 类网络，IP 地址为 166.111.0.0，其默认的子网掩码为 255.255.0.0。如果需要将其划分成 256 个子网，则应该将子网掩码设置为 255.255.255.0。于是，就产生了从 166.111.0.0 到 166.111.255.0 共 256 个子网地址，而每个子网最多只能包含 254 台主机。此时，便可以为每个部门分配一个子网地址。

子网掩码通常用来进行子网的划分，但它还有另外一个用途，即进行网络的合并，这一点对于新申请 IP 地址的单位很有用。由于 IP 地址资源的匮乏，如今 A 类、B 类网络已分配完，即使具有较大的网络规模，所能够申请到的也只是若干个 C 类网络（通常其 IP 地址是连续的）。当用户需要将这几个连续的 C 类网络合并为一个网络时，就需要用到子网掩码。例如，某单位申请到连续的 4 个 C 类网络，要想将其合并成一个网络，可以将子网掩码设置为 255.255.252.0。

3．IP 地址的申请组织及获取方法

IP 地址必须由国际组织统一分配。IP 地址分为 A、B、C、D、E 共 5 类，其中 A 类为最高级 IP 地址。

（1）分配最高级 IP 地址的国际组织——NIC。

（2）分配 B 类 IP 地址的国际组织——InterNIC、APNIC 和 RIPE（ENIC）。

目前全世界有 3 个自治区系统组织：RIPE（ENIC）负责欧洲地区的 IP 地址分配，InterNIC 负责北美地区的 IP 地址分配，APNIC（设在日本东京大学）负责亚太地区的 IP 地址分配。

（3）C 类 IP 地址由各国家或地区的网络管理中心负责分配。

4．MAC 地址

在局域网中，硬件地址又被称为物理地址或 MAC 地址（因为这种地址用在 MAC 帧中）。

在所有计算机系统的设计中，标识系统（Identification System）设计是一个核心问题。在标识系统中，地址就是用于识别某个系统的非常重要的标识符。

严格来讲，MAC 地址的名字应当与系统所在的地方无关。这就像每个人的名字一样，不随所处的地点改变而改变。但是 IEEE 802 标准为局域网规定了一种 48bit 的全球地址（一般简称地址），是指局域网上的每台计算机所插入的网卡上固化在 ROM 中的地址。

（1）假设连接在局域网上的一台计算机的网卡坏了从而更换了一个新的网卡，那么这台计算机的局域网的地址也就改变了，虽然这台计算机的地理位置一点也没变化，所接入的局域网也没有任何改变。

（2）假设将位于南京的某局域网上的一台笔记本电脑转移到北京，并连接上北京的某局域网。虽然这台笔记本电脑的地理位置改变了，但只要笔记本电脑中的网卡不变，那么该笔记本电脑在北京的局域网中的地址仍然和它在南京的局域网中的地址一样。

现在 IEEE 的注册管理委员会（Registration Authority Committee，RAC）是局域网全球地址的法定管理机构，负责分配地址字段的 6 字节中的前 3 字节，即高位 24bit。世界上凡是生产局域网网卡的厂家都必须向 IEEE 购买由这 3 字节构成的一个号，即地址块，这个号的正式名称是机构唯一标识符（Organizationally Unique Identifier，OUI），通常也叫作公司标识符（company_id）。例如，3Com 公司生产的网卡的 MAC 地址的前 6 字节是 02-60-8C。地址字段中的后 3 字节（低位 24bit）是由厂家

自行指派的，称为扩展标识符（Extended Identifier），只要保证生产出的网卡没有重复地址即可。由此可见，用一个地址块可以生成 2^{24} 个不同的地址。用这种方式得到的 48bit 地址称为 MAC-48，它的通用名称是 EUI-48。这里的 EUI 表示扩展的唯一标识符（Extended Unique Identifier）。EUI-48 的使用范围更广，不限于硬件地址，如可用于软件接口。但应注意，24bit 的 OUI 不能够单独用来标识一个公司，因为一个公司可能有几个 OUI，也可能有几个小公司合起来购买一个 OUI。在生产网卡时这种 6 字节的 MAC 地址已被固化在网卡的 ROM 中。因此，MAC 地址也叫作硬件地址或物理地址。因此，MAC 地址实际上就是网卡地址或网卡标识符 EUI-48。当这块网卡被插入到某台计算机中后，网卡上的标识符 EUI-48 就成为这个计算机的 MAC 地址了。

5．IPv6

IP 协议是 Internet 的核心协议。IPv4 是在 20 世纪 70 年代末设计的，无论是从计算机本身的发展来看，还是从 Internet 的规模和网络传输速率来看，现在 IPv4 已很不适用了。这里最主要的问题就是 32bit 的 IP 地址不够用。

要解决 IP 地址耗尽的问题，可以采取以下 3 项措施。

（1）采用无分类编址 CIDR，使 IP 地址的分配更加合理。

（2）采用网络地址转换 NAT 方法，可节省许多全球 IP 地址。

（3）采用具有更大地址空间的新版本的 IP，即 IPv6。

尽管上述前两项措施可以使 IP 地址耗尽的日期推后不少，但却不能从根本上解决 IP 地址即将耗尽的问题。因此，治本的措施应当是上述第 3 项措施。

及早开始过渡到 IPv6 的好处包括：有更多的时间来规划平滑过渡；有更多的时间培养 IPv6 的专门人才；及早提供 IPv6 服务比较便宜。因此现在的 ISP 都在进行从 IPv4 到 IPv6 的过渡。

IETF 早在 1992 年 6 月就提出要制定下一代 IP 协议，即 IPng（IP next generation）。IPng 现在正式称为 IPv6。1998 年 11 月发表的 RFC 2460-2463 已成为 Internet 草案标准协议。应当指出，换一个新版的 IP 协议并非易事。世界上许多团体都从 Internet 的发展中看到了机遇，因此在新标准的制定过程中出于自身的经济利益考虑产生了激烈的争论。

IPv6 仍支持无连接的传送，但将协议数据单元（PDU）称为分组，而不是 IPv4 的数据报。为方便起见，本书仍采用数据报这一名词。

IPv6 所引进的主要变化如下。

（1）更大的地址空间。IPv6 将地址空间从 IPv4 的 32bit 增大到 118bit，使地址空间增大了 2^{96} 倍。这样大的地址空间在可预见的将来是不会用完的。

（2）扩展的地址层次结构。IPv6 由于地址空间很大，因此可以划分为更多的层次。

（3）灵活的首部格式。IPv6 数据报的首部和 IPv4 的并不兼容。IPv6 定义了许多可选的扩展首部，不仅可提供比 IPv4 更多的功能，而且可提高路由器的处理效率，这是因为路由器对扩展首部不进行处理。

（4）改进的选项。IPv6 允许数据报包含选项的控制信息，因而可以包含一些新的选项，IPv4 所规定的选项是固定不变的。

（5）允许协议继续扩充。这一点很重要，因为技术总是在不断地发展的（如网络硬件的更新），而新的应用也会出现，但 IPv4 的功能是固定不变的。

（6）支持即插即用（自动配置）。

（7）支持资源的预分配。IPv6 支持实时视像等要求保证一定的带宽和时延的应用。

IPv6 将首部长度变为固定的 40bit，称为基本首部（Base Header），将不必要的功能取消了，首部的字段数减少到 8 个（虽然首部长度增大加了一倍）。此外，还取消了首部的检验和字段（考虑到数据链路层和传输层有差错检验功能）。这样就加快了路由器处理数据报的速度。

IPv6 数据报允许在基本首部的后面有零个或多个扩展首部（Extension Header），再后面是数据。但请注意，所有的扩展首部都不属于数据报的首部。所有的扩展首部和数据合起来叫作数据报的有效载荷（Payload）或净负荷。

6．从 IPv4 向 IPv6 过渡

由于之前整个互联网上使用 IPv4 的路由器的数量太多，因此规定一个日期，从这一天起所有的路由器一律都改用 IPv6 显然是不可行的。所以从 IPv4 向 IPv6 过渡只能采用逐步推进的方法，同时必须使新安装的 IPv6 系统能够向后兼容，也就是说，IPv6 系统必须能够接收和转发 IPv4 分组，并且能够为 IPv4 分组选择路由。

下面介绍两种从 IPv4 向 IPv6 过渡的策略：使用双协议栈和使用隧道技术。

双协议栈（Dual Stack）是指在完全从 IPv4 过渡到 IPv6 之前，使一部分主机（或路由器）装两个协议栈：一个 IPv4 和一个 IPv6。因此，双协议栈主机（或路由器）既能够和 IPv6 的系统通信，又能够和 IPv4 的系统通信。双协议栈的主机（或路由器）记为 IPv6/IPv4，表明它具有两种 IP 地址：一个 IPv6 地址和一个 IPv4 地址。

双协议栈主机在和 IPv6 主机通信时采用 IPv6 地址，而在和 IPv4 主机通信时采用 IPv4 地址。双协议栈主机怎样知道目的主机采用的是哪种地址呢？它使用域名系统（DNS）来查询。若 DNS 返回的是 IPv4 地址，则目的主机采用的是 IPv4 地址；若 DNS 返回的是 IPv6 地址，则目的主机采用的是 IPv6 地址。需要注意的是，IPv6 首部中的某些字段无法恢复。例如，原来 IPv6 首部中的流标号 X 在最后恢复出的 IPv6 数据报中只能变为空缺。这种信息的损失是使用首部转换方法所不可避免的。

使用隧道技术（Tunneling）的要点是在 IPv6 数据报要进入 IPv4 网络时，将 IPv6 数据报封装成为 IPv4 数据报（整个 IPv6 数据报变成了 IPv4 数据报的数据部分），然后 IPv6 数据报就在 IPv4 网络的隧道中传输，当 IPv4 数据报离开 IPv4 网络的隧道时再将其数据部分（原来的 IPv6 数据报）交给主机的 IPv6 协议栈。要使双协议栈主机知道 IPv4 数据报里面封装的数据是一个 IPv6 数据报，就必须将 IPv4 首部的协议字段的值设置为 41（41 表示数据报的数据部分是 IPv6 数据报）。

11.5.4　WWW 服务

1．WWW 服务概述

WWW（World Wide Web）从字面上解释是指布满世界的蜘蛛网，一般把它称为环球网、万维网。WWW 服务是基于超文本（Hypertext）方式的信息浏览服务，为用户提供一个可以轻松驾驭的图形用户界面，以其查阅 Internet 上的文档。这些文档与它们之间的链接一起构成了一个庞大的信息网，称为 WWW。

现在 WWW 服务是 Internet 上最主要的应用，通常所说的上网、浏览网页一般来说就是指使用 WWW 服务。WWW 技术最早是在 1992 年由欧洲粒子物理实验室（CERN）研发出来的，它可以通过超链接将位于全世界 Internet 上不同地点的不同数据信息有机地结合在一起。对用户来说，WWW 带来的是世界范围内的超文本服务，这种服务是非常易于使用的。只要操纵计算机的鼠标进行简单的操作，就可以通过 Internet 从全世界任何地方调来用户所希望得到的文本、图像（包括活动影像）和声音等信息。

Web 允许用户通过跳转或超链接从某个页面跳转到其他页面。可以把 Web 看作一个巨大的图书馆，Web 节点就像一本本书，而 Web 页面就好比书中特定的页。Web 页面中可以包含新闻、图

像、动画、声音、3D 信息及其他任何信息，而且能存放在全球任何地方的计算机上。由于它具有良好的易用性和通用性，非专业的用户也能非常熟练地使用它。另外，它制定了一套标准的、易为人们所掌握的 HTML、URL 和 HTTP。

随着技术的发展，传统的 Internet 服务，如 Telnet、FTP、Gopher 和 Usenet News（Internet 的电子公告板服务）现在也可以通过 WWW 的形式实现。通过使用 WWW，一个不熟悉计算机网络的人也可以很快了解 Internet，自由地使用 Internet 中的资源。

2．WWW 的工作原理

WWW 有如此强大的功能，那么 WWW 是如何运作的呢？

WWW 中的信息资源主要由一篇篇的 Web 文档（或称 Web 页面）为基本元素构成。这些 Web 页面采用超文本的格式构成，即可以含有指向其他 Web 页面或其本身特定位置的超链接（或简称链接）。可以将超链接理解为指向其他 Web 页面的"指针"。超链接使得 Web 页面交织为网状。这样，如果 Internet 上的 Web 页面和超链接非常多的话，就会构成一个巨大的信息网。

当用户从 WWW 服务器中取到一个文件后，需要在自己的屏幕上将它正确无误地显示出来。由于将文件放入 WWW 服务器的人并不知道将来阅读这个文件的人到底会使用哪种类型的计算机或终端显示它，因此要保证每个人都能得到能在屏幕上正确显示的文件，必须以一种各种类型的计算机或终端都能"看懂"的方式来描述文件，于是就产生了 HTML。

HTML 对 Web 页面中的内容、格式及超链接进行描述，而 Web 浏览器的作用就在于读取 WWW 网点上的 HTML 文档，再根据此类文档中的描述组织并显示相应的 Web 页面。

HTML 文档本身是文本格式的，用任何一种文本编辑器都可以对它进行编辑。HTML 有一套相当复杂的语法，专门提供给专业人员用来创建 Web 页面，一般用户并不需要掌握它。在 UNIX 操作系统中 HTML 文档的扩展名为.html，而在 DOS/Windows 操作系统中 HTML 文档的扩展名为.htm。图 11.27 和图 11.28 所示分别为新华网的 Web 页面及其对应的 HTML 文档。

图 11.27　新华网的 Web 页面

图 11.28　对应的 HTML 文档

3．WWW 服务器

WWW 服务器是指任何可以运行 Web 服务器软件、提供 WWW 服务的计算机。从理论上来说，这台计算机应该有一个非常快的处理器、一个容量巨大的硬盘和大容量的内存。其基础要求是能够运行 Web 服务器软件。

下面给出 Web 服务器软件的一个详细定义。

（1）支持 WWW 的协议——HTTP（基本特性）。

（2）支持 FTP、USENET、Gopher 和其他的 Internet 协议（辅助特性）。

（3）允许同时建立大量的连接（辅助特性）。

（4）允许设置访问权限和其他不同的安全措施（辅助特性）。

（5）提供一套健全的例行维护和文件备份的特性（辅助特性）。

（6）允许在数据处理中使用定制的字体（辅助特性）。

（7）允许捕获复杂的错误和记录流量情况（辅助特性）。

对于用户来说，有不同品牌的 Web 服务器软件可供选择。最常用的 Web 服务器是 Apache 和互联网信息服务器（Internet Information Services，IIS）。

4．WWW 的应用领域

WWW 服务是 Internet 上发展最快、最吸引人的一项服务，它的主要功能是提供信息查询服务，不仅图文并茂，而且范围广、速度快。所以 WWW 几乎应用在人们生活、工作的所有领域，最突出的应用有如下几方面。

（1）交流科研进展情况。这是最早的应用。

（2）宣传单位。企业、学校、科研院所、商店、政府部门等都通过 Web 主页介绍自己。许多个人也拥有自己的 Web 主页。

（3）介绍产品与技术。通过 Web 主页介绍本单位开发的新产品、新技术，并进行售后服务，越来越成为企业、商家的促销渠道。

（4）远程教学。在 Internet 流行之前，远程教学主要通过广播电视实现。有了 Internet，在一间教室中安装摄像机，全世界的人都可以听到教师在该教室中的讲课。另外，学生和教师可以不同时联网，学生可以通过 Internet 获取自己感兴趣的内容。

（5）发布新闻。各大报纸、杂志、通讯社、体育、科技等媒体都通过 WWW 发布最新消息，如彗星与木星碰撞的照片由世界各地的天文观测中心及时通过 WWW 发布。世界杯足球赛、NBA、奥运会等都会通过 WWW 发布图文动态信息。

（6）世界各大博物馆、艺术馆、美术馆、动物园、自然保护区和旅游景点介绍自己的珍品，共有资源。

（7）休闲娱乐交朋友，下棋打牌看电影，丰富人们的业余生活。

5．WWW 浏览器

在 Internet 上有许多 WWW 浏览器，如 IE（Internet Explorer）浏览器、Google Chrome 浏览器和 Firefox 浏览器等。

（1）IE 浏览器。微软公司为了争夺浏览器市场，投入大量人力、财力研制用于 Internet 的 WWW浏览器，取得了很好的成效。IE 浏览器流行的版本有 V7.0、V8.0、V9.0、V10.0 等。

（2）Google Chrome 浏览器。Google Chrome 浏览器是 Google 公司开发的浏览器，又称 Google浏览器。Chrome 在中国被音译为"kuomu"，中文取"扩目"，取意"开阔你的视野"。Chrome包含无痕浏览（Incognito）模式（与 Safari 的私密浏览模式和 IE 8 的 InPrivate 模式类似），这个模式可以让用户在完全隐秘的情况下浏览网页，用户的任何活动都不会被记录下来，同时也不会储存cookies。当在窗口中启用这个功能后，任何发生在这个窗口中的事情都不会进入用户的计算机。

（3）Firefox 浏览器。Firefox 浏览器中文俗称火狐（正式缩写为 Fx 或 fx）浏览器，是一个由Mozilla 开发的自由及开放源代码网页浏览器。其使用 Gecko 排版引擎，支持多种操作系统，如Windows、macOS 及 GNU/Linux 等。Firefox 浏览器有两个升级渠道：快速发布版和延长支持版（ESR）。快速发布版每 4 周发布一个主要版本，在这 4 周期间会发布修复崩溃和安全隐患相关的小版本。延长支持版每 42 周发布一个主要版本，在这 42 周期间至少每 4 周才会发布修复崩溃、安全隐患和政策更新相关的小版本。由于 Firefox 浏览器开放了源代码，因此还有一些第三方编译版供使用，如 pcxFirefox、苍月浏览器、tete009 等。

11.5.5　域名系统

1．域名

前面讲到的 IP 地址是 Internet 上互连的若干主机在进行内部通信时，用于区分和识别不同主机的数字型标志，这种数字型标志对于广大网络用户而言有很大的缺点，既无简明的含义，又不容易很快被记住。为解决这些问题，人们又规定了一种字符型标志，称为域名（Domain Name）。如同每个人的姓名和每个单位的名称一样，域名是 Internet 上互连的若干主机（或称网站）的名称。广大网络用户能够很方便地用域名访问 Internet 上自己感兴趣的网站。

从技术上讲，域名只是一个 Internet 中用于解决地址对应问题的工具，可以说只是一个技术名词。但是，由于 Internet 已经成为全世界人的 Internet，域名也自然地成为一个社会科学名词。

从社会科学的角度看，域名已成为 Internet 文化的组成部分。

从商业的角度看，域名已被誉为"企业的网上商标"。没有一家企业不重视自己产品的标识——商标，而域名的重要性和价值，全世界的企业也已经认识到。

2．注册域名

Internet 这个信息时代的宠儿，已经走出了襁褓，为越来越多的人所认识，电子商务、网上销售、网络广告已成为商界关注的热点，上网已成为不少人的口头禅。但是，要想在网上建立服务器发布信息，首先必须注册自己的域名，只有有了自己的域名才能让别人访问自己。所以，域名注册是在 Internet 上建立服务器的基础。同时，由于域名的唯一性，尽早注册域名是十分必要的。

域名与 IP 地址一样，都采用分层结构。域名一般是由一串用点分隔的字符串组成的，组成域名的各个部分常称为子域名（Sub-Domain），它表明不同的组织级别，从左向右可不断增加，类似于通信地址从广泛的区域到具体的区域。理解域名的方法是从右向左来看各个子域名，最右边的子域名称为顶级域名，是对计算机或主机最一般的描述。越往左，子域名越具有特定的含义。域名的结构是分层结构，从右到左的各子域名分别说明不同国家或地区的名称、组织类型、组织名称、分组织名称和计算机名。任何一个连接在 Internet 上的主机或路由器都有一个唯一的分层结构的名字，即域名。域名的结构由若干个分量组成，顶级域名放在最右边，各分量之间用"."隔开，如……三级域名.二级域名.顶级域名。

以 zx@jx.jsjx.zzuli.edu.cn 为例，顶级域名 cn 代表中国，第二个子域名 edu 表明这台主机属于教育部门，第三个子域名 zzuli 具体代表郑州轻工业大学，其余的子域名代表计算机系的一台名为 jx 的主机。要注意的是，在域名中不得存在空格，而且域名不区分大写和小写字母，但遵循一般的原则，在使用域名时，最好全用小写字母。

顶级域名可以分成两大类：一类是组织性顶级域名；另一类是地理性顶级域名。组织性顶级域名用于说明拥有并对 Internet 主机负责的组织类型，常用的组织性顶级域名如表 11.2 所示。

表 11.2　常用的组织性顶级域名表

域　　名	含　　义
com	商业组织
edu	教育机构
gov	政府机构
int	国际性组织
mil	军队
net	网络技术组织
org	非营利组织

组织性顶级域名是在国际性 Internet 产生之前进行的地址划分，主要在美国国内使用，随着 Internet 扩展到世界各地，地理性顶级域名便产生了，它仅用两个字母的缩写形式来完全表示某个国家或地区。表 11.3 所示为一些国家的地理性顶级域名。如果一个 Internet 地址的顶级域名不是地理性顶级域名，那么该地址一定是美国国内的 Internet 地址，换句话讲，Internet 地址的地理性顶级域名的默认值是美国，即表中 us 顶级域名通常没有必要使用。

表 11.3　一些国家的地理性顶级域名

域　　名	含　　义	域　　名	含　　义
au	澳大利亚	it	意大利
ca	加拿大	jp	日本
cn	中国	sg	新加坡
de	德国	uk	英国
fr	法国	us	美国
in	印度		

为保证 Internet 上的 IP 地址或域名的唯一性，避免导致 Internet 地址的混乱，用户在使用 IP 地址或域名时，必须通过电子邮件向网络信息中心提出申请。目前世界上有 3 个网络信息中心：

InterNIC、RIPE（ENIC）和 APNIC。

在中国，顶级域名为 cn，二级域名分为类别域名和行政区域名两类。行政区域名共 34 个，包括各省、自治区、直辖市。中国的类别域名如表 11.4 所示。

表 11.4　中国的类别域名

域　　名	含　　义
ac	科研机构
com	工、商、金融等企业
edu	教育机构
gov	政府部门
net	Internet，接入网络的信息中心和运行中心
org	非营利性组织

在中国，由 CERNET 网络中心受理二级域名 edu 下的三级域名注册申请，CNNIC 网络中心受理其余二级域名下的三级域名注册申请。除此之外，还包括如表 11.5 所示的省市域名。

表 11.5　省市级域名

bj: 北京市	sh: 上海市	tj: 天津市	cq: 重庆市	he: 河北省	sx: 山西省
ln: 辽宁省	jl: 吉林省	hl: 黑龙江	js: 江苏省	zj: 浙江省	ah: 安徽省
fj: 福建省	jx: 江西省	sd: 山东省	ha: 河南省	hb: 湖北省	hn: 湖南省
gd: 广东省	gx: 广西	hi: 海南省	sc: 四川省	gz: 贵州省	yn: 云南省
xz: 西藏自治区	sn: 陕西省	gs: 甘肃省	qh: 青海省	nx: 宁夏回族自治区	xj: 新疆维吾尔自治区
nm: 内蒙古自治区	tw: 台湾地区	hk: 香港特别行政区	mo: 澳门特别行政区		

3．网络域名注册

一段时间以来，社会各界就"域名抢注"一事吵得沸沸扬扬，其中不乏危言耸听之词。其实"域名抢注"与"商标抢注"根本不可同日而语。按照国际惯例，中国企业域名应在国内注册，舍近求远并不明智，并且国内注册域名是免费的。

申请注册三级域名的用户首先必须遵守国家对 Internet 的各种规定及各种法律，还必须拥有独立法人资格。在申请注册域名时，各单位的三级域名原则上采用单位的中文拼音或英文缩写，com 下每个单位只登记一个域名。用户申请的三级域名中字符的组合规则如下。

（1）在域名中，不区分英文字母的大小写。

（2）对于一个域名的长度是有一定限制的，cn 下域名命名的规则如下。

① 遵照域名命名的全部共同规则。

② 只能注册三级域名，三级域名由字母（A～Z，a～z，大小写等价）、数字（0～9）和连接符（-）组成，各级域名之间用点（.）连接，三级域名长度不得超过 20 个字符。

③ 不得使用或限制使用以下名称。

a．注册含有"CHINA""CHINESE""CN""NATIONAL"等的域名须经国家有关部门（部级以上单位）正式批准。

b．公众知晓的其他国家或地区名称、外国地名、国际组织名称不得使用。

　　c. 县级以上（含县级）行政区划名称的全称或缩写须经相关县级以上（含县级）人民政府正式批准。

　　d. 行业名称或商品的通用名称不得使用。

　　e. 他人已在中国注册过的企业名称或商标名称不得使用。

　　f. 对国家、社会或公众利益有损害的名称不得使用。

　　g. 经国家有关部门（部级以上单位）正式批准和相关县级以上（含县级）人民政府正式批准是指相关机构要出具书面文件表示同意 XXXX 单位注册 XXXX 域名。例如，要申请注册 beijing.com.cn 域名，要提供北京市人民政府的批文。

　　国内用户申请注册域名，应向中国互联网络信息中心提出，该中心是由国务院信息化工作领导小组办公室授权的提供互联网域名注册的唯一合法机构。

4．统一资源定位符

　　统一资源定位符（Universal Resource Locator，URL）是描述 Internet 上资源位置的标准模式。简单来讲，URL 就是 Web 文档所在的位置，也就是我们上网时在浏览器的地址栏输入的以 http 开头的这串网址。但实际上除了 http，网址还可以其他形式开头，如 ftp、file、mailto。URL 是 WWW 网页的地址，就像一个街道在城市地图上的地址一样。URL 使用数字和字母按一定顺序排列从而确定一个地址。URL 的第一部分（如 http）表示要访问的文件的类型。在网上表示要访问的文件的类型几乎总是使用 http，有时也使用 ftp，如用来传输软件和大文件时（许多做软件下载的网站就使用 ftp），还可以使用 telnet（远程登录），如用于远程交谈及文件调用时（意思是浏览器正在阅读本地磁盘外的一个文件，而非一个远程计算机）。

　　URL 从左到右依次由下述部分组成。

　　（1）协议类型（scheme）：是协议也可以说是服务方式的选择，如 http:// 表示 WWW 服务器。

　　（2）域名地址（host）：是存有该资源主机的 IP 地址，指出 WWW 网页所在的服务器域名。

　　（3）端口（port）：对某些资源的访问，需要给出相应的服务器端口号。

　　（4）路径（path）：指明服务器上某资源的位置（其格式与 DOS 操作系统中的格式一样，通常由目录/子目录/文件名这样的结构组成）。与端口一样，路径并非总是需要的。

　　URL 地址格式排列为 scheme://host:port/path。

　　例如，http://www.zzuli.edu.cn 就是一个典型的 URL 地址。客户程序首先看到 http，便知道处理的是 HTML 链接。接下来的 www.zzuli.edu.cn 是站点地址。

　　有些 Internet 中的服务器是区分大小写字母的，所以尽管域名一般总是小写的，但也有一部分 URL 可能是大写的。在输入 URL 时需要注意正确的 URL 大小写表达形式。

11.5.6　电子邮件

　　电子邮件是 Internet 应用最广的服务之一，通过网络的电子邮件系统，人们能以非常低廉的价格（不管发送到哪里，都只需负担网费），非常快速的方式（几秒之内可以发送到世界上任何目的地），与世界上任何一个地方的网络用户联系。电子邮件可以是文字、图像、声音等各种类型的文件。正是由于使用简易、投递迅速、收费低廉、易于保存、全球畅通无阻，电子邮件才被广泛地应用，它使人们的交流方式得到了极大的改变。

　　近年来随着 Internet 的普及和发展，WWW 服务器上出现了很多基于 Web 页面的免费电子邮件服务，用户可以使用 Web 浏览器访问和注册自己的电子邮箱，一般可以获得存储容量达数吉比特的电子邮箱，并可以立即登录，收发电子邮件。如果需要经常收发一些大的附件，网易的 163 邮箱、腾讯的 QQ 邮箱等都能很好地满足需求。

用户使用电子邮件服务几乎无须设置任何参数，直接通过浏览器即可收发电子邮件，阅读与管理服务器上个人电子邮箱中的电子邮件（一般不在用户计算机中保存电子邮件），大部分电子邮箱还提供自动回复功能。电子邮件具有使用简单方便、安全可靠、便于维护等优点，其缺点是用户编写、收发、管理电子邮件的全过程都需要联网，不利于采用计时付费上网的用户使用。由于现在电子邮件服务已被广泛应用，具体操作过程不再赘述。

11.5.7　文件传输

文件传输是指把文件通过网络从一个计算机系统复制到另一个计算机系统。在 Internet 中，实现这一功能的是 FTP。像大多数的 Internet 服务一样，FTP 也采用客户机/服务器模式，当用户使用一个名叫 FTP 的客户程序时，就和远程计算机上的服务程序相连了。若用户输入一个命令，要求服务器传送一个指定的文件，服务器就会响应该命令，并传送这个文件；用户的客户程序接收这个文件，并把它存入用户指定的目录中。从远程计算机上复制文件到自己的计算机上，称为下传文件；从自己的计算机上复制文件到远程计算机上，称为上传文件。在使用 FTP 时，用户应输入 FTP 命令和想要连接的远程计算机的地址。一旦程序开始运行并出现提示符 ftp 后，就可以输入命令，来回复制文件或做其他操作了，如可以查询远程计算机上的文档，也可以变换目录等。

在实现文件传输时，需要使用 FTP。IE 浏览器和 Google 浏览器都带有 FTP 模块，在浏览器窗口的地址栏中直接输入远程计算机的 IP 地址或域名，浏览器将自动调用 FTP。

若用户没有账号，则不能正式使用 FTP，但可以匿名使用 FTP。没有账号的用户可以 anonymous或 FTP 特殊名来访问远程计算机，当然，这样会有很大的限制。匿名用户一般只能获取文件，不能在远程计算机上建立文件或修改已存在的文件，对复制文件也有严格的限制。当用户以 anonymous或 FTP 特殊名登录后，FTP 可接受任何字符串作为口令，但一般要求用电子邮件的地址作为口令，这样服务器的管理员能知道谁在使用，当有需要时可及时联系用户。

11.5.8　远程登录服务

远程登录服务又被称为 Telnet 服务，远程登录是用户使用 Telnet 命令使自己的计算机暂时成为远程计算机的一个仿真终端的过程。远程登录服务允许一个用户通过 Internet 登录到一台计算机上，建立一个 TCP 连接，然后将用户用键盘输入的信息直接传递到远程计算机上，像用户在用连在远程计算机上的本地键盘进行操作一样，远程计算机的输出还将回送到用户屏幕上。

远程登录服务采用的是典型的客户机/服务器工作模式。在远程登录过程中，用户采用终端的格式与本地客户机进行通信，远程计算机采用远程系统的格式与远程服务器进行通信。

若要使用 Telnet 功能，须具备的条件如下。

（1）用户的计算机要有 Telnet 应用软件。

（2）用户在远程计算机上有自己的账户，或者远程计算机提供公开的远程账户。

用户在使用 Telnet 命令进行远程登录时，首先要在 Telnet 命令中给出远程计算机的主机名或 IP地址，然后根据提示输入自己的用户名和密码。

11.6　国产网络相关产品和我国自主创新之路

11.6.1　国产网络相关产品

网络设备一般包括：基站、光传输设备、交换机、路由器、服务器等。要打造安全可控的网络体系，不仅要保证信息安全与网络安全，还要保证网络设备安全，对此中国已取得长足发展。实现信息产业自主可控，网络设备须先行，国内已涌现出华为、中兴通讯、紫光股份（新华三）等网络相关产品企业。国产网络相关产品有曙光服务器、浪潮服务器、超云服务器、H3C 交换机等。

1．曙光服务器

曙光服务器是由中国科学院计算技术研究所国家智能计算机研究开发中心研究和开发出来的高性能服务器。曙光服务器不仅具有重大的学术价值，而且得到了广泛的应用。曙光服务器广泛应用于各种计算中心、网络中心、信息中心、清算中心、结算中心、计费中心、数据中心、处理中心、电子商务和交换中心，以及大专院校、科研院所、大中型企业和政府机关，还广泛应用于石油、气象、水利水电、航空航天及汽车轮船设计模拟、地震监测预报、环境监测分析、金融证券、生物信息处理、网络信息服务和基础科学计算等领域。

2．浪潮服务器

浪潮服务器面向智慧时代设计，基于"硬件重构+软件定义"技术理念，为云计算、大数据和人工智能提供高度定制化的承载平台，适用于为云数据中心部署环境，以及赋能各行业的数字化、智慧化转型与重塑。

浪潮服务器助推国家海洋信息中心挺进"智慧海洋"。 国家海洋信息中心依托浪潮服务器搭建安全、可靠、易扩展的信息化云平台，使 IT 资源利用率提升 5 倍至 7 倍，实现了对现有海洋信息的有效整合及数据资源的统一管理。

3．超云服务器

在云计算时代，传统的服务器已无法满足新的应用需求，北京天地超云科技有限公司以云计算应用为导向，相继推出了高密度、低功耗、易维护、为云应用定制优化的全系列云计算服务器（称为超云服务器），以全面满足用户需求。超云服务器有通用服务器、高密度服务器、高温节能服务器等多个产品系列，其中超云 R9000 系列高温节能服务器能够在 5～47℃环境温度下无须空调制冷稳定运行，被业界誉为"最符合云计算趋势的特种军团"。超云服务器全面入围中央国家机关政府采购协议供货商、中共中央直属机关采购协议供货商、北京市政府采购协议供货商，百度、阿里等大型互联网企业也在使用超云服务器，超云服务器已成为国产服务器的中流砥柱。

4．H3C 交换机

H3C 能够提供业界覆盖面极广的交换机产品。从园区到数据中心，从盒式到箱式，从 FEB、GEB 到 10GB 和 100GB，从 L2 到 L4/7，从 IPv4 到 IPv6，从接入到核心，用户都有最丰富的选择，并且可以进行灵活的组合。

在以太网领域，经历多年的发展，H3C 积累了大量业内领先的知识产权和专利，产品覆盖园区交换机和数据中心交换机，从核心骨干到边缘接入，有 10 多个系列共上百款产品，全部通过了中华人民共和国工业和信息化部、Tolly Group、Metro Ethernet 论坛及 IPv6 Ready 等权威部门的测试和认证，其中 S9500 系列高端交换机获得了 107 项 Tolly Group 认证，是 Tolly Group 为一类交换机颁发认证最多的一次。凭借丰富的产品系列和深厚的技术积累，H3C 交换机在数据中心、政府、金融、交通、能源、教育、企业等中均有广泛、成熟、稳定的应用。

11.6.2　我国自主创新之路

多年来，国产网络设备已发展得较为成熟，但国产核心芯片却发展缓慢，国产核心芯片得不到快速发展的直接原因是国产核心芯片性能较国外产品差距大，下游网络设备商更愿意选择国外产品（研发惰性），进而导致国产核心芯片没有建立起自己的生态系统，没有生态反哺，国产核心芯片就难有大突破，形成了恶性循环。

在美国限制背景下，不论是被动还是主动，核心芯片的国产化成为大势所趋，其中两大趋势值得关注。

自主可控生态系统的建立。首先从网络设备的可控开始。网络设备是网络的基本单元，只有网络设备先国产化了，网络系统建立起来，应用随之发展起来，整个国产化的生态体系才能建立起来，目前网络设备已安全可控，下一步就是发展核心芯片。

生态从党政系统开始，逐步向电信、金融、电网、互联网（云计算）等关乎国计民生的行业延伸。一方面党政系统涉及国家安全，因此实现党政系统的自主可控最迫切。另一方面，党政系统数据量比消费级市场数据量低，再加上政府财政支持，国产化设备从党政系统领域切入更合理。实际上，当前国产化核心芯片，也都是先在党政系统中应用。

目前，国内研发制造基于国产化核心芯片的网络设备的主要厂商包括华为、中兴通讯、紫光股份（新华三）、浪潮信息、中科曙光、迈普、中国长城、恒为科技等。

11.7　小结

如今计算机网络正极大地改变着我们的生活，并将远远超过电话、汽车和电视等对人们生活的影响。计算机网络可以在极短时间内把电子邮件发送到世界上的任何地方，还可以为社会大众带来极大的方便。本章介绍了计算机网络的发展过程及网络体系结构、网络中间系统、计算机局域网、Internet 基础知识、国产网络相关产品和我国自主创新之路等内容，旨在帮助读者对计算机网络有一个整体的认识，为今后继续学习计算机网络打下基础。

习题 11

一、选择题

1. 目前使用最广泛、影响最大的全球的计算机网络是（　　　）。
　　A. Novellnet　　　　　　B. Ethernet　　　　　　C. Cernet　　　　　　D. Internet
2. 广域网和局域网是按（　　　）来分的。
　　A. 网络用途　　　　　　　　　　　　B. 传输控制规程
　　C. 拥有工作站的多少　　　　　　　　D. 网络连接距离
3. 计算机网络是按（　　　）互相通信的。
　　A. 信息交换方式　　　　　　　　　　B. 共享软件
　　C. 分类标准　　　　　　　　　　　　D. 网络协议
4. 计算机网络的硬件应包括网络服务器、网络工作站、网络传输介质、网络连接器和（　　　）。
　　A. 网络通信设备　　　　　　　　　　B. 网络电缆

      C．网络打印机　　　　　　　　　　　D．网络适配器

5．Internet 上的每台计算机都有一个独有的（　　）。

    A．E-mail　　　　　　B．协议　　　　　　C．TCP/IP　　　　　D．IP 地址

6．我们把分布在一座办公大楼或某一集中建筑群中的网络称为（　　）。

    A．广域网　　　　　　B．专用网　　　　　C．公用网　　　　　D．局域网

7．计算机网络的划分，目前用得比较多的分类标准是（　　）。

    A．数据传输网络和电视电话网　　　　　B．专用网络和公共网络

    C．广域网和局域网　　　　　　　　　　D．公用通信网和数据服务网

8．计算机网络中的拓扑结构是一种（　　）。

    A．实现异地通信的方案　　　　　　　　B．理论概念

    C．设备在物理上的连接形式　　　　　　D．传输信道的分配形式

9．下面的（　　）是网络不能实现的功能。

    A．数据通信　　　　　B．资源共享　　　　C．负荷均衡　　　　D．控制其他工作站

10．一个完整的用户电子邮箱地址中必须包括（　　）。

    A．用户名、用户口令、电子邮箱所在的主机域名

    B．用户名、用户口令

    C．用户名、电子邮箱所在的主机域名

    D．用户口令、电子邮箱所在的主机域名

11．建立计算机网络的目标是（　　）。

    A．实现异地通信　　　　　　　　　　　B．便于计算机之间互相交换信息

    C．共享硬件、软件和数据资源　　　　　D．增加计算机的用途

12．计算机网络系统中的资源可分为三大类：（　　）、软件资源和硬件资源。

    A．设备资源　　　　　B．程序资源　　　　C．数据资源　　　　D．文件资源

13．计算机网络最突出的优点是（　　）。

    A．精度高　　　　　　B．内存容量大　　　C．运算速度快　　　D．共享资源

14．属于集中控制方式的网络拓扑结构是（　　）。

    A．星形结构　　　　　B．环形结构　　　　C．总线结构　　　　D．树形结构

15．下列网络传输介质中，带宽最大的是（　　）。

    A．双绞线　　　　　　B．同轴电缆　　　　C．光缆　　　　　　D．无线

16．如果电子邮件到达时你的计算机没有开机，那么电子邮件将（　　）。

    A．退回给发信人　　　　　　　　　　　B．保存在服务商的主机上

    C．过一会儿对方再重新发送　　　　　　D．永远不再发送

17．为了把工作站或服务器等智能设备连到一个网络中，需要在设备上插入一块网络接口板，这块网络接口板称为（　　）。

    A．网卡　　　　　　　B．网关　　　　　　C．网桥　　　　　　D．网间连接器

18．在局域网中，运行网络操作系统的设备是（　　）

    A．网络工作站　　　　B．网络服务器　　　C．网卡　　　　　　D．网桥

19．计算机网络分为局域网与广域网，其划分的依据是（　　）。

    A．通信传输的介质　　　　　　　　　　B．网络的拓扑结构

    C．信号频带的占用方式　　　　　　　　D．通信的距离

20. 局域网最大传输距离为（　　　）。
    A．几百米到几千米　　　　　　　　B．几十千米
    C．几百千米　　　　　　　　　　　D．几千千米

21. 下列叙述中错误的是（　　　）。
    A．网络工作站是用户执行网络命令和应用程序的设备
    B．在每个网络工作站上都应配置网卡，以便与网络连接
    C．NetWare 网络系统支持 Ethernet 网络接口板
    D．Novell 网不支持 UNIX 文件系统

22. OSI/RM 参考模型将计算机系统网络体系结构的通信协议规定为（　　　）。
    A．5 层　　　　　　B．6 层　　　　　　C．7 层　　　　　　D．8 层

23. TCP/IP 参考模型中的 TCP 相当于 OSI/RM 参考模型中的（　　　）。
    A．应用层　　　　　B．网络层　　　　　C．物理层　　　　　D．传输层

24. 计算机网络中的节点是指（　　　）。
    A．网络工作站
    B．在通信线路与主机之间设置的通信线路控制处理机
    C．为延长传输距离而设立的中继站
    D．网络传输介质的连接点

25. Internet 向用户提供服务的主要结构模式是（　　　）模式，在这种模式下，一个应用程序要么是客户机，要么是服务器。
    A．分层结构　　　　B．子网结构　　　　C．模块结构　　　　D．客户机/服务器

26. 在计算机系统网络体系结构中 OSI 表示（　　　）。
    A．Operating System Information
    B．Open System Information
    C．Open System Interconnection
    D．Operating System Interconnection

27. 局域网使用的网络传输介质有同轴电缆、双绞线和（　　　）。
    A．电话线　　　　　B．电缆线　　　　　C．光缆　　　　　　D．总线

28. 当两个以上（不包括两个）同类型网络互联时，应选用（　　　）进行连接。
    A．中继器　　　　　B．网桥　　　　　　C．路由器　　　　　C．网关

29. 计算机网络是（　　　）技术与通信技术相结合的产物
    A．网络　　　　　　B．软件　　　　　　C．计算机　　　　　D．信息

30. 在网页中常见的图片文件类型是（　　　）
    A．htm 或 html　　B．txt 或 text　　C．gif 或 jpeg　　D．wav 或 au

二、名词解释

①主机；② TCP/IP；③ IP 地址；④域名；⑤ URL；⑥网关。

三、简答题

1. 简述 Internet 的发展史。说明 Internet 都提供什么服务，接入 Internet 有哪几种方式。

2. 什么是 WWW？什么是 FTP？它们分别使用什么协议？

3. IP 地址和域名的作用是什么？

4. 分析以下域名的结构：

① www.microsoft.com；② www.zz.ha.cn；③ www.zzuli.edu.cn。

5．Web 服务器使用什么协议？简述 Web 服务程序和 Web 浏览器的基本作用。

6．什么是计算机网络？它主要涉及哪几方面的技术？其主要功能是什么？

7．从网络的地理范围来看，计算机网络如何分类？

8．常用的 Internet 连接方式是什么？

9．什么是网络的拓扑结构？常用的网络拓扑结构有哪几种？

10．简述网络适配器的功能、作用及组成。

第 12 章

计算机新技术

随着计算机技术的快速发展，各种新技术和新理论不断出现，给人们的生活带来了极大的方便。进入 21 世纪，计算机科学和信息技术的发展不仅更加重视计算机技术的多样性、开放性和个性化，而且更加重视计算机技术对生态和环境的影响，以及如何使计算机技术更广泛地惠及大众。在信息技术领域，人们将计算机科学的交叉研究作为重点，与人文艺术相结合，重视伦理道德方面的研究。人们的各种互动设备和社交网络等正在生成海量的数据，通过人工智能等手段可以很好地处理这些数据，挖掘其中的潜在价值。云计算、云平台、大数据、物联网等新技术促使人类社会的数据种类和规模正以前所未有的速度增长，大数据时代正式到来，数据从简单的处理对象开始转变为一种基础性资源。本章将就人工智能、云计算与云平台、大数据、物联网、区块链、虚拟现实与增强现实等技术进行简单介绍。

通过本章的学习，学生能够：

（1）掌握人工智能的基本概念，了解其发展阶段、研究领域和研究方法。

（2）了解云计算与云平台的基本概念和特征。

（3）掌握大数据的基本概念，了解其发展趋势和基本的处理技术。

（4）掌握物联网的基本概念，了解其发展趋势和关键技术。

（5）了解区块链的基本概念和特征。

（6）了解虚拟现实与增强现实技术的基本概念和特征。

12.1　人工智能

2016 年 3 月 15 日，Google 公司的人工智能围棋程序 AlphaGo 与世界围棋冠军李世石的围棋人机世纪大战落下帷幕，在最后一轮较量中，AlphaGo 获得胜利，最终 AlphaGo 在 5 局比赛中以 4:1 的绝对优势取得了胜利。在这样一个历史性时刻，几乎所有的科技新闻都聚焦于人工智能，从各个媒体、论坛、社区、微信公众号、专栏等渠道发布出来的人工智能文章数不胜数。

12.1.1　实例展现

如今，在科学技术的快速发展下，人们在人工智能领域取得了大量的研究成果，人工智能技术对人们的生活产生了深远的影响。随之而来的是由人工智能带来的伦理方面的问题，越来越多的人开始对此进行研究和讨论。

关于人工智能就有一个令人悲痛的案例。2018 年 3 月 18 日，大约晚上 10 点，在亚利桑那州坦佩市的一条街道上，伊莱恩·赫兹伯格（Elaine Herzberg）在骑自行车过马路的时候被一辆汽车撞翻

（见图 12.1），最终导致他身亡，而该汽车是一辆自动驾驶汽车。发生该悲剧的原因是，原本负责车辆安全的司机拉斐尔·巴斯克斯（Rafael Vasquez）在车辆自动驾驶的过程中在用手机观看电视节目，放松了对车辆的管控。

图 12.1　自动驾驶汽车撞翻自行车现场

虽然该汽车驾驶席上有一位驾驶员，但是该汽车是一辆完全由自动驾驶系统（基于人工智能技术）操控行驶的自动驾驶汽车。在人工智能技术快速发展的当下，还存在其他关于人与人工智能技术之间交互的事件，这些事件涉及的是法律与道德的中间地带，这引发了人们对这一问题的思考。例如，在这个事件中，开发自动驾驶系统的程序员要履行哪些道德义务才能保障人类的生命安全？此次事件涉及的自动驾驶汽车的公司所属测试方、系统的开发人员等，哪一方该对此次事件的受害者负责？

人工智能技术的发展所涉及的伦理问题包括两方面：一方面，随着人工智能技术的快速发展，终有一天会出现类似于人类的智能系统，人类是否应该赋予这些系统某些方面的"人权"；另一方面，在许多生产生活领域，人工智能系统已经开始慢慢代替人类，在人工智能系统工作的过程中出现的失误应该如何处理。在这两大方面的问题下，怎样站在伦理的角度去让人工智能服务人类，是人工智能发展道路上一个躲不开的问题。目前，已经有相关的研究人员给出了一些建议：在相关的法律法规领域尽快立法，填补法律空白，从而使得对这类产品、技术的管理力度得到加强，并且提升人类对这些产品、技术的认知。

观望未来，人类与人工智能共存的情况必然出现，我们不能只看到人工智能技术带来的多方面便利，也要对随之而来的伦理问题有着清醒的认识并且认真采取措施去面对，这样才能在享受便利的同时，实现人类与人工智能的和谐共存。

12.1.2　人工智能的概念

近年来，人工智能成为人们耳熟能详的一个词语，人们好像对它很熟悉但是又都没办法对它给出一个很好的解释，至今人工智能也没有一个准确统一的定义。

从狭义上来看，人工智能属于计算机科学领域，是该领域一个重要的分支，是一个赋予了智能的计算机系统。智能是人类赋予的，目的是让计算机系统更加接近人类的思维，能够达到人类的智慧程度。

在对语言的理解上，机器系统已经做到了学习、推理，但是做到这些还不能说是完全的智能，该领域的一些研究人员提出了衡量机器具有智能的方法。

（1）图灵（A. M. Turing）：图灵所提出的测试实验，由计算机、测试者、测试主持人参加。首先，测试主持人提出一个问题来让计算机和测试者回答，计算机和测试者在回答问题时都尽可能让测试主持人以为他们是"真人"。回答之后，如果测试主持人无法分辨出哪个回答是由人做出的，就认为计算机具有智能。有学者对这个实验提出了质疑：一方面该实验不能反映思考的过程；另一方面测试者的智力水平高低也没有明确。

（2）费根鲍姆（E. A. Feigenbaum）：让机器去完成一项任务，前提是不告诉机器怎样去完成，如果这样机器都能完成任务，就认为该机器具有智能。

（3）渡边慧：如果机器具有智能，那么它一定同时具有演绎能力和归纳能力。

从广义上来看，人类对人工智能的研究其实是对人类智能行为的规律的研究，以及对人类智能的理论方面的研究。提出人工智能这个词已经是半个世纪之前的事情了，经过了这么久的研究，人们在某些特定领域取得了一定的成果，但是并没有实现真正意义上的人工智能，要走的路还很长。

人工智能的本质：在人工制造智能机器或系统方面进行研究，来模拟人类的智力活动，并将智力进行延伸。

12.1.3　人工智能的生产和发展阶段

机器可以代替人类完成体力劳动，这在现在看来是顺理成章的事情，如举重机、吊车等。那么机器能否代替人类完成脑力劳动呢？简单的脑力计算由机器来完成，这也没有问题。但是更多的脑力劳动能不能让机器来做呢？例如，医疗诊断能不能让机器来做？更复杂的人类智能活动全部或部分能否由机器来实现？这种让机器产生思维，部分地代替人类的思维的想法，就是人工智能诞生的缘由之一。

另外，人们以前处理的多是数据，而且是大量的数据，而机器（指计算机）能很快地处理数据。但是当今社会一些问题的解决不是依靠数据的处理，而是依靠知识的处理。具体来说，如医疗诊断专家系统，一个计算机系统能够在一定程度上代替医生来看病，主要进行的不是计算，而是有关知识的处理，这个系统里包含大量在什么情况下得的是什么疾病，得了什么疾病需要采用什么样的治疗方法等相关知识，通过知识的推理来求得结果。从数据世界、数据范围到知识世界、知识范围这种转变也是人工智能诞生的重要条件。从观点方法上看，一个问题的求解是试探性地搜索解决问题的办法的过程，启发式的、不精确的推理更符合人类的思维过程，也就是说，不能依靠求解一个代数方程组或微分方程得到问题的答案，而要试探性地搜索解决问题的办法。这更符合现实世界的问题求解模式。

例如，从学校到科技市场，有很多条路可以选择，现在要求找出一条从学校到科技市场的最短路径。如果用传统的数学办法，就要把所有的路径都找出来，这个计算量是很大的，找出来之后，还要逐条做比较，从而选出最短路径。事实上如果我们在这个过程中加入一点经验性的知识，假想一条从学校到科技市场的直线（实际上这条路是没有的），在离这条路不远的范围内搜索离这条直线比较近的路径，如在离这条直线不到两千米的范围内搜索，这时候就很容易找出要找的最短路径。

当然这种办法是试探性的，要加入人为的知识（经验性的知识）去推理、搜索，从而求得问题的答案。这是一种很实际的办法，人的脑子里通常也是这样想的，而这种办法是传统的数学办法所不采用的。这种方法更好地体现了人类的思维活动，以及人类求解问题的模式。人工智能系统使用这种办法来解决问题正是人们所希望的，这是人工智能的一个很重要的特点。这也促进了人们对这种方法的进一步研究，从而促使了人工智能的出现。

总而言之，脑力劳动的信息化，纯数据世界到知识世界的转换，启发式的、不精确的推理方法的发展等促使了人工智能的出现。

下面介绍一下人工智能的发展历史。

1956 年以前为人工智能的孕育期，主要成就包括：创立了数理逻辑、自动机理论、控制论、信息论和系统论；发明了电子数字计算机。这一阶段为人工智能的诞生准备了充足的思想、理论和物资条件。

1956—1970 年为人工智能的形成期，主要成就包括：现代人工智能诞生；在定理证明、问题求解、博弈、LISP 及模式识别等方面取得了重大突破。这一阶段为人工智能的发展奠定了基础。

1971 年至今为人工智能的发展期，主要成就包括：自然语言理解，框架系统理论与语义网络，专家系统（由于知识工程的发展再次被重视，因此写在这里），以及知识工程。20 世纪 70 年代，人工智能研究开始从理论走向实践，用于解决一些实际问题。与此同时，人们很快就发现了一些问题：归结法费时，下棋赢不了世界冠军，机器翻译一团糟等。20 世纪 80 年代，人工智能发展达到阶段性的顶峰。20 世纪 90 年代，计算机发展趋势为小型化、并行化、网络化、智能化。

进入 21 世纪，人机博弈、语音交互、专业机器人、信息安全、机器翻译等专业应用技术，以及无人驾驶、智能制造、智慧医疗、智慧农业、智能交通、智能家居等综合应用技术开始陆续进入实用性阶段，人工智能在各个领域都开始发挥出巨大的威力，尤其是智能控制和智能机器已经开始在工业生产中得到应用，智能计划排产、智能决策支撑、智能质量管控、智能资源管理、智能生产协同、智能互联互通等也陆续出现，智能化已经成为产业转型升级的新动力和新引擎，也成为继机械化、电气化、信息化之后新的产业特征，推动工业发展进入新的阶段，掀起了第四次工业革命的浪潮。

总而言之，人工智能的发展经历了曲折的过程，在自动推理、认知建模、机器学习、神经元网络、自然语言处理、专家系统、智能机器人等方面的理论和应用上都取得了称得上具有"智能"的成果。许多领域引入了知识和智能思想，使一些问题得以较好地解决。

12.1.4　人工智能的研究领域

人工智能是一种外向型的学科，不但要求研究人员懂人工智能知识，而且要求研究人员有比较扎实的数学、哲学和生物学基础，只有这样才可能让一台什么也不知道的机器模拟人的思维。参照人在各种活动中的功能可知，人工智能研究的目的不过就是代替人的活动而已。哪个领域有人进行的智力活动，哪个领域就是人工智能研究领域。本节仅对其中几个研究领域做粗略的介绍。

1. 模式识别

模式识别是指通过计算机用数学方法来研究模式的自动处理和判读功能，对表征事物或现象的信息进行处理和分析，以对其进行描述、辨认、分类和解释。其中主要研究视觉模式和听觉模式的识别。目前，在二维的文字、图像的识别方面已经取得了许多成果，如手写字符识别、汽车牌照识别、指纹识别、语音识别等。三维场景和活动目标的识别和分析是目前研究的热点。模式识别技术是智能机器人研究的基础。

2. 自然语言处理

自然语言处理研究用计算机模拟人通过语言进行交流的过程，使计算机能理解和运用人类的自然语言，如汉语、英语等，实现人机之间的自然语言通信，以代替人的部分脑力劳动，包括查询资料、解答问题、摘录文献、汇编资料及一切有关自然语言信息的加工处理。如何让计算机理解人类自然语言的一个领域呢？一个独立的简单句子是比较容易理解的，但是对于一段用自然语言表示的较长的文章或对话，要准确地理解其中每个句子的含义就不仅限于理解这个句子本身，还要考虑它的上下文甚至背景知识。因此，自然语言理解涉及对上下文知识结构的表示和根据上下文知识进行推理的方法和技术。目前，理解有限范围内的自然语言对话和小段文章方面的程序系统开发已经有了一定进展，但实现功能较强的自然语言处理还有一定的困难。

3．专家系统

专家系统是一种具有特定领域内大量知识与经验的程序系统，它应用人工智能技术模拟人类专家求解问题的思维过程求解领域内的各种问题，其水平可以达到甚至超过人类专家的水平。目前，专家系统主要采用基于规则的知识表示和推理技术。随着网络技术的发展，分布式专家系统、协同式专家系统等新一代专家系统的研究发展也很迅速。

4．机器学习

机器学习是指专门研究计算机怎样模拟或实现人类的学习行为，以获取新的知识或技能，重新组织已有的知识结构，从而不断改善自身的性能。机器学习是人工智能的核心，是使计算机具有智能的根本途径。一个机器学习过程本质上是学习系统把导师或专家提供的学习实例或信息转换成能被学习系统理解并应用的形式存储在系统中。近几年，出现了基于人工神经网络的学习方法、基于遗传算法的神经网络学习方法等。

5．机器人学

机器人学是将人工智能技术，包括学习、规划、推理、问题求解、知识表示及计算机视觉等应用到机器人中的学科。高层规划是指根据感知的环境信息和要求实现的目标规划出机器人应执行的动作命令序列，然后由低层规划将每个动作命令转换成驱动机器人各关节运动的驱动电机的角速度或角位移，以此来实现相应的动作命令。在危险环境和恶劣环境下迫切需要机器人来代替人工作，从而不断推动智能机器人的研究。

6．自动定理证明

自动定理证明是指让计算机模拟人类证明定理的过程，自动实现像人类证明定理那样的非数值符号演算过程。定理证明的实质是，对前提 P 和结论 Q，证明 P→Q 的永真性。鲁滨孙提出的归结原理使定理证明得以通过计算机实现，对机器推理做出了重要贡献。由于除数学定理之外，还有很多非数学领域的问题，如医疗诊断、信息检索等方面的问题都可以转化成定理证明问题，因此自动定理证明的应用是非常广泛的。

7．博弈

研究博弈并不是为了让计算机与人下棋、打牌，而是为了通过对博弈进行研究来检验某些人工智能技术是否达到对人类智能的模拟，因为博弈是一种智能性很强的竞争活动。

8．人工神经网络

人工神经网络从信息处理的角度对人脑神经元网络进行抽象，建立某种数学模型，按不同的连接方式组成不同的网络。人工神经网络以其独特的结构和处理信息的方法，在许多应用领域中取得了显著的成效，主要应用领域有自动控制、处理组合优化问题、模式识别、图像处理、传感器信号处理、机器人控制、信号处理、卫生保健、医疗、经济、化工、焊接、地理、数据挖掘、电力系统、交通、军事、矿业、农业和气象等。

9．智能决策支持系统和智能检索系统

智能决策支持系统是在管理信息系统基础上发展起来的计算机管理系统。智能决策支持系统是将人工智能技术应用于决策支持系统而形成的。

智能检索系统是利用数据库系统存储某学科、某领域大量事实的计算机系统，随着存储量越来越大，研究智能检索系统具有重要意义。

智能检索系统应具有下述功能。

（1）能理解自然语言，允许用户使用自然语言提出检索要求和询问。

（2）具有推理能力，能根据数据库系统中存储的信息，推理出用户问题的答案。

（3）拥有一定的常识性知识，以补充数据库系统中学科范围的专业知识。智能检索系统根据这些常识性知识和专业知识能演绎推理出专业知识中没有包含的答案。例如，某单位的人事档案数据库系统中有下列信息："张三是采购部工作人员""李四是采购部经理"。如果智能检索系统拥有"部门经理是该部门工作人员的领导"这一常识性知识，就可以针对"谁是张三的领导"这一问题演绎推理出答案"李四"。

10. 组合调度

有许多实际问题属于最佳调度或最佳组合问题。例如，推销员旅行问题就属于最佳调度问题。推销员旅行问题是指推销员从某个城市出发，遍访他所要访问的城市一次，然后回到出发的城市，求推销员最短的旅行路线。将该问题一般化为对由若干个节点组成的一幅图，寻找一条最短的路径，使这条路径穿过每个节点一次。

在大多数组合调度问题中，随着求解问题规模的增大，求解程序面临着组合爆炸问题。在推销员旅行问题中，问题规模可用需要穿行的城市数目来表示。随着求解问题规模的增大，求解程序（用于求解程序运行所需的时间和空间或求解步数）的复杂性呈线性关系、多项式关系或指数关系增长。

组合调度问题中有一类问题称为 NP 完全问题，NP 完全问题是指用目前知道的最好的方法求解，问题求解需要花费的时间（或称为求解程序的复杂性）随问题规模增大呈指数关系增长。推销员旅行问题就是一个 NP 完全问题。至今还不知道对 NP 完全问题是否有花费时间较少的求解方法。例如，可使求解时间随问题规模按多项式关系增长。

组合调度问题的求解方法已经应用于交通运输调度、列车编组、空中交通管制和军事指挥自动化系统。

12.1.5 人工智能的研究方法

对一个问题的研究方法从根本上来说分为两种：其一，将要解决的问题扩展到它所在的领域，对该领域做一个广泛的了解，研究要讲究广度，从对该领域的广泛研究收缩到对问题本身的研究；其二，把研究的问题特殊化，提炼出要研究的问题的典型子问题或实例，从一个更具体的问题出发，做深刻的分析，研究透彻，再扩展到要解决的问题，讲究研究深度，从更具体的问题研究扩展到对问题本身的研究。

人工智能的研究方法主要可以分为三类。

（1）结构模拟，是指根据人脑的生理结构和工作机理，实现计算机的智能，即人工智能。结构模拟方法基于人脑的生理模型，采用数值计算的方法，从微观上来模拟人脑，实现人工智能。采用结构模拟方法，运用神经网络和神经计算的方法研究人工智能者属于生理学派、连接主义者。

（2）功能模拟，是指在当前数字计算机上，对人脑从功能上进行模拟，实现人工智能。功能模拟方法以人脑的心理模型为基础，将问题或知识表示成某种逻辑网络，采用符号推演的方法，实现搜索、推理、学习等功能，从宏观上来模拟人脑的思维，实现机器智能。以功能模拟和符号推演方法研究人工智能者属于心理学派、逻辑学派、符号主义者。

（3）行为模拟，是指模拟人在控制过程中的智能活动和行为特性。以行为模拟方法研究人工智能者属于行为主义者、进化主义者、控制论学派。

目前，人工智能的研究方法已从"一枝独秀"发展到多学派的"百花争艳"，除上面提到的三种方法，还有"群体模拟，仿生计算""博采广鉴，自然计算""原理分析，数学建模"等方法。人工智能研究的目标是理解包括人在内的自然智能系统及行为。这样的系统在现实世界中以分层进化的方式形成了一个谱系，而智能作为系统的整体属性，其表现形式又具有多样性，人工智能的谱系及其多样性的行为注定了研究的具体目标和对象具有多样性。人工智能与前沿技术的结合使人工智能的研究日趋多样化。

12.2　云计算与云平台技术

随着计算机技术、网络技术、虚拟技术、并行计算技术、分布式计算技术、网格计算技术等的发展，以及应用的宽泛和深入，业界需要一种能够更充分利用网络上的各种资源的计算模式。这些资源没有地域、种类、架构限制，只要是能给应用带来效益的资源统统可以利用，其开放性和资源利用充分性是以前的计算模式所没有的。"云"就此诞生了。"云"是网络、互联网的一种比喻说法，之所以称为"云"，是因为计算设施可以不在本地而在网络中，用户不需要关心运行计算所提供资源的具体位置，只需要提交自己的应用需求，具体实现由云端的分析、处理、执行机构协同完成，然后把运行的结果反馈给用户（见图 12.2）。

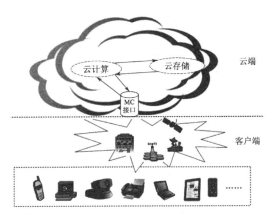

图 12.2　云端和客户端示意图

12.2.1　实例展现

当我们在家里洗澡或做饭时，默认水、电、气这些资源是用之不尽的，只要按要求付费即可。在做饭的时候，我们会根据家里人员的多少来购买相应的食材，如果突然有朋友造访，就会出现食材不足的情况。通过这两种情况的对比能够看出，因为对于水、电、气这类资源我们可以随时调整用量，而食材要买到家里才能取用，可能会出现买多买少的情况，所以取用水、电、气资源就类似于云计算问题，取用食材就类似于传统 IT 问题（见图 12.3）。

图 12.3　购买水果——传统 IT 问题

云计算技术虽然看起来抽象，但是从本质上来说它只是把早就出现的概念在 IT 系统中进行了应用。在 IT 技术刚起步的时候，IT 资源特别昂贵，一般人没有能力去消费，只有大型机构、公司才有能力使用，就和早期的发电厂一样，只有一部分人能够消费得起。而如今，由于硬件成本的降低，IT 在我们每个人的生活中已经随处可见，个人也能搭建起一个属于自己的网站。在这样的环境下，如果还是按照早期传统的方式去购买服务器和带宽等 IT 资源，就会造成资源的浪费。云计算就像电力一样，只要有需求就可以随时使用。

12.2.2 云计算

1. 云计算的概念

云计算是继 20 世纪 80 年代从大型计算机到客户机/服务器的大转变之后的又一巨变。作为一种把超级计算机的能力传播到整个互联网的计算方式，云计算似乎已经成为研究专家们苦苦追寻的能够解决最复杂计算问题的精确方法。

云计算是分布式计算、并行计算、效用计算、网络存储、虚拟化、负载均衡等传统计算机和网络技术发展融合的产物。对云计算的定义现在有多种说法。对于到底什么是云计算，至少可以找到100 种解释，现阶段广为接受的是美国国家标准与技术研究院对它的定义：云计算是基于互联网的相关服务的增加、使用和交付模式，通常涉及通过互联网来提供动态、易扩展且虚拟化的资源。

对于"云"有一个形象的比喻，即银行。最早人们只是把钱放在枕头底下，后来有了钱庄，使得钱的保管很安全，但是兑现起来比较麻烦。现在发展到银行，人们可以到任何一个网点存/取钱，甚至可以通过 ATM 或国外的渠道存/取钱，就像用电不需要装备发电机，可以直接从电力公司购买一样。云计算带来的就是这样一种变革——由 Google、IBM 这样的专业网络公司来搭建计算机存储、运算中心，用户通过一根网线借助浏览器就可以很方便地访问该中心，把"云"作为资料存储及提供应用服务的中心。

2. 云计算的特点

云计算的出现就像从古老的单台发电机模式转向了电厂集中供电模式，意味着计算能力也可以作为一种商品进行流通，就像水、电、气一样，取用方便，费用低廉。最大的不同在于，云计算是通过互联网进行信息传输的。云计算的特点如下。

（1）超大规模。"云"具有相当的大规模，Google 的"云"已经拥有大规模的服务器，Amazon、IBM 公司、微软公司、Yahoo 等的"云"均拥有几十万台服务器。企业私有"云"一般拥有数百至上千台服务器。"云"能赋予用户前所未有的计算能力。

（2）虚拟化。云计算支持用户在任意位置、使用各种终端获取应用服务。所请求的资源来自"云"，而非固定的有形实体。应用在"云"中某处运行，但实际上用户无须了解，也不用担心应用运行的具体位置。用户只需有一台笔记本电脑或一部手机，就可以通过网络服务完成各种，甚至包括超级计算这样的任务。

（3）高可靠性。"云"采取了数据多副本容错、计算节点同构可互换等措施来保障服务的高可靠性，使用云计算比使用本地计算机更可靠。

（4）通用性。云计算不针对特定的应用，在"云"的支撑下可以构造出千变万化的应用，同一个"云"可以同时支撑不同的应用运行。

（5）高可扩展性。"云"的规模可以动态伸缩，以满足应用和用户规模增长的需要。

（6）按需服务。"云"是一个庞大的资源池，用户按需购买；"云"可以像水、电、气那样计费。

（7）价格低廉。由于"云"具有特殊容错能力，可以采用极其廉价的节点来构成"云"，"云"

的自动化集中式管理使大量企业无须负担日益高昂的数据中心管理费用，"云"的通用性使资源的利用率较之传统系统大幅提升，因此用户可以充分享受"云"的低成本优势，经常只要花费几百美元、几天时间就能完成以前需要数万美元、数月时间才能完成的任务。

云计算可以改变人们的生活，但同时要重视环境问题，只有这样才能使云计算真正为人类进步做贡献，而不是简单地实现技术提升。

（8）潜在的危险性。云计算除提供计算服务之外，还提供存储服务。但是云计算服务当前被私人机构（企业）垄断，仅能够提供商业应用。政府机构、商业机构（特别是像银行这样持有敏感数据的商业机构）对于选择云计算服务应保持足够的警惕。一旦商业用户大规模使用私人机构提供的云计算服务，无论其技术优势有多强，都不可避免地会产生私人机构以数据（信息）的重要性挟制整个社会的危险性。对于信息社会而言，信息是至关重要的。另外云计算中的数据对于数据所有者以外的其他用户是保密的，但是对于提供云计算的商业机构而言却毫无秘密可言。所有这些潜在的危险，是商业机构和政府机构在选择云计算服务，特别是国外机构提供的云计算服务时，不得不考虑的重要问题。

3．云计算的发展阶段

云计算主要经历了四个阶段才发展到现在这样比较成熟的水平，这四个阶段依次是电厂模式阶段、效用计算阶段、网格计算阶段和云计算阶段。

（1）电厂模式阶段。电厂模式类似于利用电厂的规模效应来降低电力的价格，并且让用户用电更方便，而且无须维护和购买任何发电设备。

（2）效用计算阶段。在 1960 年左右，计算设备的价格是非常昂贵的，远不是普通企业、学校和机构所能承受的，所以很多人产生了共享计算资源的想法。1961 年，"人工智能之父"麦肯锡在一次会议上提出了"效用计算"这个概念，其借鉴了电厂模式，具体目标是整合分散在各地的服务器、存储系统及应用程序来共享给多个用户，让用户能够像把灯泡插入灯座一样方便地使用计算机资源，并且根据其所使用的量来付费。但因为当时整个 IT 产业还处于发展初期，很多强大的技术（如互联网）还未诞生，所以虽然这个想法一直为人所称道，但是总体而言"叫好不叫座"。

（3）网格计算阶段。网格计算阶段人们研究如何把一个需要非常巨大的计算能力才能解决的问题分成许多小的部分，然后把这些部分分配给许多低性能的计算机来处理，最后把这些计算结果综合起来以攻克大问题。可惜的是，由于在商业模式、技术和安全性方面的不足，网格计算并没有在工程界和商业界取得预期的成功。

（4）云计算阶段。云计算的核心与效用计算和网格计算非常类似，也是希望使用 IT 技术能像使用电力那样方便，并且成本低廉。但与效用计算和网格计算不同的是，2014 年云计算在需求方面已经有了一定的规模，同时其技术也已经基本成熟。

4．云计算的发展前景

21 世纪初云计算作为一个新的技术得到了快速的发展。如今云计算已经彻底改变了人们的工作方式，也改变了传统软件工程企业。以下是云计算现阶段发展最受关注的几大方面。

（1）云计算扩展投资价值。云计算简化了业务流程和访问服务。很多企业通过云计算来优化其投资。在相同的条件下，企业通过云计算进行创新，从而为企业带来更多的商业机会。

（2）混合云计算出现。企业使用云计算（包括私人云计算和公共云计算）来补充其内部基础设施和应用程序。专家预测，这些服务将优化企业业务流程的性能。采用云计算服务是一种新开发的业务功能。

（3）移动云服务。移动云服务是通过互联网将服务从云端推送到终端的一种服务。随着近年来移动互联网用户的大幅度增长，移动云服务市场潜力非常大。

（4）云安全。用户期待看到更安全的应用程序和技术，以保证他们放在云端的数据的安全，因此未来会出现越来越多的加密技术、安全协议。

12.2.3　云平台

1．云平台的概念

云平台是云计算平台的简称，顾名思义，这种平台允许开发者们或将写好的程序放在"云"里运行，或使用"云"里提供的服务，或二者皆有。简单来讲，云平台就是一个云端，是服务器端数据的存储和处理中心，用户可以通过客户端进行操作，发出指令，数据的处理会在服务器中进行，然后将结果反馈给用户，而云端平台数据可以共享，可以在任意地点对其进行操作，从而可以节省大量资源，并且云端可以同时对由多个对象组成的网络进行控制和协调，云端各种数据可以同时被多个用户使用。

云平台可以划分为三类：以数据存储为主的存储型云平台，以数据处理为主的计算型云平台，以及计算和数据存储处理兼顾的综合云平台。

2．云平台的组成

云平台和其他应用程序平台一样，由三部分组成：基础，一组基础结构服务和一批应用服务。

（1）基础。在云平台运行的机器上，几乎每个应用程序都需要使用一些平台软件。云平台通常包括多种多样的支持功能。

（2）一组基础结构服务。在现代分布式环境中，应用程序经常使用其他计算机提供的服务，如远程存储服务、集成服务、识别服务等。

（3）一批应用服务。越来越多的应用程序发展成面向服务的，它们提供的功能逐渐成为新应用程序的可访问对象，即使这些应用程序最初是提供给最终用户的，也会使它们成为应用程序平台的一部分。

3．典型云平台介绍

云计算涉及的技术范围非常广，目前各大 IT 企业提供的云计算服务主要是基于自身的特点和优势的。下面以 Google、Amazon、阿里、腾讯、华为及百度的云平台为例简单进行介绍。

（1）Google 的云平台。Google 的硬件条件优势，以及大型的数据中心、搜索引擎的支柱应用，促使 Google 云计算迅速发展。Google 云计算基础平台主要由 MapReduce、Google 文件系统（GFS）、BigTable 组成。Google 还构建了其他云计算组件，包括领域描述语言及分布式锁服务机制等。Sawzall 是一种建立在 MapReduce 基础上的领域描述语言，专门用于大规模的信息处理。Chubby 是一个高可用、分布式数据锁服务，当有机器失效时，Chubby 使用 Paxos 算法来保证备份。

（2）Amazon 的弹性计算云平台。Amazon 的弹性计算云平台由名为 Amazon 网络服务的现有平台发展而来。弹性计算云用户使用客户端通过 SOAP over HTTPS 协议与 Amazon 弹性计算云内部的实例进行交互。这样，弹性计算云平台为用户或开发人员提供了一个虚拟的集群环境，在保证用户具有充分灵活性的同时，减轻了云平台拥有者（Amazon）的管理负担。弹性计算云中的每个实例代表一个运行中的虚拟机。用户对自己的虚拟机具有完整的访问权限，包括针对此虚拟机操作系统的管理员权限。虚拟机的费用计算也是根据虚拟机的能力进行的，实际上用户租用的是虚拟机的计算能力。

（3）阿里的云平台。面对未来的不确定性，企业不仅需要解决 IT 资源服务问题，还需要解决应用的智能化、数据化、移动化等问题。阿里云 2.0 将数字技术组合性应用能力转化为企业的创新力，具有五大新能力特征：无限算力，激活企业澎湃动力；数字化驱动企业内部流程、办公、管理更科学、高效；低代码开发，让微小创新变得更容易，构建组织生命力；提供从数据获取、处理、分析到治理的全链路数据能力，为企业提供数据洞察和决策支撑；将数据转化为行业生产力，构建可被感知的"大脑"，形成从感知智能、认知智能到决策智能和组织智能的闭环。

（4）腾讯的云平台。腾讯的云平台有深厚的基础架构，并且有多年对海量互联网用户服务的经验，不管是在社交、游戏领域还是在其他领域，都有成熟的产品来提供服务。腾讯在云端完成重要部署，为开发者及企业提供云服务、云数据、云运营等整体一站式服务方案，具体包括云服务器、云存储、云数据库和弹性 Web 引擎等基础云服务；腾讯云分析（MTA）、腾讯云推送（信鸽）等腾讯整体大数据能力；QQ 互联、QQ 空间、微云、微社区等云端链接社交体系。这些正是腾讯的云平台可以提供给行业的，造就了可支持各种互联网使用场景的高品质的腾讯云平台。

（5）华为的云平台。华为的云平台提供"云计算服务+智能，见未来"。华为云是华为的云服务品牌，将华为多年来在 ICT 领域的技术积累和产品解决方案向客户开放，致力于提供稳定可靠、安全可信、可持续创新的云服务，赋能应用、使能数据、做智能世界的"黑土地"，推进实现"用得起、用得好、用得放心"的普惠人工智能。

（6）百度的智能云平台。百度的智能云平台专注于云计算、智能大数据、人工智能服务，提供稳定的云服务器、云主机、云存储、CDN、域名注册、物联网等，支持 API 对接、快速备案等专业解决方案。百度基于多年的技术积累为公有云需求者提供稳定、高可用、可扩展的云计算服务。在数据中心、网络安全、分布式存储及大数据处理能力方面形成了先进的技术能力和平台。百度的智能云平台的发展目标是以云为基、智能为柱，通过技术创新助力"互联网+"，配合百度特有生态环境，为用户提供高性能、安全可靠的云计算服务。

12.3　大数据技术

一组名为"互联网上的一天"的数据显示，一天之中，互联网上产生的全部数据可以刻满 1.68 亿张 DVD，发出的邮件有 2940 亿封之多，上传的照片超过 5 亿张；一分钟内，微博、推特上新发文量超过 10 万条……这些数字意味着什么呢？意味着一种全新的致富手段就摆在人们面前。事实上，当人们仍旧把社交平台当作抒情或发表议论的工具时，华尔街的敛财高手们却正在挖掘这些互联网上的"数据财富"，先人一步用其预判市场走势，从而取得了可观的收益。

正如《纽约时报》中的一篇文章所述，"大数据"时代已经到来，在商业、经济及其他领域中，决策将日益基于数据和分析而非基于经验和直觉做出。

12.3.1　实例展现

个性化推荐在我们的生活中无处不在。例如，早餐买了几根油条，老板就会顺便问一下需不需要再来一碗豆浆；去买帽子的时候，服务员会顺便推荐围巾。随着互联网的发展，这种线下推荐逐步被搬到了线上，成为各大网站吸引用户、增加收益的法宝。线上推荐书籍如图 12.4 所示。

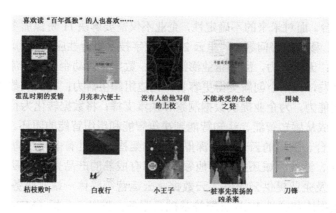

图 12.4　线上推荐书籍

12.3.2　大数据的基本概念和特征

大数据用来描述信息爆炸时代产生的海量数据，如企业内部的经营信息、商品物流信息、人与人的交互信息、位置信息等，这些数据规模巨大到无法通过目前主流的软件工具在合理的时间内撷取、管理、处理、整理，以帮助企业做出更合理的经营决策。

大数据不仅有"大"这个特点，还有很多其他的特点。总体而言，可以用"4V+1C"来概括。

（1）Variety（多样化）。大数据一般包括以事务为代表的结构化数据，以网页为代表的半结构化数据，以视频、语音信息为代表的非结构化数据等，并且它们的处理和分析方式区别很大。

（2）Volume（海量）。通过各种智能设备产生了大量的数据，PB 级别可谓是常态，国内大型互联网企业每天的数据量已经接近 TB 级别。

（3）Velocity（快速）。大数据要求快速处理，因为有些数据存在时效性。例如，电商数据，假如今天数据的分析结果要等到明天才能得到，那么将会使商家很难做出类似补货这样的决策，从而导致这些数据失去了分析的意义。

（4）Vitality（灵活）。在互联网时代，和以往相比企业的业务需求更新的频率加快了很多，那么相关大数据的分析和处理模型必须快速适应新的业务需求。

（5）Complexity（复杂）。虽然传统的商务智能（BI）已经很复杂了，但是前面 4 个"V"的存在，使得针对大数据的处理和分析更艰巨，并且过去那套基于关系型数据库的 BI 开始有点不合时宜了，同时需要根据不同的业务场景，采取不同的处理方式和工具。

以上新时代下大数据的特点决定了它肯定会对当今信息时代的数据处理产生很大的影响。

12.3.3　大数据的发展趋势

未来将是大数据的时代。在大数据的浪潮下，企业如果仅靠传统的大减价促销之类的手段将很难在激烈的市场竞争中生存。随着企业业务的拓展，以及数据的积累，各路人员必将使出浑身解数，以求在大数据市场上分得一杯羹。因此，大数据的发展前景是非常广阔的。但总体来看，大数据的发展将会呈现如下趋势。

趋势一：数据资源化。

数据资源化是指大数据成为企业和社会关注的重要战略资源，并将为大家争相抢夺。因此，企业必须提前制订大数据营销战略计划，抢占市场先机。

趋势二：与云计算深度结合。

大数据离不开云处理，云处理为大数据提供了弹性可拓展的基础设备，是产生大数据的平台之一。自 2013 年开始，大数据技术已开始和云计算技术紧密结合，预计未来两者关系将更为密切。除此之外，物联网、移动互联网等计算形态也将一齐助力大数据革命，让大数据营销发挥出更大的影响力。

趋势三：科学理论突破。

如今大数据发展迅速，就像计算机和互联网一样，其很有可能带来新一轮的技术革命。随之兴起的数据挖掘、机器学习和人工智能等相关技术，可能会改变数据世界中的很多算法和基础理论，实现科学理论突破。

趋势四：数据科学和数据联盟成立。

未来，数据科学将成为一门专门的学科，被越来越多的人认知。各大高校将设立专门的数据科学类专业，也会催生一批与之相关的新的就业岗位。与此同时，基于数据这个基础平台，将建立起跨领域的数据共享平台，之后数据共享将扩展到企业层面，并且成为未来产业的核心之一。

另外，大数据作为一种重要的战略资源，已经不同程度地渗透到每个行业和部门，其深度应用不仅有助于企业经营活动，还有利于推动国民经济发展。大数据对于推动信息产业创新、完善大数据存储管理、改变经济社会管理面貌等也有重大意义。

12.3.4　大数据的处理技术

大数据的处理技术一般包括大数据采集技术、大数据预处理技术、大数据存储及管理技术、大数据分析及挖掘技术、大数据展现与应用技术（大数据检索、大数据可视化、大数据应用、大数据安全）等。

（1）大数据采集技术。数据是指 RFID 数据、传感器数据、社交网络交互数据及移动互联网数据等各种类型的结构化、半结构化（或称为弱结构化）及非结构化的海量数据，这些数据是大数据知识服务模型的基础。要重点突破分布式高速高可靠数据爬取或采集、高速数据全映像等大数据采集技术；突破高速数据解析、转换与装载等大数据整合技术；设计质量评估模型，开发数据质量技术。

大数据采集技术一般分为大数据智能感知层和基础支撑层。大数据智能感知层主要包括数据传感体系、网络通信体系、传感适配体系、智能识别体系及软/硬件资源接入系统，用于实现对结构化、半结构化及非结构化的海量数据的智能化识别、定位、跟踪、接入、传输、信号转换、监控、初步处理和管理等。必须着重攻克针对大数据源的智能识别、感知、适配、传输、接入等技术。基础支撑层提供大数据服务平台所需的虚拟服务器，结构化、半结构化及非结构化数据的数据库及物联网资源等基础支撑环境。重点攻克分布式虚拟存储技术，大数据获取、存储、组织、分析和决策操作的可视化接口技术，大数据的网络传输与压缩技术，大数据隐私保护技术等。

（2）大数据预处理技术。大数据预处理主要完成对已接收数据的抽取和清洗等操作。第一，抽取。获取的数据可能具有多种结构和类型，数据抽取过程可以帮助人们将这些复杂的数据转化为单一的或便于处理的结构和类型，以达到快速分析和处理的目的。第二，清洗。在大数据中，数据并不全是有价值的，有些数据并不是我们所关心的内容，有些数据则是完全错误的干扰项，因此要对数据通过过滤"去噪"从而提取出有效数据。

（3）大数据存储及管理技术。大数据存储及管理是指用存储器把采集到的数据存储起来，建立相应的数据库，并进行管理和调用，要重点突破复杂结构化、半结构化及非结构化大数据管理与处理技术，主要解决大数据的存储、表示及处理等几个关键问题。上述问题涉及能效优化存储、计算融入存储、大数据去冗余及高效低成本大数据存储等技术。

（4）大数据分析及挖掘技术。对于大数据分析技术，要改进已有数据挖掘和机器学习技术；开发数据网络挖掘、特异群组挖掘、图挖掘等新型数据挖掘技术；突破基于对象的数据连接、相似性连接等大数据融合技术；突破用户兴趣分析、网络行为分析、情感语义分析等面向领域的大数据挖掘技术。

数据挖掘是从大量的、不完全的、有噪声的、模糊的、随机的实际应用数据中，提取隐含在其中的、人们事先不知道的、有潜在价值的信息和知识的过程。数据挖掘涉及的技术方法很多，有多种分类法。数据挖掘任务可分为分类或预测模型发现、数据总结、聚类、关联规则发现、序列模式发现、依赖关系或依赖模型发现、异常和趋势发现等。数据挖掘对象可分为关系数据库、面向对象数据库、空间数据库、时态数据库、文本数据源、多媒体数据库、异质数据库、遗产数据库及环球网 Web 等。数据挖掘方法可粗分为机器学习方法、统计方法、神经网络方法和数据库方法。机器学习方法可细分为归纳学习方法（如决策树、规则归纳）、基于范例学习方法、遗传算法等。统计方法可细分为回归分析方法（如多元回归、自回归）、判别分析方法（如贝叶斯判别、费歇尔判别、非参数判别）、聚类分析方法（如系统聚类、动态聚类）、探索性分析方法（如主元分析、相关分析）等。神经网络方法可细分为前向神经网络方法（如 BP 算法）、自组织神经网络方法（如自组织特征映射、竞争学习）等。数据库方法主要是指多维数据分析方法或 OLAP方法，另外还有面向属性的归纳方法。

从挖掘任务和挖掘方法的角度来看，要着重突破以下几种技术。第一，可视化分析。数据可视化，即数据图像化无论是对普通用户来说还是对数据分析专家来说，都是最基本的功能。数据图像化可以让数据自己"说话"，让用户直观地感受到结果。第二，数据挖掘算法。数据图像化是将机器语言翻译给人看，而数据挖掘相当于机器的母语。分割、集群、孤立点分析及各种各样的算法用于精炼数据，挖掘数据的价值。这些算法一定要能够应付大数据的量，同时要具有很快的处理速度。第三，预测性分析。预测性分析可以让分析师根据可视化分析和数据挖掘的结果做出一些前瞻性判断。第四，语义引擎。语义引擎需要设计得有足够的人工智能，从而足以从数据中主动地提取信息。语言处理技术包括机器翻译、情感分析、舆情分析、智能输入、问答系统等。第五，数据质量和管理。数据质量和管理是管理的最佳实践，通过标准化流程和机器对数据进行处理可以确保获得预设质量的分析结果。

（5）大数据展现与应用技术。大数据展现与应用技术能够将隐藏在海量数据中的信息和知识挖掘出来，为人类的社会经济活动提供依据，从而提高各个领域的运行效率，大大提高整个社会经济的集约化程度。在我国，大数据展现与应用技术将重点应用于以下三大领域：商业智能、政府决策、公共服务。例如，商业智能技术，政府决策技术，电信数据信息处理与挖掘技术，电网数据信息处理与挖掘技术，气象信息分析技术，环境监测技术，警务云应用系统（道路监控、视频监控、网络监控、智能交通、反电信诈骗、指挥调度等公安信息系统），大规模基因序列分析比对技术，Web信息挖掘技术，多媒体数据并行化处理技术，影视制作渲染技术，以及其他行业的云计算和海量数据处理应用技术等。

12.4　物联网技术

12.4.1　实例展现

以下是针对物联网构想的一个故事。

早上在你起床之前，你的床会根据你的睡眠状态发出信息，告知你厨房将开始烹饪你昨晚选择好的早餐，同时会根据你的身体状况及你购买的营养食谱软件，对早餐进行微调；当你醒来洗漱完之后，在享用早餐时，家中的机器人会提醒你近日需要处理及完成的各类事情，并对室外天气进行分析给出一套合理的日程安排；当你出门后，家中的智能控制中心会根据你的安排，将家中能源控制到最合理的范围……

这就是物联网下人类的生活，听起来很酷炫但是很遥远，事实上，随着智能手环、智能手机、智能机器人等的兴起，这样的生活或许并不会太遥远。

12.4.2 物联网概述

物联网就是实现物物相连的互联网，是指通过各种信息传感设备，实时采集各种需要监控、连接、互动的物体或过程等各种需要的信息，与互联网结合形成的一个巨大网络（见图12.5）。其目的是实现物与物、物与人、所有物品与网络的连接，从而方便识别、管理和控制。这有两层意思：其一，物联网的核心和基础仍然是互联网，是在互联网基础上进行延伸和扩展的网络；其二，其用户端延伸和扩展到任何物品与物品之间，进行信息交换和通信。物联网通过智能感知、识别技术与普适计算等广泛应用在网络的融合中，因此被称为继计算机、互联网之后世界信息产业发展的第三次浪潮。

图 12.5 物联网示意图

物联网用途广泛，遍及智能交通、环境保护、政府工作、公共安全、平安家居、智能消防、工业监测、环境监测、路灯照明管控、景观照明管控、楼宇照明管控、广场照明管控、老人护理、个人健康、花卉栽培、水系监测、食品溯源、敌情侦察和情报搜集等多个领域。

12.4.3 物联网的发展趋势

物联网将是下一个推动世界高速发展的"重要生产力"。

物联网一方面可以提高经济效益，大大节约成本，另一方面可以为全球经济的发展提供技术动力。美国、欧盟等都在投入巨资深入研究、探索物联网。我国也正在高度关注、重视物联网的研究，工业和信息化部会同有关部门，在新一代信息技术方面开展研究，以制定支持新一代信息技术发展的政策措施。

此外，物联网普及以后，用于动物、植物、机器、物品的传感器与电子标签及配套的接口装置的数量将大大超过手机的数量。物联网的推广将会成为推进经济发展的又一个驱动器，为产业带来一个潜力无穷的发展机会。

从中国物联网的市场规模来看，至 2015 年，中国物联网整体市场规模已达到 7500 亿元，年复合增长率超过 30.0%。物联网的发展已经上升到国家战略的高度，必将有大大小小的科技企业受益于国家政策扶持，进入科技产业化的过程。从行业的角度来看，物联网主要涉及的行业包括电子、软件和通信，通过电子产品标识感知识别相关信息，通过通信设备和服务传输信息，最后通过计算机处理、存储信息，这些产业链的任何环节都会带动相应的市场，汇合在一起的市场规模就相当大。可以说，物联网产业链的细化将带来市场的进一步细分，造就一个庞大的物联网产业市场。

12.4.4 物联网关键技术

物联网包括感知层、网络层和应用层。相应的，其技术体系包括感知层技术、网络层技术、应用层技术及公共技术（见图 12.6）。

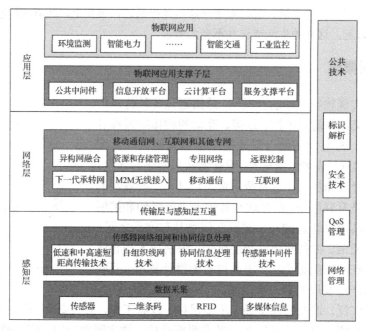

图 12.6 物联网技术体系架构

（1）感知层技术。数据采集与感知主要用于采集物理世界中发生的物理事件和数据，包括各类物理量、标识、音频、视频数据。物联网的数据采集涉及传感器、RFID、多媒体信息、二维条码和实时定位等技术。其中，传感器技术是计算机应用中的关键技术。大家都知道，到目前为止绝大部分计算机处理的都是数字信号。自从有计算机以来就需要传感器把模拟信号转换成数字信号供计算机处理。RFID 技术是融无线射频技术和嵌入式技术为一体的综合技术，在自动识别、物流管理等领域有着广阔的应用前景。

（2）网络层技术。实现更加广泛的互连功能，能够把感知到的信息无障碍、高可靠性、高安全性地进行传送，需要将传感器网络与移动通信技术、互联网技术相融合。经过多年的快速发展，移动通信、互联网等技术已比较成熟，基本能够满足物联网数据传输的需要。

（3）应用层技术。应用层主要包含应用子层和应用支撑平台子层。其中，应用子层包括环境监测、智能电力、智能交通、工业监控等行业应用。应用支撑平台子层用于支撑跨行业、跨应用、跨系统的信息协同、共享、互通的功能。

（4）公共技术。公共技术不属于物联网技术的某个特定层面，而与物联网技术体系架构的三层都有关系，它包括标识解析、安全技术、Qos 管理和网络管理。

12.5 区块链技术

随着新技术的日新月异，区块链已经走进人们生产、生活的各个方面。数字金融、数字资产、物联网、智能制造及供应链管理等都与区块链技术息息相关。我国在区块链领域有良好的基础，我们要重视这项新技术，利用它推动社会发展、科技创新，实现经济腾飞。

12.5.1　实例展现

区块链技术在各国各地都有着举足轻重的地位。区块链技术虽然已经落地，但还停留在表层，想要大范围推广，还需要大量时间。下面举一个例子，来说明区块链技术的重要性。

假设你想创业需要找借贷公司贷款，完成时间为 10 月 10 日前，双方在区块链系统中达成合约，若在 10 月 10 日，借贷公司还未履行借贷的话，那么借贷公司必须按照合约的数额进行支付。否则，以区块链技术达成的智能合约及其不可篡改的特性会自动执行电子合约。

区块链技术带来的数据上不可篡改的特性为我们生活中的许多事情提供了借鉴。例如，防伪溯源码、疫苗和食物生产等，都可上溯到源头。

区块链技术的优点还有很多，目前的应用还不够广泛，还需要投入大量精力去研究，在更大程度上把区块链技术应用到人们的生产、生活中。

12.5.2　区块链概述

区块链是由一组包含信息的区块组成的信息链（见图 12.7）。其属性如下：如果一些数据被记录到同条区块链里，那么数据将很难再被改变。

图 12.7　信息链

区块链由区块和链组成，每个区块包含三个元素：数据（Data）、哈希值（Hash）、前一区块的哈希值（Previous hash）（见图 12.8）。

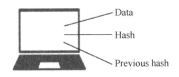

图 12.8　区块三元素

数据是区块的第一个元素，区块链的类型决定了区块中所留存的数据。例如，比特币就保存了卖家、买家、交易数量等相关的交易信息。

哈希值是区块的第二个元素。哈希值在不同的区块里是唯一的，可以标识一个区块里的完整内容。哈希值在区块被创建的时候就可得到，并且会随着区块链中一些内容的改变而改变。所以，哈希值可以用于检测区块中的内容是否被改变。

区块的第三个元素是前一区块的哈希值。它是连接两个相邻区块的关键元素，并且能保证区块间的安全。

如图 12.9 所示，如果一个区块链中包含 3 个不同的区块。一号区块是创始区块，二号区块和三号区块都分别指向前一区块，并且每个区块中都包含自己和前一区块的哈希值。所以，一旦前面区块中的数据被篡改，后面所有区块的哈希值都会跟着改变，所存储的数据都会变成错误数据，如图 12.10 所示，造成牵一发而动全身的后果。

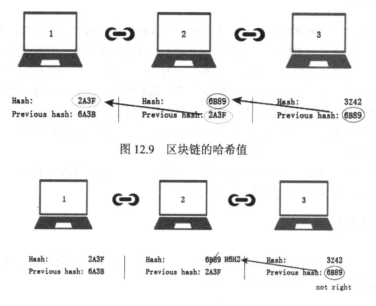

图 12.9　区块链的哈希值

图 12.10　区块的哈希值的改变

　　因此，如果有人想要修改任意区块中的数据，就要修改选中区块及之后的全部区块中的数据，任务繁杂。

　　但是，随着科学技术的飞速发展，计算机功能的逐渐强大，修改任意区块中的数据并且依次修改后续所有区块中的数据变得十分快速。单纯的哈希值检测并不能完全防范区块中的数据被篡改。为了降低风险，一种叫作工作量证明的新技术应运而生。

　　采用工作量证明技术是为了减缓新区块的创建速度。因为需要花费十几分钟的时间来对区块完成工作量的证明，并且后续的所有区块都需要重新计算工作量，所以这是一个异常复杂且庞大的工程，使区块中的数据几乎很难被篡改。所以哈希值的确定及工作量证明都可以保证区块链技术的安全。

　　此外，区块链还有其他的安全机制——分布式网络。所有人都可以加入这个分布式网络，来实现全方位的中心化一体化管理。加入区块链的每个人都可以收到区块链的完整复制，当有人篡改区块中的数据时，会反馈到其他人的区块链中。因此，分布式网络是验证区块链是否合法及保护区块链的一种重要方法。

　　如果有新的区块被创建，那么这个区块会发生怎样的改变会被传递给同一分布式网络上的所有用户。每个人都会验证区块中的数据是否被篡改以确保区块链安全。当每个人都验证了新增区块没有问题时，就会把这个新增区块加入自己的区块链。每个人都可以进行判别，哪个新增区块是合法的，哪个新增区块是不合法的，当认同度达到 50% 以上时，意味着所有人达成了共识，区块链中的新增区块是合法的。

　　所以，要想篡改区块中的数据，首先要篡改当前及后续所有区块中的数据，其次要完成工作量证明，最后还要保证所有人的共识度达到 50% 以上，要想同时实现以上三条几乎是不可能的，所以区块链的安全有了保证。

　　区块链只是单纯的技术，确保相对的中立，是单纯通过技术手段确保信用创造的方式。区块链融合了多个计算机学科，包含计算机网络、数据库、操作系统、分布式存储等，并且综合了多种计算机的监控及其存储数据。在互联网时代到来之前，人们传递信息采用一种自由的、大同小异的中心化传递方式；在互联网时代到来之后，信息的传递速度变快，内容变更的可能性变大，传播的成本降低，出现虚假数据及人为篡改数据的频率变高。区块链技术作为现代的价值互联网，有着上述保证自身安全的底层技术，被篡改的可能性大大降低，并且可以保证像互联网一样的高效率传播，是人们传递信息的绝佳方式。

12.5.3 区块链的应用前景

有人把区块链的产生与发展划分为三个阶段：1.0 阶段、2.0 阶段、3.0 阶段。1.0 阶段开始于 2009 年比特币的发行，这一阶段比特币就是单纯的数字货币，开发得还不够完善。2.0 阶段开始于 2017 年，这一阶段进入了智能化阶段，被称为智能合约时代。由可编程货币阶段跨入了可编程经济阶段，虽然技术已经步入正轨，初具规模，但需要提高改进的地方仍有很多。这个阶段仅是开始，未来还需上下求索。3.0 阶段支持区块链之间高效互联建立完整网络生态。区块链分类如图 12.11 所示。

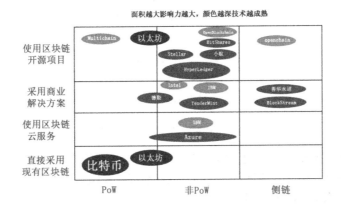

图 12.11　区块链分类

区块链具有很广阔的应用前景，主要应用于保险领域、公共服务领域、物联网领域、金融领域、数字版权领域。

（1）在保险领域，保险机构负责资金归集、投资、理赔，往往管理和运营成本较高。通过智能合约的应用，可以实现无人监管模式，既无须投保人申请，也无须保险公司批准，只要触发理赔条件，保单便可自动理赔，方便快捷。

（2）区块链提供的去中心化的完全分布式 DNS 服务通过网络中各个节点之间的点对点数据传输就能实现域名的查询和解析。可以在公务服务领域的各个方面，如管理、能源、交通等为民众生活提供便利。

（3）物联网领域是区块链应用前景非常广阔的一个领域，许多新型的物联网技术都与区块链相关。在区块链中建立信用资源，可双重提高交易的安全性，并且可以提高物联网交易便利程度。另外，为智能物流模式应用节约时间成本等也是区块链在物联网领域的应用。

（4）区块链无须中介点对点直接对接模式使其在国际汇兑、信用证、股权登记和证券交易等金融领域有着潜在的巨大应用前景。

（5）利用区块中数据不可被篡改的特性，可以对作品进行鉴权，证明文字、视频、音频等作品的存在，保证其权属的真实性、唯一性。作品在区块链中被确权后，后续交易都会进行实时记录，实现数字版权全生命周期管理，也可作为司法取证中的技术性保障。

总之，区块链改变了人们的生活方式，为人们的生活提供了便利，使很多事情不用人们亲力亲为也能很好被解决。

12.5.4 区块链关键技术

区块链本身有五层：底层、共享数据层、网络层、协议层、应用层。区块链主要用于解决交易的信任和安全问题，因此针对这个问题提出了四个关键技术。

（1）分布式存储。一个交易账目不是单独完成的，而是由分布在不同地方的多个分布式节点共同完成的。每个节点记录的都是完整的账目，多个节点共同监督账目的合法性、合理性。节点完成工作后，可以一起为交易的合法性、合理性作证。传统的记账方式是将所有账目归整到一起，容易因人为的失误造成大的经济损失，而多个节点记账并不会因为单个节点损坏而丢失账目，在很大程度上保证了账目的安全。区块链分布式存储示意图如图12.12所示。

图12.12 区块链分布式存储示意图

（2）对称加密和授权技术。区块链上的用户个人信息是被加密保护的，只有得到授权才能访问，极大地保护了用户的隐私。但交易信息是公开的，双方都可以看到交易情况，从而利于促成交易。对称加密和授权技术示意图如图12.13所示。

图12.13 对称加密和授权技术示意图

（3）共识机制。共识机制的作用是避免区块中的数据被篡改。共识机制由区块链上的节点共同认定一个数据或记录的有效性。共识机制主要有四种，不同场景有不同的应用。例如，比特币中工作量的证明，只有所有节点对记录的认证总和超过50%，才能证明记录的有效性。所以，区块链中要加入足够的节点，杜绝区块中数据被篡改的可能。共识机制示意图如图12.14所示。

图 12.14　共识机制示意图

（4）智能合约。因为区块中的数据不可被篡改，可以保证数据的绝对安全，所以可以自动化地执行条约，履行规则和条款。例如，在金融领域无须中介直接对接，在保险领域无须人工监管自动理赔等，都体现了区块链智能合约的智能化管理特性。智能合约示意图如图 12.15 所示。

图 12.15　智能合约示意图

12.6　虚拟现实与增强现实技术

由于能够产生巨大的产业空间，虚拟现实（VR）和增强现实（AR）技术成为当代智能变革的重要推动力。虚拟现实和增强现实是改变人类生产和生活方式的新一轮技术革命的代表性技术，对于推进数字经济和产业变革的发展非常重要。随着 5G 商品化的加速，虚拟现实和增加实现业界掀起了新的发展浪潮，促进了虚拟现实和增强现实技术在现场直播、游戏等面向消费者的娱乐领域的应用，实现了虚拟现实和增强实现在工业领域、医疗领域、教育领域及其他垂直领域的大规模发展。

12.6.1　实例展现

虚拟现实和增强现实对预防和控制 COVID-19 的流行和传播起到了积极的作用，与此同时还推动了各个企业的复工复产。5G+AR 远程咨询诊断系统、AR 查房技术、VR 监控室远程观察和指导系统等在提高诊断和治疗效率的同时，降低了治疗和访问过程中的医护人员及病人家属的感染风险。通过无接触的 AR 测量温度和 AR 车辆的管理控制系统等，可以有效避免交通拥挤，降低交叉感染的风险。

眼镜作为很多人日常出行的必备物品，在人们生活中起着越来越重要的作用。3D 数字原型的设计者将虚拟现实和增强现实技术应到眼镜上,即将虚拟模型的数据显示到一个真实的环境中,从而使得使用者身临其境。这对于已经构筑了使用环境场景的产品经理、工程师、设计者、投资者来说非常方便并且实用。戴上 AR 头盔后,用户可以在实际使用环境中感受到虚拟原型或 3D 模型。值得一提的是,这种感觉是一种沉浸式的真实感。虚拟现实和增强现实技术应用于学车环境如图12.16 所示。

图 12.16　虚拟现实和增强现实技术应用于学车环境

12.6.2　虚拟现实与增强现实概述

虚拟现实是指使用计算机模拟技术生成 3D 虚拟世界,向用户提供视觉、听觉、触觉等感觉模拟,让用户无限制地在 3D 空间内及时观察事物,用户的感觉及直觉仿佛与现实世界隔离,沉浸于完全由计算机控制的信息空间,如图 12.17 所示。虚拟现实对计算机图形有着很高的能力要求,主要用于虚拟教育、数据和模型视觉化、军事模拟仿真训练、工程设计、城市规划、娱乐和艺术等方面。

图 12.17　虚拟现实

增强现实是基于虚拟现实而开发的。计算机生成的虚拟信息用于整合用户观察到的实际环境，实际环境和虚拟对象同时实时重叠在同一画面或空间上，扩大和强化用户对周围世界的认识，如图 12.18 所示。我们保证将计算机生成的虚拟环境与实际环境相结合。增强现实主要用于辅助教育与训练、医学研究与解剖学训练、军事侦察与战斗指挥、精密仪器制造与维护、远程机器人控制、娱乐等领域。

图 12.18　增强现实

12.6.3　虚拟现实与增强现实的发展趋势

2019 年是虚拟现实和增强现实[统称为扩展现实（XR）]的成长年。由于这些划时代的技术的出现，用户可以戴着耳机，完全专注于通过计算机所产生的环境、设计、营销、教育、训练和零售等因为需要而被设计的虚拟现实中。增强现实（通过显示屏幕或头戴式耳机将计算机图像与用户现实世界的视野重叠）因为在使用前需要通过软件"查看"之前的内容，所以是更复杂的课题。但是，我们已经熟悉了这种使用方式，其并不是单纯地在自己拍摄的照片中添加漫画的功能。

21 世纪，许多新型硬件出现，它们提供更真实的沉浸感受和现实主义及创新用例，各行业的人也逐渐认识到这些新型硬件能够做什么。

大部分人第一次体验虚拟现实和增强现实是在游戏或其他娱乐场景中。根据调查，因为企业扩展现实解决方案的开发量超过了消费者解决方案的开发量，所以这个状况有可能发生变化。根据 VR Intelligence 总结的 2020 XR 业界 Insight 报告，作为调查对象的增强现实企业有 65%正在从事工业应用。虚拟现实和增强现实在消费行业的应用如图 12.19 所示。

图 12.19　虚拟现实和增强现实在消费行业的应用

近年来，口袋妖怪 GO 和 Facebook 的 Oculus Rift 引发了游戏界的热议，因为使用虚拟现实技术来提高生产性和安全性对业界来说很有吸引力。虚拟现实技术可以用来模拟在危险环境中运行的作业，以及使用价格昂贵且易损坏的工具和设备，从而消除任何风险。使用增强现实技术，可以将基本信息直接传递给用户，将在用户面前可能发生的所有事情告知用户。这将减少工程师、技术人员或维护人员在网上查找信息的时间和参考工作手册消耗的时间。

虚拟现实和增强现实技术在医疗保健行业的应用价值是显而易见的。虚拟现实技术一直被用于治疗恐惧症和不安症患者。将虚拟现实技术与监视心率和汗水等生理学反应的生物传感器相结合，治疗师可以更好地了解在安全的虚拟环境中患者在压力大的情况下会做出怎样的反应。虚拟现实技术还可用于帮助自闭症患者发展社会性及交流技能，以及通过追踪眼睛的运动来诊断患有视觉障碍或认知障碍的患者。

预计到 2025 年，增强现实技术在医疗保健行业的应用将以更快的速度增长，其市场价值将以每年38%的速度增长；在手术或培训的过程中，允许外科医生使用增强现实技术，用来提醒医生手术过程中的风险或危险。

目前扩展现实技术发展最大的限制因素是对沉重的耳机和显示器的依赖。对于虚拟现实技术，这更是一个问题，生成图形所需的处理功能强大的硬件通常包含在头戴式耳机里。但是，硬件设备开始变为"自由"的。例如，Facebook 的 Oculus 头戴耳机，之前必须连接到功能强大的 PC 上试用，现在可作为独立 OculusQuest 版本使用。

随着越来越强大的处理器安装在设备上，耳机和移动设备将为虚拟现实用户提供更加现实的世界体验。初期的虚拟现实世界是使用低分辨率的多边形在计算机上生成的，如今生成的虚拟现实世界的视觉效果更接近现实，可为用户提供更真实的体验。最令人期待的突破是苹果今后可能会推出的 8KVR/AR 眼镜，该眼镜不会捆绑在计算机和手机上。苹果公司希望这个眼镜可以像苹果手机一样，通过高端且价格适中的特点，将扩展现实技术推向社会。

超高速移动网络将进一步提高扩展现实的可能性，强化扩展现实在娱乐领域的地位。

最大 3kbit/s 的数据传输速度的可能性（相对的，平均家庭宽带传输速度比 100Mbit/s 慢得多）意味着 5G 有足够的速度能从云中流式传输虚拟现实和增强现实数据。查看设备不需要连接到强大的 PC 上，也不会被板上的硬件困扰，但是需要向进行大量处理的数据中心上传跟踪数据。根据 5G 和其他高度的网络速度，可以实时将呈现的图像发送回用户。

流式虚拟现实近些年以有限的方法实现了。虽然在 Facebook 上可以使用手机实现，但是由于数据传输速度和设备处理能力低，用户的体验感是有限的。通过结合"云"和 5G 技术，虚拟现实和增强现实工具的设计者将不再需要向低带宽和低功率环境提供扩展。其结果为，耳机和显示设备变得更便宜，虚拟现实模拟变得更真实。

12.6.4 虚拟现实与增强现实关键技术

虚拟现实技术是由 VPL Research 公司开发的用于创造虚拟世界的技术，Jaron Lanier 被称为"虚拟现实技术之父"。一般来说，虚拟现实技术要通过计算机图形系统和各种显示控制装置在计算机上形成多维感觉环境，生成各种感觉信号，给用户提供存在其中的感觉，是能够让用户体验客观事物，重新理解客观事物的技术。

通过虚拟现实技术，用户可以通过交互性、沉浸感、想象力 3 个特性畅游虚拟世界。虚拟现实技术使系统和人之间的行动和相互作用得以实现。

1．交互性

交互性是指用户在虚拟世界中操作感测设备、鼠标、键盘、数据手套等，以探索虚拟世界并获得反馈。人类和计算机的相互作用与人类和自然的相互作用相似。

2．沉浸感

所谓沉浸感，是指用户通过使用视觉、触觉、听觉等交互设备和感觉来感受虚拟世界的状态，与虚拟世界相互作用来产生存在感的行为。在完美的虚拟环境中，用户很难区分环境的真假，可以实现比实际效果更好的照明和效果音。

3．想象力

所谓想象力，是指对用户大脑中反映出的虚拟环境的表现程度。用户沉浸在虚拟环境中，在虚拟环境中学习知识，提高自己的能力和认知水平，产生新的创意，提高自己的创造性。在教育活动中，使用虚拟现实技术，教师可以创建一个 3D 环境，让学生与对象对话。例如，通过虚拟世界，学生可以看到太阳系的形成和其他历史事件的演化。

根据用户对虚拟现实的投入感和虚拟现实感的进入方式，虚拟现实系统分为桌面虚拟现实系统、沉浸式虚拟现实系统、投射型虚拟现实系统、仿真器虚拟现实系统。

第一，桌面虚拟现实系统（Desktop VR）。桌面虚拟现实系统是 PC 架构显示系统，这一套系统可以由用户自己购买，而且通过这一系统，用户可以体验立体影像模式，还可以实现实时互动，并且可以由此获得客观的收益。除此以外，用户还能够通过仿真程序的引导，操纵鼠标或游戏杆让自己在桌面虚拟现实系统中自由遨游。这一系统也正因此而具有能够借助鼠标与虚拟物体进行互动、性价比高等优点。

第二，沉浸式虚拟现实系统（Immersion VR）。沉浸式虚拟现实系统也是一种基于 PC 架构设计开发出来的系统，其优点是价格低廉、专业性较强。

第三，投射型虚拟现实系统（Project VR）。投射型虚拟现实系统是一种能够在用户周围投射出整个虚拟场景的系统，由多个投影机装置基于偏光的操作原理组合而成，最终达到沉浸于立体环境的氛围。与前两种系统相比而言，该系统多在展览、大型会议等多人的大型空间场合应用。

第四，仿真器虚拟现实系统（Simulator VR）。仿真器虚拟现实系统在飞行和驾驶的训练中应用较为广泛，目的是达到仿真特殊情况的有效性，在开发的过程中专门运用了仿真器。进一步来讲，仿真器虚拟现实系统是一种人和机器能够自由互动交流的新界面，其结合了绘图、影像、声音及各种外围设备。目前计算机技术发展迅速，在已经提供了全新 3D 视觉和听觉的人机互动的基础上，计算机动画模拟效果的研制开发也达到了极为真实的效果。

虚拟现实系统有以下几大组成部分。

（1）计算机。构成虚拟现实系统最重要的组成部分是计算机。

（2）I/O 设备。作为交互工具，I/O 设备可以实现虚拟现实系统与外部事物的交互。

（3）应用软件。相关应用软件的支持可以实现虚拟现实系统的构成和维护。

（4）数据库。虚拟世界中的所有信息都存放在数据库中。

增强现实技术的实现涉及多方面的内容，主要包括空间定位、图像识别、计算机图形与图像处理、移动计算等。增强现实技术的基本原理是通过传感器设备跟踪真实场景中物体的运动，或者通过摄像设备识别真实场景中的标记物，计算机中的虚拟信息（如图像、文字、3D 动画和 3D 模型等）和现实场景可以通过空间定位技术进行 3D 配准，由显示设备将虚实结合的信息展示出来，最终实现人机交互的目的，如图 12.21 所示。

图 12.20　增强现实技术原理图

增强现实主要包含三个关键技术，分别是跟踪定位注册技术、显示技术和人机交互技术。

（1）跟踪定位注册技术。

跟踪定位注册技术利用计算机处理技术实现真实场景和虚拟信息的融合，并对真实场景中的图像或物体进行识别与追踪定位。从跟踪定位技术的角度来看，增强现实系统有基于位置型（Location-Based）增强现实系统与基于图像型（Image-Based）增强现实系统两种。基于图像型增强现实系统又包括基于标记型增强现实系统与无标记型增强现实系统两种。基于位置型增强现实系统依赖使用者的位置信息，从而获取真实场景中的基本信息，并通常利用磁力跟踪、GPS、无线网络等为使用者提供服务。例如，Environmental Detectives 软件采用了 GPS 来实现跟踪定位，它就是基于增强现实技术的。在基于图像型增强现实系统中，基于标记型增强现实系统通过人工标记定位真实对象的方法，在一定程度上可以使识别算法的复杂度降低。无标记型增强现实系统通过环境中真实对象的自然特征，呈现虚拟信息，识别真实物体通常采用该方法，如识别汽车的真实部件是宝马增强现实汽车维修系统识别的主要目标。笔者通过整理和分析基于增强现实技术的应用案例，认为基于图像的跟踪定位注册技术是目前较为常用的跟踪定位注册技术。

（2）显示技术。

显示技术主要用来显示计算机生成的虚拟信息与真实场景叠加后所产生的影像。显示设备是呈现增强现实效果的重要设备。早期的头盔显示器（Head Mounted Display，HMD）包括光学透视式头盔显示器和视频透视式头盔显示器两种，它也是增强现实技术采用的主要显示设备。光学透视式头盔显示器采用光学合成器，实现用户对外部真实世界的观察，光学合成器是半透明半反光的，用户在直接看到真实的外部世界的同时，还可以看到由计算机生成的虚拟信息。视频透视式头盔显示器的工作原理是，首先用摄像机对真实世界进行拍摄，然后将拍摄到的信息进行加工处理后和由计算机生成的虚拟信息进行融合，最后把融合的信息输送到头盔的显示器上，从而用户可以看到虚实结合的场景。视频透视式头盔显示器需要同时处理由计算机生成的虚拟信息和摄像机拍摄的真实场景图像，而光学透视式头盔显示器仅需要处理计算机生成的虚拟信息。航天领域、维修领域等专业性较强的领域是头盔显示器的常用领域，目前采用计算机显示器、智能手机或平板电脑作为显示设备的增强现实产品是人们通常接触到的增强现实产品。近年来，采用以触摸屏为主的显示方式的移动智能终端设备发展迅速，这些终端设备的屏幕尺寸基本在 3.5in 以上，并且色彩度和屏幕分辨率均有了很大改善。移动智能终端设备与头盔显示器相比，具有体积小、携带方便、易操作、普及度高等优点，因此移动智能终端已逐渐成为增强现实技术的推广与发展的理想平台。

（3）人机交互技术。

传统 2D 平面的人机交互方式是早期的增强现实系统采用的方式，早期通常以键盘和鼠标为主要交互工具，而触屏技术是目前较为流行的人机交互技术。触屏技术可以同时处理数据的输入和输出，而人机交互界面通过采用触屏技术，可以更加简单和友好。触屏技术包括单点触屏技术和多点触屏技术两种。使用单点触屏技术，同一时间屏幕只能对单个点的触摸进行处理和反馈，而使用多点触屏技术，同一时间屏幕可以对多个点的触摸进行处理和反馈。虽然目前单点触屏技术在增强现实产品中应用较为广泛，但多点触屏的应用程序也逐渐出现在这些产品中，相比键盘和鼠标交互方式，多点触屏技术更接近人类行为习惯，预计它可以取代原有的键盘和鼠标交互方式，成为未来人性化交互方式的发展趋势。此外，增强现实应用领域中又相继出现了人体动作捕捉技术和手势识别技术，这些技术对应的交互方式比多点触屏技术更加自然，但这种人机交互方式由于在设备和技术方面要求较高，现在只在少数专业性较强的增强现实应用领域中应用。

3D 游戏的发展促进了虚拟现实技术的发展，影视领域视频跟踪（Video Tracking）技术的不断发展促进了增强现实技术的发展。

虚拟现实、增强现实和移动终端从技术门槛的角度上来看有以下重合的技术：处理器、存储&记忆、显示器、运动传感器、无线连接等。所以这些都不是硬件中的技术难点。

感知和显示是虚拟现实和增强现实学习的难点。感知即一种 Mapping，是 VR Mapping 和 Camera Mapping 的一个交叉，或者一个 Lighthouse 的空间。在显示层面，虚拟现实精准匹配用户的头部并产生相应的画面，增强现实在此基础上考虑光照、遮挡等情况，并通过图像通透使各种复杂情况不干扰现实中的视线。

由于以前的移动终端不涉及光学镜片技术和位置追踪技术，因此这两项技术成为虚拟现实硬件中的技术难点。

显示和感知是增强现实硬件中的技术难点。Accommodation 是显示中最大的难点，因为现实物体是可以前后聚焦的，但用户所看到虚拟物体固定在 2～3m 的位置，在这种情况下，把虚拟物体放在现实物体上，会引发辐辏→用户聚焦错乱；在感知上，即使 Kinect 是有多年积累的 Hololens（全息透镜），但是在它的 Spatial Mapping 上去扫描、去建模仍需要花费很多时间。

当然，硬件价格居高不下也正是因为有这些技术门槛。增强现实行业因此一片冷寂，而虚拟现实行业非常火爆，虚拟现实的技术门槛比增强现实低一个数量级，所以虚拟现实产品研发更容易成功。

现阶段视觉上的难点在软件角度比较多：Tracking（追踪）和 CG（计算机图形）是虚拟现实的核心技术。方向追踪是三自由度的，位置追踪是六自由度的。计算机视觉（Computer Vision）是增强现实的主要核心技术。

12.7　小结

进入 21 世纪，知识经济、信息时代的脚步已清晰可闻，在这样的时代里，计算机技术的发展更是迅速。本章对目前比较热门的人工智能、云计算与云平台、大数据、物联网、区块链、虚拟现实与增强现实技术等进行了简单的介绍。其他诸如移动网络、注意力经济、在线视频/网络电视等方面的知识，读者可以查阅相关书籍做进一步了解。

习题 12

一、填空题

1. 人工智能的研究方法包括：＿＿＿＿＿、＿＿＿＿＿和 ＿＿＿＿＿三类。

2. 物联网包括感知层、网络层和应用层。相应的，其技术体系包括＿＿＿＿＿、＿＿＿＿＿、＿＿＿＿＿及公共技术。

3. 大数据的 4V 特征分别是＿＿＿＿、＿＿＿＿、＿＿＿＿、＿＿＿＿。

4. ＿＿＿＿＿是区块链最核心的内容。

5. 虚拟现实技术的三大特性是＿＿＿＿、＿＿＿＿、＿＿＿＿。

一、选择题

1. 人工智能是指让计算机能够（　　　），从而使计算机能实现更高层次的应用。
   - A．具有智能
   - B．和人一样工作
   - C．完全代替人的大脑
   - D．模拟、延伸和扩展人的智能

2. 下列哪个不是人工智能的研究领域（　　　）。
   - A．模式识别
   - B．自然语言处理
   - C．专家系统
   - D．编译原理

3. 从研究现状上来看，下面不属于云计算特点的是（　　　）。
   - A．超大规模
   - B．高可靠性
   - C．私有化
   - D．虚拟化

4. 区块链技术有三个关键点（　　　）。
   - A．采用非对称加密来做数据签名
   - B．任何人都可以参与
   - C．共识算法
   - D．以链式区块的方式来存储

5. 虚拟现实系统的分类是（　　　）。
   - A．沉浸式虚拟现实系统
   - B．桌面虚拟现实系统
   - C．增强式虚拟现实系统
   - D．分布式虚拟现实系统

二、简答题

1. 人工智能的概念是什么？
2. 物联网的定义是什么？包含哪些关键技术？
3. 大数据的概念是什么？基本特征有哪些？
4. 云计算的概念是什么？
5. 什么是区块链的共识机制？
6. 什么是虚拟现实技术？

第 13 章　计算机与职业素养

（补充内容）